Luís Eduardo Háteras

SIMETRIA DE CIRCUITOS ELÉTRICOS E CAPACITORES

EDITORA CIÊNCIA MODERNA

Editor: Paulo André P. Marques
Produção Editorial: Dilene Sandes Pessanha
Capa: Daniel Jara
Diagramação: Daniel Jara
Copidesque: Paula Pilastri

FICHA CATALOGRAFICA

HÁTERAS, Luís Eduardo.

Simetria de Circuitos Elétricos e Capacitores

Rio de Janeiro: Editora Ciência Moderna Ltda., 2017.

1. Engenharia Elétrica
I — Título

ISBN: 978-85-399-0908-7 CDD 621.3

Editora Ciência Moderna Ltda.
R. Alice Figueiredo, 46 – Riachuelo
Rio de Janeiro, RJ – Brasil CEP: 20.950-150
Tel: (21) 2201-6662/ Fax: (21) 2201-6896
E-MAIL: LCM@LCM.COM.BR
WWW.LCM.COM.BR

06/17

Agradecimentos

À minha família, em especial, meu irmão Frederico.

Ao professor Marcos Haroldo por ter cedido diversas questões resolvidas nesta obra.

Contato

Luís Eduardo Háteras
E-mail: luiseduardobr1@hotmail.com

Em caso de erros ou correções entre em contato comigo que assim que analisar o problema irei publicar a correção aqui:
Erratas: http://simetriacircuitoseletricos.blogspot.com.br

"Mares calmos não fazem bons marinheiros."
Provérbio Africano

Sumário

Simetria

Nível I

Uma estrutura para ser considerada simétrica deve apresentar, pelo menos, um plano de simetria. O mesmo ocorre com circuitos elétricos. Como primeiro exemplo, iremos analisar dois resistores iguais em paralelo:

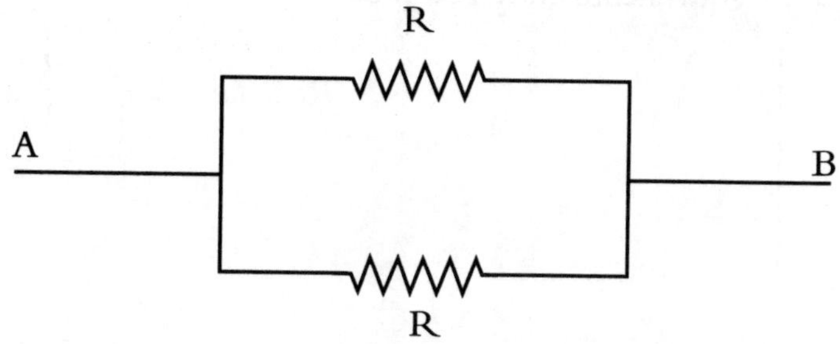

Logicamente, a resistência equivalente entre A e B é R/2. Entretanto, não queremos saber a resistência equivalente em si, mas entender como aplicar a técnica da simetria. Inicialmente, devemos observar se temos dois lados simétricos e traçar o plano de simetria (ou linha de simetria), exatamente no meio, como mostra a figura:

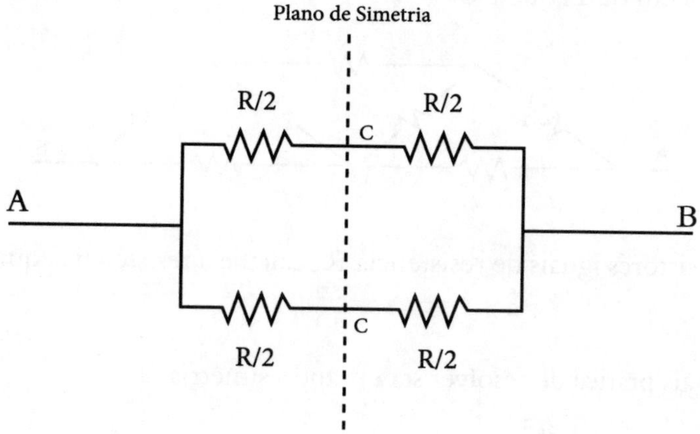

Dessa forma, é possível obter uma estrutura simétrica com apenas dois resistores aparentemente não simétricos. Vale ressaltar que os pontos sobre o plano de simetria apresentam o mesmo potencial.
Como o lado esquerdo é igual ao lado direito do circuito (em relação à linha de simetria), então, podemos apagar um dos lados e, ao final do cálculo da resistência equivalente, devemos duplicar a resposta. O motivo disso é que quando multiplicamos por dois iremos *somar* a resistência equivalente de ambos os lados do circuito resistivo os quais são iguais (pela simetria). Para exemplificar, iremos apagar a parte direita:

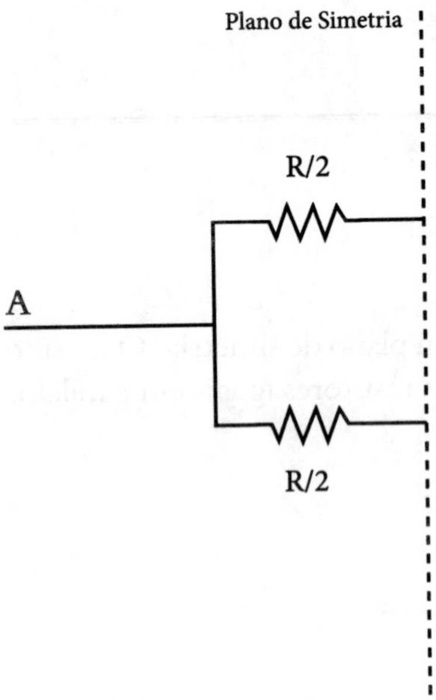

Como todos os pontos sobre o plano de simetria têm o mesmo potencial, então, teremos dois resistores em paralelo. Resistência equivalente entre A e C (veja figura da página anterior):

$$Req = \frac{\frac{R}{2} \cdot \frac{R}{2}}{\frac{R}{2} + \frac{R}{2}} = \frac{R^2}{4R} = \frac{R}{4}$$

Como ambos os lados tem resistência equivalente R/4, então, a resistência equivalente entre A e B é:

$$Reqtotal = 2.\frac{R}{4} = \frac{\mathbf{R}}{\mathbf{2}}$$

Assim, podemos ter uma noção da técnica, mas veja que neste caso não se faz necessário seu uso. Agora, iremos explicar o motivo pelo qual os pontos sobre a linha de simetria apresentam o mesmo potencial. Afirmamos que a **ddp** (diferença de potencial) entre os pontos sobre plano (ou linha) de simetria é zero. Podemos concluir isso facilmente no exemplo anterior, existe uma ponte de Wheatstone equilibrada, pois . Dessa forma, não passa corrente na linha de simetria. Nesse sentido, ddp = 0.

Agora, vamos usar simetria em outra questão:

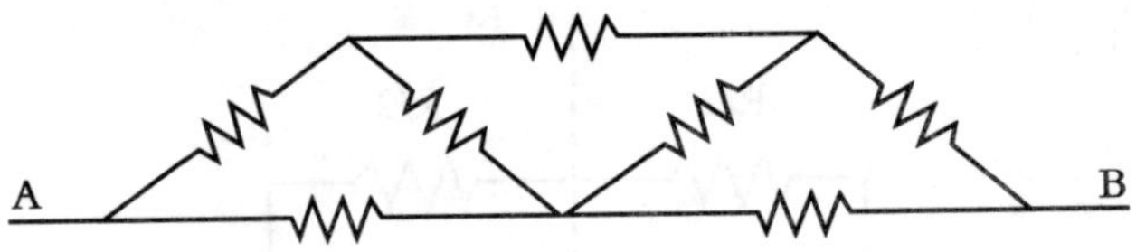

Considerando todos os resistores iguais de resistência R, calcule a resistência equivalente entre os pontos A e B.

Nesta questão, a forma mais prática de resolver será usando simetria.

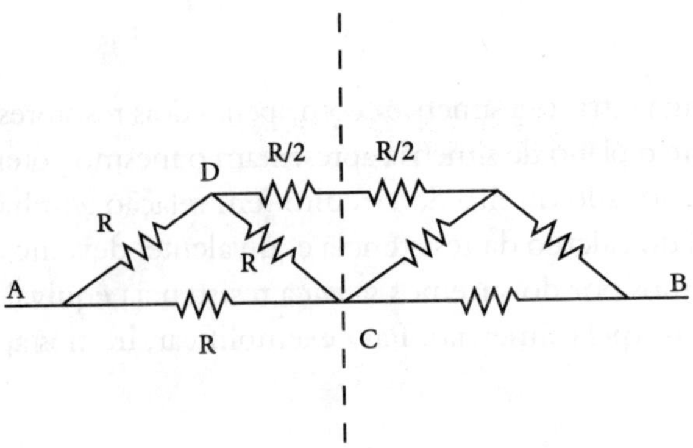

Perceba que R/2 está em paralelo com R (mesma ddp), logo, a resistência equivalente em DC será: R/3

Apagando o lado direito temos:

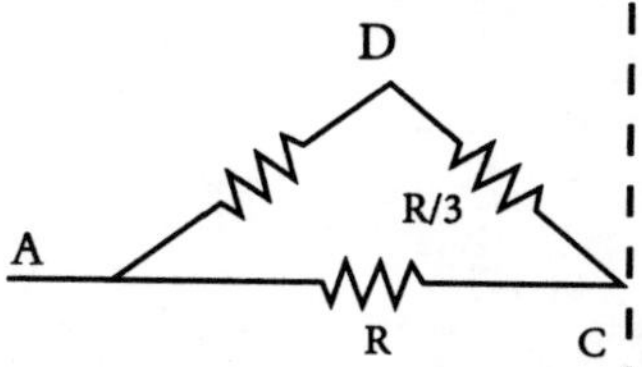

Note que os resistores R/3 e R estão em

série, logo é só somar: $\frac{R}{3}+R=\frac{4R}{3}$

Assim, teremos dois resistores em paralelo, como podemos ver na figura da página 6:

Calculando a resistência equivalente entre A e C, iremos achar: 4R/7

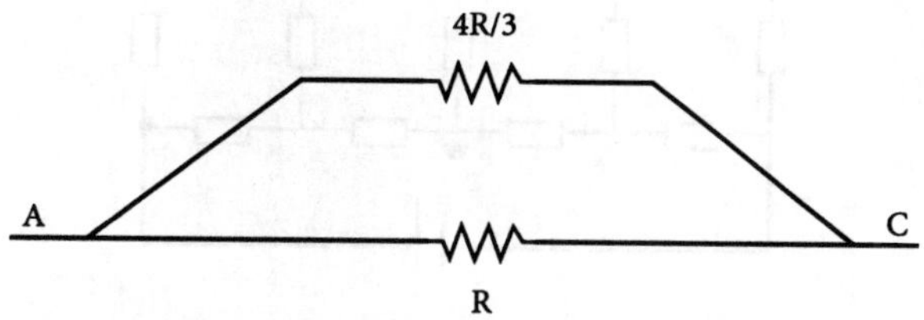

Assim como apagamos o lado direito no início, iremos multiplicar por dois o valor encontrado:

$$Req = 2.\frac{4R}{7} = \boldsymbol{\frac{8R}{7}}$$

Assim, podemos entender a técnica de simetria. Muitos problemas aparentemente trabalhosos são resolvidos de forma simples usando essa ideia.

É possível provar que os pontos sobre a linha de simetria apresentam o mesmo potencial no exemplo em questão:

Devido à simetria do circuito, concluímos que as tensões elétricas entre os pontos A e C e C e B são iguais, bem como entre A e D e D e B:

Uac = Ucb → Va – Vc = Vc – Vb (I)

Uad = Udb → Va – Vd = Vd – Vb (II)

Subtraindo membro a membro as igualdades (I) e (II), vem:

-Vc + Vd = Vc – Vd → ***Vc = Vd***

<u>Imagem:</u>

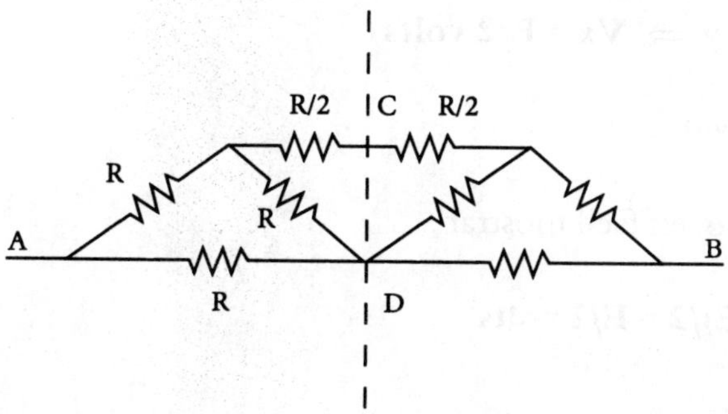

<u>Mais um exemplo</u>:

Se cada resistor vale R, qual a corrente que passa pelo resistor ligado entre os pontos X e Y?

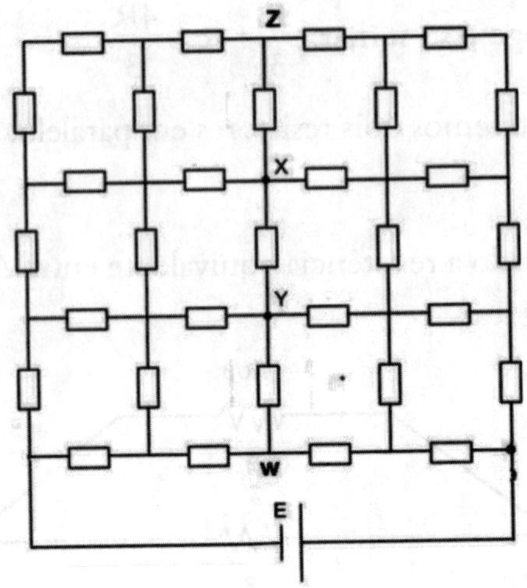

Resolução (prof. Renato Brito):

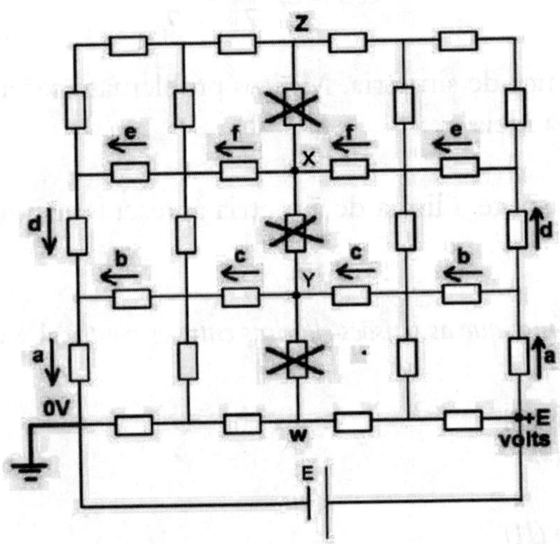

Sejam a, b, c, e f variações de potenciais (aumentos de potenciais) medidas em volts.
É fácil ver que **a + b + c + c + b + a = E volts ⇒ 2.(a + b + c) = E volts (a + b+ c) = E/2 volts ⇒ 0 volts + a + b + c = Vy ⇒ Vy = E/2 volts**

É fácil ver que **a + d + e + f + f + e + d + a = E volts ⇒ 2.(a + d + e + f) = E volts (a + b+ e + f) = E/2 volts ⇒ 0 volts + a + d + e + f = Vy ⇒ Vx = E/2 volts**

Uxy = Vx - Vy = E/2 - E/2 = 0

Usando esse mesmo raciocínio, eh fácil mostrar

Vz = Vx = Vy = Vw = (0 + E)/2 = E/2 volts

Assim, não haverá corrente através dos resistores ligados entre os nós X, Y, Z e W, pois, apesar de haver uma resistência entre eles, a ddp entre esses pontos é nula.

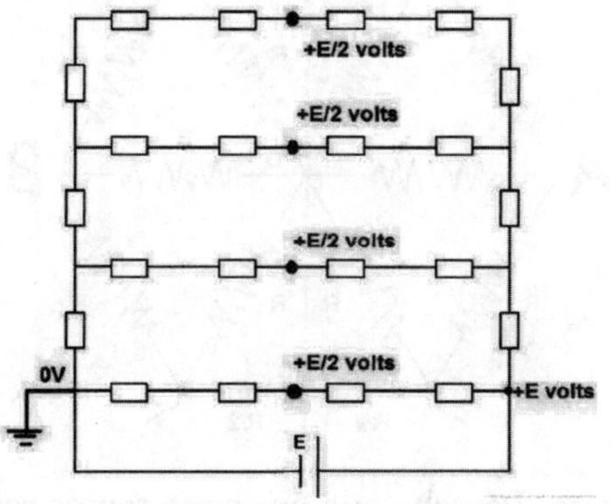

Vx = Vy = Vz = Vw = + E/2

Não passa corrente pelo resistor ligado entre X e Y.

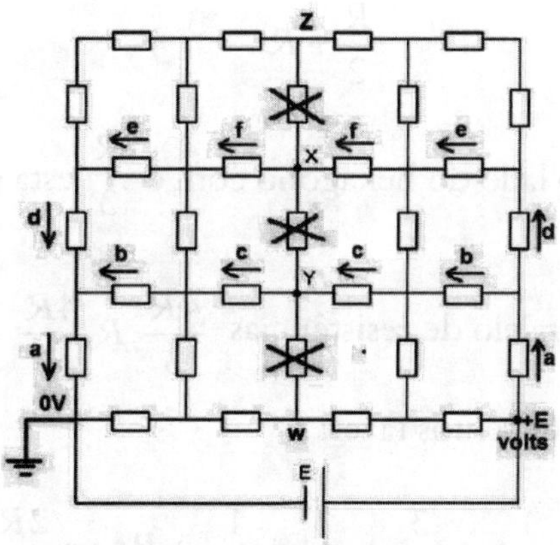

Agora um exemplo um pouco diferente:

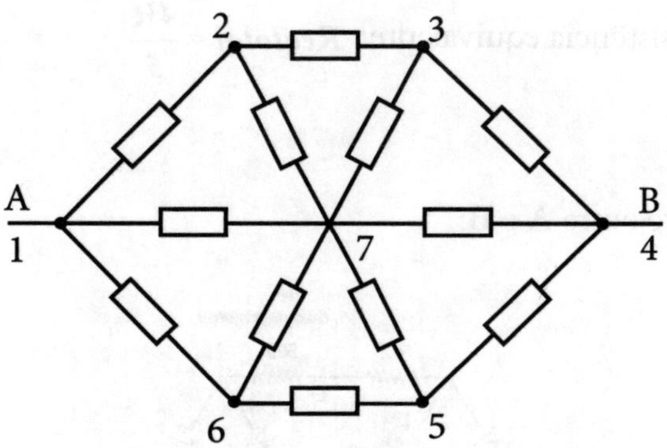

Calcular a resistência equivalente entre A e B.

Resolução: Primeiro, devemos traçar a linha de simetria (ou plano de simetria):

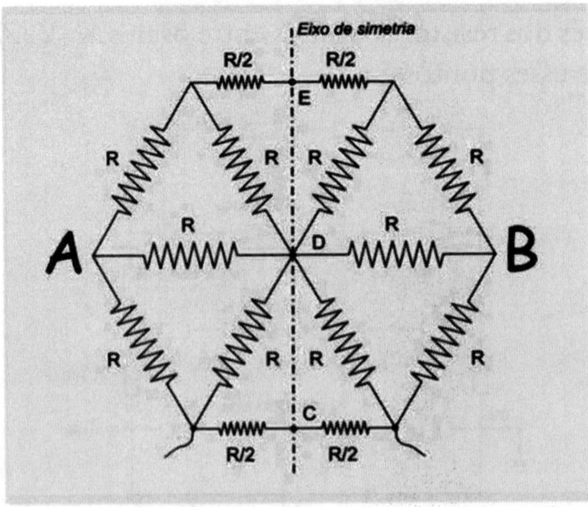

Agora, podemos apagar o lado direito. Perceba que em cima temos resistor R/2 e resistor R em paralelo, logo:

$$\frac{R.R/2}{\frac{R}{2}+R}=\frac{R}{3}$$

Agora é só notar que a resistência do lado do hexágono com o $\frac{R}{3}$ está em série: $\frac{R}{3}+R=\frac{4R}{3}$ (na parte de baixo do hexágono é a mesma coisa).

Assim, teremos três resistores em paralelo de resistências $\frac{4R}{3},R,\frac{4R}{3}$

Para achar a resistência equivalente, devemos fazer:

$$\frac{1}{Req}=\frac{3}{4R}+\frac{3}{4R}+\frac{1}{R}\rightarrow Req=\frac{2R}{5}$$

Logo, o hexágono todo terá resistência equivalente: $\boldsymbol{Reqtotal=\frac{4R}{5}}$

<u>Outro exemplo similar</u>:

Calcule a resistência equivalente entre A e B:

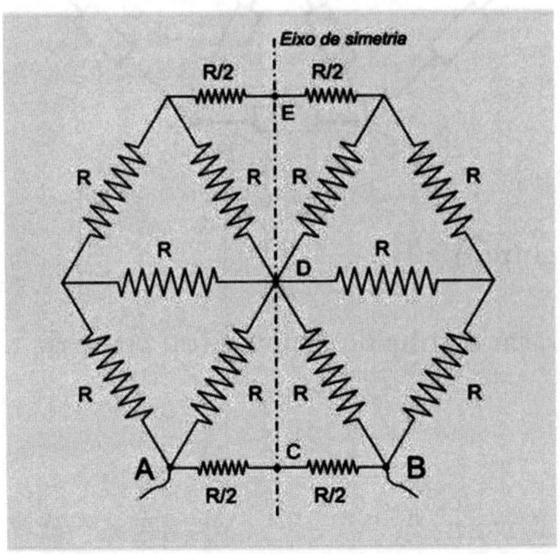

Resolução (*Filipe Cáceres – Fórum Tutor Brasil*): Perceba que nesse exemplo temos o A e o B em pontos diferentes, comparados ao exemplo anterior. Situação inicial:

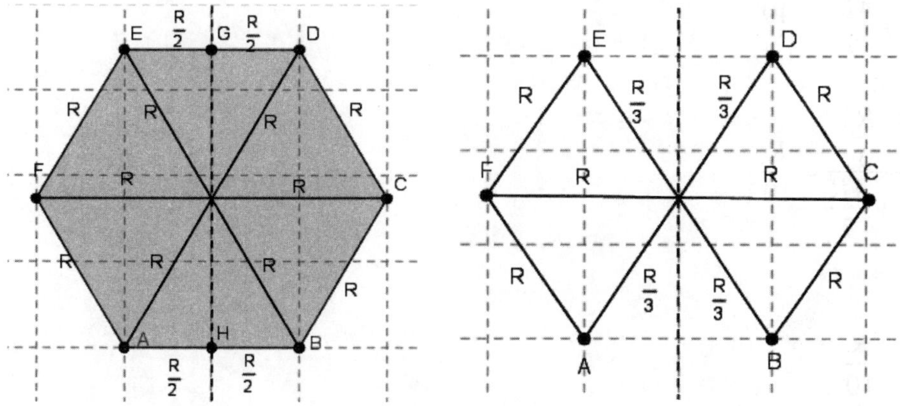

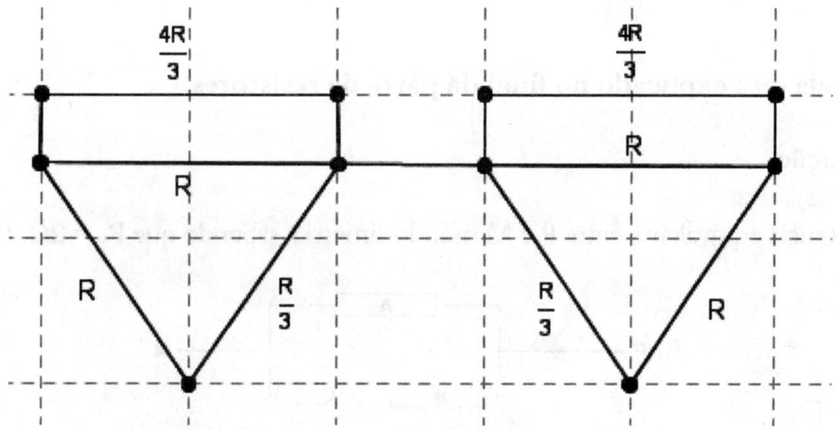

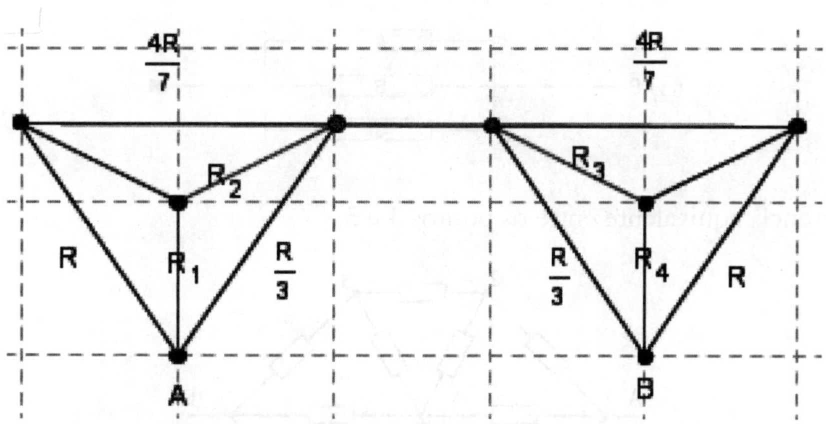

Agora vamos fazer a transformação Delta-Estrela.

Veja que $R_1 = R_4$ e $R_2 = R_3$ assim temos,

$$R_1 = R_1 = \frac{R \cdot \frac{R}{3}}{r + \frac{R}{3} + \frac{4R}{7}} = \frac{7R}{40}$$

$$R_2 = R_3 = \frac{\frac{4R}{7} \cdot \frac{R}{3}}{r + \frac{R}{3} + \frac{4R}{7}} = \frac{R}{10}$$

Logo,

$$R_{AB} = 2 \cdot \frac{7R}{40} + 2 \cdot \frac{R}{10}$$

$$\boxed{R_{AB} = \frac{11R}{20}}$$

OBS.: Delta-Estrela será explicado no final da parte de resistores.

Exercícios de Fixação

1. Encontre a resistência equivalente entre P e M usando simetria, sabendo que $R_a = 2\Omega$, $R_b = 4\ \Omega$ e $R_c = 6\ \Omega$.

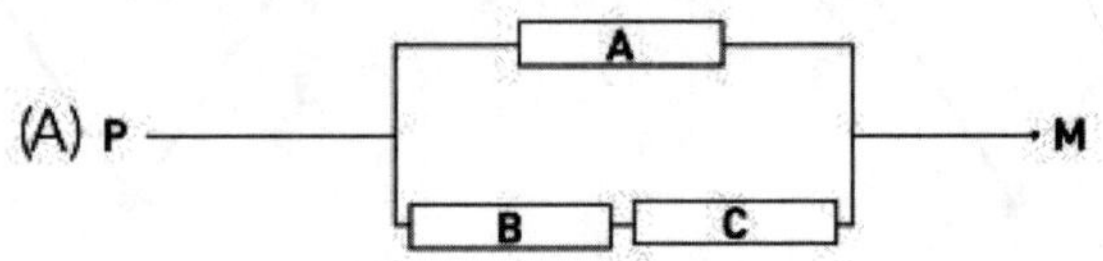

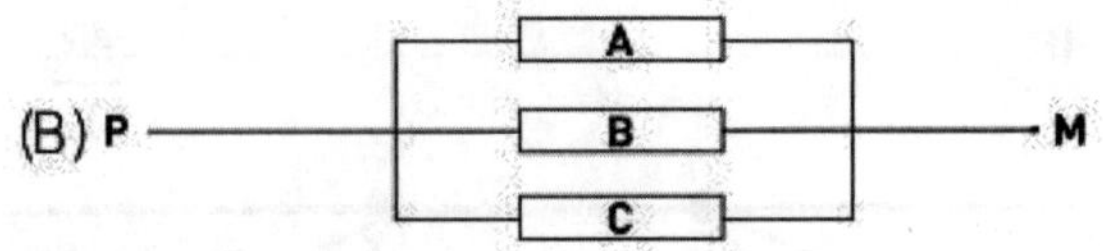

2. Encontre a resistência equivalente entre os pontos 3 e 5:

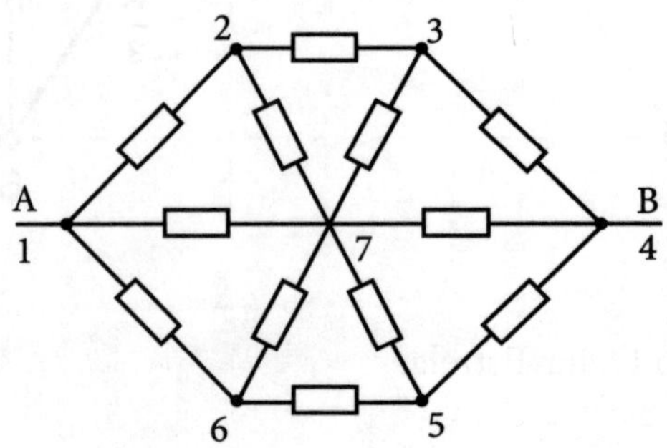

3. Refaça o último exemplo resolvido considerando R = 2 Ω.

4. Refaça o penúltimo exemplo sabendo que R = 5 Ω.

Nível II

Nesta segunda parte, iremos tratar de problemas mais comuns nos vestibulares tradicionais de algumas instituições de ensino. O aluno deverá saber como aplicar a simetria, mas não serão problemas complexos.

1. (UECE-CE) Considere a figura a seguir. Ela é formada por um conjunto de resistores, todos de resistência R.

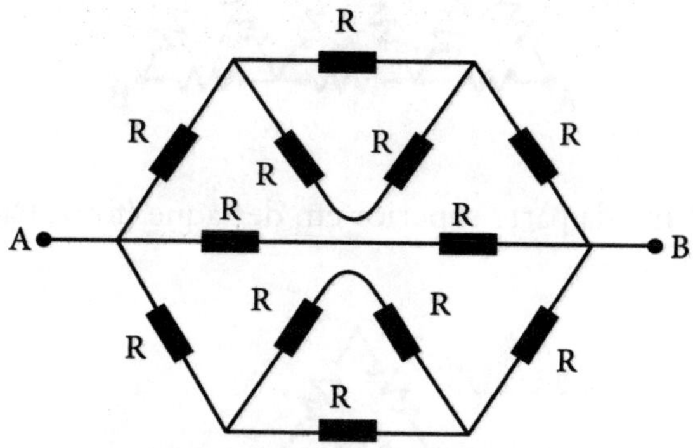

Calcule a resistência equivalente entre os pontos A e B.

Resolução: Já resolvemos uma questão praticamente idêntica no *Nível I*. Basta traçar a linha de simetria e notar que os pontos sobre essa linha estão sobre o mesmo potencial. Antes de tudo, perceba que ambos os lados do hexágono são idênticos, logo, simétricos. A ideia é "desligar" os pontos de cima e de baixo que vão se encontrar no centro do hexágono (pois estão no mesmo potencial), assim é só fazer os cálculos da associação mista. Se houver dúvida quanto ao *desligamento* veja o próximo exemplo.

2. Na malha abaixo, todos os resistores possuem a mesma resistência R. Determine a resistência equivalente entre A e B.

Resolução 1:

Os pontos no centro da figura abaixo têm potenciais elétricos iguais.

Eles estão exatamente na metade do caminho entre a entrada do circuito (ponto A) e a saída do circuito (ponto B).

Assim, como estão sobre a linha de simetria, podemos afirmar que apresentam o mesmo potencial. Dessa forma, como não passa corrente, é possível "desgrudar" esses pontos e deixá-los como na figura abaixo:

Calculando a resistência equivalente da parte superior em destaque (foto abaixo), teremos:

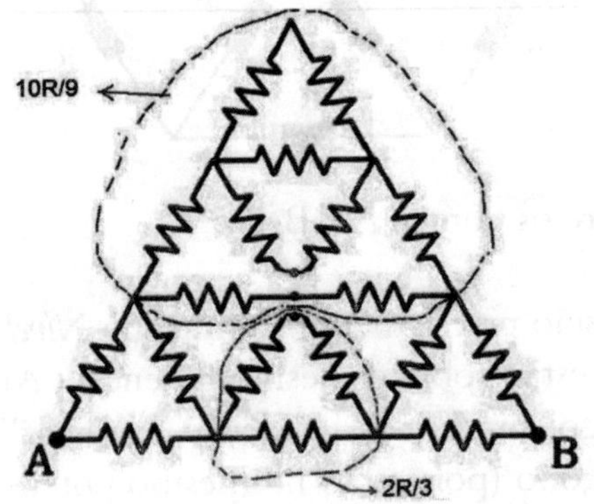

Agora, precisamos transformar o delta (triângulo) numa estrela, usando a transformação delta-estrela abaixo:

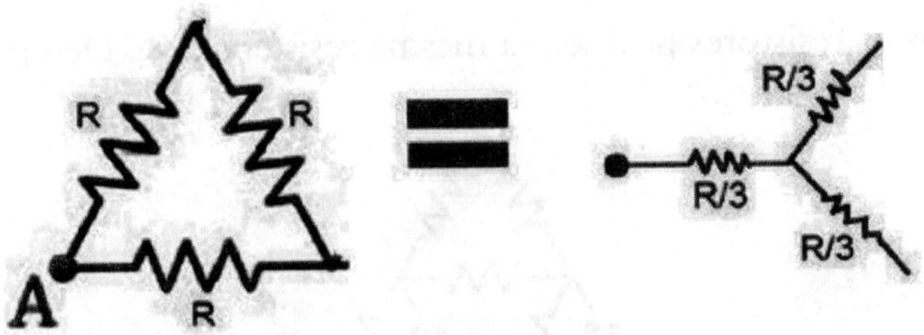

Assim, o circuito simplificado, após transformar cada um dos dois deltas em duas estrelas, ficará:

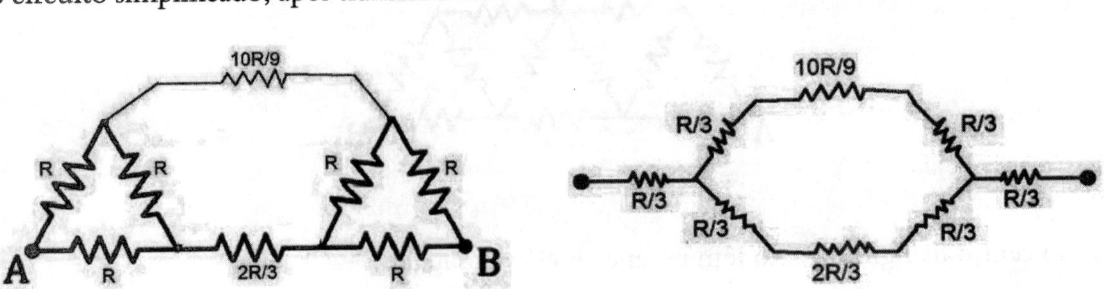

Logo, calculando a resistência equivalente acharemos 10R/7.

Resolução 2: Nesta resolução, basta traçar a linha de simetria e calcular a resistência equivalente entre A e B por meio das combinações série-paralelo.

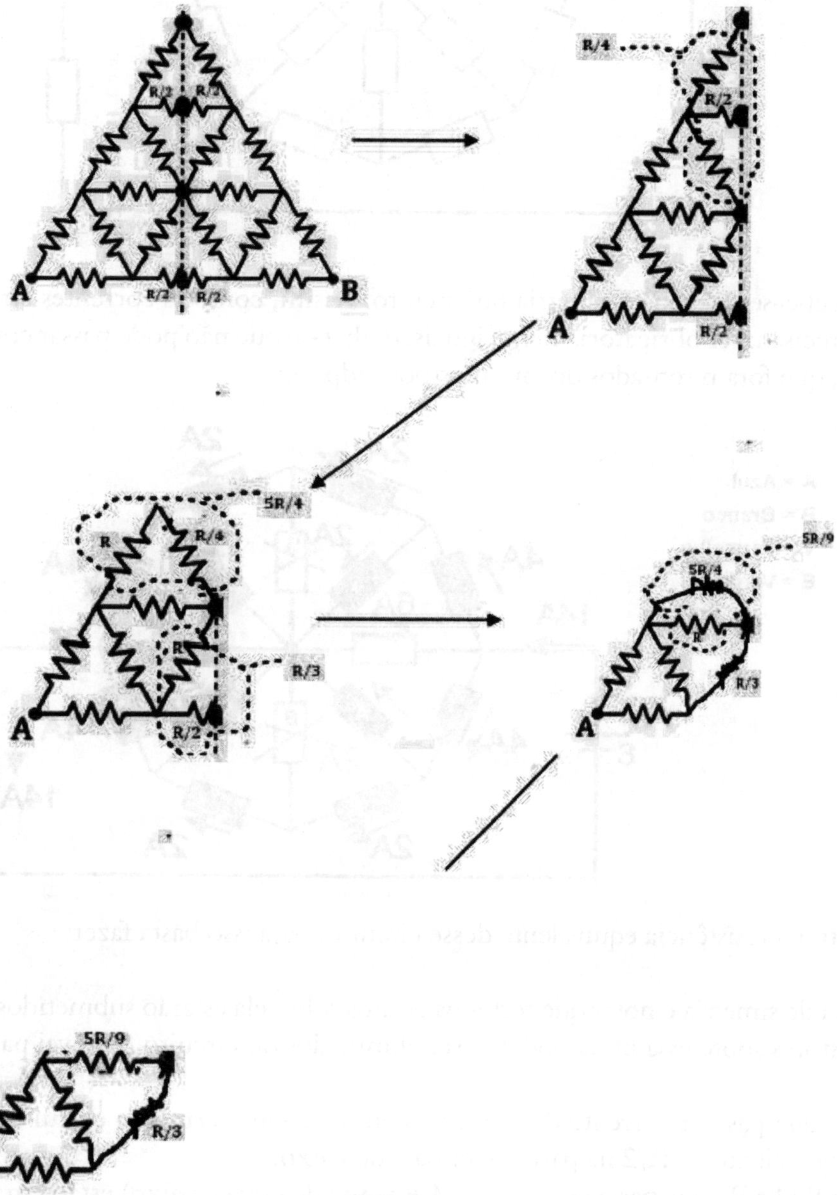

3. No circuito abaixo, todos os resistores valem 2 Ω. Sabendo que a corrente no resistor em destaque vale 2A, determine a força eletromotriz da bateria. Utilize argumentos de simetria.

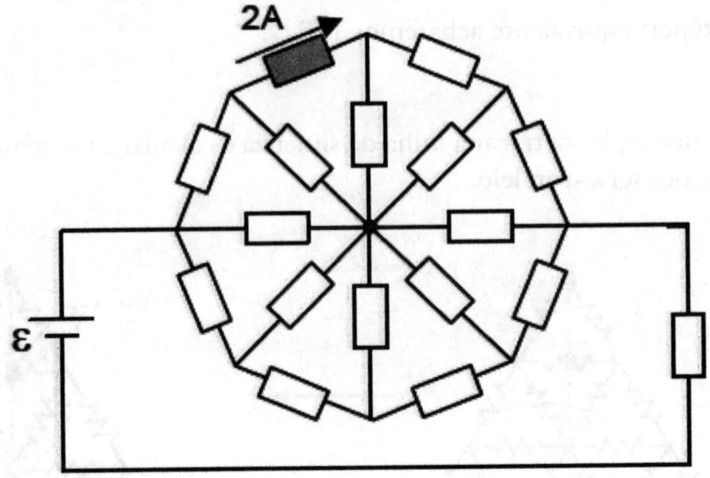

Resolução: Percebe-se que existe simetria no circuito. Assim, como as correntes em resistores de mesma cor (ver figura) precisam ser obrigatoriamente iguais, deduz-se que não pode passar corrente pelos resistores brancos verticais, que foram retirados do circuito (pois ddp=0):

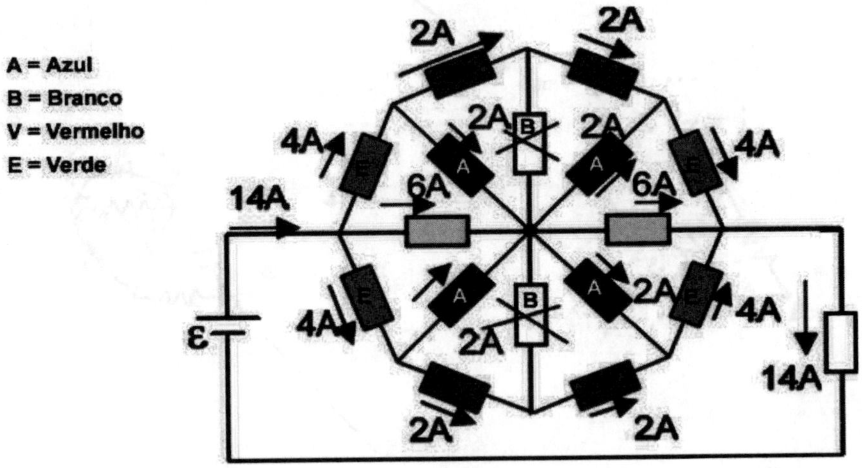

Devemos encontrar a resistência equivalente desse circuito, para isso basta fazer:

1. Traçar a linha de simetria e notar que todos os pontos sobre ela estarão submetidos ao mesmo potencial, logo, os resistores sobre essa linha poderão ser eliminados do circuito (não vai passar corrente, ou seja, em curto).
2. Os resistores que passam corrente de 2 A estão em paralelo (vermelho e azul de cima e baixo) e terá resistência equivalente de R/2 na parte de cima e de baixo.
3. Os resistores R/2 e R (que passa corrente de 4 A verde de cima e baixo) estão em série, logo é só somá-los: $R/2 + R = 3R/2$
4. Por fim temos três resistores em paralelo: 3R/2, R, 3R/2 do lado esquerdo e a mesma coisa no lado direito, calculando a resistência equivalente iremos achar: $Req = 3R/7 + 3R/7 = 6R/7$, como $R = 2\Omega$, então, $12/7\Omega$ será a resistência equivalente.
5. Agora não podemos esquecer o resistor do lado direito no circuito que está passando 14 A, logo, $12/7 + 2 = 26/7\Omega$ ohm que será a resistência equivalente total do circuito. Agora basta usar a fórmula:

$$i=\frac{\varepsilon}{\sum R}\rightarrow 14=\frac{\varepsilon}{\frac{26}{7}}\rightarrow \varepsilon=52V$$

6. (IME-2011) Encontre o valor da resistência equivalente entre os terminais A e B do circuito mostrado na figura abaixo:

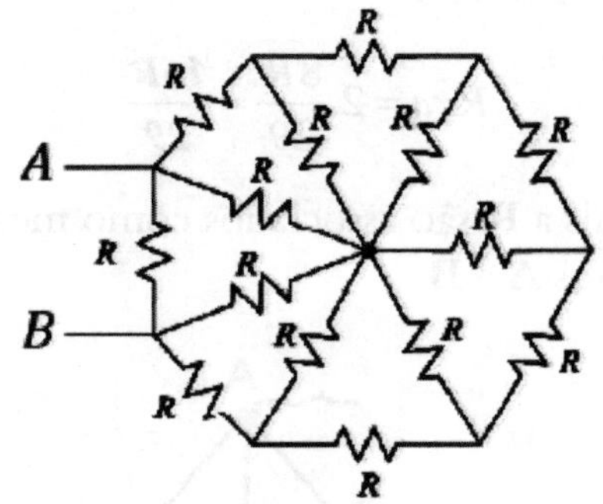

Resolução: Nessa questão devemos notar que a simetria não está mais na vertical, e sim, na horizontal:

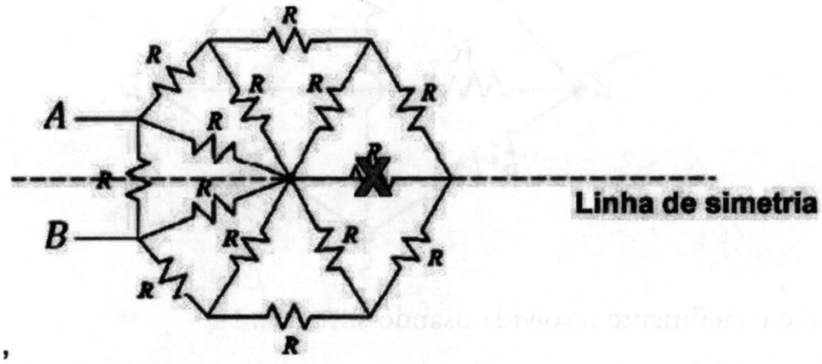

Dessa forma, a resistência sobre linha de simetria está em curto. Então, podemos dizer que o circuito se resume a dois circuitos iguais ao que está esquematizado abaixo:

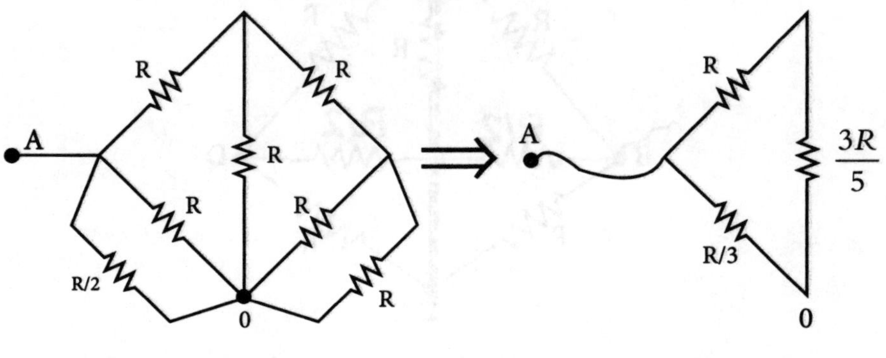

Devemos encontrar a resistência equivalente entre A e O (onde O é o centro da figura) e depois multiplicar por dois para saber a resistência equivalente entre A e B. No final, iremos encontrar uma figura similar a de cima do lado direito, então, basta fazer:

$$\frac{3R}{5} \textit{em série com } R \rightarrow \frac{8R}{5}$$

$$\frac{8R}{5} \textit{em parelelo com } \frac{R}{3} \rightarrow \frac{8R}{29}$$

Logo, a resistência equivalente entre A e B será:

$$Req = 2.\frac{8R}{29} = \boldsymbol{\frac{16R}{29}}$$

7. Seis resistores de resistências iguais a **R** são associados como mostra a figura (tetraedro). Calcule a resistência equivalente entre os pontos **A** e **B**.

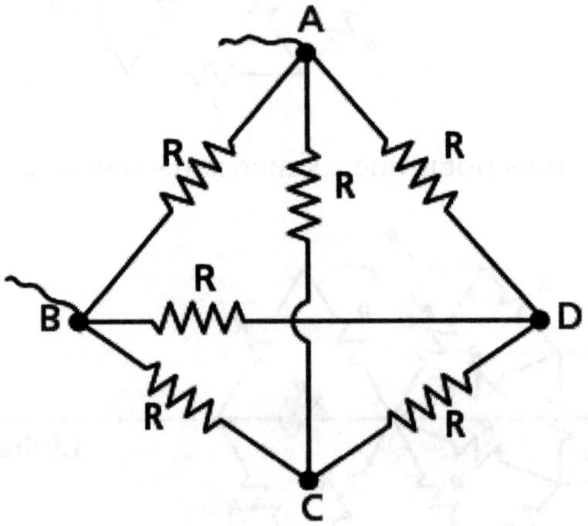

Resolução: Essa questão é facilmente resolvida usando simetria.

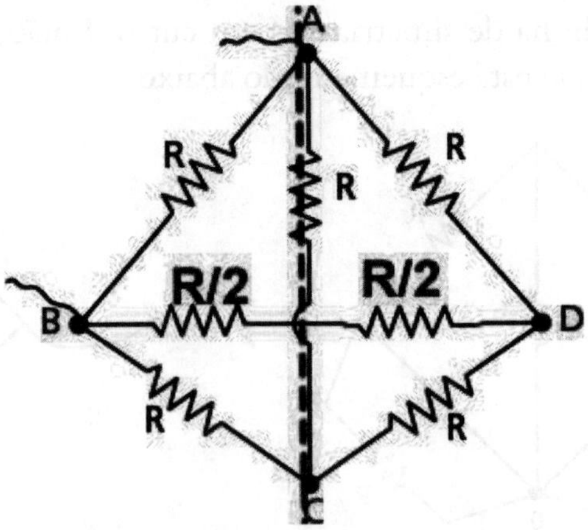

Dividimos o resistor R entre B e D em dois resistores de R/2. A linha de simetria será na vertical, logo, os pontos A e C têm o mesmo potencial. Assim, a resistência R entre os pontos A e C está em curto. Perceba que do lado esquerdo da figura temos R, R/2 e R em paralelo (mesma ddp, BC=BA):

$$\frac{1}{Req} = \frac{1}{R} + \frac{1}{R} + \frac{1}{R} \rightarrow Req = \frac{R}{4}$$

Entretanto, calculamos apenas a resistência equivalente no lado esquerdo, para calcular a resistência total devemos multiplicar o valor encontrado por dois (já que são os dois lados)

$$Reqtotal = 2.\frac{R}{4} = \frac{\mathbf{R}}{\mathbf{2}}$$

Note que encontramos a resistência equivalente entre B e D. Entretanto, a questão quer a resistência equivalente entre A e B, mas devemos lembrar que se trata de um tetraedro regular, o que garante que a resistência equivalente entre A e B terá o mesmo valor da resistência equivalente entre B e D.

8. (Lucas Lemos – Gilson Resolve) Sabendo que todos os resistores da figura abaixo possuem a mesma resistência R, determine a resistência equivalente entre os pontos A e B:

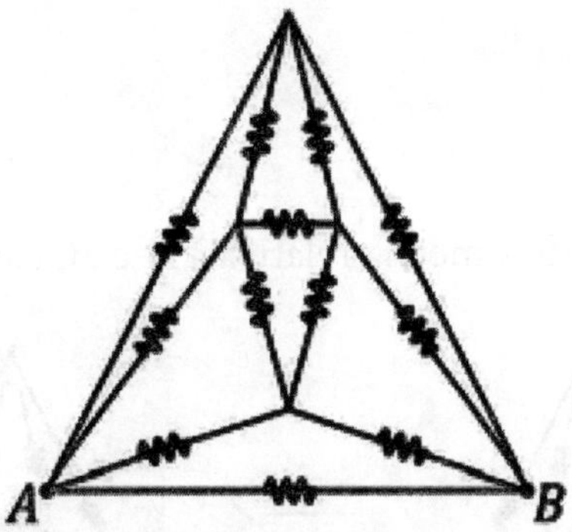

Resolução: Nessa questão basta traçar a linha de simetria:

Iremos chamar os pontos sobre a linha de simetria (mesmo potencial) de C, chamaremos de D o único ponto do lado esquerdo que não está nem sobre a linha de simetria e não é o ponto A (próximo ao resistor de R/2), logo, perceba que temos apenas resistores em paralelo e em série e depois devemos multiplicar por dois para achar a resistência equivalente entre os pontos A e B. Nesta questão, para facilitar a visualização, achamos melhor planificar o circuito, pois será mais fácil ver o que está em paralelo e em série:

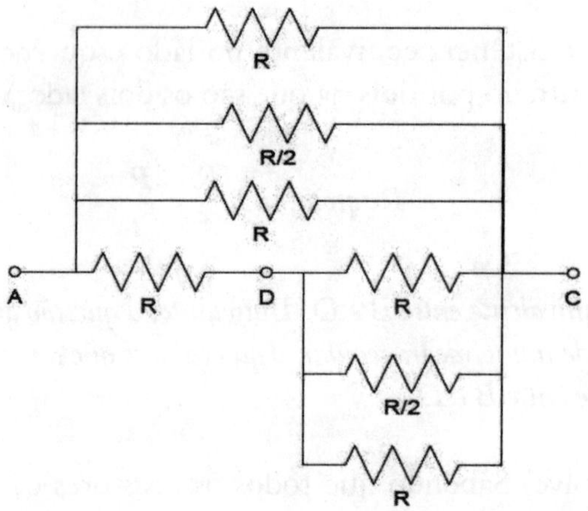

Iremos achar 5R/24 como resistência equivalente, mas não devemos nos esquecer de multiplicar por dois: Req = 5R.2/24 = 5R/12

Resolução Gilson Resolve:

Como os pontos *C* e *D* estão na linha de simetria relativa à *A* e *B*, eles podem ser desconetados:

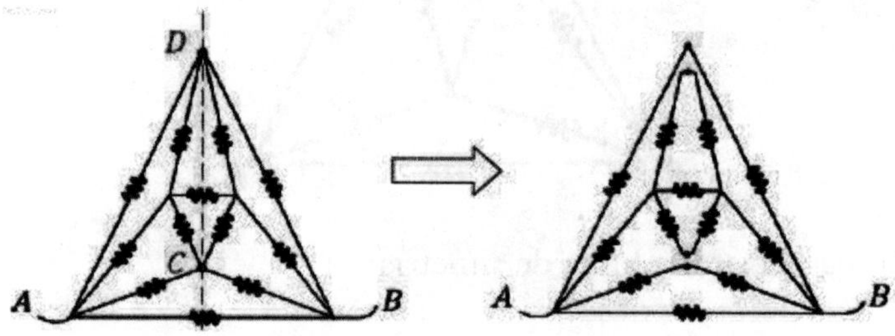

Por estarem na linha de simetria, os dois pontos possuem o mesmo potencial.

Agora, basta fazer as associações série-paralelo do circuito resultante:

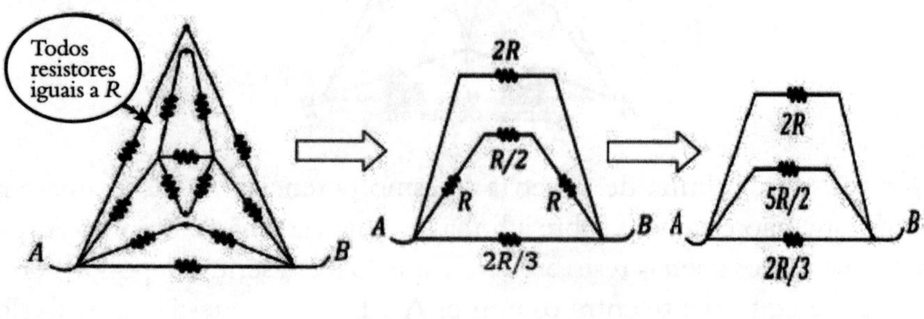

Logo, a resistência equivalente entre os pontos pedidos é a resistência eaquivalente da associação em paralelo de $2R$, $5R/2$ e $2R/3$, que é:

5R/12

9. (Gilson Resolve) A resistência equivalente entre os pontos 1 e 2 é X; entre os pontos 3 e 5, Y; entre os pontos 4 e 7, Z; e entre os pontos 2 e 6, W. Sabendo disso, assinale a alternativa correta.

a) X/Y = 29/88
b) Y/Z = 11/10
c) X/W = 29/45
d) W/Y = 8/9
e) n.d.a.

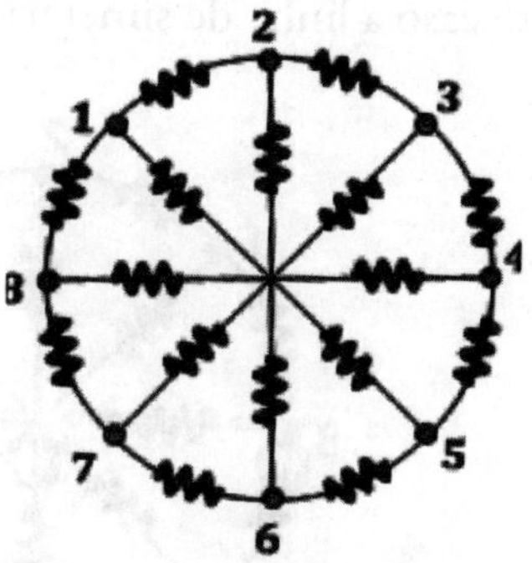

Resolução: Trata-se de uma questão trabalhosa, mas não é difícil. Iremos partir do pressuposto que já sabemos a resposta e só confirmar. Deixaremos que o leitor continue a questão (caso queira) e demonstre que os outros itens estão errados.
Para calcular a resistência equivalente entre os pontos 1 e 2, devemos traçar a linha de simetria entre eles e apagar o outro lado:

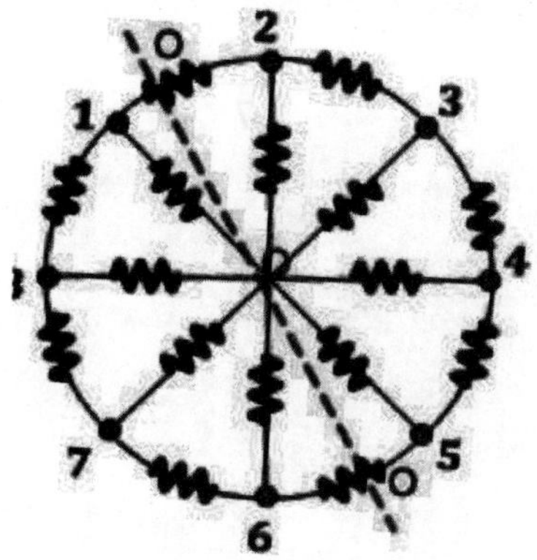

Os resistores que estão entre os pontos 1 e 2, 6 e 5, têm as resistências divididas pela metade, logo, se tinha R, agora é R/2 de um lado e R/2 do outro lado da linha de simetria (figura lado). Agora, na figura abaixo, colocamos **P1** para definir os resistores em paralelo. Após os cálculos, iremos achar a resistência equivalente 29R/105, mas não podemos nos esquecer de multiplicar por dois (pois calculamos a resistência equivalente de apenas um lado, ou seja, de 1 para O).

Assim, acharemos $X = \frac{\mathbf{58R}}{\mathbf{105}}$

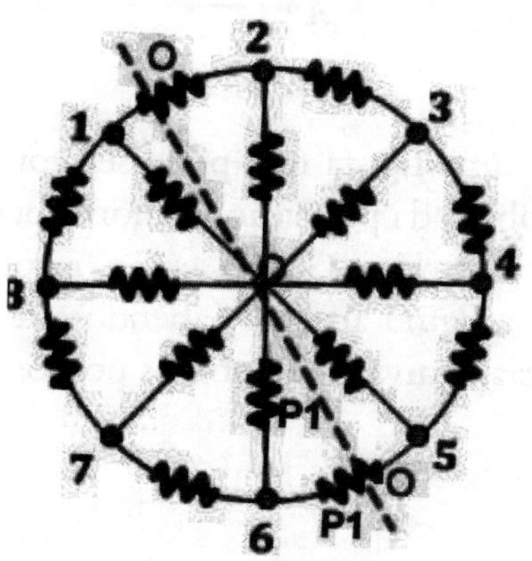

Agora iremos achar o W, nesse caso a linha de simetria será na horizontal:

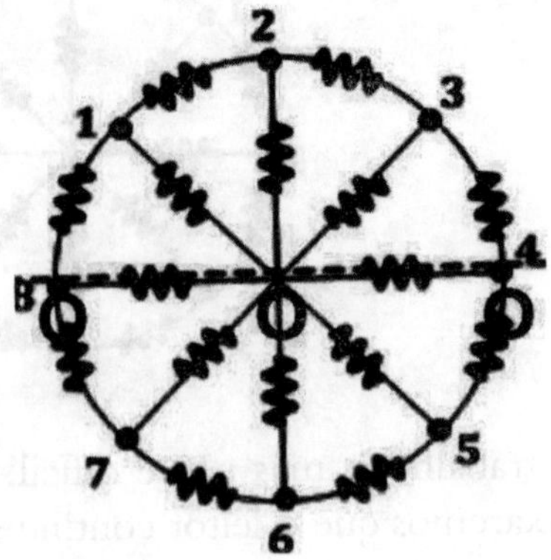

Calculando a resistência equivalente entre 2 e O, iremos achar 3R/7, mas queremos a resistência equivalente W que é entre os pontos 2 e 6, logo, basta multiplicar por 2:

$$W = \frac{6\mathbf{R}}{7}$$

Agora, observe que X/W = 29/45.

Logo, resposta: **C**

Exercícios de Fixação

1. Refaça todos os exemplos resolvidos do "Nível II".

2. (IME-2009) A resistência equivalente entre os terminais *A* e *R* da figura é:

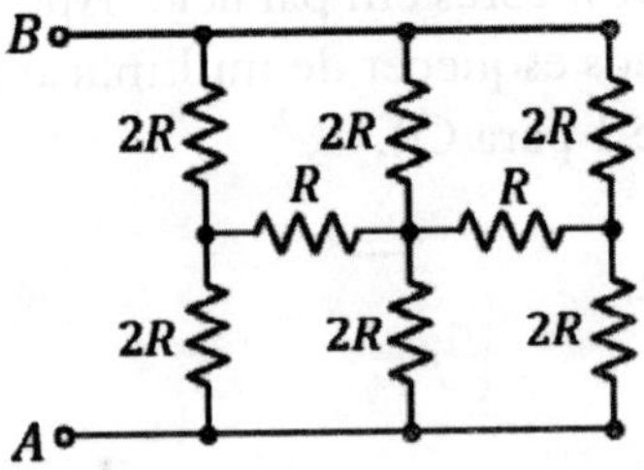

a) $R/3$
b) $R/2$
c) $2R/3$
d) $4R/3$
e) $2R$

3. (Gilson Resolve) O pentagrama é uma figura que pode ser construída por uma linha fechada única entrelaçada, sendo considerado símbolo da perfeição. O nome pentagrama se dá em virtude da formação de um pentágono regular no seu interior. Gilson, então, resolver fazer uma associação de resistores usando um pentagrama conforme a figura abaixo. Sabendo que Gilson utilizou resistores de mesma resistência *R*, determine a resistência equivalente entre os pontos *A* e *B*.

a) 5R/6
b) 7R/6
c) 10R/9
d) 5R/4
e) n.d.a

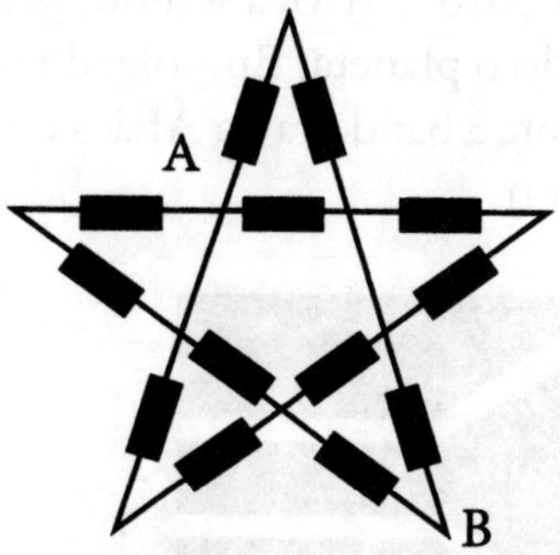

4. (Luís Eduardo) Na figura abaixo, temos um hexágono grande com 12 hexágonos menores. Considerando que em cada lado dos hexágonos menores tem um resistor de resistência R e os fios que ligam cada ponto ao ponto central do hexágono pequeno também apresentam uma resistência R, calcule a resistência equivalente entre os pontos A e B.

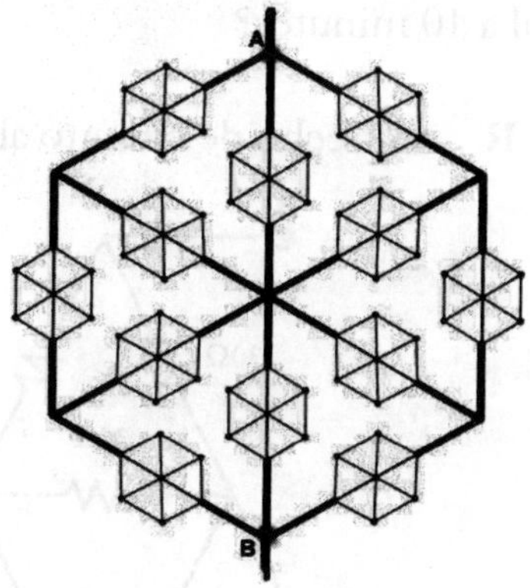

5. (Gilson Resolve) Na figura abaixo, temos **N** geradores associados em série com suas forças eletromotrizes crescendo em progressão geométrica. Sabendo que todos os resistores da figura possuem a mesma resistência, determine o número de geradores associados para que o potencial no ponto G seja de 1640 V. Considere os geradores ideais.

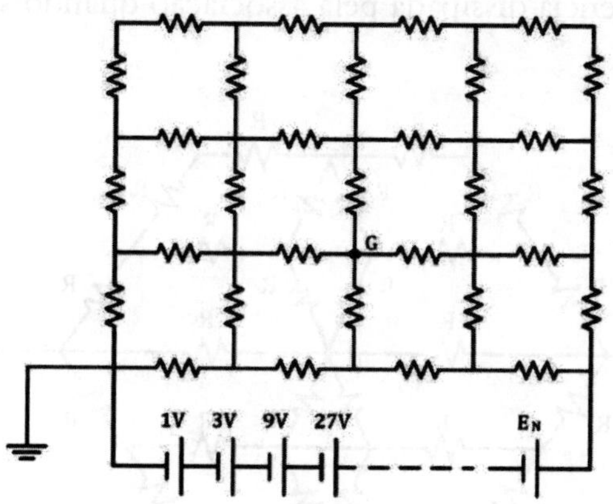

6. (Gilson Resolve) Em 2010, a África sediou, pela primeira vez, uma Copa do Mundo de Futebol sob os olhares atentos de todo o planeta. Empolgado com a novidade, Gilson resolveu montar uma associação de resistores semelhante à bandeira da África do Sul. Em tal associação, Gilson utilizou nove resistências de 100 Ω (veja a figura).

Bandeira da Africa do Sul

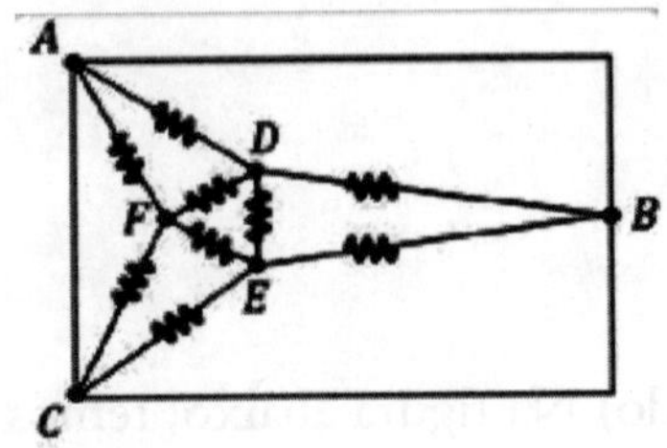

Associação do Gilson

Ligando uma bateria ideal de f.e.m. 60 V aos pontos A e D, qual a quantidade de calor desenvolvida na associação num intervalo de tempo igual a 10 minutos?

7. Determine a resistência equivalente $\mathbf{R_{ab}}$ no trecho de circuito abaixo:

a) 10 Ω
b) 22,2 Ω
c) 33,3 Ω
d) 41,4 Ω
e) n.r.a

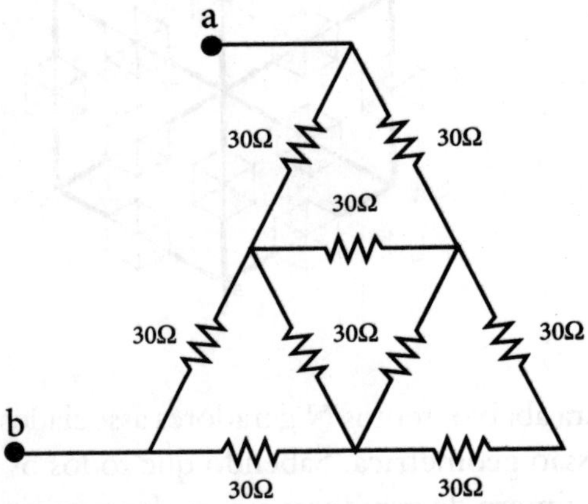

8. Na associação de resistores abaixo, determine a resistência equivalente entre os pontos AB e marque a opção que corresponde à potência dissipada pela associação quando se aplica entre os terminais A e B uma ddp U:

a) Zero

b) $\dfrac{11U^2}{10R}$

c) $\dfrac{U^2}{R}$

d) $\dfrac{10U^2}{11R}$

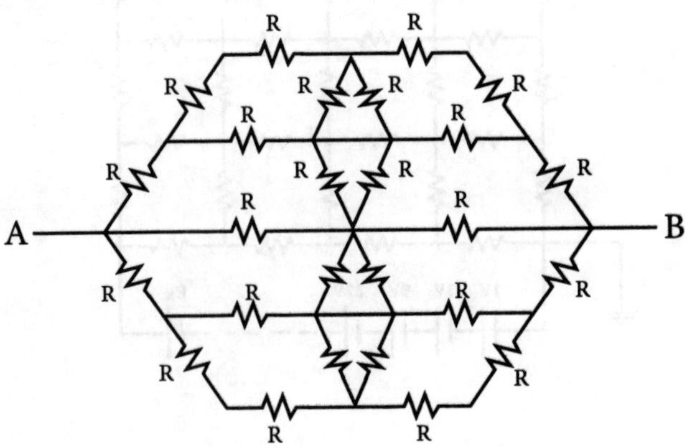

e) $\dfrac{U^2}{2R}$

9. No trecho de circuito abaixo, determine a resistência equivalente **AB.**

10. Doze resistores idênticos de resistência 1 ohm são conectados num circuito que consiste de dois quadrados como mostra a figura. Determine a resistência equivalente entre o par de pontos:

a) b e g
b) d e g
c) a e h
e) f e h

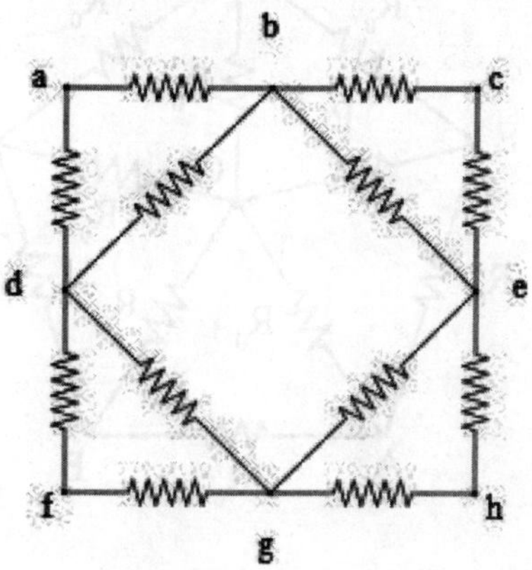

11. Determine a intensidade em A (ampère) da corrente total que circula entre os pontos A e B do esquema mostrado na figura abaixo, se a ddp entre os pontos A e B é 120 V. Todas as resistências são idênticas e de valor R = 10 Ω

a) 1
b) 2
c) 3
d) 6
e) 12

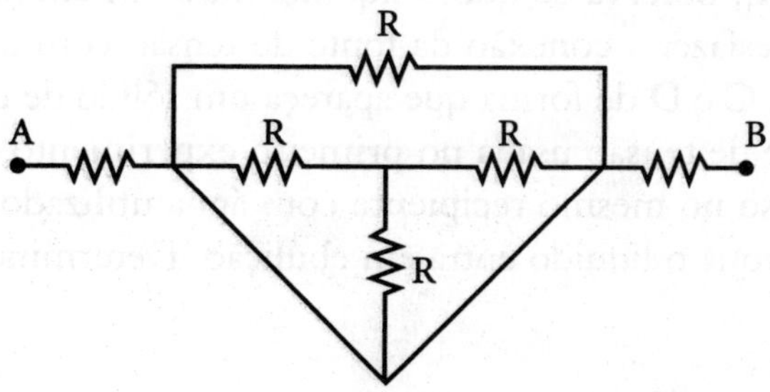

12. A estrela regular abaixo é formada por um fio uniforme. Sabendo que a resistência entre os pontos **EL** é **R,** determine a resistência equivalente entre os pontos **F** e **C**.

Dados: Use sen 18 = 1/3

a) R
b) 2R
c) R/2
d) 3R/2
e) R/4

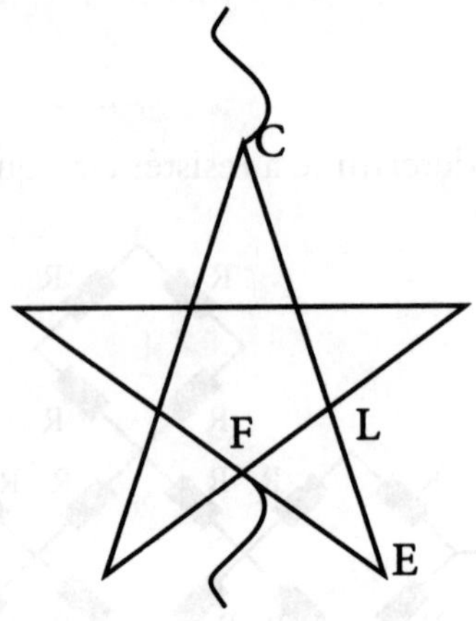

Estrela Regular

13. No esquema da figura abaixo, calcule a resistência equivalente entre dois vértices do pentágono não adjacentes. $R_0 = 22\ \Omega$

a) $10\ \Omega$
b) $12\ \Omega$
c) $14\ \Omega$
d) $16\ \Omega$
e) $18\ \Omega$

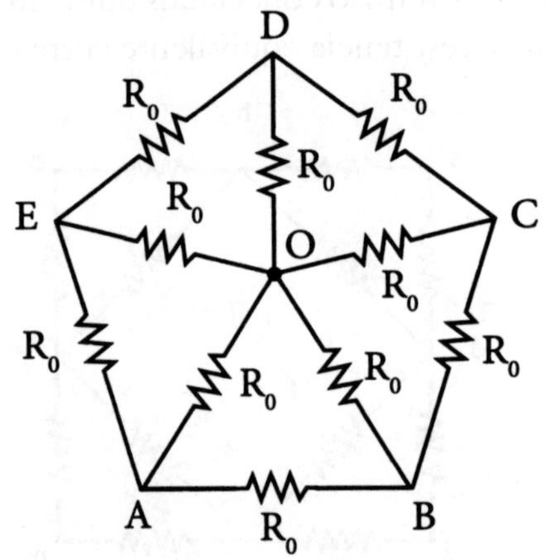

14. (Gilson Resolve) Na malha de resistores apresentada na figura abaixo, todos os resistores possuem a mesma resitência elétrica e estão inseridos, inicialmente, no plano do papel. Nesta condição, é conectada pelos terminais A e C uma fonte de tensão constante. A malha então é submersa em um recipiente com água e, após um tempo $\mathbf{t}_1$, observa-se que o líquido entra em ebulição. Logo em seguida, após retirar a malha do líquido e desfazer a conexão da fonte de tensão com os terminais A e C, ligam-se espacialmente os pontos A, B, C e D de forma que apareça um sólido de base quadrada EFGH. Nesta nova condição, a mesma fonte de tensão usada no primeiro experimento é conectada aos terminais E e F. O sólido então é submerso no mesmo recipiente com água utilizado no experimento anterior e, após um tempo $\mathbf{t}_2$, observa-se que o líquido entra em ebulição. Determine a relação existente entre os tempos $\mathbf{t}_1$ e $\mathbf{t}_2$.

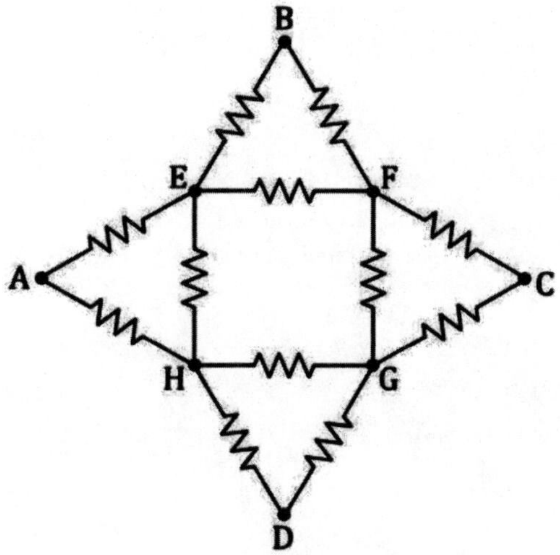
B
E
F
A
C
H
G
D

Nível III

Nesta parte, iremos tratar sobre malhas infinitas. É comum encontrar questões que pedem a resistência equivalente entre pontos num circuito infinito. A ideia é similar em todos os problemas.

1. A figura mostra infinitos resistores de resistência 1 ohm, calcule a resistência equivalente entre os pontos A e B.

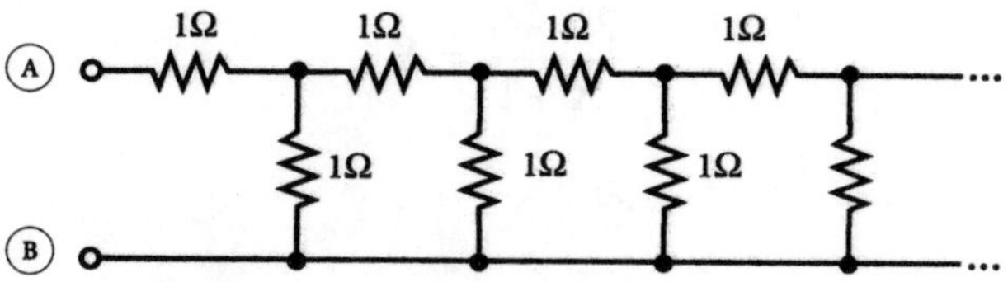

Resolução: A forma mais prática para resolver essa questão é observar que o circuito inteiro (infinito) tem resistência equivalente X, mas como ele é infinito, então, selecionando uma parte do circuito até o infinito ele também será X, podemos entender melhor isso por meio dos desenhos:

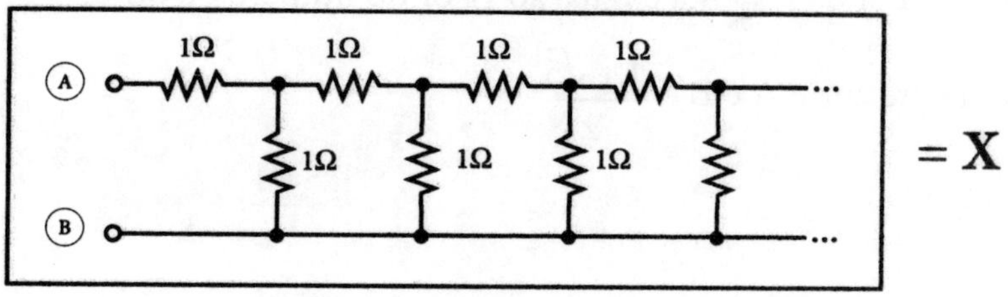

Agora, veja que:

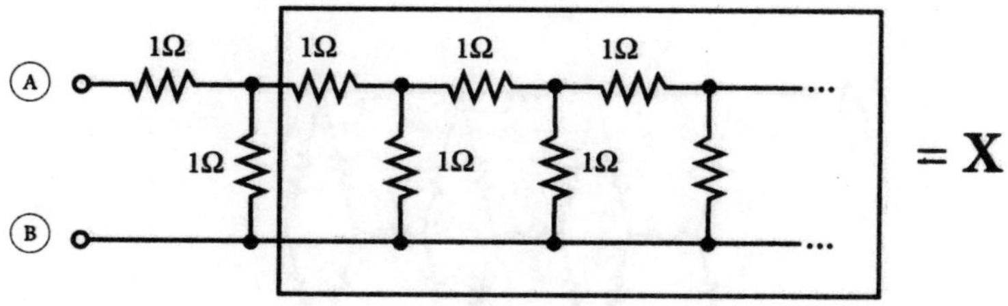

Dessa forma podemos redesenhar o circuito:

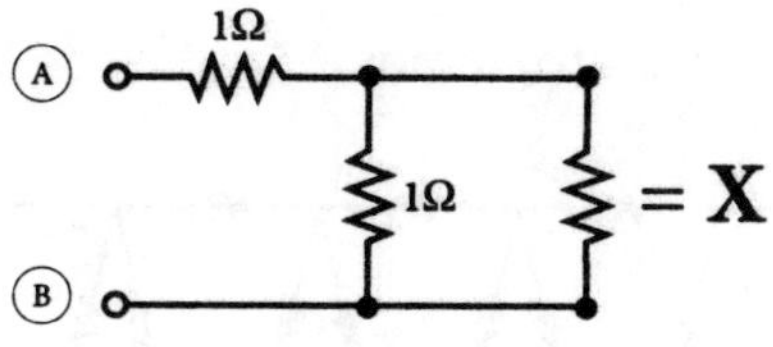

Perceba que X está em paralelo com 1 ohm e sua resultante está em série com 1 ohm e a resistência equivalente total será X. Assim, basta fazer:

$$X \,//\, ohm = \frac{X.1}{X+1}$$

$$\frac{X.1}{X+1} \text{ em série com 1 } ohm = \frac{X}{X+1} + 1 = \frac{2X+1}{X+1}$$

Mas, não devemos esquecer que:

$$\frac{2X+1}{X+1} = X$$

$$X^2 - X - 1 = 0$$

Resolvendo a equação acima, iremos encontrar a resposta para a questão:

$$X = \frac{1+\sqrt{5}}{2}$$

É interessante notar que o valor da resposta é igual ao valor do número de ouro.

Assim, resistência equivalente entre A e B é $\frac{1+\sqrt{5}}{2}$

2. (Gilson Resolve) Um circuito elétrico é formado por um número infinito de resistores idênticos, conforme a figura. A resistência de cada resistor é igual a R. Qual a resistência equivalente entre os pontos A e B?

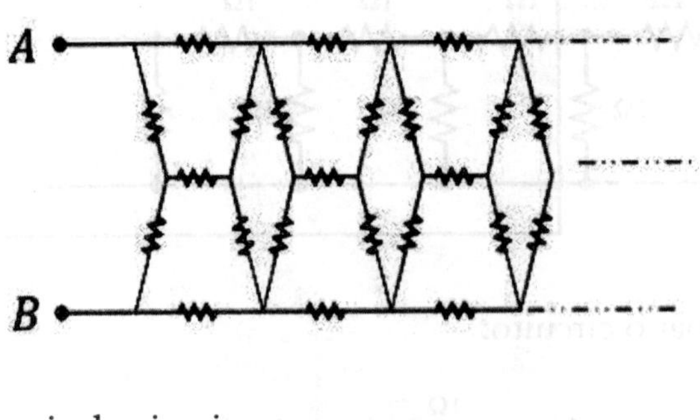

Resolução: Observando a simetria do circuito, temos:

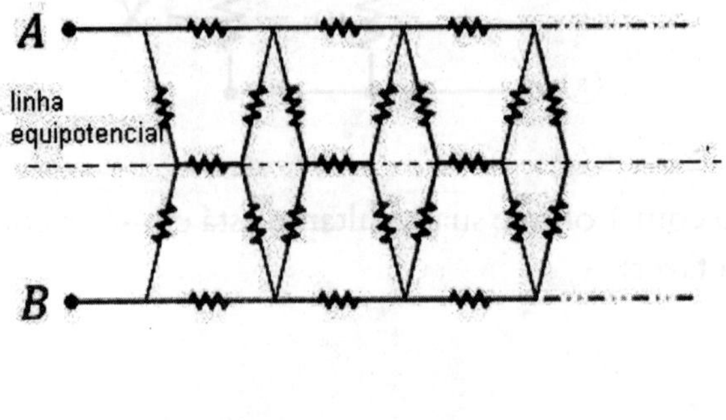

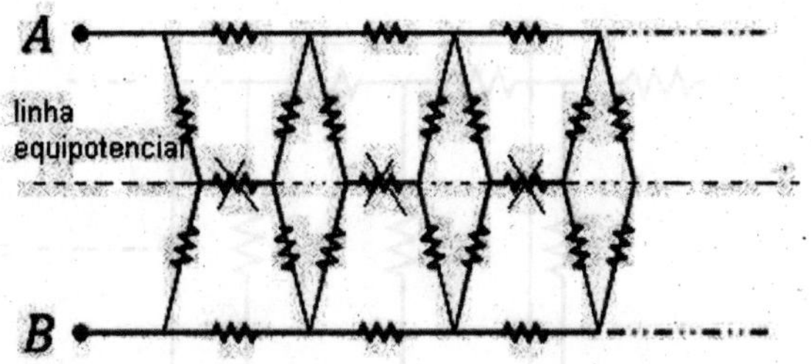

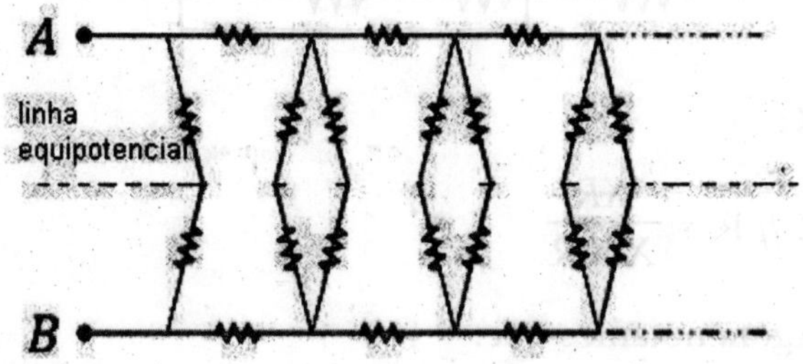

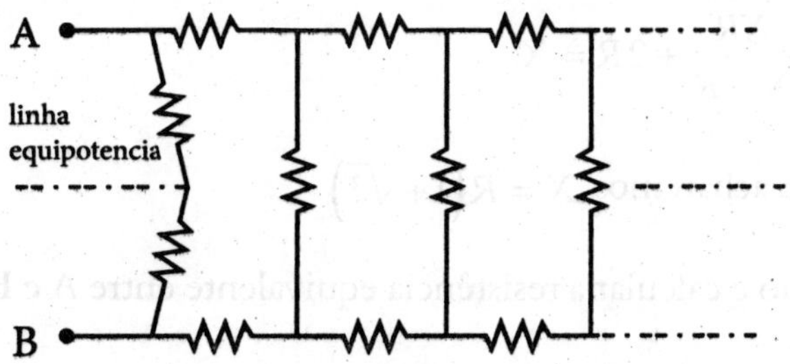

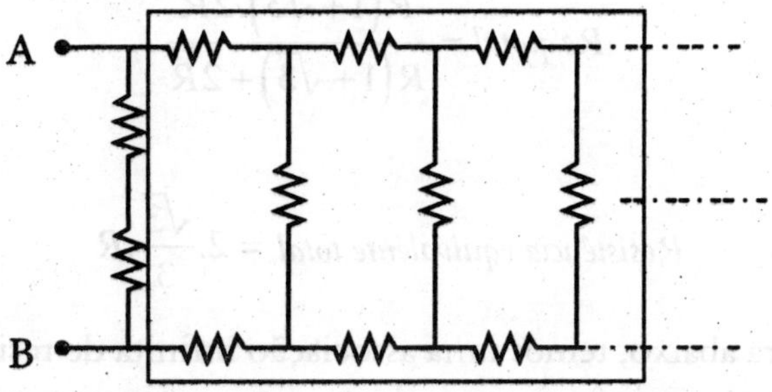

Agora, devemos achar a resistência equivalente entre a parte que selecionamos. Para isso iremos fazer da mesma forma que na questão anterior.

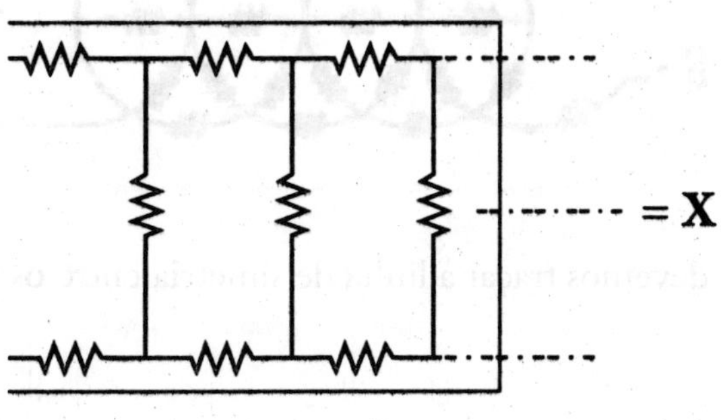

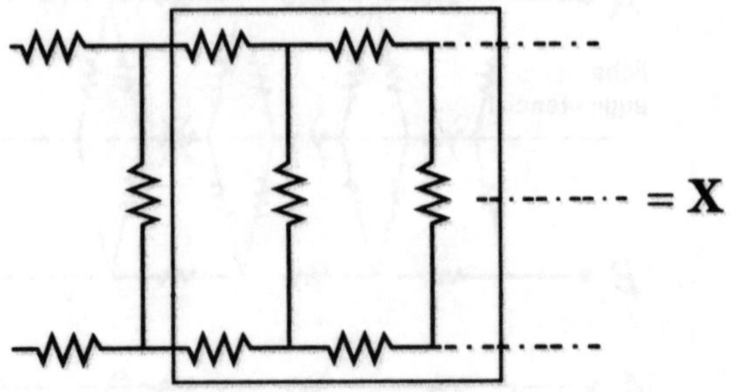

Agora, iremos substituir por X:

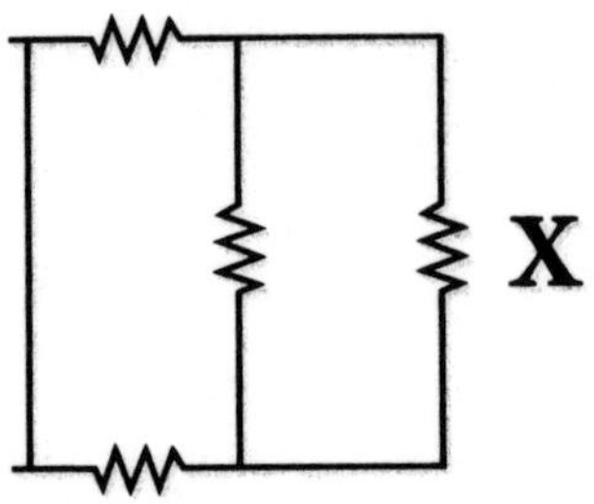

$$X \,//\, R = \frac{XR}{X+R}$$

Agora notamos que:

$$\frac{XR}{X+R} + 2R = X$$

E acharemos $X = R\left(1+\sqrt{3}\right)$

Assim, devemos voltar ao início e calcular a resistência equivalente entre A e B, que será X em paralelo com 2R:

$$Reqtotal = \frac{R\left(1+\sqrt{3}\right).2R}{R\left(1+\sqrt{3}\right)+2R}$$

$$Resistência\ equivalente\ total = 2.\frac{\sqrt{3}}{3}.R$$

3. (Gilson Resolve) Na figura abaixo, temos uma associação infinita de resistores, na qual todos possuem a mesma resistência *R*. Qual a resistência equivalente entre os terminais A e B?

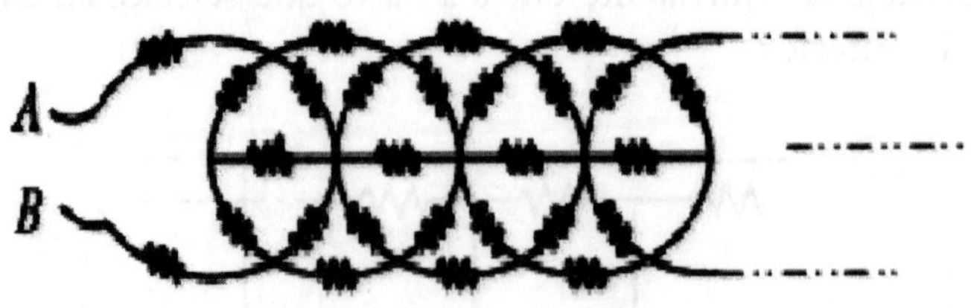

Resolução: Inicialmente, devemos traçar a linha de simetria entre os pontos A e B (no meio do circuito). Observe:

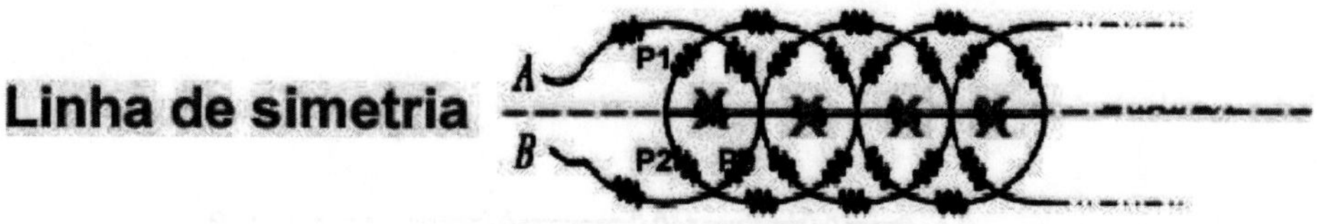

Perceba que na parte de cima e na parte de baixo temos resistores em paralelo (P1 // P1 e P2//P2). Perceba que se calcularmos a resistência equivalente entre os resistores que estão em paralelo e depois em série, poderemos redesenhar o circuito desta forma:

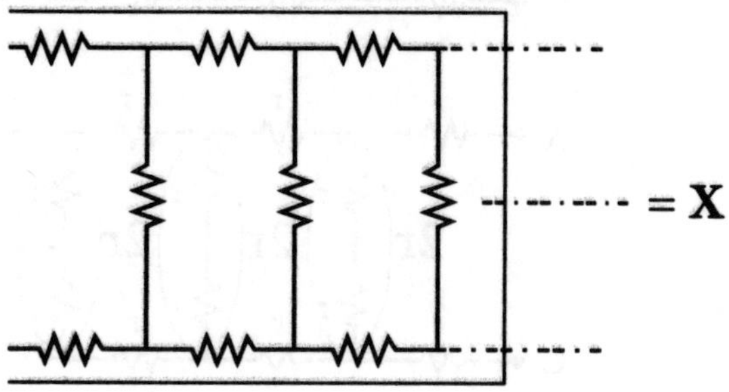

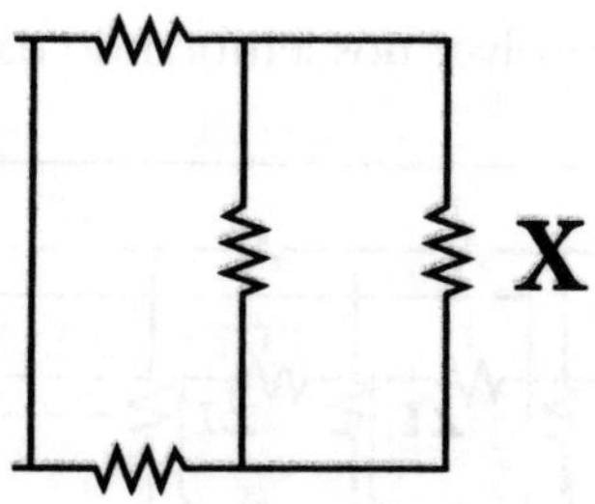

Perceba que a figura que encontramos é idêntica à figura da questão anterior, então, basta calcular a resistência equivalente (achar o X).

$$Req = \frac{X.R}{X+R} + 2R = X$$

Resolvendo a equação iremos achar:

$$\boldsymbol{Req = X = R\left(1+\sqrt{3}\right)}$$

Resposta: $\boldsymbol{R\left(1+\sqrt{3}\right)}$

4. Considere a rede de resistores abaixo. Cada resistor tem resistência **r**. Determine a resistência equivalente entre os pontos A e C.

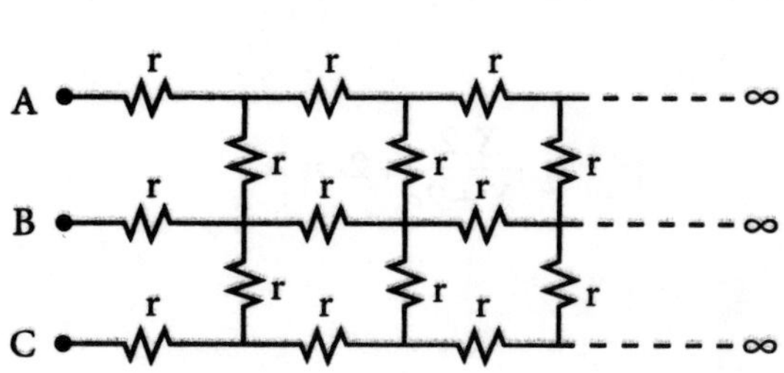

Resolução: Observe a linha de simetria:

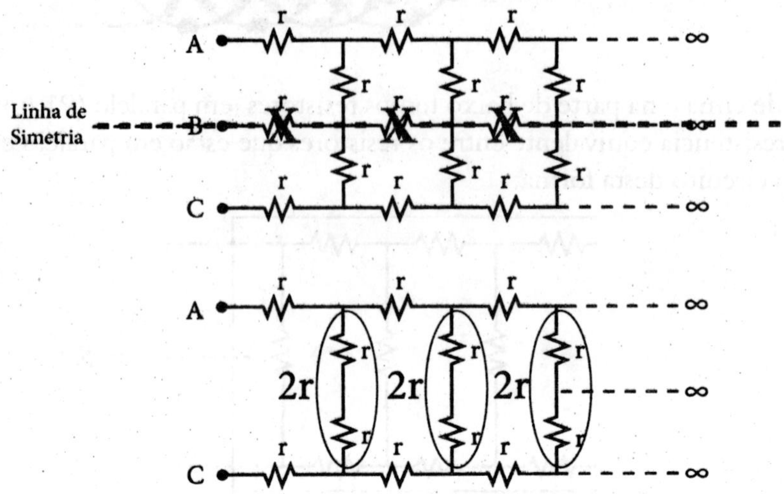

Perceba que agora podemos facilmente resolver nos lembrando das questões anteriores.

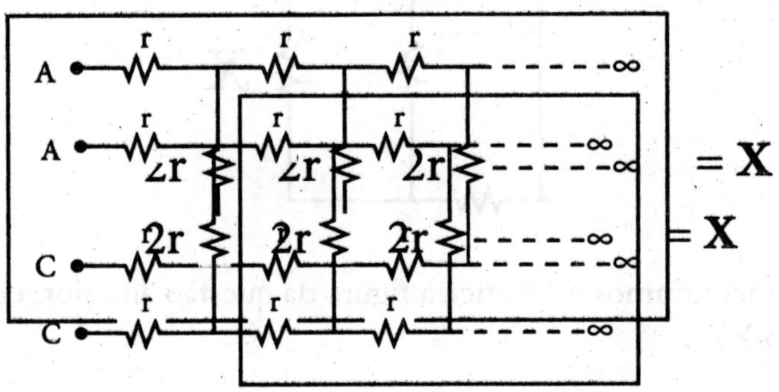

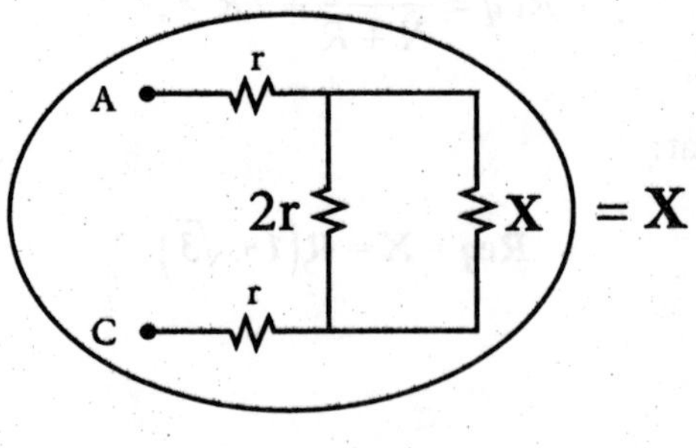

Agora, perceba que X está em paralelo com 2r e depois a resistência equivalente entre eles vai estar em série com 2r.

$$\frac{X.2r}{X+2r}+2r=X$$

Logo, $X=r\left(\sqrt{5}+1\right)$

5. Todos os resistores da malha infinita mostrada na figura têm a mesma resistência **R**. Calcule a resistência equivalente entre os pontos A e B.

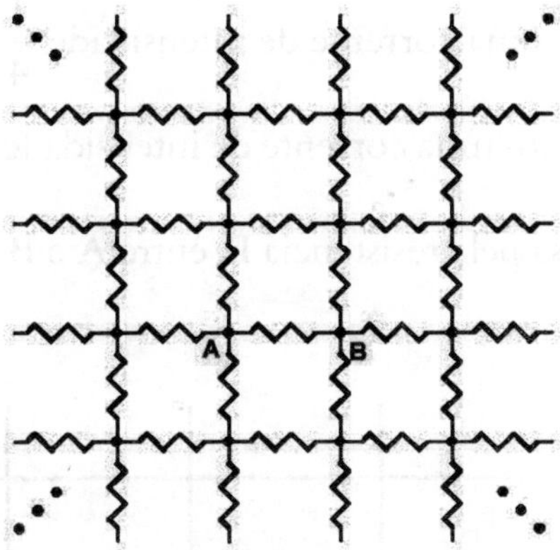

Resolução: Trata-se de um problema clássico de malhas infinitas. Considere o primeiro ponto (A) recebendo uma correte I e depois se dividindo em quatro correntes iguais para os outros resistores. Pela simetria, a corrente que irá se dividir deverá percorrer quatro caminhos, então, sua intensidade será I/4 em cada, como podemos ver por meio da figura abaixo:

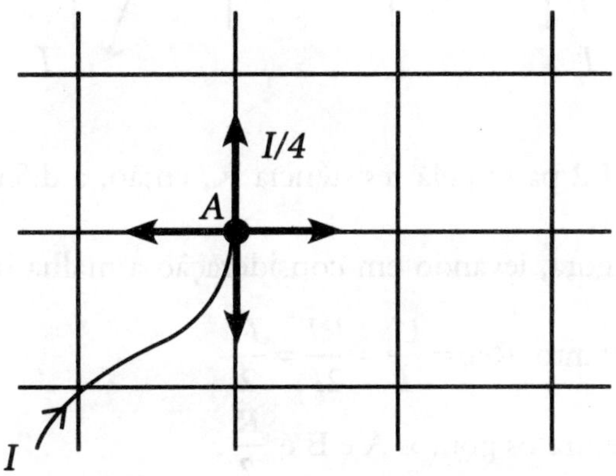

Agora, considere essa mesma corrente I saindo do ponto B e as correntes I/4 chegando nesse mesmo ponto como mostra a figura:

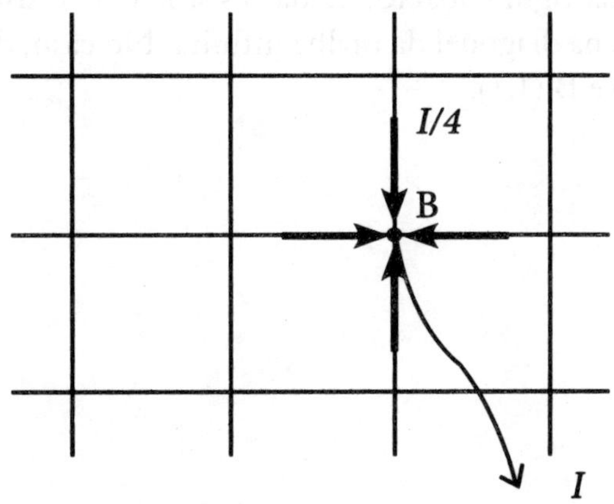

Agora, considere a superposição dos dois casos. A corrente passando por qualquer lugar da malha infinita não pode ser determinada facilmente, mas a corrente passando entre pontos vizinhos pode ser encontrada. Podemos notar que no primeiro caso, uma corrente de intensidade $\frac{I}{4}$ sai do ponto A em direção ao ponto B na horizontal e no segundo caso temos uma corrente de intensidade $\frac{I}{4}$ chegando ao ponto B da esquerda para direita. Logo, a corrente que passa pela resistência R entre A e B é $\frac{I}{4}+\frac{I}{4}=\frac{I}{2}$.

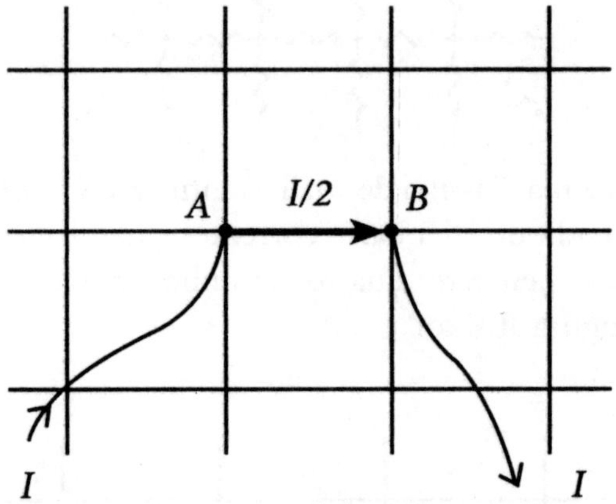

Entretanto, se uma corrente de I/2 passa pela resistência R, então, a diferença de potencial será $U=\frac{R1}{2}$ entre os pontos considerados. Agora, levando em consideração a malha infinita, a resistência equivalente entre dois pontos vizinhos é, portanto $Req=\frac{U}{I}=\frac{RI}{2I}=\frac{R}{2}$

Assim, a resistência equivalente entre os pontos A e B é $\boldsymbol{\frac{R}{2}}$.

De forma análoga, podemos concluir que em uma malha infinita de capacitores a resposta seria 2C, onde C é a capacitância.

6. Considere a malha infinita da figura abaixo. Cada resistor tem resistência 1Ω. Calcule a resistência equivalente entre dois pontos na diagonal da malha infinita. No caso, devemos achar a resistência equivalente entre o ponto A (0,0) e B (1,1).

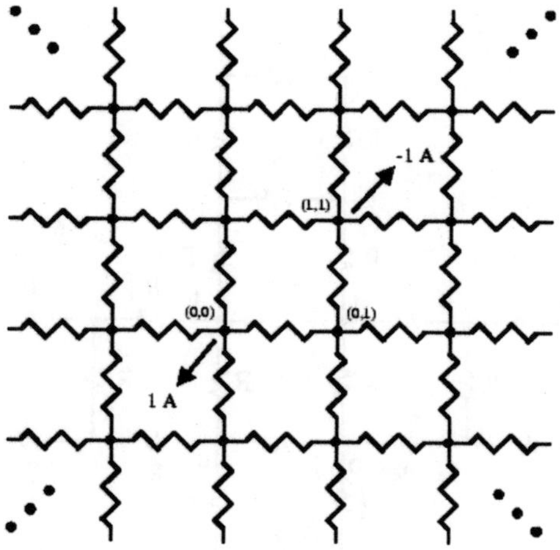

Resolução: A ideia da resolução nesse caso é colocar um ponto como referência, no caso o ponto A (0,0). O ponto que iremos achar deve estar na diagonal desse ponto, no caso B (1,1), mas poderia ser também C (2,2), D (3,3), entre outros.

Agora, para encontrar a resistência equivalente nesse caso basta aplicar a fórmula:

$$R_{m,m} = \frac{2}{\pi}\left(1 + \frac{1}{3} + \frac{1}{5} + \frac{1}{7} + \ldots + \frac{1}{2m-1}\right)$$

Como queremos achar a resistência equivalente entre A e B, então m = 1.

$$R = \frac{2}{\pi}(1)$$

Logo, a resistência equivalente pela diagonal será $\frac{2}{\pi}$

A demonstração da fórmula que apresentamos na página anterior necessita de conhecimento prévio de Cálculo. Não temos como foco a demonstração da fórmula, mas encontramos no "site" www.mathpages.com a demonstração em inglês.

Entretanto, para que o leitor não fique na curiosidade, iremos passar o endereço eletrônico onde existe a demonstração:

Endereço para Demonstração: http://www.mathpages.com/home/kmath668/kmath668.htm

7. Considere o arranjo plano de resistência representado na figura abaixo, no qual duas cadeias infinitas se interceptam nos pontos a, b, c e d. Se cada resistência é R calcule a resistência equivalente entre os pontos a e b.

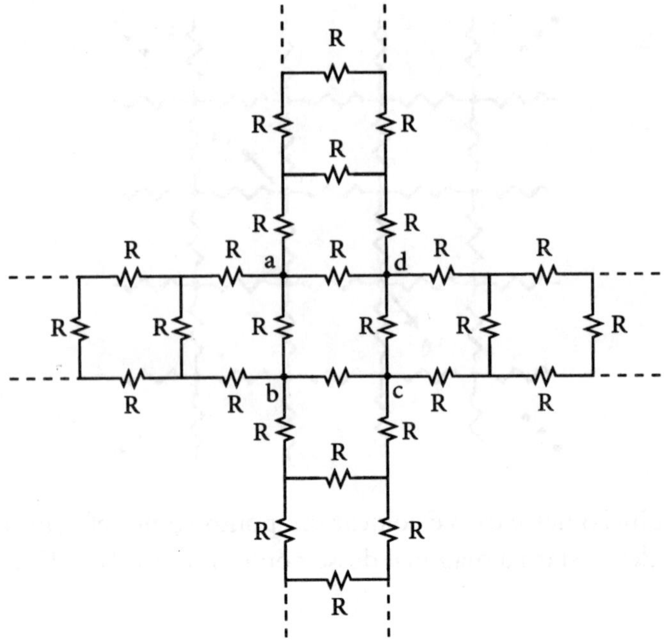

Resolução: Primeiro, devemos resolver a malha infinita entre quaisquer dois pontos consecutivos:

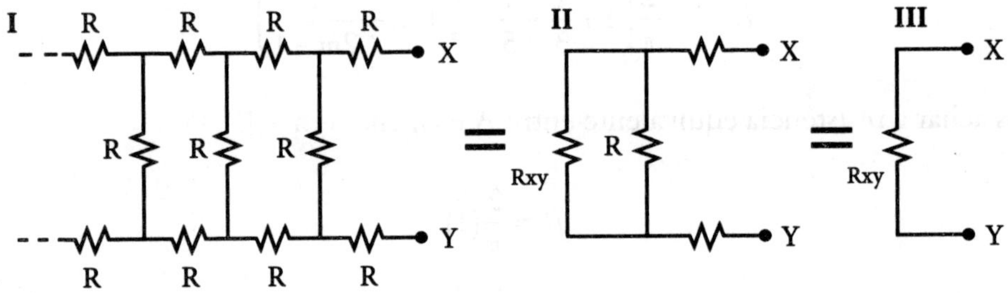

Sendo assim, temos que: Rxy = 2R + R.Rxy/(R + Rxy), já que Rxy está em paralelo com R em II. Resolvendo isso chegamos em: Rxy = R(1 + √3)

Sabendo disso, podemos resumir o circuito:
Como queremos a resistência entre A e B, temos que: Rad = Rdc = Rbc = R.R(1+√3)/R(2 + √3) = R(√-1)
Logo, teremos 3 resistências em paralelo entre os pontos a e b, R, R(1+√3) e 3R(√-1), o que resulta em: 3R(√3-1)/4

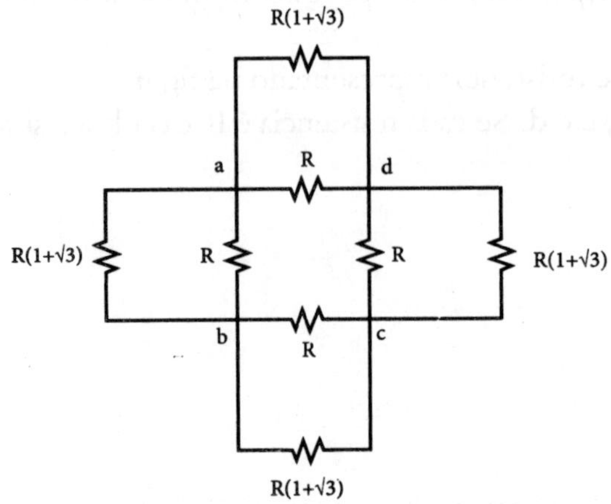

Logo, $Req = \dfrac{3R\left(\sqrt{3}-1\right)}{4}$

8. O circuito da figura estende-se infinitamente e periodicamente nos dois sentidos indicados. A resistência elétrica equivalente entre A e B vale:

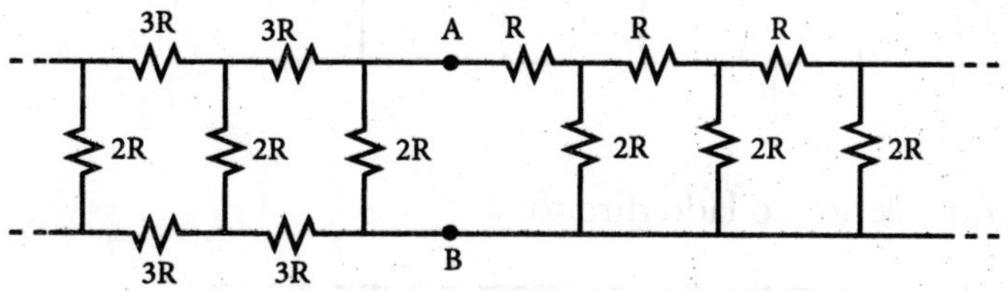

a) $\dfrac{R}{2}$

b) $\left(\dfrac{9-\sqrt{21}}{5}\right)R$

c) $\left(\dfrac{9+\sqrt{21}}{5}\right)R$

d) $\dfrac{\sqrt{21}}{20}R$

e) N.R.A

Resolução: Primeiro devemos encontrar a resistência equivalente em um dos dois lados do circuito, no caso, iremos começar com o lado esquerdo:

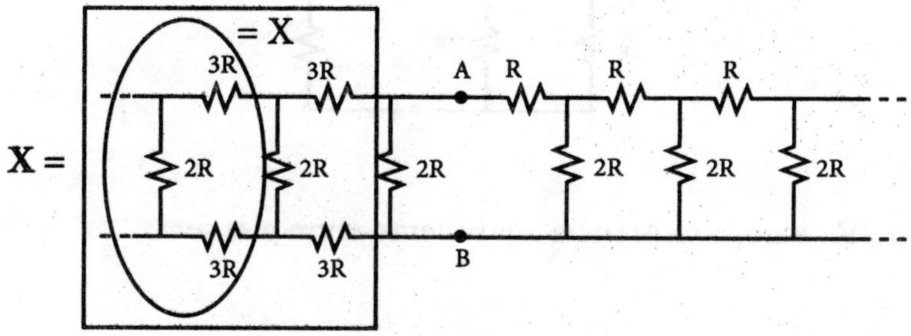

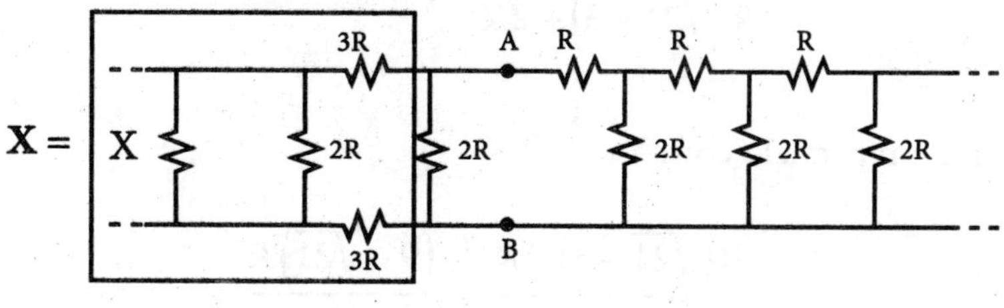

Agora devemos achar X resolvendo a equação: $\dfrac{2RX}{X+2R} + 6R = X$

$X = R\left(3+\sqrt{21}\right)$

O circuito irá ficar:

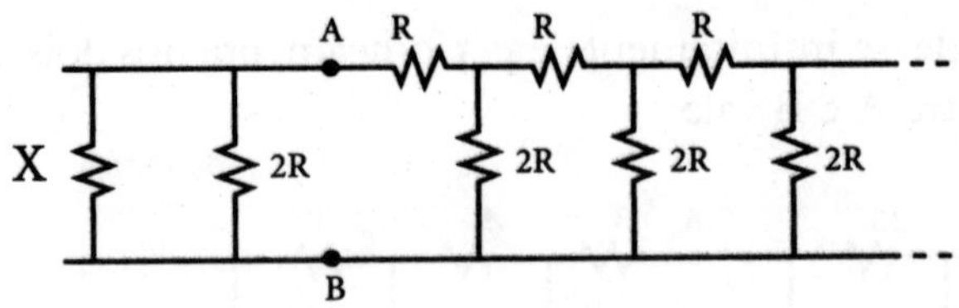

Agora iremos achar a resistência equivalente do lado direito:

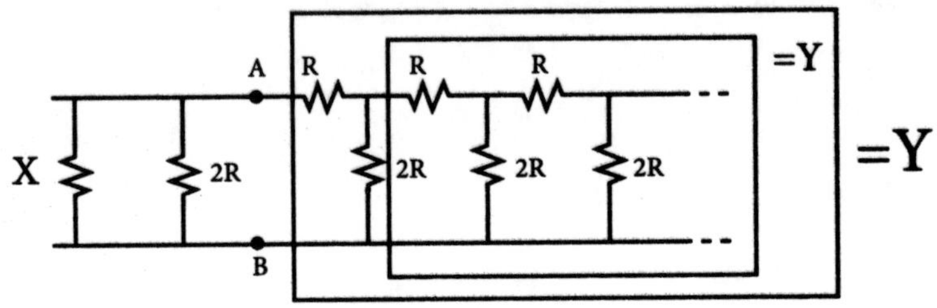

Devemos achar Y pela equação: $\dfrac{2RY}{Y+2R}+R=Y$

Y = 2R

O circuito ficará assim:

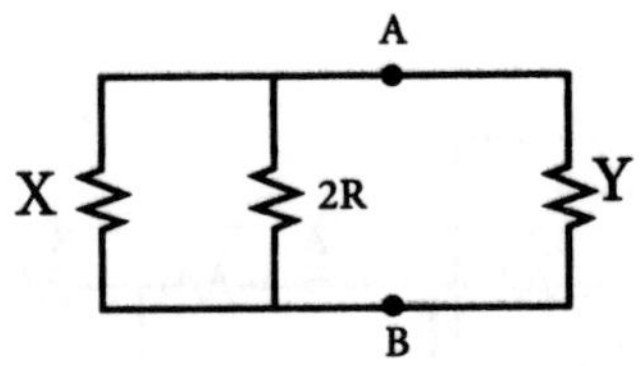

Agora, perceba que X // 2R, logo, a resistência equivalente entre eles será:

$$\frac{R\left(\sqrt{21}+3\right).2R}{R\left(\sqrt{21}+3\right)+2R}=\left(\sqrt{21}-3\right)R$$

Perceba que esse valor está em paralelo com Y:

$$\frac{R\left(\sqrt{21}-3\right).2R}{R\left(\sqrt{21}-3\right)+2R}=\frac{\left(9-\sqrt{21}\right)R}{5}$$

Logo, resposta **B**

9. (IME – 2010) Sabendo que todos os resistores da malha infinita da figura tem resistência R a resistência equivalente entre A e D é:

a) $R\left(1+\sqrt{2}\right)/2$

b) $R\left(1+\sqrt{3}\right)/2$

c) $3R/2$

d) $R\left(1+\sqrt{5}\right)/2$

e) $R(1+6)/2$

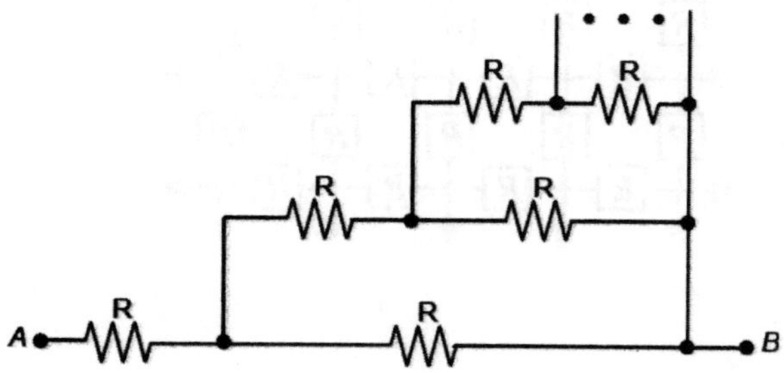

Resolução:

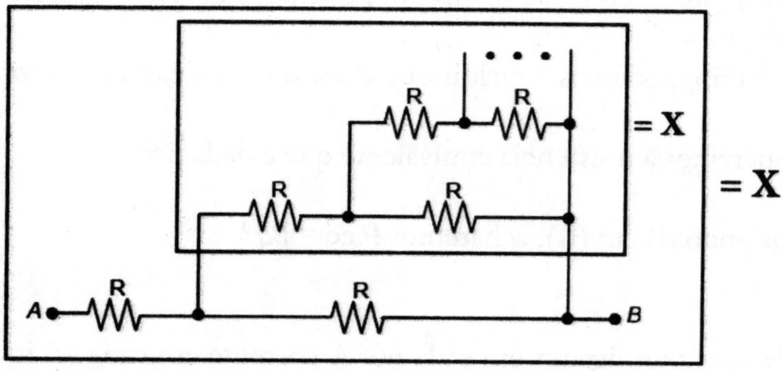

Logo,

$$\frac{XR}{X+R}+R=X$$

$$X=\frac{R\left(\sqrt{5}+1\right)}{2}$$

Assim, resposta **D**

10. (Adaptado - The Art Of Quack Tech Life – Blog) Considere todos os resistores de igual resistência **R**. Eles estão numa malha infinita 2D. Resolva os itens:

a. Calcule a resistência equivalente entre dois nós consecutivos.
b. Seja uma malha infinita como a da figura, mas em três dimensões, calcular a resistência equivalente entre dois nós consecutivos.
c. Seja uma malha infinita como a da figura, mas em n dimensões, calcular a resistência equivalente entre dois nós consecutivos.

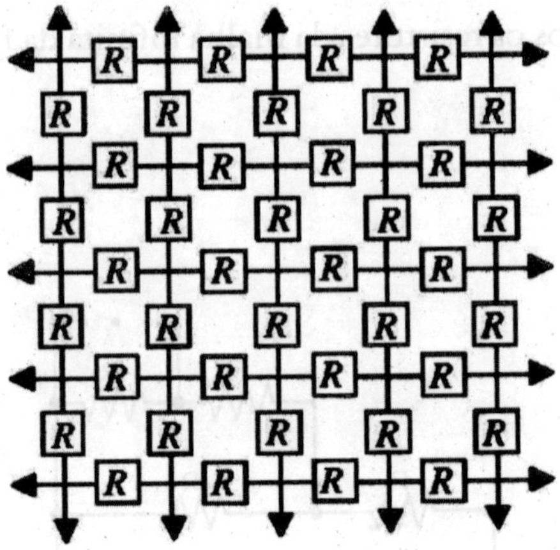

Resolução:

a. Já resolvemos esse item, veja questão 5 deste nível.

b. A ideia é imaginar essa malha em 3D. Assim, teríamos resistores "saindo" e "entrando" no plano da malha. Teríamos seis resistores conectados em um nó, então, a corrente será dividida em seis partes .

Utilizando a superposição, podemos concluir que entre dois nós passa uma corrente total de . Logo:

$U = R\dfrac{I}{3}$ (I), mas queremos a resistência equivalente que é dada por:

$U = Req.I$ (II). Igualando (I) em (II), acharemos Req = R/3

c. Seja M o número de resistores ligados em cada nó. A corrente em cada nó irá se dividir e ficar $\dfrac{I}{M}$, a corrente que passa entre dois resistores adjacentes será: $2.\dfrac{I}{M}$, agora, sabemos que:

$$U = 2.R.\frac{I}{M}$$

$$U = Req.I$$

Logo, $Req = \dfrac{2R}{M}$, que é a resistência equivalente com M resistores em cada nó numa malha infinita 2D.

Agora, se temos n dimensões, devemos ter a resistência equivalente entre 2 nós vizinhos que é $Req = \dfrac{1}{n}$ (sendo R = 1Ω)

11. (Lista de revisão ITA – 2011 – Renato Brito) A figura mostra uma sucessão infinita de triângulos equiláteros cujos lados são condutores homogêneos de seção transversal constante, cuja resistência por unidade de comprimento vale λ. Nessa sequência, o lado de cada triângulo é o dobro do lado do triângulo que o sucede. Se o triângulo maior tem lado L, pede-se a resistência equivalente entre A e B.

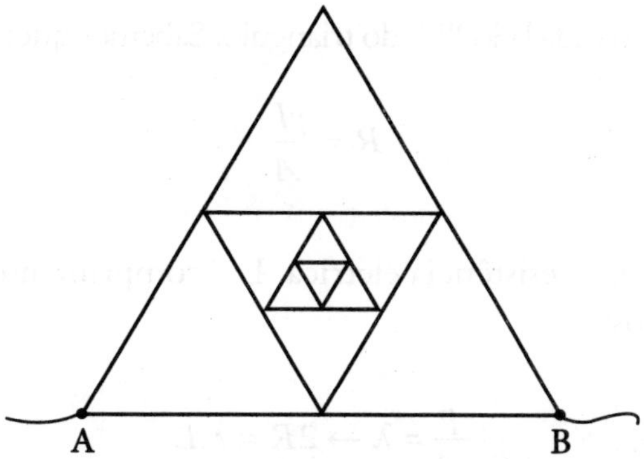

Resolução: Trata-se de uma questão interessante. O enunciado afirma que o lado do triângulo maior é L, então, o triângulo de dentro terá L/2, L/4, L/8, L/16... assim, podemos concluir que se a resistência equivalente total do circuito é , então, a resistência equivalente da série de triângulos menores será X/2.

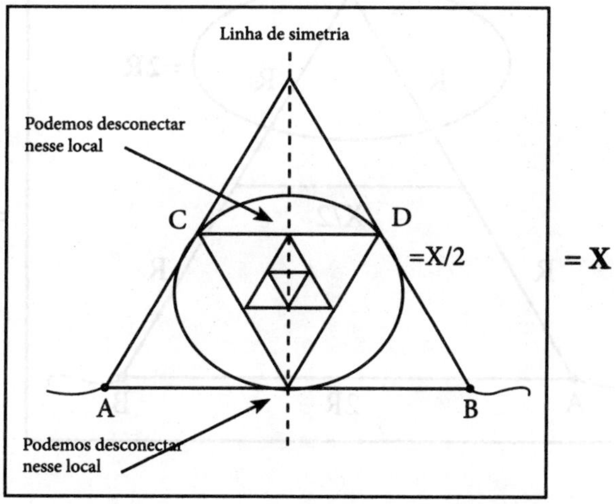

Observe que podemos desconectar aqueles pontos do triângulo, pois todos os pontos sobre a linha de simetria têm o mesmo potencial, logo, não fará diferença se tirarmos a "ponta" do triângulo menor invertido sobre o ponto médio do triângulo maior. Entretanto, não podemos desconectar nos pontos C e D. Logo, podemos redesenhar o circuito desta forma:

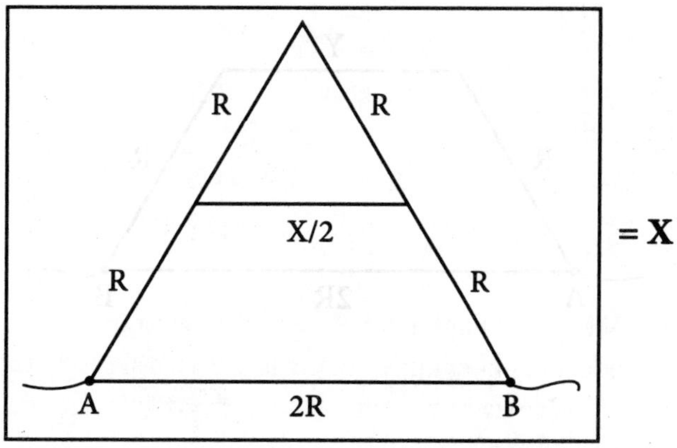

Colocamos como 2R a resistência em cada lado "L" do triângulo. Sabemos que:

$$R = \frac{pL}{A}$$

Onde: p = resistividade elétrica, R = resistência elétrica, L = comprimento do espécime, A = área da seção do espécime. Nessa questão temos:

$$\frac{p}{A} = \lambda \rightarrow 2R = \lambda.L$$

Agora, basta fazer série, paralelo, série, paralelo. Acharemos uma equação do segundo grau e resolvendo achamos o valor de X:

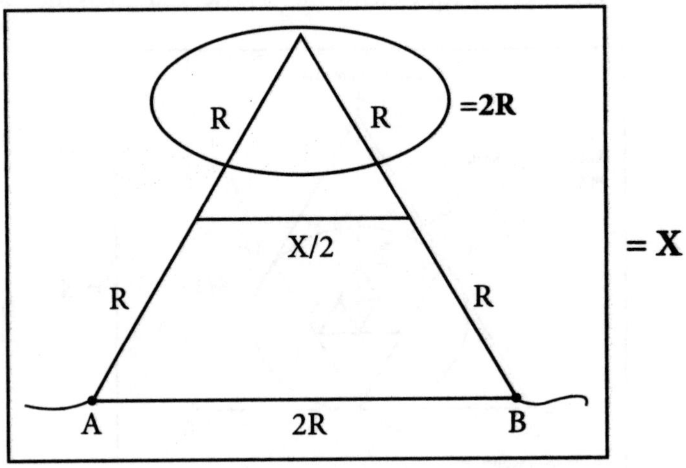

Perceba que 2R está em paralelo com X/2:

$$Y = \frac{2R.\frac{X}{2}}{2R + \frac{X}{2}} = \frac{2.R.X}{X + 4R}$$

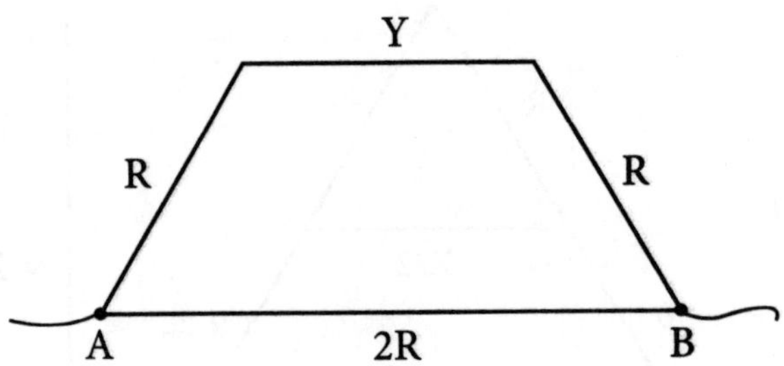

Agora perceba que Y, R e R estão em série, então:

$$W = Y + 2R = \frac{4R(2R+X)}{4R+X}$$

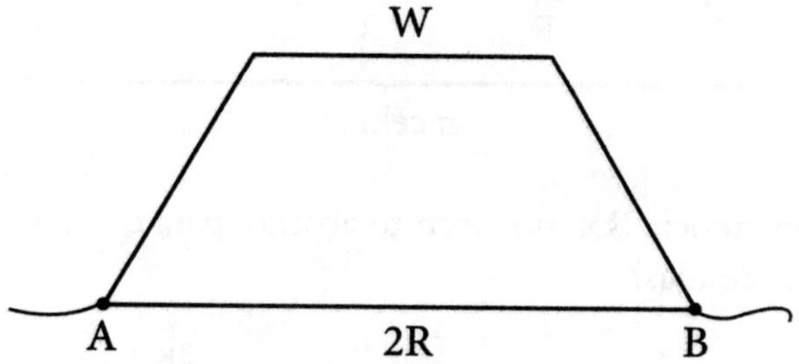

W está em paralelo com 2R, assim, encontraremos a resistência equivalente entre A e B que colocamos no início como X:

$$X = \frac{W.2R}{W+2R} = \frac{4R(X+2R)}{3X+8R}$$

Calculando, iremos achar a equação do segundo grau:

$$3.X^2 + 4R.X - 8R^2 = 0$$

Acharemos o valor de $X = \frac{2R(\sqrt{7}-1)}{3}$, mas não podemos esquecer que:

2R = λ.L, logo, substituindo em X iremos achar o valor da resistência equivalente entre A e B:

$$Req = X = \frac{\lambda.L(\sqrt{7}-1)}{3}$$

Exercícios de Fixação

1. Refaça todos os exemplos resolvidos do "Nível III".

2. Cada elemento no circuito finito mostrado na figura é R = 1 ohm. A corrente de 1 A flui no resistor final. Qual a diferença de potencial V entre os terminais do circuito? Qual a resistência equivalente do circuito? Compare o resultado com um circuito infinito,

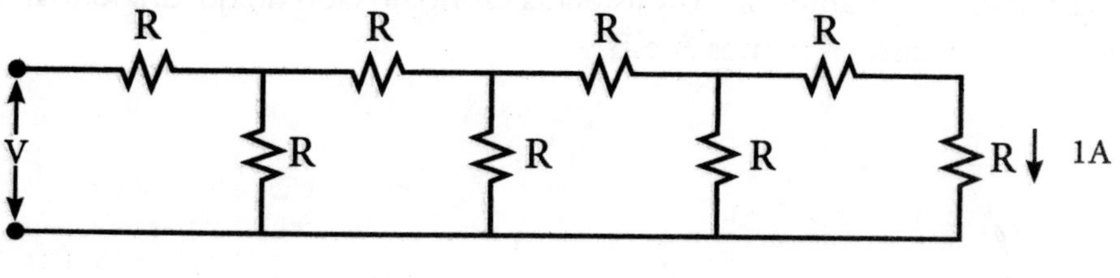

3. Determine a resistência equivalente:

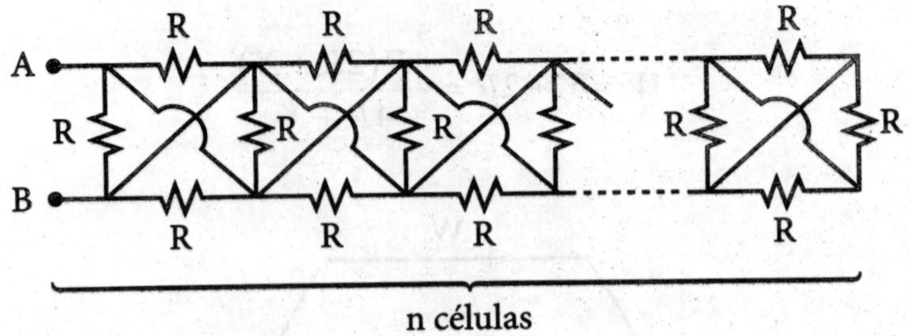

4. Qual deve ser o valor da resistência Rx, no circuito abaixo, para que a resistência entre os pontos A e B não dependa do número de células?

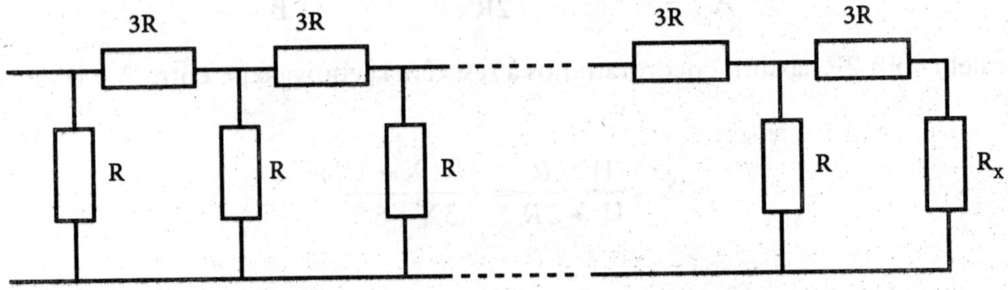

5. Considere a rede triangular abaixo. Cada lado do triângulo tem resistência R. Determine a resistência equivalente entre A e B.

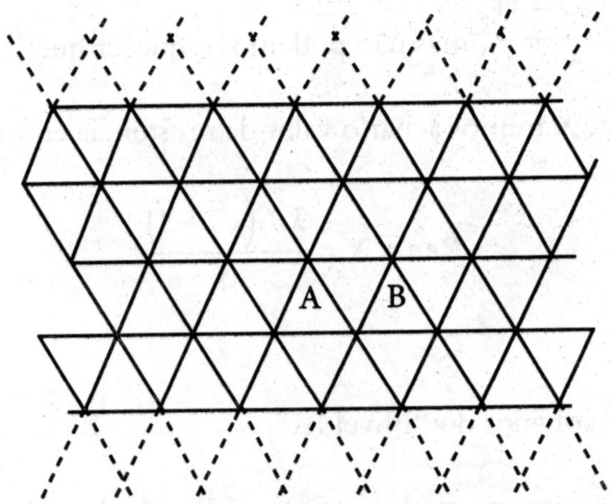

6. O circuito elétrico abaixo é constituído de um número infinito de quadrados. O quadrado subsequente é exatamente $\sqrt{2}$ menor que o anterior. A resistência do fio do lado do quadrado maior é R. Determine a resistência equivalente entre os pontos A e B.

7. (IME CG 2004/2005) Certo circuito elétrico é construído a partir de conexões sucessivas de diversos módulos compostos por dois resistores, cujos valores são 2R e R, como mostrado na figura abaixo. Sabendo que uma bateria E alimenta os terminais do primeiro módulo, determine o valor do resistor R_L a ser conectado nos terminais do último módulo, de forma que a corrente elétrica fornecida pela bateria seja sempre a mesma, independentemente do número de módulos conectados.

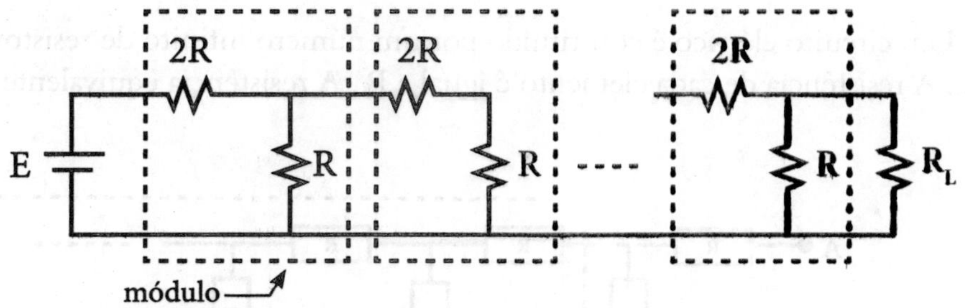

8. (Luís Eduardo) Numa malha infinita, cada nó está ligado a infinitos resistores. Calcule a resistência equivalente entre dois nós adjacentes.

9. (Luís Eduardo – Adaptada) Calcule a resistência equivalente entre A e B:

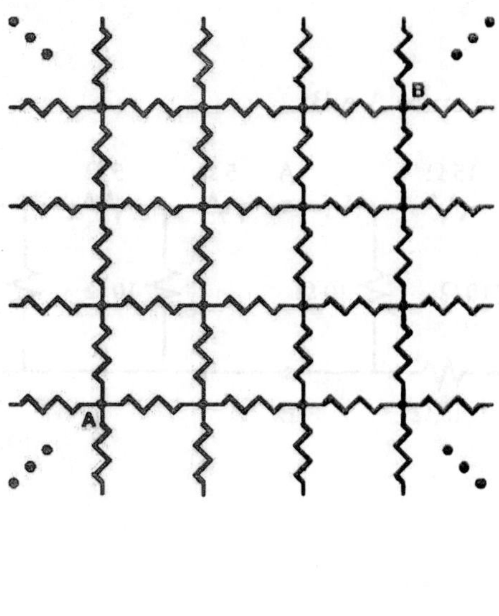

10. Calcule a resistência equivalente entre A e B:

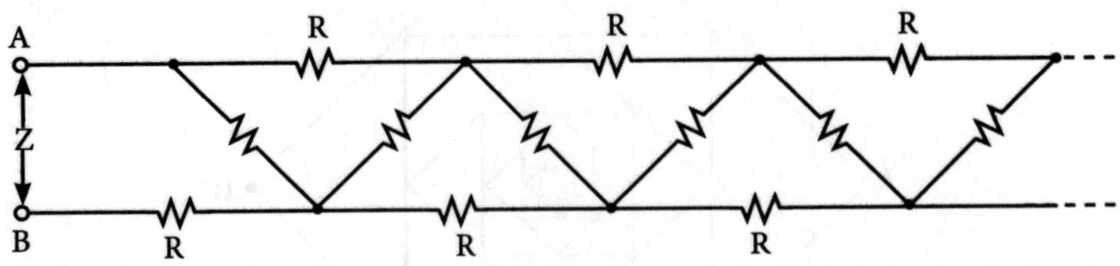

11. (IPhO-1967) Considere um circuito infinito de resistores (cada um com resistência "r") como mostrado na figura. Encontre a resistência equivalente entre os pontos A e B.

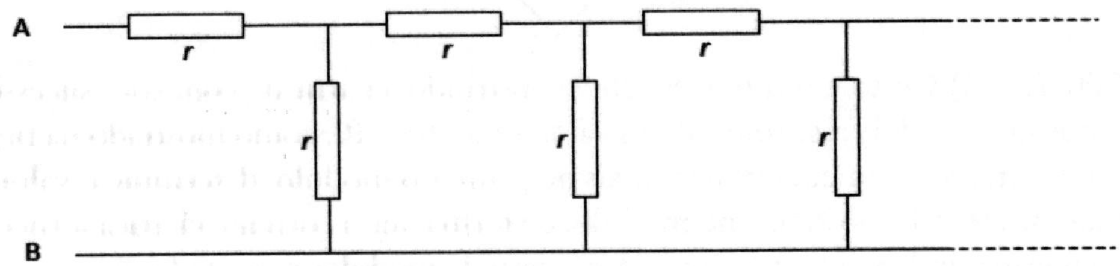

12. (ITA – 2001) Um circuito elétrico é constituído por um número infinito de resistores idênticos, conforme a figura. A resistência de cada elemento é igual a R. A resistência equivalente entre os pontos A e B é:

a) Infinita

b) $R(\sqrt{3}-1)$

c) $R\sqrt{3}$

d) $R\left(1-\frac{\sqrt{3}}{3}\right)$

e) $R(1+\sqrt{3})$

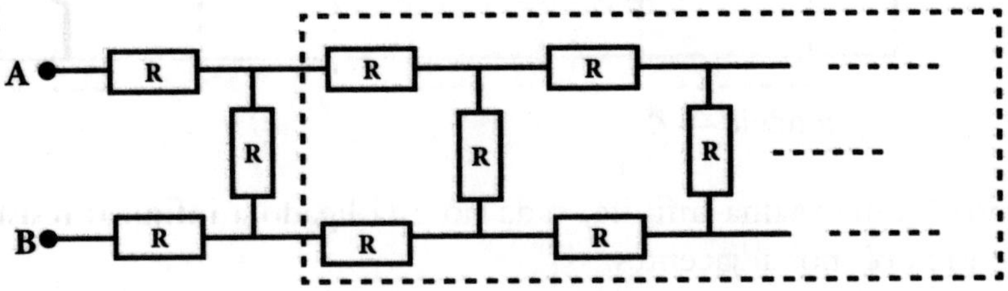

13. Calcule a resistência equivalente entre A e B:

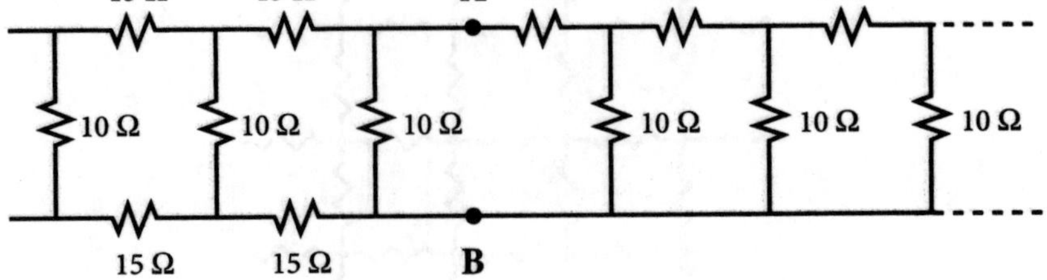

Nível IV

Nesta parte, iremos tratar de questões que pedem a resistência equivalente entre pontos de um poliedro. Nesse contexto, mostraremos algumas fórmulas e dicas para a resolução de diversas questões. Começaremos do exemplo mais simples (Cubo) até os mais complexos.

1. (Seara da Ciência) Na figura ao lado, cada uma das 12 resistências vale 1Ω. Qual é a resistência entre os pontos A e B?

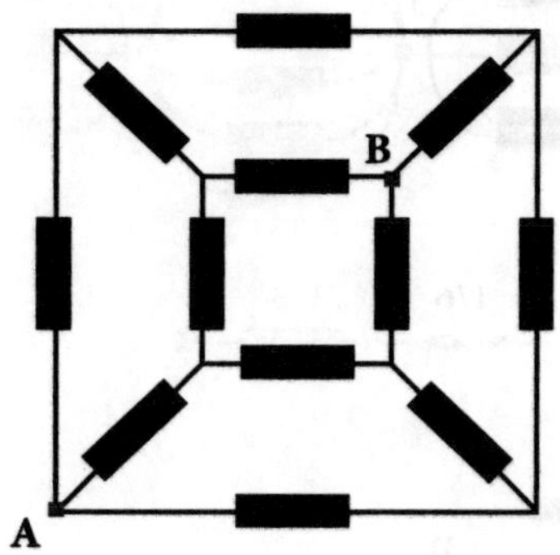

Resolução: O circuito do problema é um cubo o qual está representado. Nesse problema, a figura representa um cubo "achatado". A ideia é exatamente notar que isso, na verdade, é um cubo visto de cima, como na figura abaixo:

Compare a figura do cubo com a apresentada no enunciado da questão. Os pontos A e B são diametralmente opostos. Pela simetria, podemos ver que os nós 1, 2 e 3 devem ter o mesmo potencial, pois se uma corrente I entra em A, como os resistores são idênticos, essa corrente será dividida em três partes iguais, assim, U = RI/3 (que é a ddp entre o ponto A e o ponto 1,2 ou 3). O mesmo ocorre com os pontos 4, 5, 6 e o ponto B.

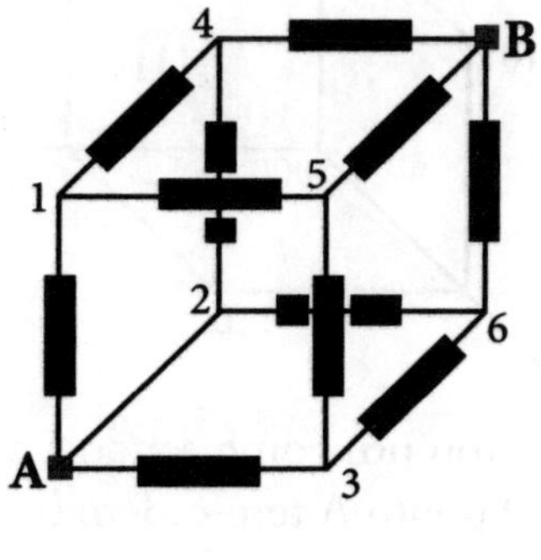

Temos então dois grupos de resistências em paralelo (123) e (456).

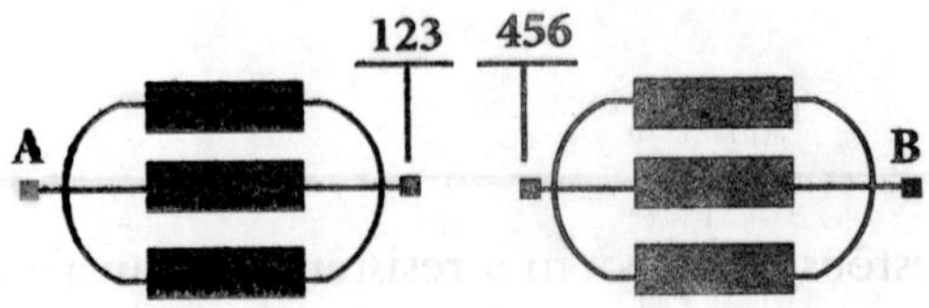

Cada uma das seis resistências restantes está ligada entre um dos pontos 1, 2 ou 3 com um dos pontos 4, 5 ou 6. Logo, essas resistências estão em paralelo entre si, formando um conjunto que se conecta em série com os outros dois.

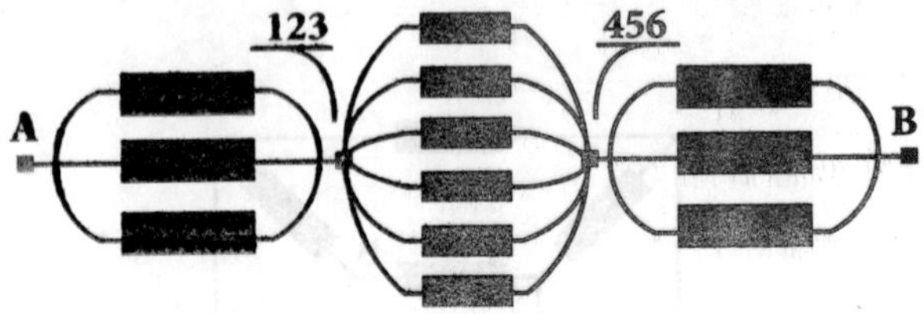

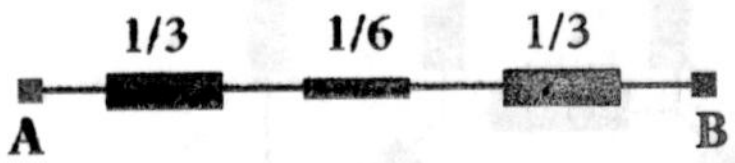

Agora é fácil concluir o problema.
A resistência equivalente entre A e B será de 1/3 + 1/6 + 1/3 = **5/6Ω**

Esse tipo de problema fica facilitado pela seguinte observação.
Desenhando o cubo de lado 1 em coordenadas retangulares, observamos que as coordenadas de todos os vértices são 0 ou 1.

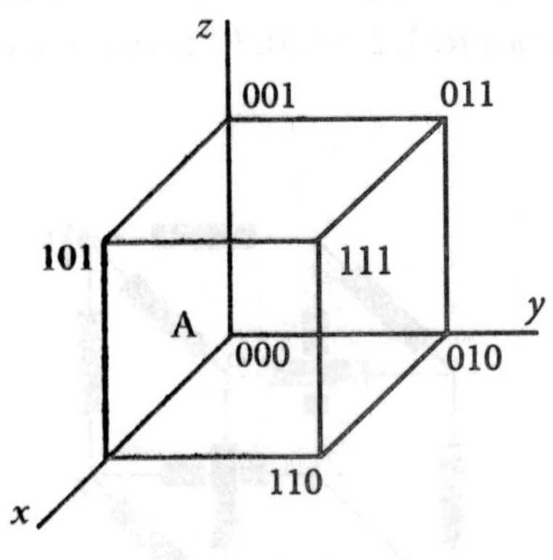

Vamos definir a ORDEM de um vértice (ou nó) como sendo a SOMA de suas coordenadas. O ponto B, por exemplo, tem ordem 1 + 1 + 1 = 3. O ponto A tem ordem 0.

Aplicando uma diferença de potencial entre A e B observamos, por simetria, que os vértices que têm a mesma ordem têm o mesmo potencial. Logo, podem ser agrupados em um único nó, como fizemos na solução do problema. Se você pensar um pouco verá que esse truque vale não só para um cubo, mas para qualquer poliedro regular com resistências iguais em cada aresta.

2. Encontre a resistência equivalente entre os pontos **A** e **B** sabendo que todos os resistores têm resistência "R".

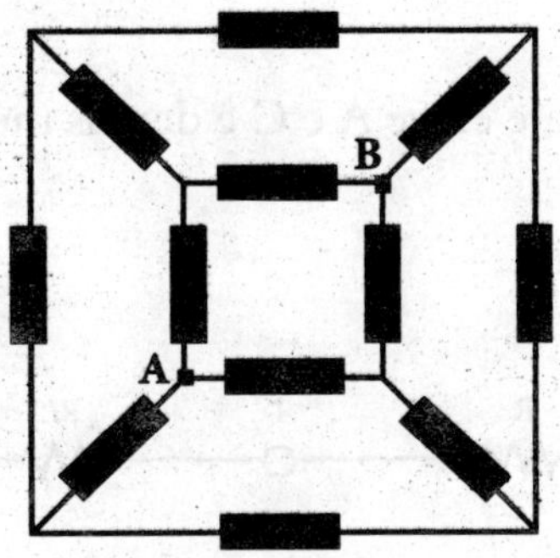

Resolução: Nesse caso, perceba que os pontos A e B estão na mesma face do cubo. Podemos redesenhá-lo da seguinte maneira:

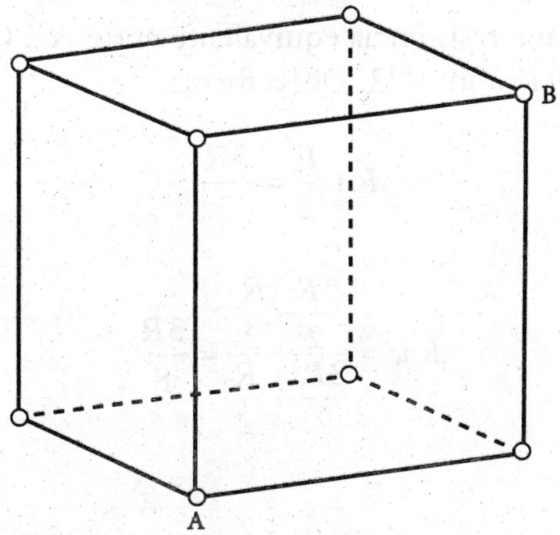

Cada aresta do cubo apresenta uma resistência "R". Note que podemos visualizar melhor o cubo e os pontos A e B.

Entretanto, para resolver a questão será prático planificar o cubo e utilizar a figura do enunciado.
Basta traçar a linha de simetria e encontrar a resistência equivalente.
Como podemos ver pela figura.

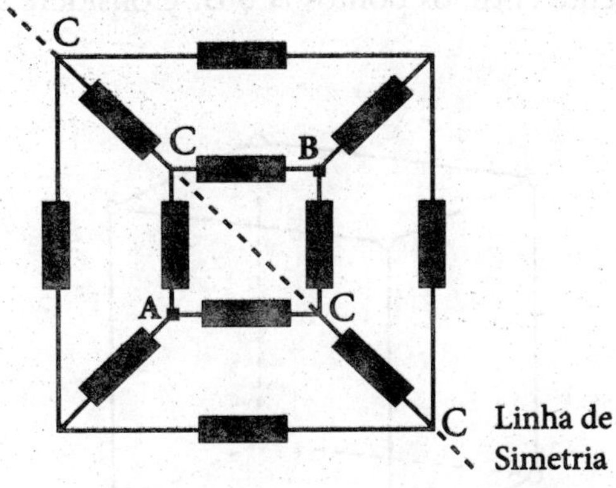

Perceba que os resistores sobre a linha de simetria serão eliminados já que todos os pontos sobre a linha de simetria têm o mesmo potencial.

Agora, basta achar a resistência equivalente entre A e C e depois multiplicar por dois para acharmos a resistência equivalente entre A e B.

Assim, teremos:

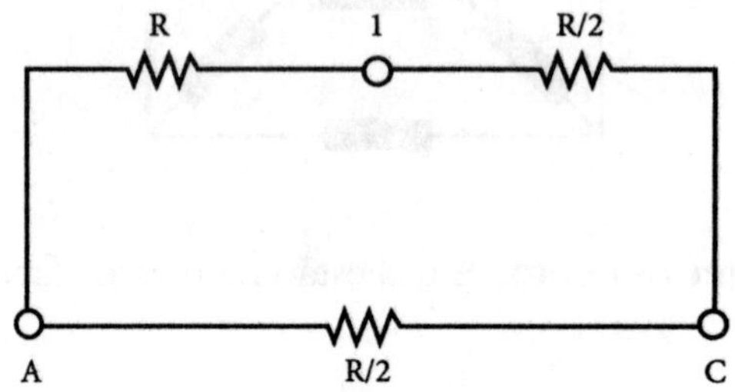

Pela última figura, podemos calcular a resistência equivalente entre A e C fazendo série na parte de cima e depois o valor encontrado em paralelo com R/2. Dessa forma:

$$R+\frac{R}{2}=\frac{3R}{2}$$

$$Rac=\frac{\frac{3R}{2}\cdot\frac{R}{2}}{\frac{3R}{2}+\frac{R}{2}}=\frac{3R}{8}$$

Note que: (3R/2) // (R/2)

Portanto, a resistência equivalente entre A e B será o valor da resistência dos pontos A e C multiplicado por dois.

$$\text{Logo, } Rab=\frac{3R}{4}$$

3. Encontre a resistência equivalente entre os pontos A e B. Considere que em cada aresta temos um resistor de resistência "R".

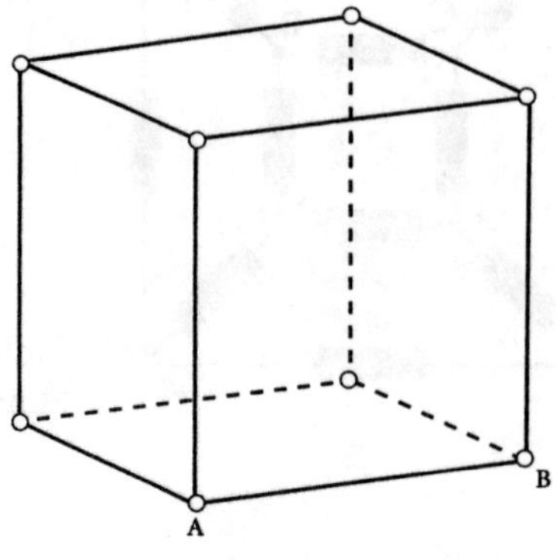

Resolução: A ideia é encontrar inicialmente os pontos que estão sobre o mesmo potencial. Se entrar uma corrente I sobre o ponto A, então, deverá sair a mesmo corrente pelo ponto B, mas ela vai se dividir entre os outros pontos e assim deveremos descobrir quais pontos tem o mesmo potencial.

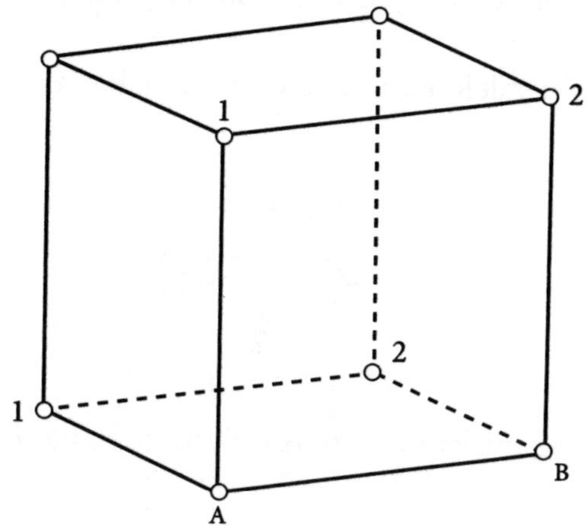

Notaremos que os pontos que estão numerados por 1 apresentam o mesmo potencial, o mesmo para os pontos numerados por 2.

Agora, iremos usar a mesma ideia do exemplo anterior, planificaremos o cubo e iremos traçar a linha de simetria.

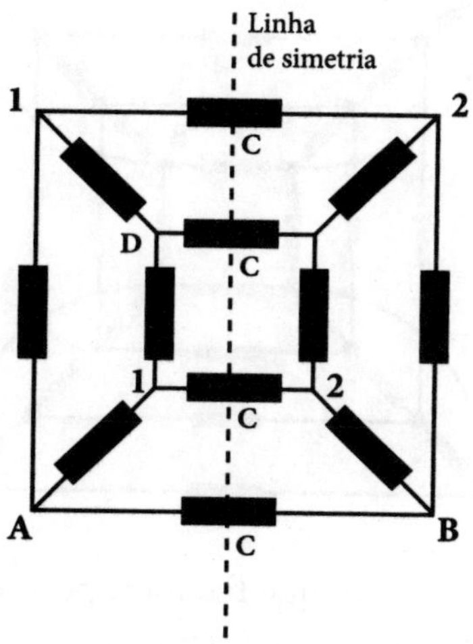

Observe os pontos 1 e 2, o ponto C é um ponto qualquer sobre a linha de simetria e o ponto D é o ponto entre 1 e C. Agora, o problema ficou mais simples, basta achar a resistência equivalente entre A e C.

- A resistência equivalente entre A e 1 será , pois temos dois resistores R em paralelo. Observe que temos um resistor de resistência R/2 entre A e C.
- A resistência equivalente entre 1 e D será , pois temos 2 resistores em paralelo.
- A resistência equivalente entre D e C é , pois a linha de simetria divide o resistor R que está no meio por dois de R/2.

- Agora, perceba que 1D está em série com DC, logo, a resistência entre eles será R (R/2 + R/2), que será uma das resistências em paralelo com 1 e C.
- Note que agora temos 3 resistores em paralelo com a mesma ddp (entre 1 e C): R, R/2, R/2. Calculando, acharemos que a resistência equivalente entre 1 e C é R/5.
- Agora, não podemos esquecer que A1 está em série com 1C, logo, R/2 + R/5 = 7R/10, que será uma das resistências entre A e C.
- Agora temos dois resistores em paralelo entre A e C, basta achar a resistência equivalente e acharemos a resposta:

$$Rac = \frac{\frac{7R}{10} \cdot \frac{R}{2}}{\frac{7R}{10} + \frac{R}{2}} = \frac{7R}{24}$$

Entretanto, queremos a resistência equivalente entre A e B, logo, basta multiplicar por dois o valor encontrado. Assim:

$$Rab = \frac{7R}{12}$$

4. (Seara da Ciência) Calcule a resistência equivalente entre os pontos A e B do circuito a seguir sabendo que cada resistência vale "R".

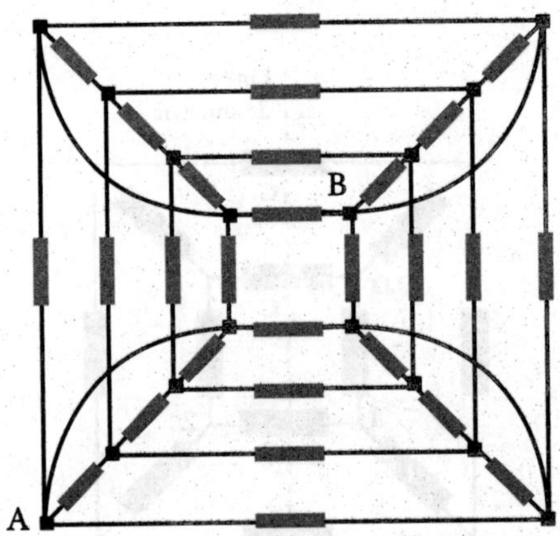

Resolução: Essa questão é diferente das outras que fizemos, pois não se trata de um cubo (3D), e sim, de um hipercubo (4D). Nesse caso, devemos notar que temos um cubo dentro de outro. Basta contar o número de "linhas" na horizontal que passa pelo meio que serão as arestas do cubo maior e do cubo menor.

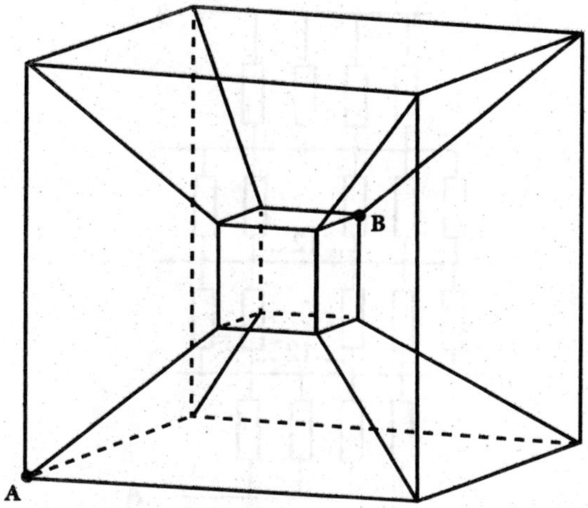

O hipercubo será representado como na figura ao lado. Perceba que temos quatro pontos com o mesmo potencial no cubo exterior e três pontos com o mesmo potencial no cubo interior. Então, usaremos a mesma ideia que fizemos para os exercícios anteriores.

Perceba que temos 32 arestas (12 + 12 + 8). Agora, iremos planificar o circuito e calcular a resistência equivalente. Observe atentamente a figura abaixo:

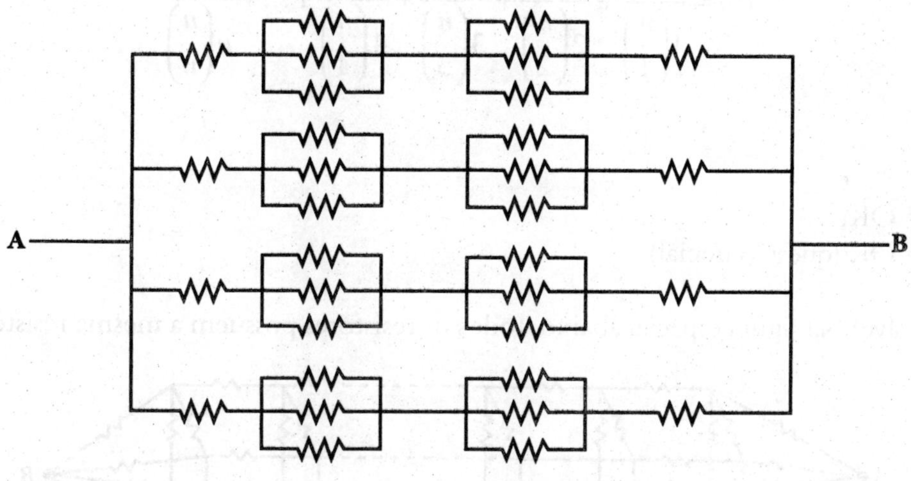

Calculando a resistência equivalente entre A e B acharemos:

$$Rab = \frac{2R}{3}$$

Outra forma de visualizar o hipercubo planificado é similar à primeira questão deste nível, pois colocamos primeiro as quatro arestas do vértice A e depois as quatro que chegam em B e notamos que faltam ligar 24 arestas, logo, iremos notar que temos dois lotes de 12 resistores em paralelo e esses lotes estão em série, já que os 24 resistores também são equipotenciais. Como podemos ver pela imagem abaixo:

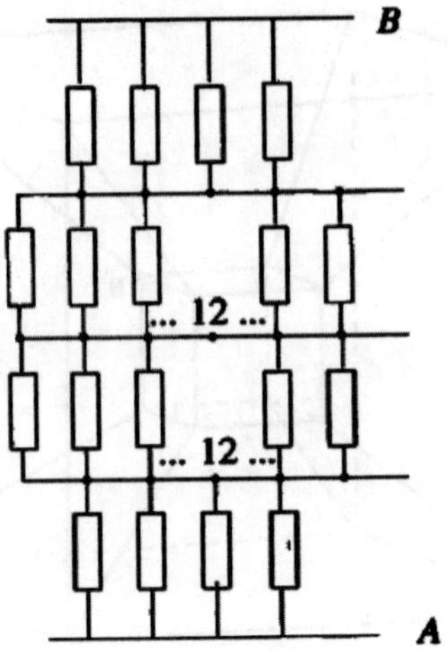

Logo, $Rab = \dfrac{2R}{3}$

OBS.: Podemos ainda encontrar uma fórmula geral para a resistência entre dois pontos diametralmente opostos de um hipercubo de n dimensões, para um "n" natural qualquer. Cada aresta desse hipercubo tem uma resistência de 1 Ω:

$$Rn = \frac{1}{1\binom{n}{1}} + \frac{1}{2\binom{n}{2}} + \frac{1}{3\binom{n}{3}} + \frac{1}{4\binom{n}{4}} + \ldots + \frac{1}{n\binom{n}{n}}$$

Testando:

Se n = 3: 5/6 --> OK
Se n = 4: 2/3 --> OK (questão inicial)

5. (Gilson Resolve) Na figura espacial abaixo, todos os resistores possuem a mesma resistência "*R*".

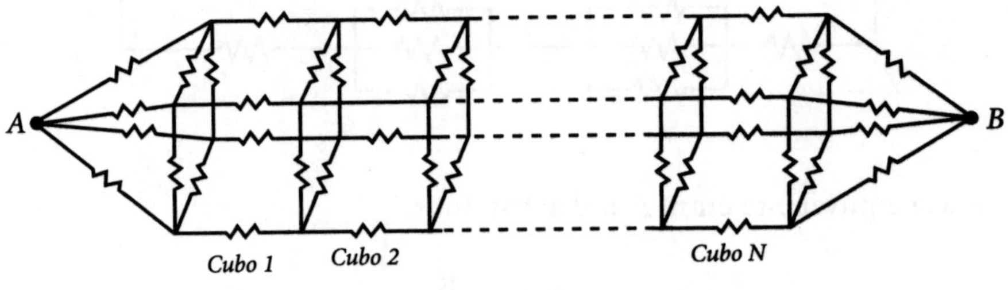

Sabendo que a resistência equivalente entre os pontos *A* e *B* é 5*R*, o valor de *N* é:

a) 22
b) 20
c) 18
d) 16
e) 14

Resolução:

Vamos começar com N = 1:

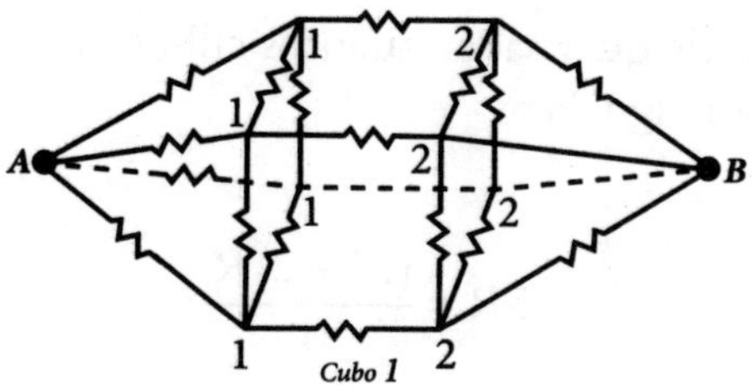

Considerando uma corrente "L" entrando no ponto A e saindo pelo ponto B, iremos notar que depois de passar pelo ponto A, a corrente "L" irá se dividir igualmente entre os quatro resistores. Já que temos quatro resistores iguais e que passam a mesma corrente com o módulo "L/4" podemos afirmar que o potencial em "1" é igual para os quatro pontos. De forma análoga, podemos concluir que os pontos do lado direito terão o mesmo potencial "2".

Agora, perceba que nas arestas do cubo terão resistores que estão em curto (Nota-se pelos pontos 1 e 1 (ou 2 e 2) que estão entre alguns resistores).

No caso particular, vamos calcular a resistência equivalente entre A e B.

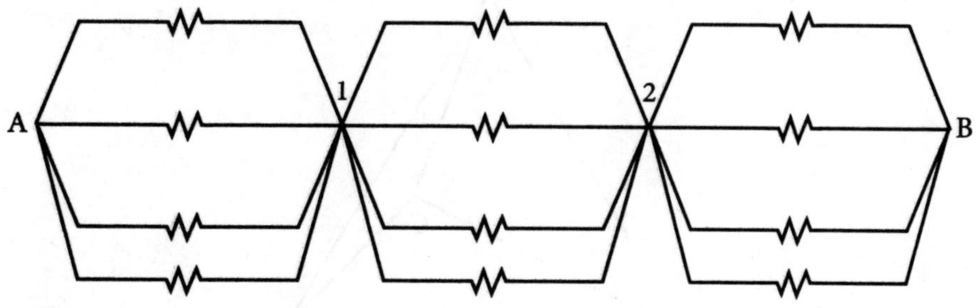

Essa será a resistência equivalente entre A e B considerando um único cubo entre A e B. Entretanto, se tivessem dois cubos a planificação seria:

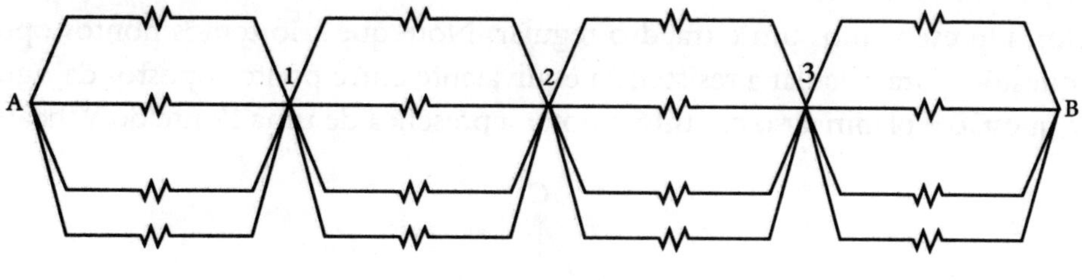

$$Req = 4.\frac{R}{4} = R$$

Se tivessem três cubos, então, $\frac{5R}{4}$. Logo, podemos encontrar a fórmula geral para qualquer inteiro positivo "n" de cubos:

$$Rn = \frac{(N+2)R}{4}$$

Agora o problema ficou simples, se ele quer saber quantos cubos deve haver para que a resistência equivalente entre A e B seja 5R, então, basta igualar:

$$5R = \frac{(N+2)R}{4}$$

$$20 = N + 2$$

Assim,

$$\mathbf{N = 18}$$

Resposta: C

6. Encontre a resistência equivalente entre dois vértices de um tetraedro regular considerando que em cada aresta contenha um resistor "R".

Resolução: Veja na figura nosso tetraedro regular:

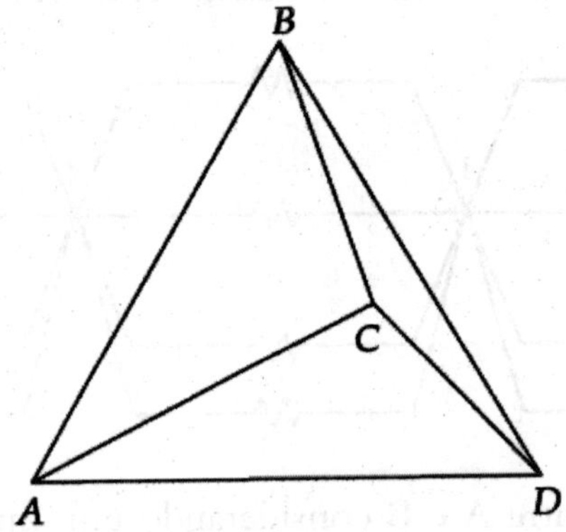

Em cada aresta temos um resistor.
Na figura anterior, representamos um tetraedro regular. Note que não temos pontos opostos, então, não encontraremos questões para calcular a resistência equivalente entre pontos opostos da figura.
A ideia para esta questão é planificar o circuito e notar a presença de uma Ponte de Wheatstone.

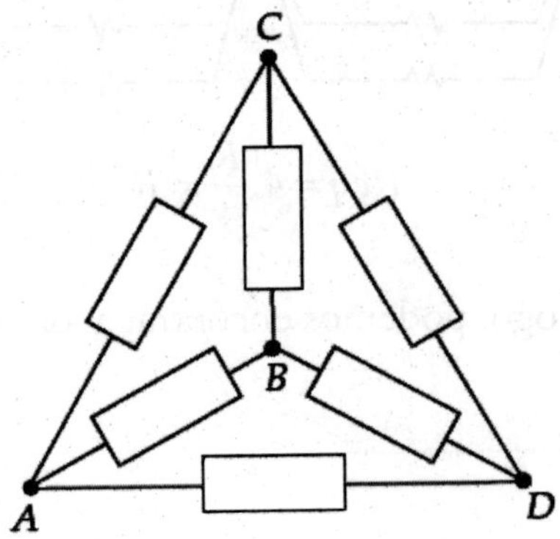

Na figura acima, projetamos o tetraedro para o plano. Observe atentamente a figura e compare com a figura anterior. Note que a figura ao lado nada mais é do que a visão de cima do tetraedro regular.

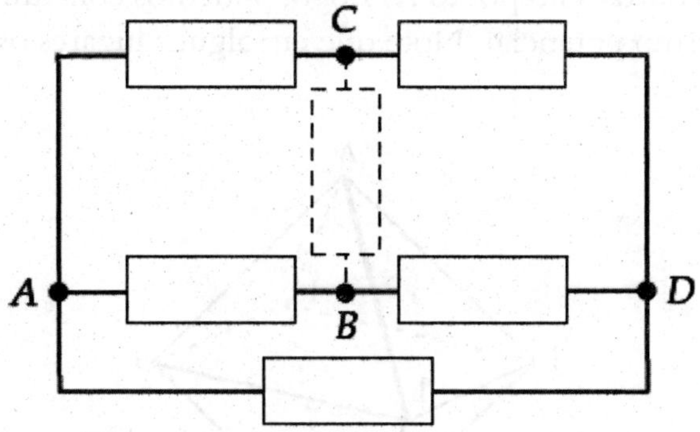

Note agora, que redesenhamos a figura planificada. Por meio da figura ao lado, podemos perceber que não existe diferença de potencial entre os pontos C e B. Logo, podemos excluir do circuito o resistor que está entre esses pontos (Ponte de Wheatstone).

Agora, podemos facilmente calcular a resistência equivalente, note que temos de cima para baixo (entre os pontos A e D): 2R, 2R e R.

$$\frac{1}{Req}=\frac{1}{2R}+\frac{1}{2R}+\frac{1}{R}$$

Logo,

$$Req=\frac{R}{2}$$

7. Considere um octaedro regular com resistores “R” em cada aresta. Calcule a resistência equivalente entre os pontos:

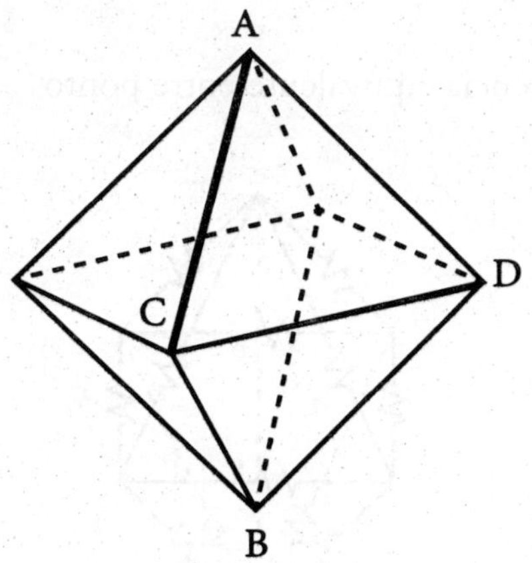

a. A e B
b. C e D (ou quaisquer dois pontos adjacentes)

Resolução:

a. Neste item, devemos considerar que entra no ponto A uma corrente "I" que se divide igualmente entre as quatro arestas que se encontram no ponto A. Logo, podemos concluir que todos os pontos representados como "1" têm o mesmo potencial. Note que em alguns lugares os resistores estarão em curto.

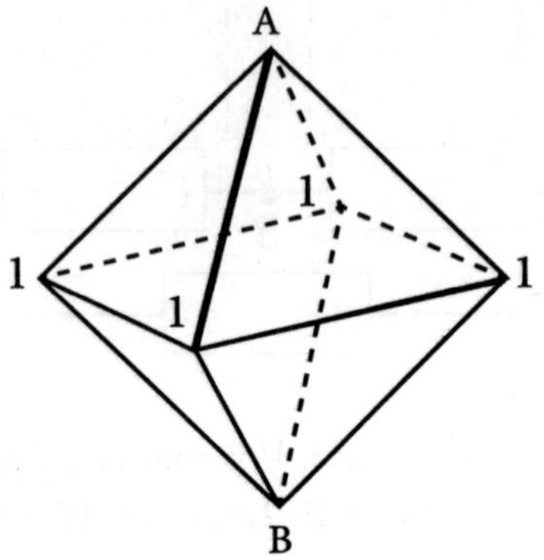

Perceba que temos quatro resistores em curto, então, não serão considerados para o cálculo da resistência equivalente entre A e B. Agora, o problema está mais simples. Podemos redesenhar o circuito de forma planificada e calcular a resistência equivalente como podemos ver na imagem a seguir:

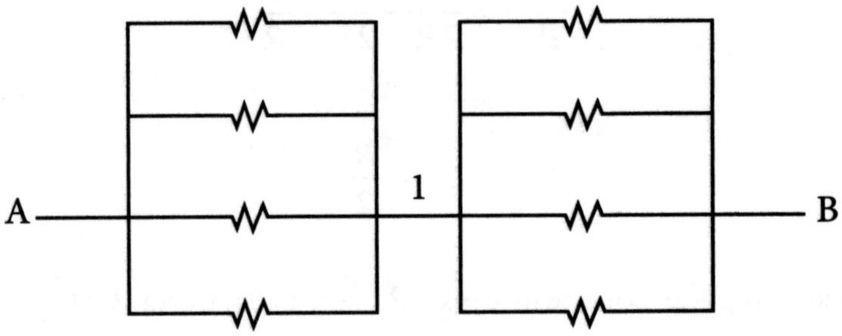

Logo, $Req = \dfrac{R}{2}$

b. Neste item, iremos achar a resistência equivalente entre pontos adjacentes de um octaedro. Seja A e B na figura abaixo:

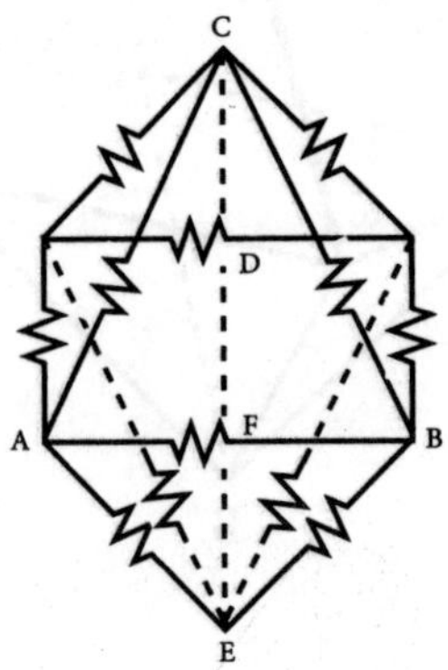

Perceba que devemos encontrar a resistência equivalente entre A e B.

Observe que, em torno do plano que contém os pontos C, D, E F existe simetria, logo, é um plano equipotencial que nos possibilita reduzir o circuito A:

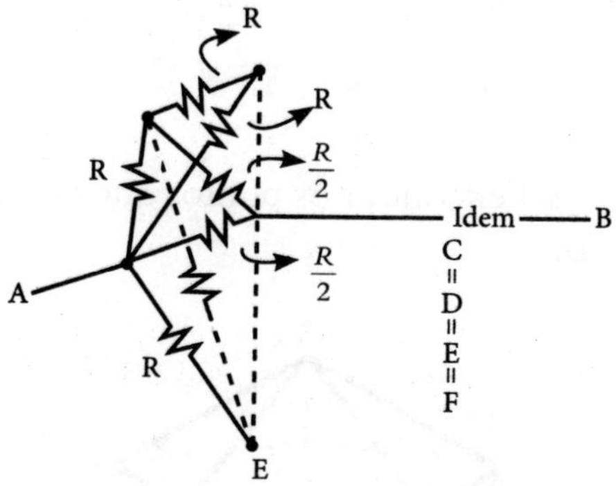

Agora, o problema ficou mais fácil, basta encontrar a resistência equivalente entre A e C e depois multiplicar por dois para achar a resistência equivalente entre A e B. Podemos redesenhar o circuito desta forma:

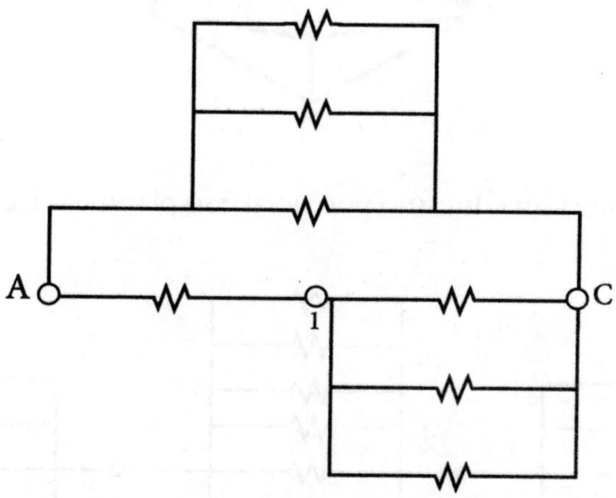

Os resistores menores têm resistência R/2 e os outros R. Calculando a resistência equivalente entre A e C iremos encontrar 5R/24, mas queremos entre A e B, logo basta multiplicar por dois:

$$\frac{2 \cdot 5R}{24} = \frac{5R}{12}$$

8. Considerando que em cada aresta do icosaedro regular da figura apresenta um resistor de resistência "R". Calcule a resistência equivalente entre:

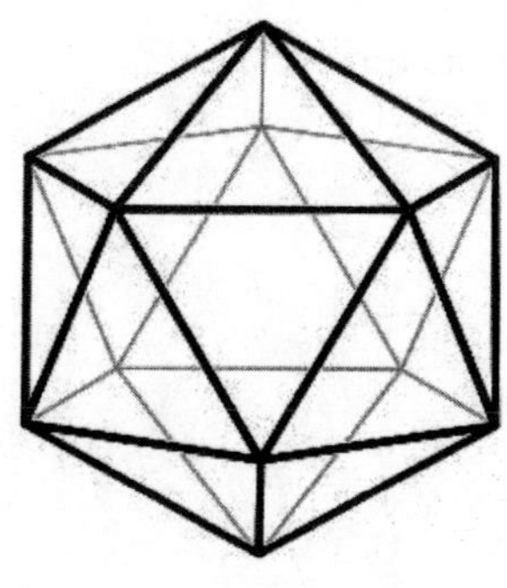

a. Pontos opostos
b. Pontos adjacentes
c. Pontos não opostos e não adjacentes

Resolução:

a. Esse é o caso mais simples, pois basta encontrar os pontos que estão sobre o mesmo potencial e fazer a resistência equivalente entre A e B.

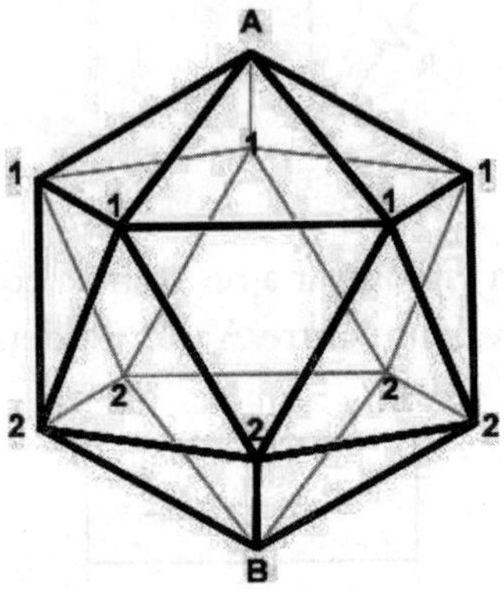

Depois de encontrar os pontos que têm o mesmo potencial é só planificar o circuito e encontrar a resistência equivalente entre A e B:

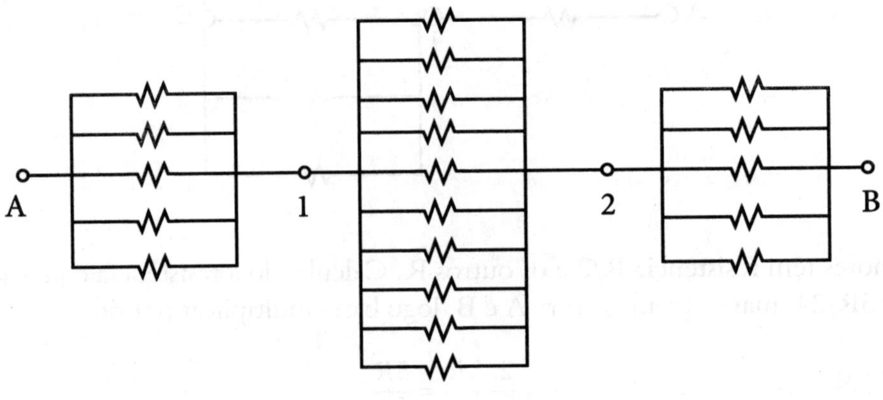

Note que temos R/5, R/10 e R/5 em série, então, calculando a resistência equivalente entre A e B acharemos:

$$Req = \frac{R}{2}$$

b. Usaremos a mesma ideia dos problemas anteriores:

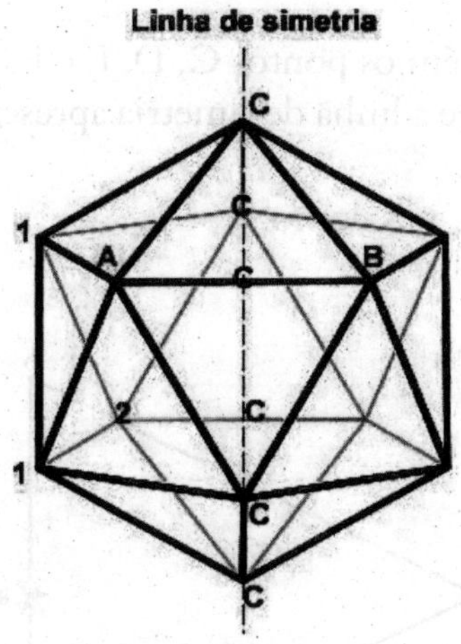

Iremos achar a resistência equivalente entre A e C e depois multiplicar por dois para achar a resistência equivalente entre A e B. Note que os pontos colocados como "1" têm o mesmo potencial. Logo, podemos redesenhar o circuito planificado.

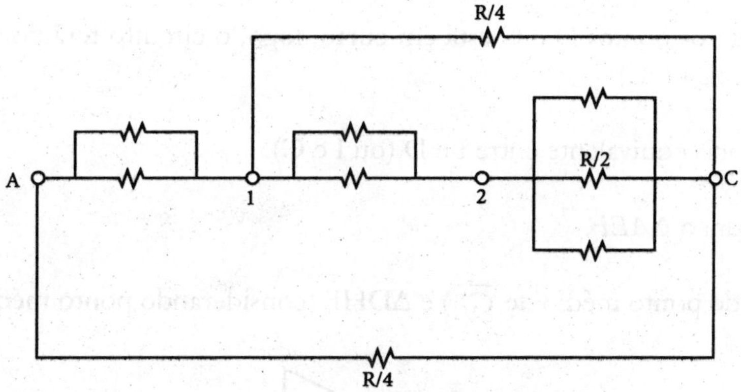

Cada resistor da figura acima que não identificamos tem resistência "R". Logo, calculando a resistência equivalente entre A e C e depois multiplicando por 2, acharemos:

$$Req = \frac{11R}{30}$$

c. Agora iremos achar a resistência equivalente entre dois pontos não opostos e não adjancetes. Este item é um pouco mais complicado que os anteriores, mas não será necessário grande esforço para compreender a resolução:

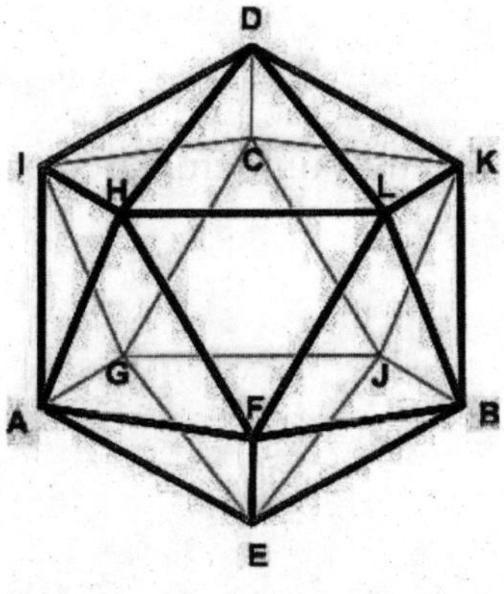

Observe que, ao redor do plano que contém os pontos C, D, E e F existe simetria, logo, esse plano é equipotencial. Sendo assim, os potenciais sobre a linha de simetria apresentam o mesmo potencial e os resistores entre E e F e entre C e D estão em curto.
Isso permite fazer algumas simplificações, tais como:

i. ΔICD e ΔAEF:

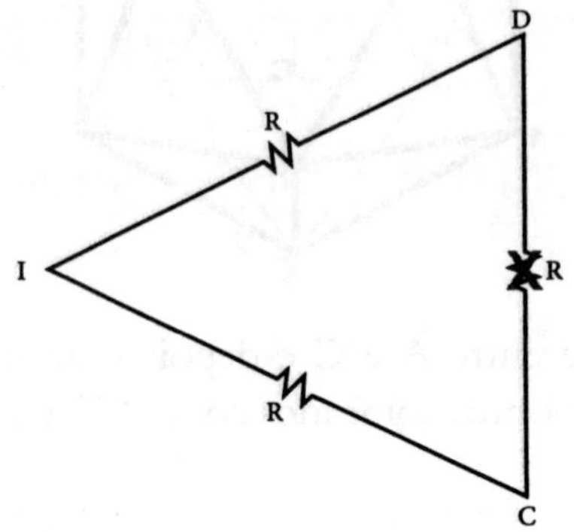

Note que o resistor entre os pontos D e C está em curto, logo, o circuito terá dois resistores em paralelo. (ID e IC, mas ID=IC, pois D=C)

Logo, $\frac{R}{2}$ será a resistência equivalente entre I e D (ou I e C).

O processo é análogo para o ΔAEF.

ii. ΔCGE (considerando ponto médio de $\overline{GJ}$) e ΔDHF (considerando ponto médio $\overline{HL}$)

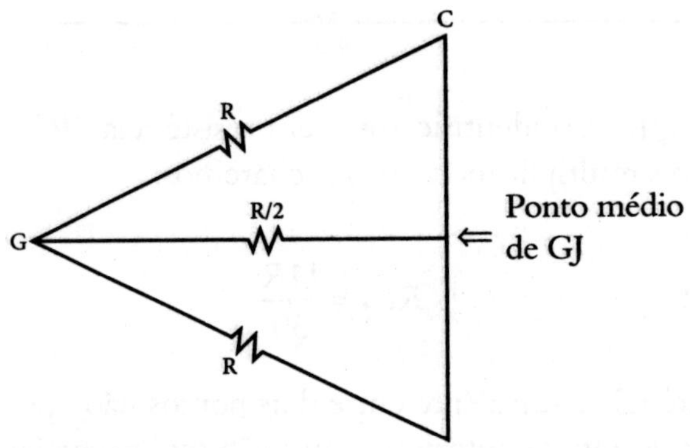

Note que temos 3 resistores em paralelo (C=E), logo, a resistência equivalente entre G e C é: $\frac{R}{4}$

O processo é análogo para ΔDHF.

Substituindo as simplificações (I) e (II), obtemos um semi circuito simplificado:

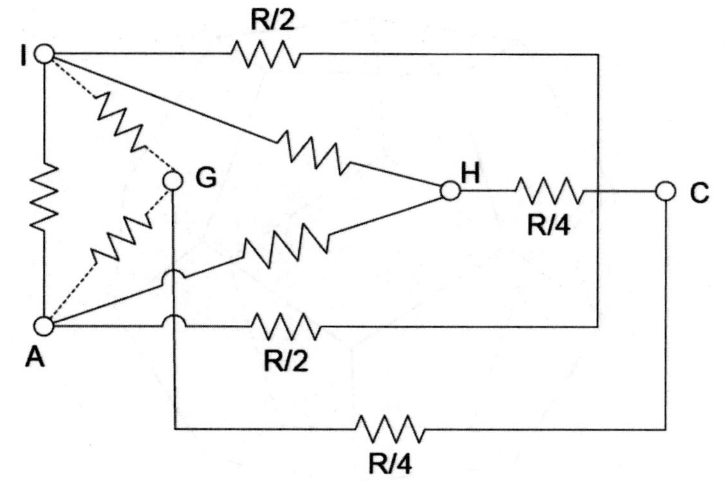

Pela simetria $U_G = U_H$:

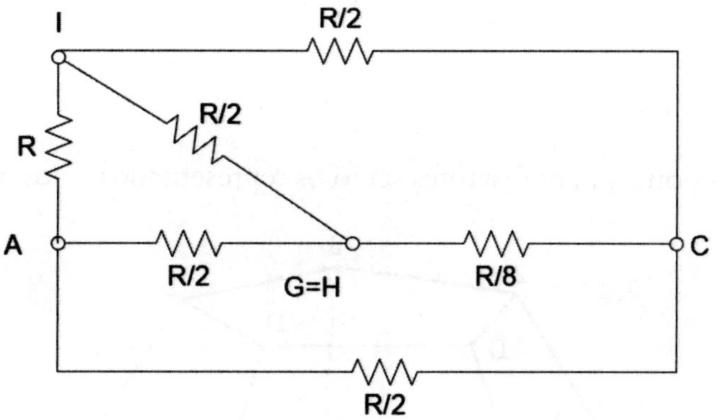

Usando a transformação delta-estrela no "delta" AIG:

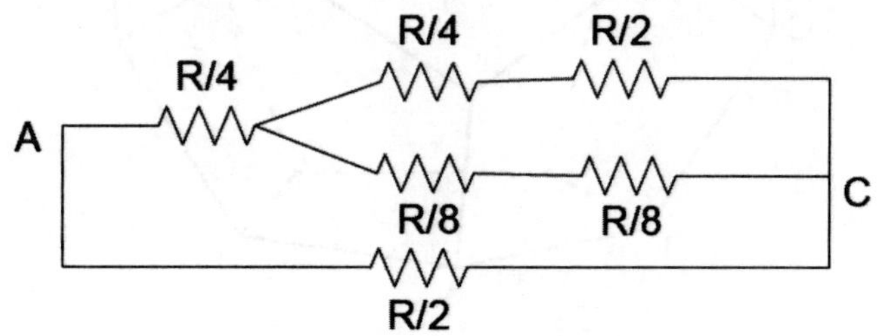

Agora, basta achar a resistência equivalente entre A e C que é:

Como queremos a resistência equivalente entre A e B, basta multiplicar o valor encontrado entre A e C por dois, logo:

9. Considere um dodecaedro regular tal que em cada aresta contenha um resistor "R". Calcule a resistência equivalente entre:

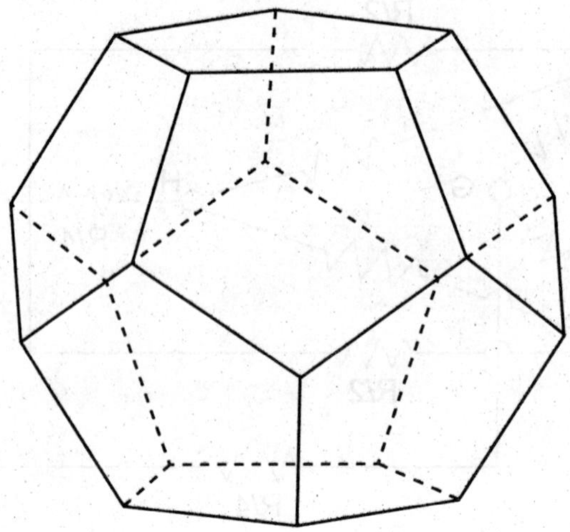

1. Pontos mais distantes possíveis
2. Pontos adjacentes

Resolução:

a. Não é difícil ver que os pontos mais distantes serão os representados pelos pontos A e B:

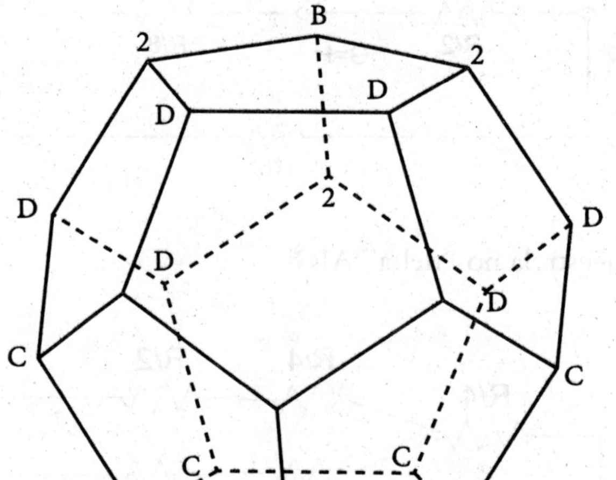

Note que representamos por 1, C, D e 2 pontos no dodecaedro que têm o mesmo potencial que outros pontos.

Dessa forma, será mais fácil planificar o circuito.
Dessa forma, podemos redesenhar o circuito desta forma:

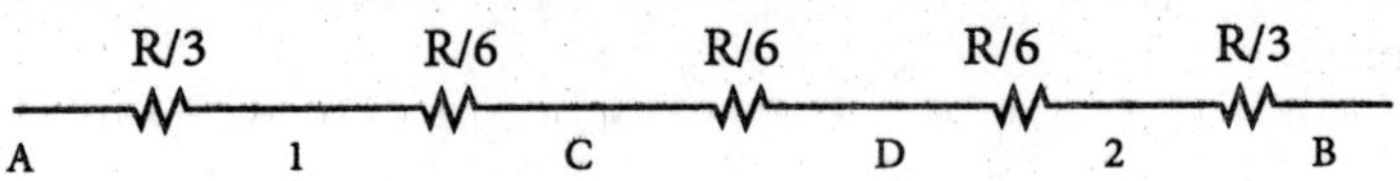

Então, a resistência equivalente entre A e B será:

$$Req = \frac{7R}{6}$$

b. Agora iremos achar a resistência equivalente entre os pontos A e C da figura abaixo:

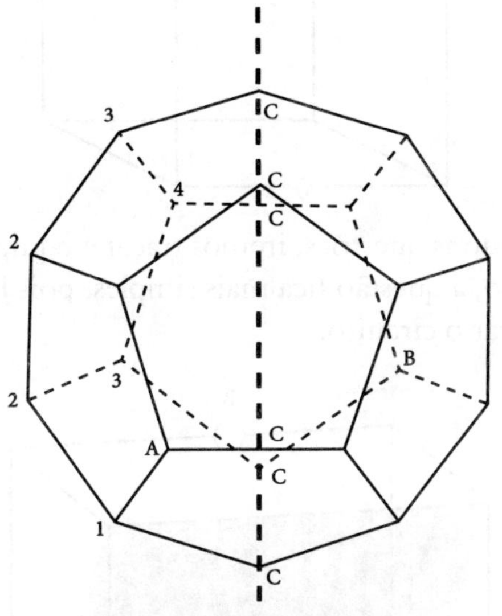

Dessa forma, basta redesenhar o circuito e acharemos a resistência equivalente entre A e C, depois acharemos entre A e B.

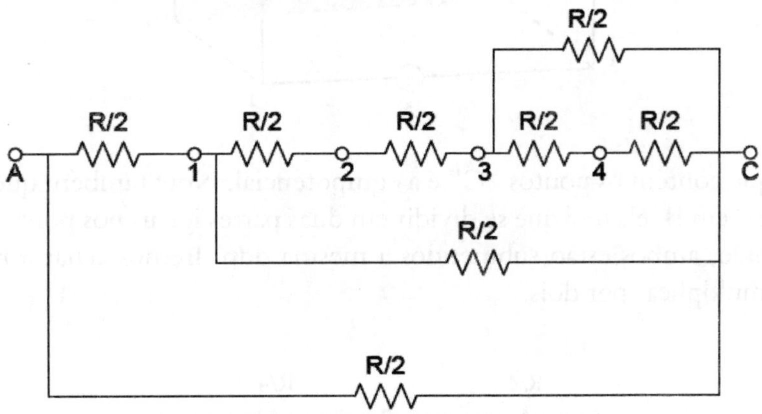

Então, podemos notar que a resistência equivalente entre A e C é $\frac{19R}{60}$.

Assim,

$$Req = \frac{19R}{30}$$

10. O cubo da figura tem aresta "a" e cada aresta, resistência "R". Determine a resistência equivalente entre os pontos A e B.

Observação: Os pontos A e B estão no meio das arestas.

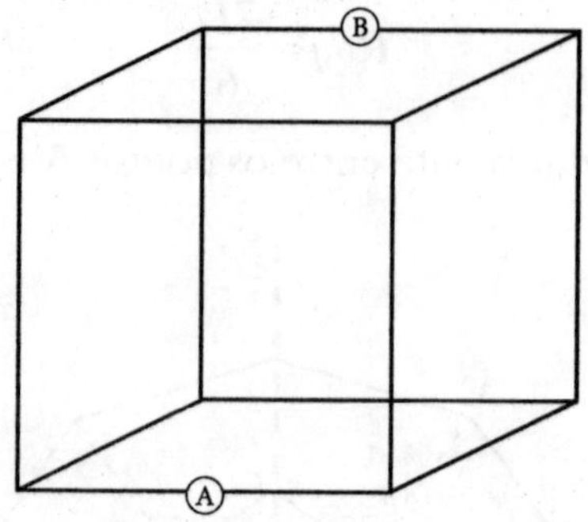

Resolução: Diferentemente das outras questões, iremos traçar a equipotencial (ou linha de simetria) pela diagonal do quadrado. Depois disso, a questão fica mais simples, pois basta identificar os pontos que estão sobre o mesmo potencial e planificar o circuito.

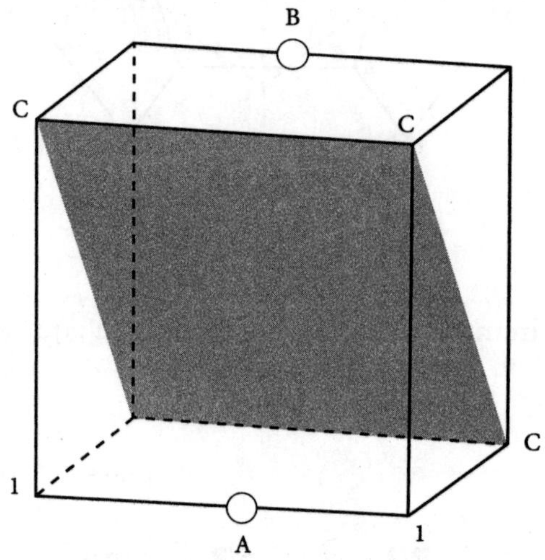

Perceba que o plano que contém os pontos "C" é a equipotencial. Note também que se uma corrente "L" entrar em A para chegar em B, ela terá que se dividir em duas partes iguais nos pontos "1", pois ambos têm mesma resistência, então, ambos estão submetidos a mesma ddp. Iremos achar a resistência equivalente entre A e C e depois multiplicar por dois.

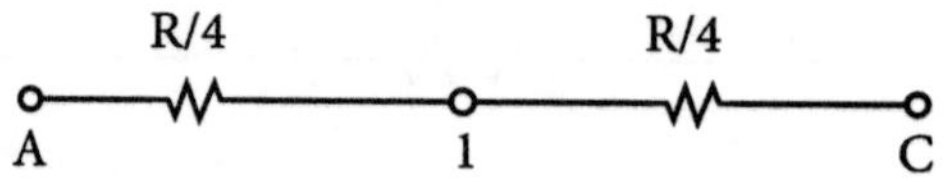

Então, a resistência equivalente entre A e B será:

$$Req = R$$

11. Calcule a resistência equivalente entre os pontos A e B na rede infinita abaixo. Todos os lados têm os mesmos comprimentos e as mesmas resistências, no caso, cada lado tem resistência R.

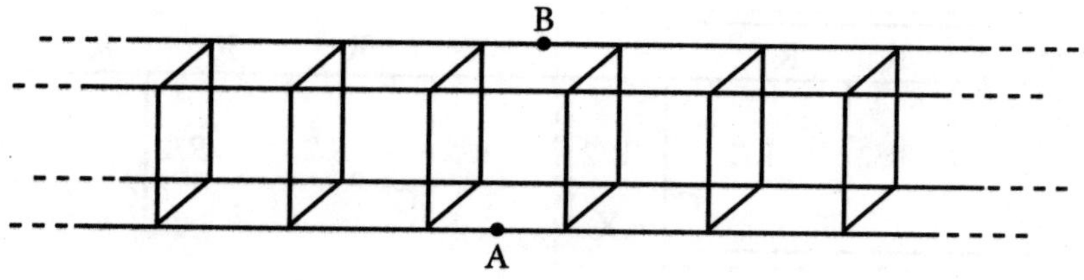

Resolução: Iremos usar a mesma ideia do problema anterior. Note que a diagonal dos cubos será a equipotencial. Dessa forma, podemos colocar como "C" os pontos sobre essa equipotencial. Como a equipotencial passa pela diagonal do cubo, dois resistores estarão em curto em cada cubo. Então, podemos ver que:

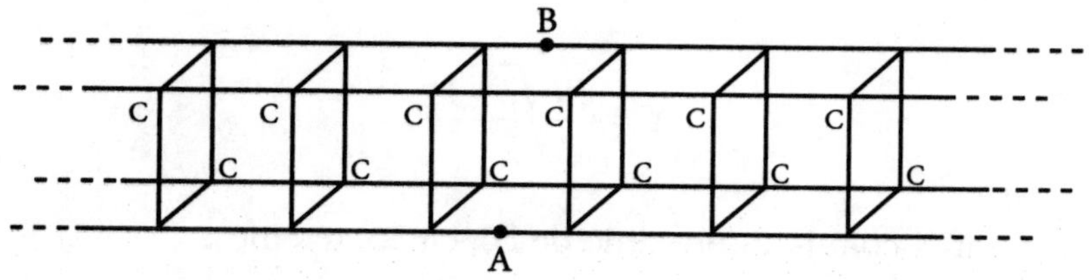

Note que podemos excluir uma parte da rede infinita, pois existe simetria no circuito. Se retirarmos uma parte do circuito iremos encontrar algo similar como a figura abaixo, mas para encontrar a resistência equivalente entre A e B devemos multiplicar o resultado encontrado por dois.

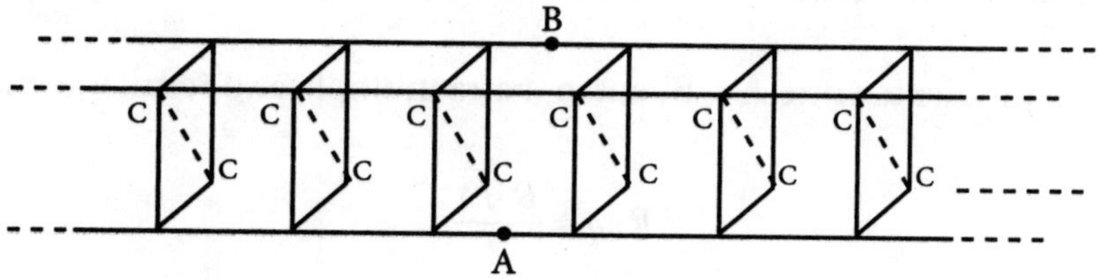

Agora, podemos retirar a parte de baixo:

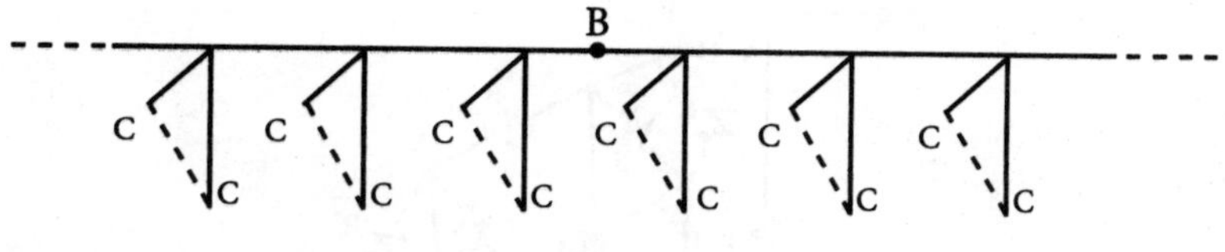

Note que temos dois resistores em paralelo, então, podemos ver o circuito desta forma:

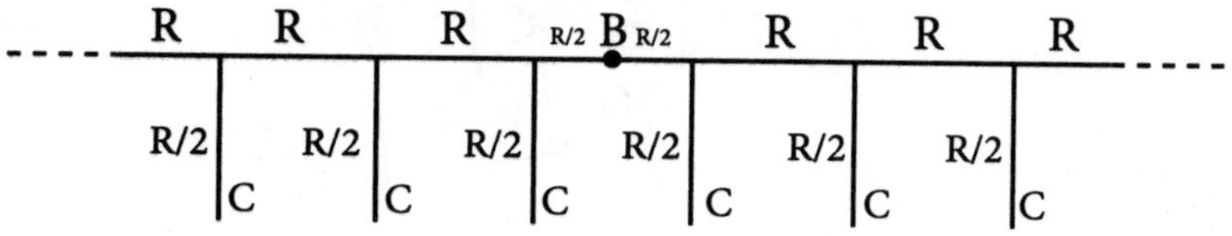

Agora ficou mais simples, basta usar a mesma ideia do *Nível III*.

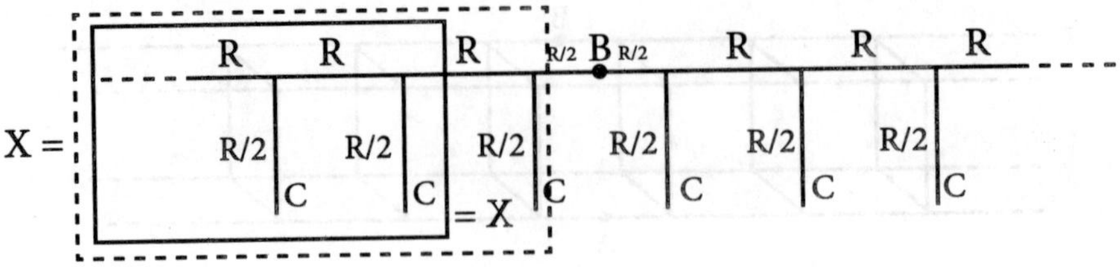

$$\frac{(X+R)R}{2\left(X+\frac{3R}{2}\right)}=X$$

$$X=\frac{R(\sqrt{3}-1)}{2}$$

Observe que devemos somar X com R/2 (próximo de B), então, teremos:

$$X+\frac{R}{2}=\frac{R\sqrt{3}}{2}$$

Note que o lado esquerdo está em paralelo com o lado direito, assim a resistência equivalente será: $\frac{R\sqrt{3}}{4}$, mas queremos a resistência equivalente entre A e B, então, basta multiplicar o resultado encontrado por dois:

$$Req=\frac{R\sqrt{3}}{2}$$

12. Observe a figura abaixo, na qual um prisma reto de base com resistência **R,** conforme mostra a figura.

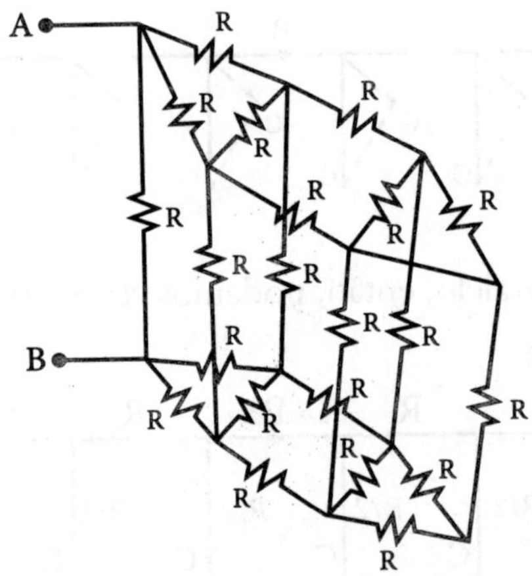

Sabendo-se que R = 45 Ω, determine o valor da resistência equivalente entre os pontos A e B.

Resolução: Nessa questão, basta traçar o plano (ou linha) de simetria na horizontal cortando a aresta AB em duas partes. Assim, os resistores que estão na vertical serão divididos em partes iguais.

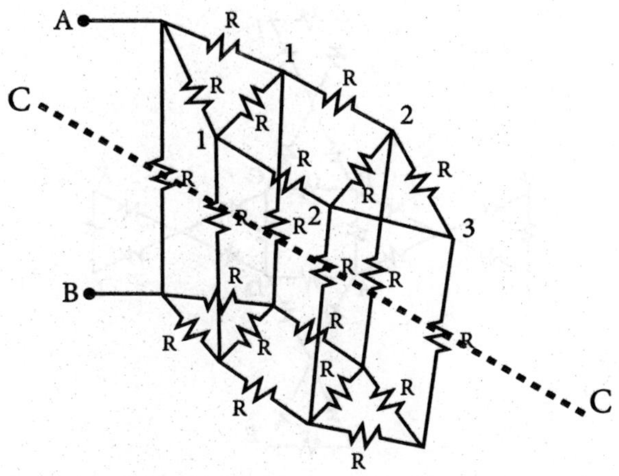

A linha de simetria é a linha vermelha e todos os pontos sobre essa linha têm o mesmo potencial, o qual colocamos como "C".

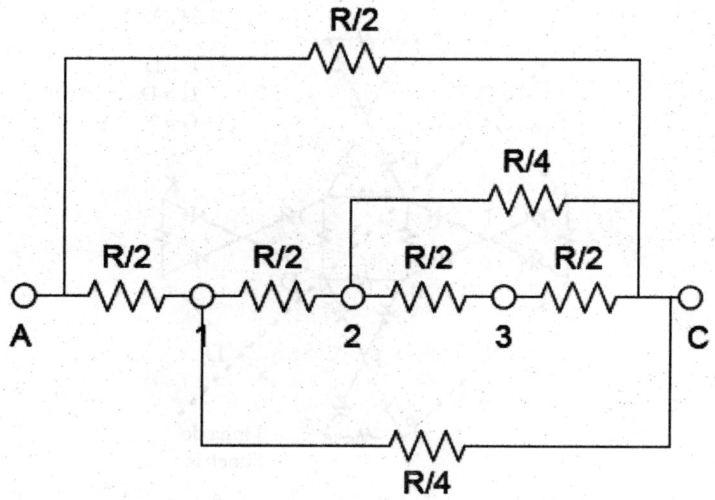

Calculando a resistência equivalente entre A e C e depois multiplicando por dois achamos:

$$\text{Re}q = \frac{26R}{45}$$

Então, resposta: 26 Ω

13. (Gilson Resolve) Ao ligar espacialmente os pontos I e H, J e K, L e E, F e G, obtêm-se um sólido de base quadrada $ABCD$. Determine a resistência equivalente entre os pontos A e C desse sólido. Todas as resistências são "R".

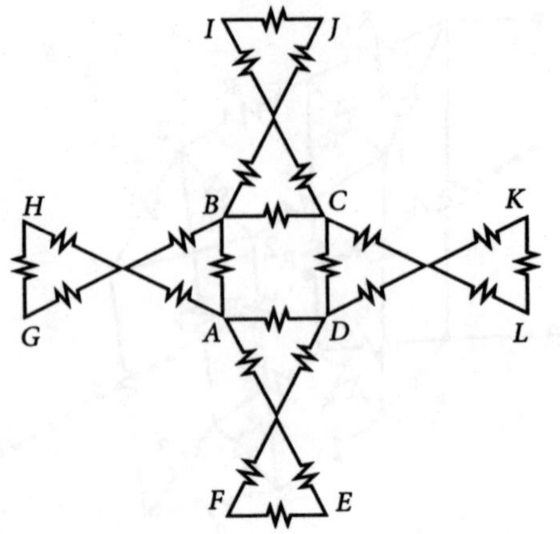

Resolução: Nessa questão, basta ligar os pontos e iremos notar que alguns pontos apresentam o mesmo potencial e depois basta traçar a linha de simetria e, então, planificar o circuito.

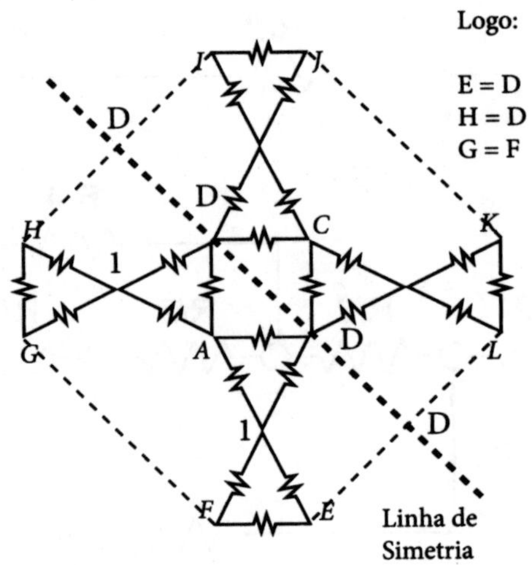

Agora, basta planificar o circuito e achar a resistência equivalente entre A e D e depois multiplicar o valor encontrado por dois para achar a resistência equivalente entre A e C.

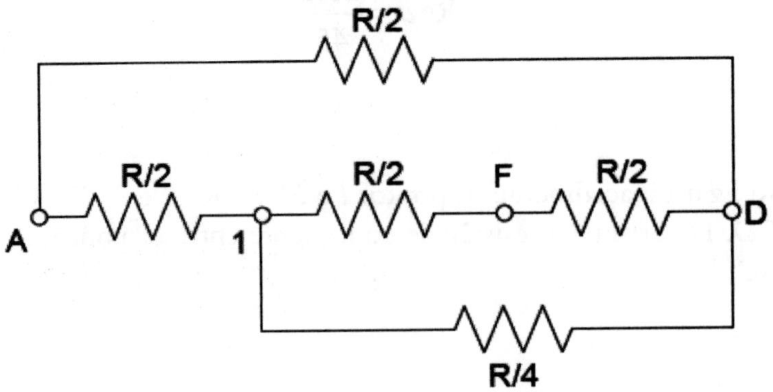

Logo, a resistência equivalente entre A e C será:

$$Req = \frac{7R}{12}$$

14. (Gilson Resolve) É dado um cubo, no qual cada uma de suas faces serve de base para quatro pirâmides, como mostra a figura abaixo. Cada aresta da figura espacial obtida tem uma resistência "R". Determine R_{AB}/R_{AC}.

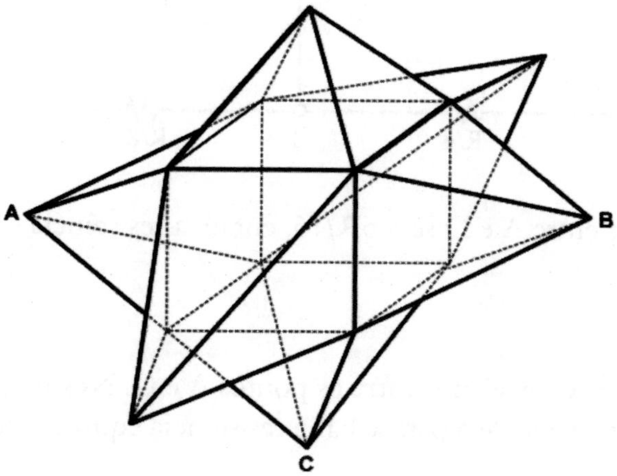

Resolução: Podemos redesenhar o circuito desta forma:

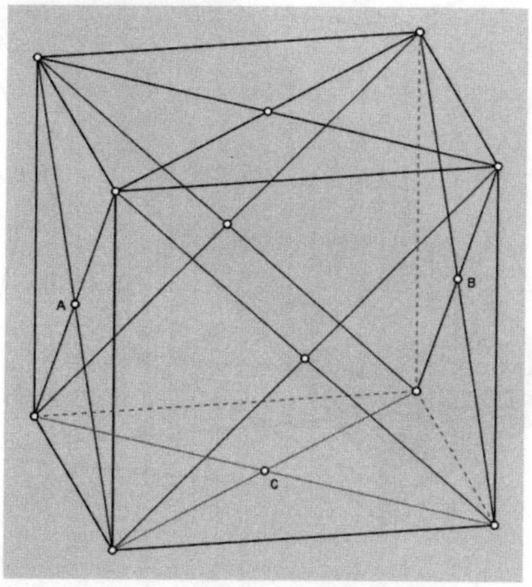

No primeiro caso, devemos achar a resistência equivalente entre A e B. Iremos traçar a linha de simetria e nomear os pontos que estão sobre o mesmo potencial:

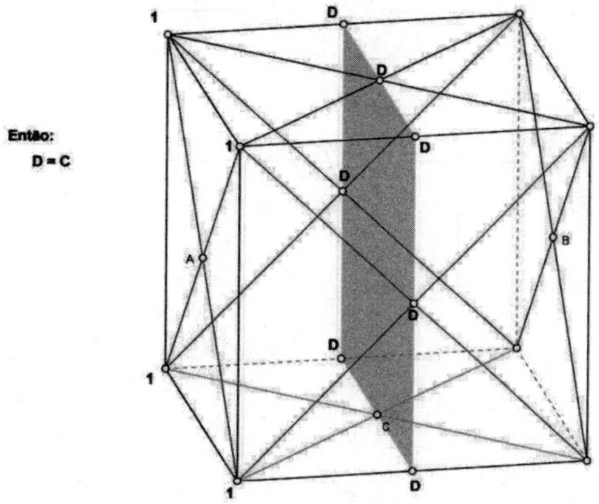

Agora, basta encontrar a resistência equivalente entre A e D e depois multiplicar por dois:

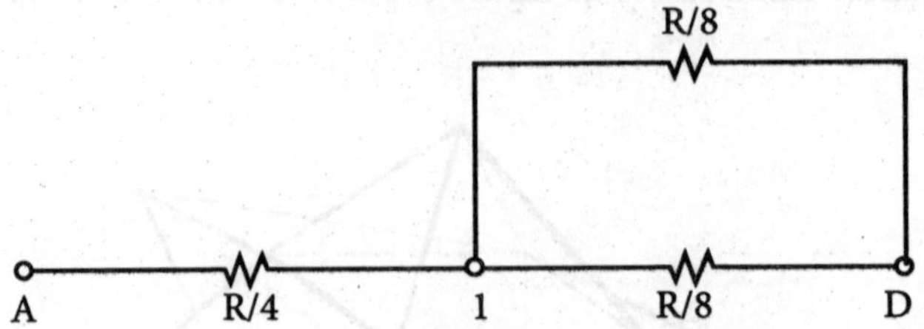

Logo, a resistência equivalente entre A e D será 5R/16, então, a resistência equivalente entre A e B será:

$$Req_{AB} = \frac{5R}{8}$$

Agora, vamos achar a resistência equivalente entre os pontos A e C. Nesse caso a equipotencial será na diagonal do cubo. Seguiremos a mesma ideia para achar a resistência equivalente entre A e B:

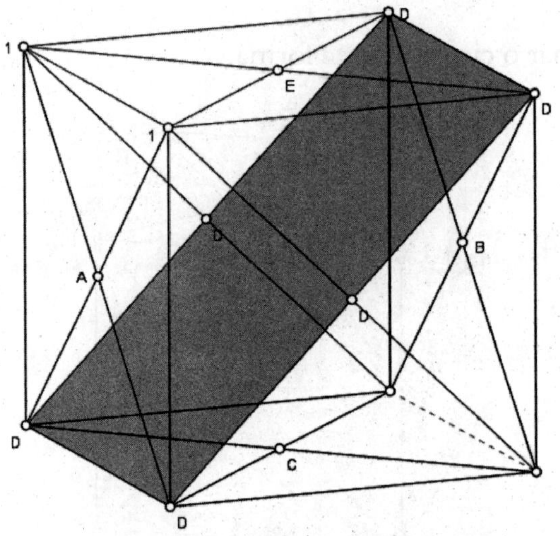

Iremos achar a resistência equivalente entre A e D e depois multiplicar por dois para encontrar a resistência equivalente entre A e C.

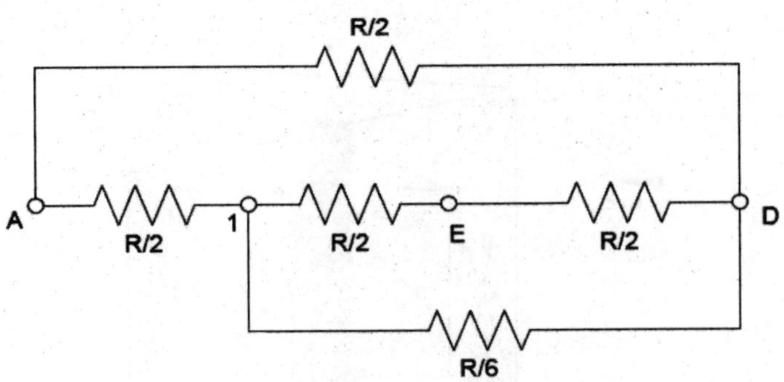

Assim, $Req_{AC} = \frac{9R}{16}$

Então,

$$\frac{R_{AB}}{R_{AC}} = \frac{10}{9}$$

15. <u>Desafio</u> - Cubo Assimétrico – *Prof. Marcos Haroldo*

Determine a resistência equivalente entre os pontos A e C' do trecho de circuito abaixo.

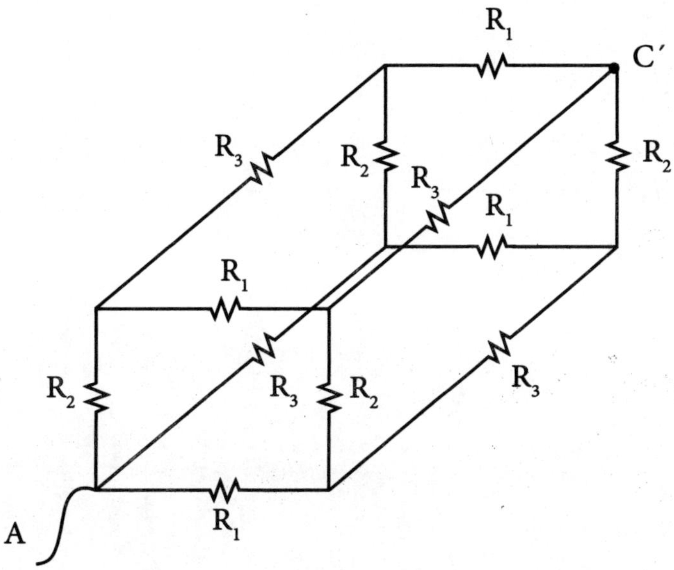

Resolução do Prof. Marcos Haroldo:

i) Sejam I_1, I_2, I_3, I_1', I_2' e I_3' nos trechos do circuito, conforme o esquema abaixo.

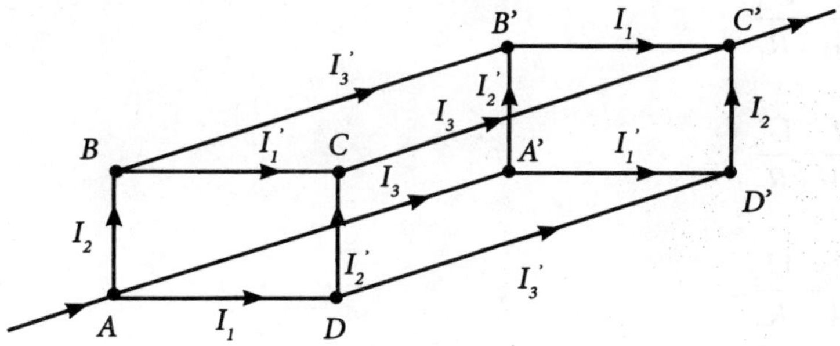

$\boldsymbol{I} = I_1 + I_2 + I_3$
$I_1 = I_2' + I_3'$
$I_2 = I_1' + I_3'$
$I_3 = I_2' + I_1'$

$\boldsymbol{I} = I_1 + I_1' + I_3' + I_1' + I_{2'}$
$\boldsymbol{I} = 2.I_1 + 2.I_1'$

Seguindo o mesmo raciocínio:

$\boldsymbol{I} = 2.I_2 + 2.I_2'$
$\boldsymbol{I} = 2.I_3 + 2.I_3'$

ii) Fazendo a partir das equações montadas no item i :

$$\begin{cases} I_1 = \dfrac{I}{4} + J_1 \\ I_2 = \dfrac{I}{4} + J_2 \\ I_3 = \dfrac{I}{4} + J_3 \end{cases} e \begin{cases} I'_1 = \dfrac{I}{4} - J_1 \\ I'_2 = \dfrac{I}{4} - J_2 \\ I'_3 = \dfrac{I}{4} - J_3 \end{cases}$$

iii) Na malha ABCD

Então: $R_2J_2 = R_1J_1$

iv) Da malha ABB'A'

Então: $R_2J_2 = R_3J_3$

Daí: $R_2J_2 = R_1J_1 = R_3J_3 = U_0$

v) As equações do item **ii** ficarão:

$$\begin{cases} I_1 = \dfrac{I}{4} + \dfrac{U_0}{R_1} \\ I_2 = \dfrac{I}{4} + \dfrac{U_0}{R_2} \\ I_3 = \dfrac{I}{4} + \dfrac{U_0}{R_3} \end{cases} e \begin{cases} I'_1 = \dfrac{I}{4} - \dfrac{U_0}{R_1} \\ I'_2 = \dfrac{I}{4} - \dfrac{U_0}{R_2} \\ I'_3 = \dfrac{I}{4} - \dfrac{U_0}{R_3} \end{cases}$$

vi) $\boldsymbol{I} = I_1 + I_2 + I_3$

$$\frac{I}{4} + \frac{U_0}{R_1} + \frac{I}{4} + \frac{U_0}{R_2} + \frac{I}{4} + \frac{U_0}{R_3} = I$$

$$U_0\left(\frac{1}{R_1} + \frac{1}{R_2} + \frac{1}{R_3}\right) = \frac{I}{4}$$

vii) Finalmente:

$$U = U_{AC'} = U_{AD} + U_{DD'} + U_{D'C'} = Req.I$$

$$U = R_1 I_1 + R_3 I'_3 + R_2 I_2$$

$$U = R_1\left(\frac{I}{4}+\frac{U_0}{R_1}\right)+R_2\left(\frac{I}{4}+\frac{U_0}{R_2}\right)+R_3\left(\frac{I}{4}+\frac{U_0}{R_3}\right)$$

$$U = \frac{I(R_1+R_2+R_3)}{4}+U_0$$

$$U = \frac{I(R_1+R_2+R_3)}{4}+\frac{I}{4}\left(\frac{1}{R_1}+\frac{1}{R_2}+\frac{1}{R_3}\right)^{-1} = Req.I$$

$$\boldsymbol{Req = \frac{1}{4}\left(R_1 + R_2 + R_3 + \frac{1}{\frac{1}{R_1}+\frac{1}{R_2}+\frac{1}{R_3}}\right)}$$

OBS.: Se o cubo fosse simétrico, isto é, se todos os resistores tivessem a mesma resistência "R":

Req = ¼(3R+1/(3/R)) = 5R/6, que é a resistência equivalente entre dois pontos opostos de um cubo simétrico.

Fórmulas

Agora iremos mostrar algumas fórmulas que podem ser usadas para encontrar a resistência equivalente em poliedros de Platão.

1 - Resistência equivalente – Pontos Adjacentes

$$\boldsymbol{Req = \frac{2(V-1)}{nV}}$$

Essa fórmula encontra a resistência equivalente entre dois pontos adjacentes de algum poliedro de Platão.

Onde: V = número de vértices do poliedro
n = número de arestas saindo de cada vértice.

Exemplo: Encontre a resistência equivalente entre dois pontos adjacentes de um tetraedro regular:

Resolução: No tetraedro temos: V = 4 e n = 3, então:

$$Req = 2.\frac{3}{12} = \frac{3}{6} = \frac{\mathbf{1}}{\mathbf{2}}\Omega$$

Confira o resultado encontrado com o exemplo resolvido 6. Teste com outros poliedros e veja o resultado encontrado.

2 - Resistência equivalente – Pontos Opostos

$$\boldsymbol{Req = n\left(\frac{V}{108} - \frac{1}{3}\right) + \frac{29}{18}}$$

De forma análoga ao exemplo anterior, só funciona com os poliedros de Platão.

Exemplo: Encontre a resistência equivalente entre pontos opostos de um icosaedro regular:

Resolução: n = 5
V = 12

$$Req = 5\left(\frac{12}{108} - \frac{1}{3}\right) + \frac{29}{18} = \frac{\mathbf{1}}{\mathbf{2}}\Omega$$

Exercícios de Fixação

1. Refaça todos os exemplos resolvidos do "Nível IV".

2. (ITA) Considere um arranjo em forma de tetraedro construído com 6 resistências de 100 Ω, como mostrado na figura. Pode-se afirmar que as resistências equivalentes R_{AB} e R_{CD} entre os vértices A, B e C, D, respectivamente, são:

a. $R_{AB} = R_{CD} = 33{,}3\ \Omega$
b. $R_{AB} = R_{CD} = 50\ \Omega$
c. $R_{AB} = R_{CD} = 66{,}7\ \Omega$
d. $R_{AB} = R_{CD} = 83{,}3\ \Omega$
e. $R_{AB} = 66{,}7\ \Omega$, $R_{CD} = 83{,}3\ \Omega$

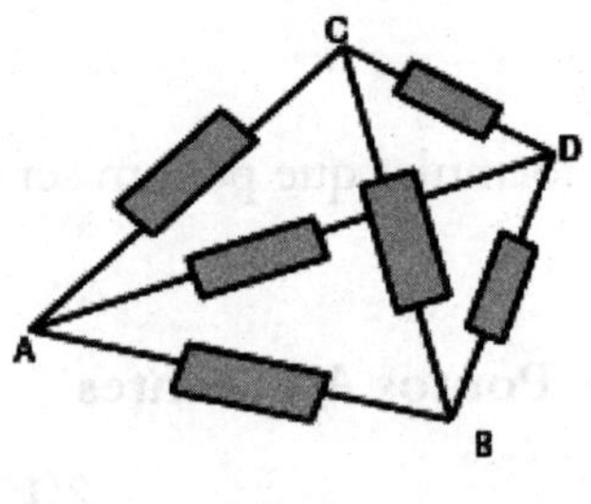

3. (Desafio PUC – 2008) Na montagem abaixo, em cada aresta do circuito condutor em forma de tetraedro há uma resistência R. Ao se aplicar uma diferença de potencial de 10 V entre os pontos "a" e "b", observa-se a passagem de uma corrente i = 2A. Ache o valor da resistência R.

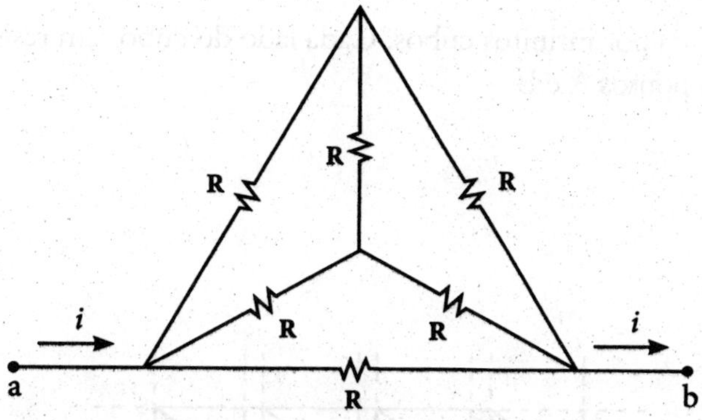

4. (Gilson Resolve) Na malha de resistores abaixo, todos são iguais a R. Sendo R_{AC} a resistência equivalente entre os pontos A e C e R_{BD} a resistência equivalente entre os pontos B e D, determine R_{AC}/R_{BD}.

a. 11/7
b. 5/6
c. 3/4
d. 4/5
e. 10/9

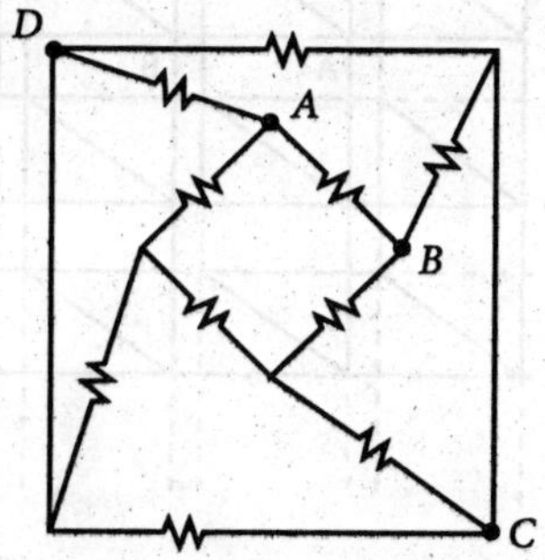

5. A figura representa dois cubos ligados aos vértices por fios de resistência R. Cada aresta dos cubos também tem resistência R. Determine a resistência equivalente entre os pontos A e B.

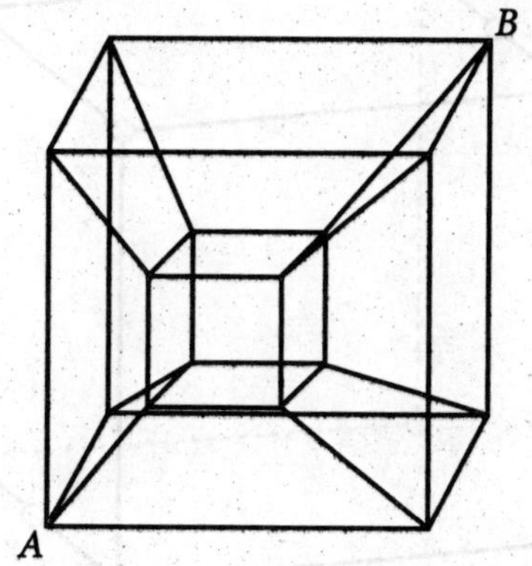

6. Encontre a resistência de um cubo em que cada aresta tem resistência R, entre os pontos:

A) A e H
B) A e E
C) A e B

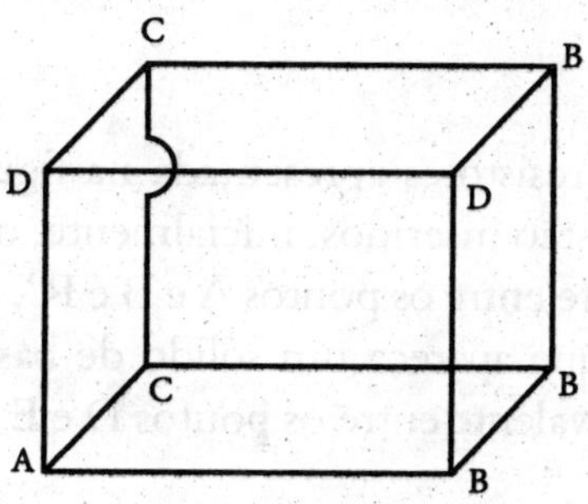

7. Considere uma rede formada por infinitos cubos. Cada lado do cubo tem resistência R. Determine a resistência equivalente entre os pontos A e B.

A) R/2
B) 2R/3
C) R/3
D) R/4
E) R/6

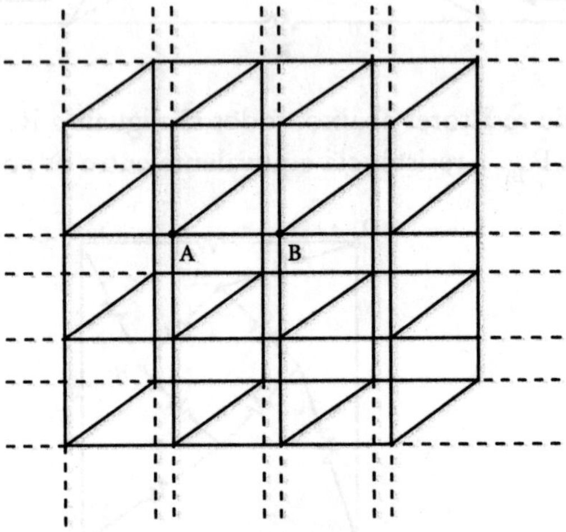

8. Encontre a resistência equivalente entre A e B sabendo que em cada aresta do cubo apresenta um resistor "R".

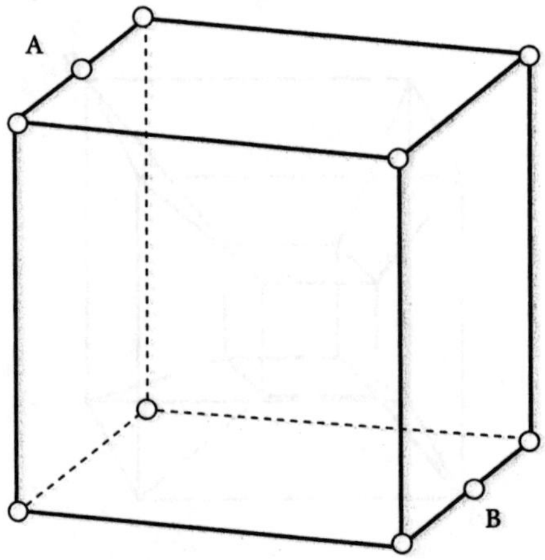

9. Encontre a resistência equivalente entre pontos opostos de um octaedro regular tal que em cada aresta contenha um resistor "R".

10. (Gilson Resolve) Na malha de resistores apresentada na figura abaixo, todos os resistores possuem a mesma resistência elétrica R e estão inseridos, inicialmente, no plano do papel. Nessa condição, verifica-se que a resistência equivalente entre os pontos A e B é R'. Logo em seguida, ligam-se espacialmente os pontos A, B e C de forma que apareça um sólido de base triangular DEF. Nessa nova condição, verifica-se que a resistência equivalente entre os pontos D e E é R". Determine a relação existente entre R' e R".

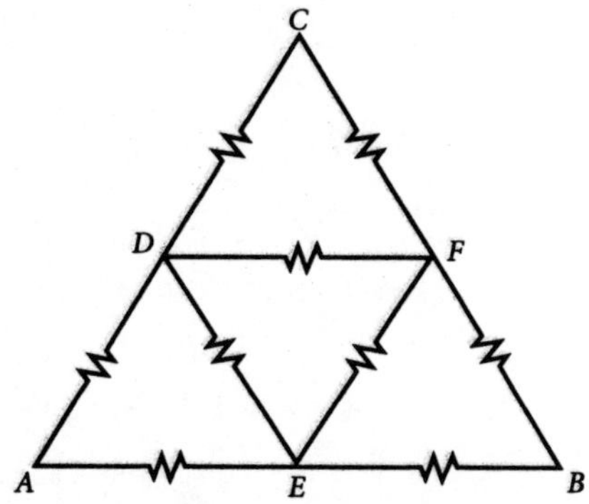

11. (Luís Eduardo) Considere um icosaedro regular tal que em cada aresta contenha um resistor "R". Sabendo que se escolhermos quaisquer dois pontos desse poliedro, esses pontos serão pontos opostos, pontos adjacentes ou não opostos e não adjacentes. Dessa forma, calcule a soma da resistência equivalente entre pontos adjacentes mais pontos opostos mais não opostos e não adjacentes.

12. (Gilson Resolve) Todas as arestas da figura abaixo possuem a mesma resistência "R". Determine a resistência equivalente entre A e B.

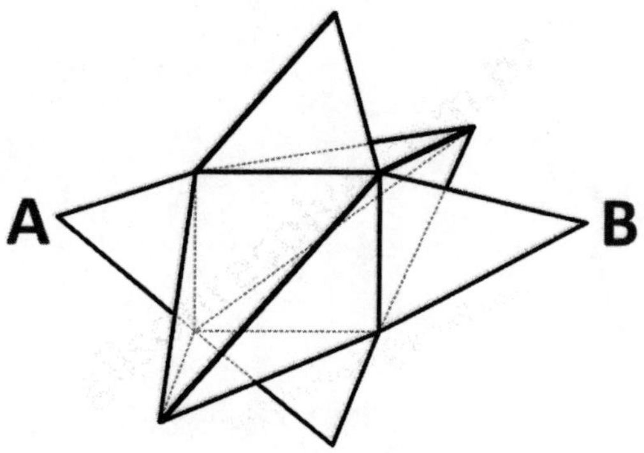

13. (Adaptado - Marcos Haroldo – Gilson Resolve) Os resistores vermelhos possuem resistência 5 Ω. Os verdes têm 4 Ω e os azuis têm 3 Ω. Sabendo disso, determine a resistência equivalente entre os pontos A e B do trecho do circuito abaixo.

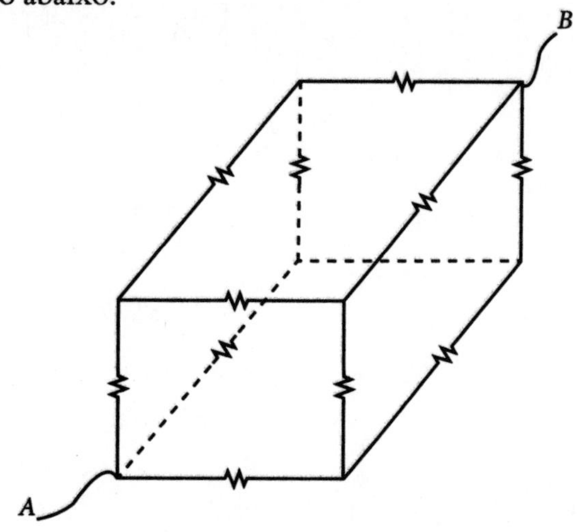

Técnicas de Resolução de Circuitos

Nesta parte, iremos citar sobre algumas técnicas para resolução de circuitos elétricos tais como transformação delta-estrela, teorema de Thévenin e teorema de Norton.

Transformação Delta-Estrela

Muitas vezes, não é possível encontrar a resistência equivalente de um circuito apenas pela simetria. Nesses casos, a transformação delta-estrela pode ser uma forma útil para resolver o problema.

Todo triângulo de resistores R_A, R_B e R_C pode ser substituído por uma estrela formada por resistores R_A', R_B' e R_C', que terá como extremidades, os vértices do triângulo inicial, na figura abaixo mostramos as transformações.

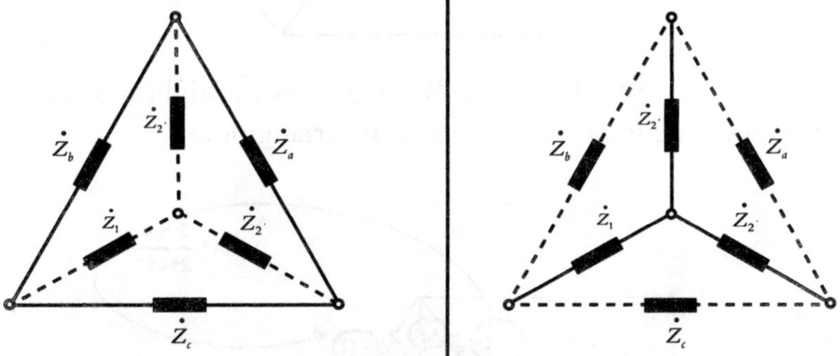

$$\dot{Z}_a = \frac{\dot{Z}_1 \cdot \dot{Z}_2 + \dot{Z}_2 \cdot \dot{Z}_3 + \dot{Z}_1 \cdot \dot{Z}_3}{\dot{Z}_1}$$

$$\dot{Z}_b = \frac{\dot{Z}_1 \cdot \dot{Z}_2 + \dot{Z}_2 \cdot \dot{Z}_3 + \dot{Z}_1 \cdot \dot{Z}_3}{\dot{Z}_1}$$

$$\dot{Z}_c = \frac{\dot{Z}_1 \cdot \dot{Z}_2 + \dot{Z}_2 \cdot \dot{Z}_3 + \dot{Z}_1 \cdot \dot{Z}_3}{\dot{Z}_1}$$

$$\dot{Z}_1 = \frac{\dot{Z}_b \cdot \dot{Z}_c}{\dot{Z}_a + \dot{Z}_b + \dot{Z}_c}$$

$$\dot{Z}_2 = \frac{\dot{Z}_a \cdot \dot{Z}_c}{\dot{Z}_a + \dot{Z}_b + \dot{Z}_c}$$

$$\dot{Z}_3 = \frac{\dot{Z}_a \cdot \dot{Z}_b}{\dot{Z}_a + \dot{Z}_b + \dot{Z}_c}$$

Exemplo resolvido:

(UFPR – 2011) Vamos determinar a resistência equivalente dos resistores da malha abaixo. Podemos observar que a malha possui dois lugares onde é possível aplicar a transformação (triângulos). Para o exercício usaremos o triangulo superior.

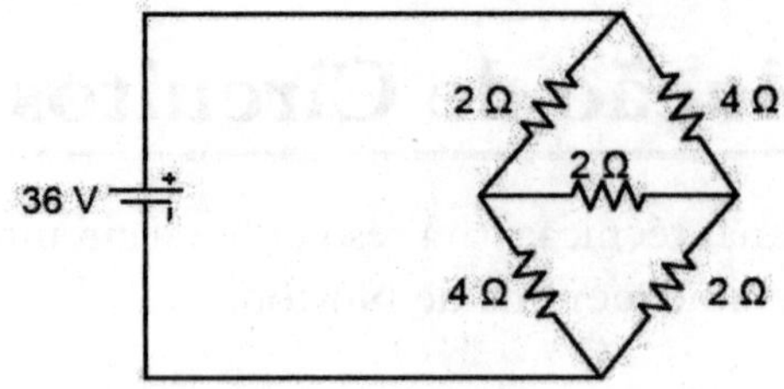

Na imagem a seguir podemos ver onde ficarão as resistências equivalentes.

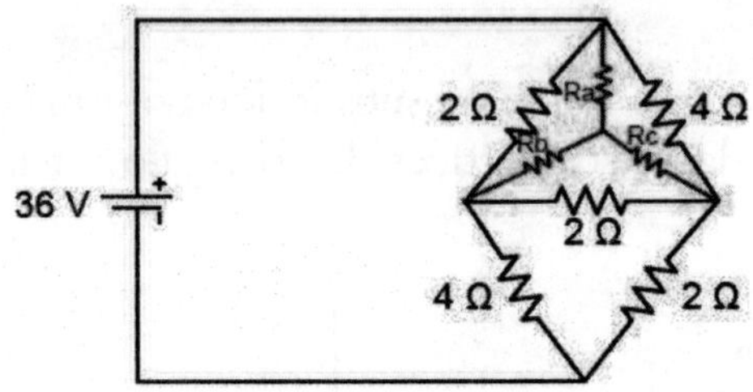

Para calcular as resistências equivalentes Ra, Rb e Rc, devemos multiplicar as duas resistências ao lado de cada uma e dividimos pela soma de todas as resistências do triângulo.

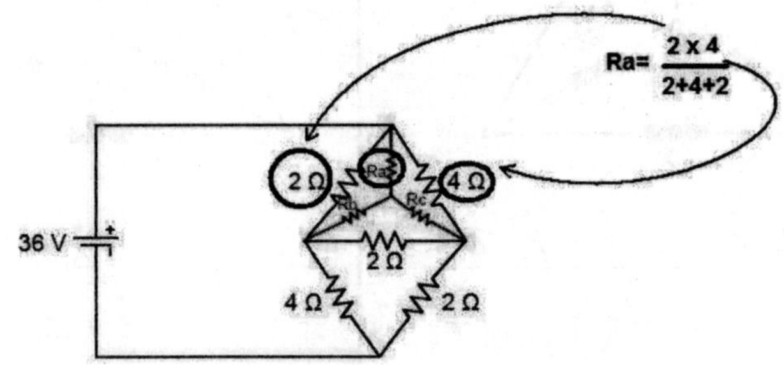

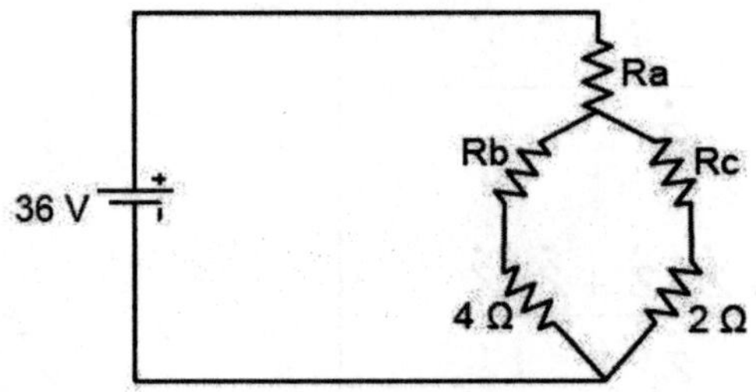

Assim, ficou fácil e encontraremos 2,8 Ω

Teorema de Thévenin

"Uma rede ativa e linear contendo uma ou várias fontes de tensão e/ou corrente, pode ser substituída por uma única fonte de tensão em série com uma única resistência."

A tensão equivalente é dita *tensão equivalente de Thévenin* (ε_{Th}).

A resistência é dita resistência-Thévenin (R_{Th}).

Esse é um método para redução de circuitos elétricos. Dessa forma, torna-se possível calcular a corrente em circuitos elétricos complexos. O cálculo do Equivalente-Thévenin baseia-se no teorema da superposição quando o circuito a ser reduzido é separado do circuito a ser estudado e as análises de circuito aberto e em curto-circuito são aplicadas para se conseguir as relações que permitam a redução desejada.

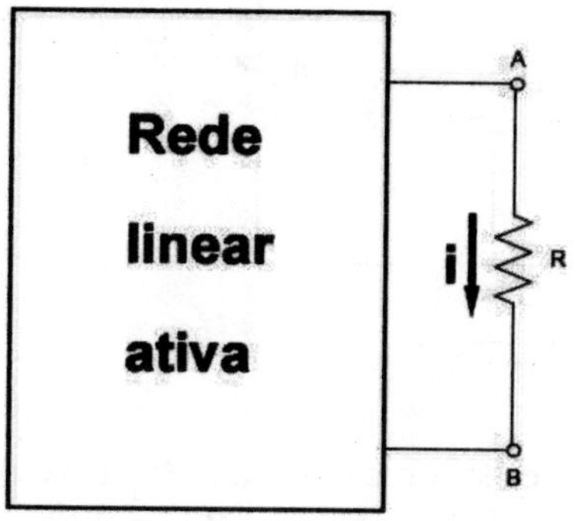

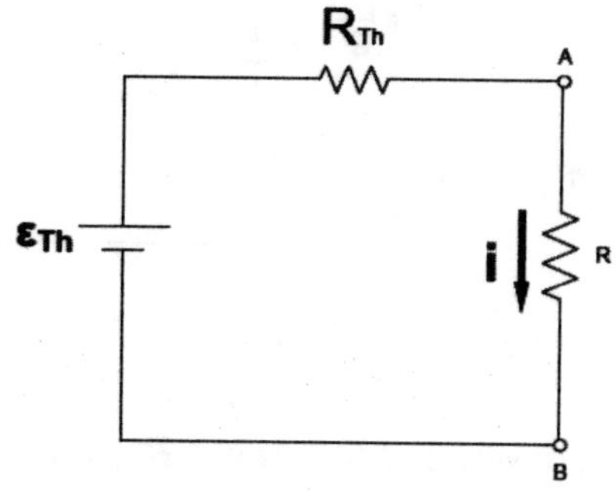

Para achar a corrente "i" devemos fazer:

1. Desligamos **R** do circuito.
2. Medimos com um voltímetro a ddp entre os pontos A e B *(ε_{Th})*.
3. Substituímos todas as fontes por suas respectivas resistências internas (as fontes de tensão por chaves fechadas e as de corrente por chaves abertas).
4. Medimos com um ohmímetro a resistência equivalente entre os pontos A e B **(R_{Th})**.
5. Calculamos a corrente de carga no resistor **R**:

$i = \varepsilon_{Th} / (R + R_{Th})$

Exemplo 1:
Encontre o valor da corrente "i" que passa pelo resistor R na figura abaixo:

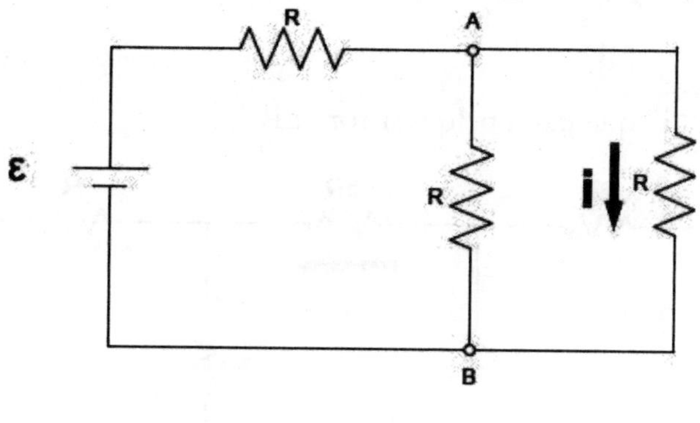

Resolução: O primeiro procedimento é desligar o resistor "R" que sobre ele passa a corrente "i". Dessa forma, iremos abrir o circuito e achar o valor de ε_{Th} e R_{Th} no **circuito em <u>destaque</u>**:

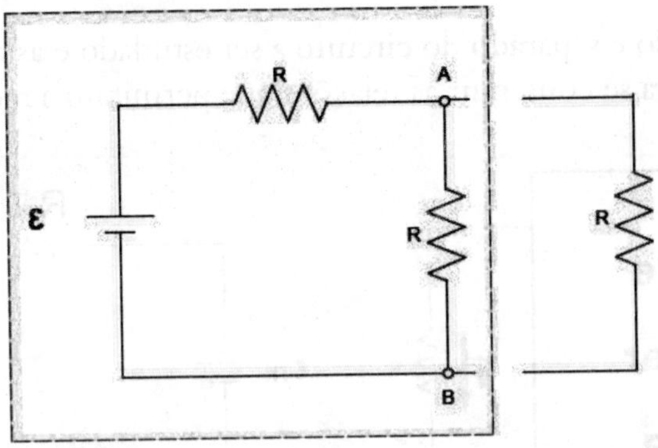

Após abrir o circuito, devemos encontrar o R_{Th} que será a resistência equivalente entre A e B sem a fonte de tensão (ou as fontes). Note que teremos dois resistores em paralelo. Logo, R_{Th} = R/2.

Agora iremos achar a ε_{Th} , para isso devemos achar a ddp entre os pontos A e B que será: ε_{Th} = ∪AB = $R.\dfrac{\varepsilon}{2R} = \dfrac{\varepsilon}{2}$ (Achamos usando a lei de Pouillet). Assim, podemos redesenhar o circuito desta forma:

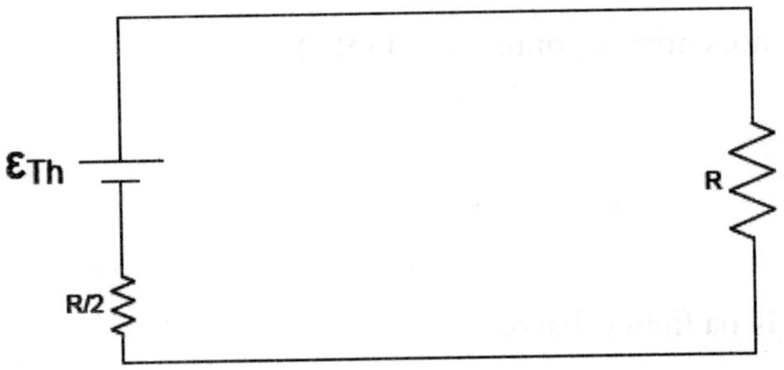

$$i = \frac{\frac{\varepsilon}{2}}{\frac{3R}{2}} = \frac{\varepsilon}{3R}$$

Assim, encontramos a corrente "i".

Exemplo 2:
Encontre o valor da corrente "i" que passa pelo resistor "5R".

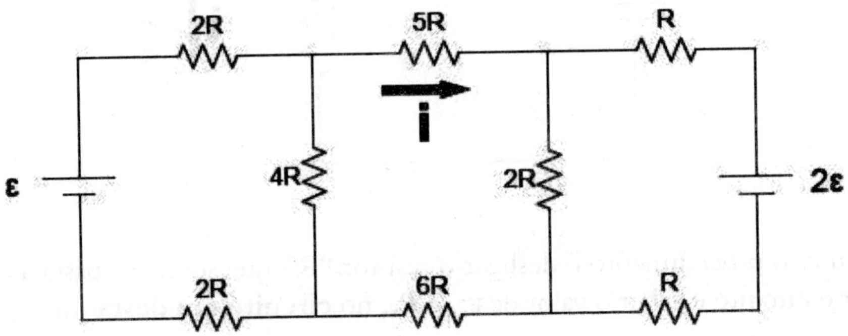

Resolução: Nesta questão, iremos usar a mesma ideia do exemplo anterior. Entretanto, neste caso devemos considerar o lado direito e esquerdo como mostra a figura abaixo:

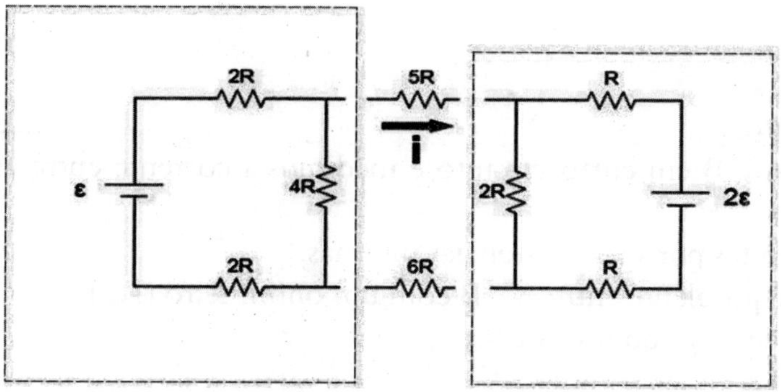

↓ ↓

Rth = 2R **Rth = R**
Eth = 4R.E/8R = E/2 **Eth = 2R.E/2R = E**

Assim, podemos redesenhar o circuito:

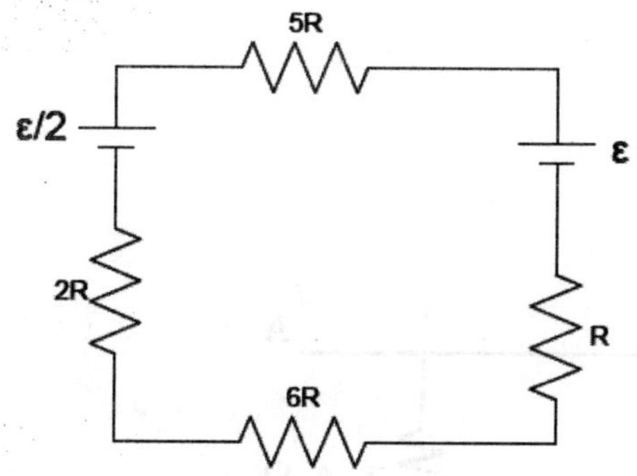

Assim, a corrente pode ser calculada:

$$i = \frac{E - \frac{E}{2}}{14R} = \frac{E}{28R}$$

OBS.: E = ε

Teorema de Norton

"Uma rede ativa e linear contendo uma ou várias fontes de tensão e/ou corrente, pode ser substituída por uma única resistência."

- A corrente desta fonte é dita corrente-Norton (I_N)
- A resistência é dita resistência-Norton (R_N)

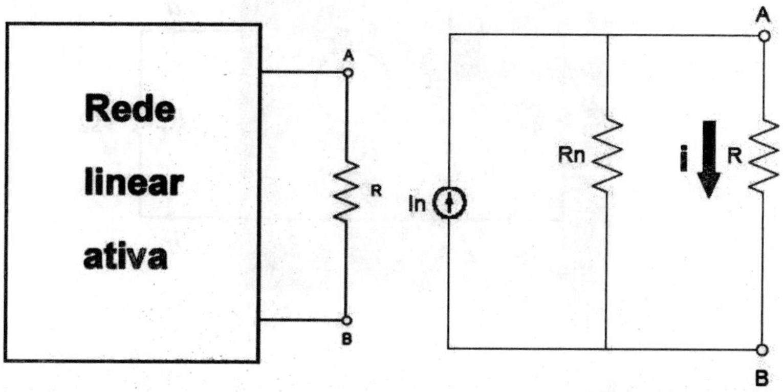

Procedimentos:

1. Desligamos **R** do circuito.
2. Colocamos os pontos A e B em curto-circuito e medimos a corrente entre esses pontos usando um amperímetro (I_N).
3. Substituímos todas as fontes por suas resistências internas.
4. Medimos a resistência equivalente entre A e B com um ohmímetro (R_N).
5. Calculamos a corrente de carga do resistor R:

$i = (R_N.I_N)/(R_N + R)$

Exemplo 1:

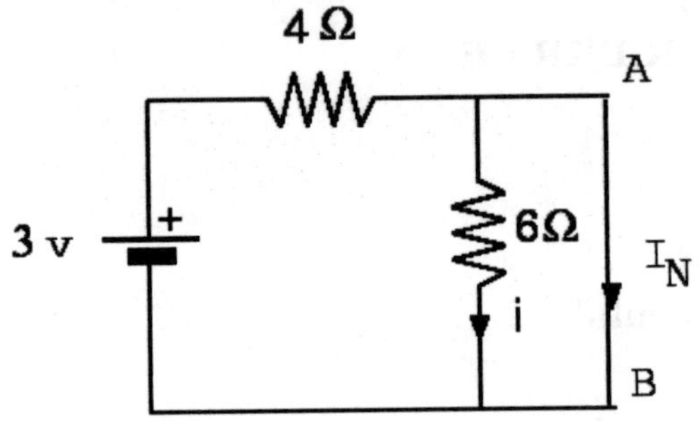

A corrente Norton será:

$$In = \frac{3}{4} = 0{,}75A$$

Pois 6 Ω está em curto.

A resistência Norton será: $Rn = \frac{4.6}{4+6} = 2{,}4\Omega$

, o circuito Norton equivalente será:

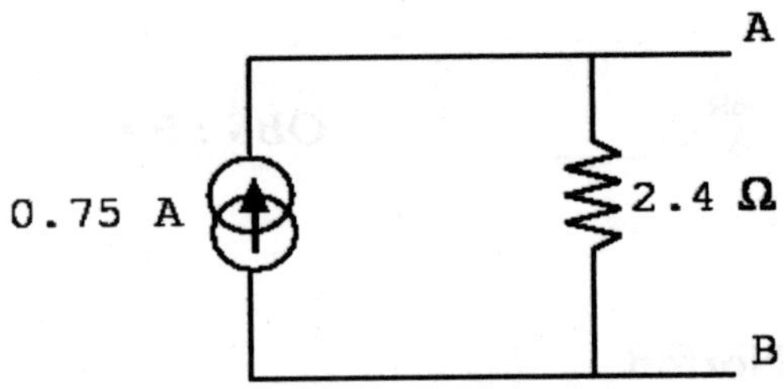

Exemplo 2: Encontre o circuito equivalente de Norton para o circuito externo ao resistor de 9 na figura abaixo:

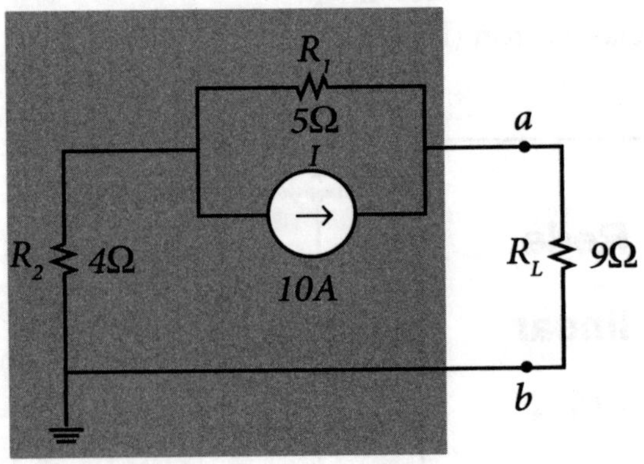

Podemos ver a figura da seguinte forma:

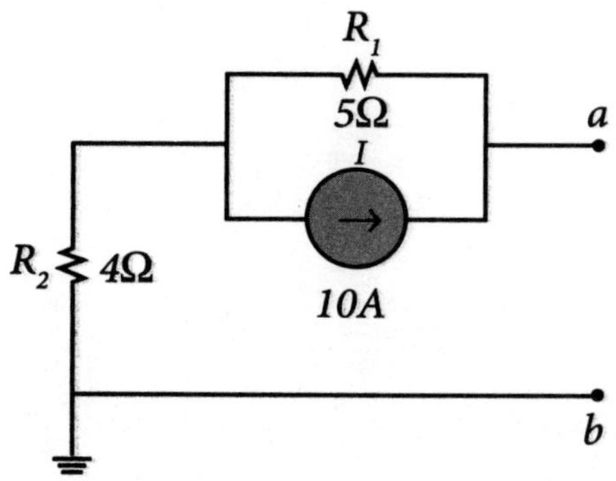

Devemos encontrar R_N que é:

$R_N = R_1 + R_2 = 9\ \Omega$

Agora devemos achar o I_N que será:

$I_N = (R_1.I)/(R_1 + R_2) = 5.10/(5 + 9)$

$I_N = 50/9$ A

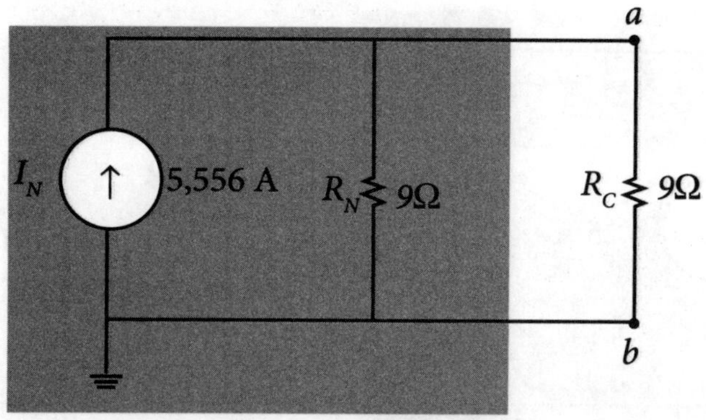

Exemplo 3: Encontre o circuito equivalente de Norton para a parte do circuito à esquerda dos pontos a e b na figura abaixo:

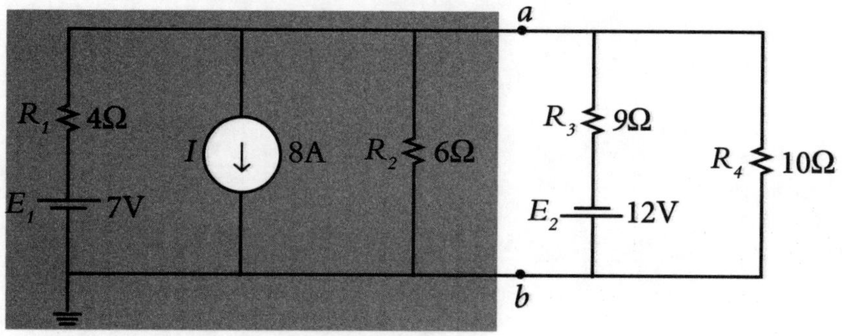

Resolução: O que queremos transformar é:

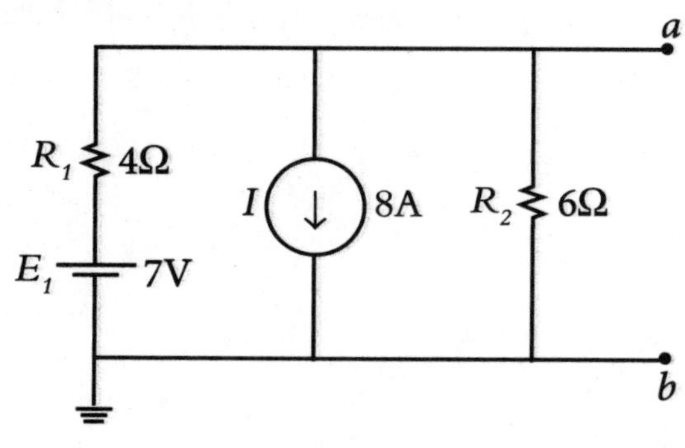

$R_N = (R_1.R_2)/(R_1 + R_2) = 2{,}4$

Utilizando o teorema da superposição – Para a bateria de 7 V:

$I'_N = E_1/R_1 = 1{,}75$ A

$I''_N = I = 8$ A

$I_N = I''_N - I'_N = 6{,}25$ A

Assim, o circuito equivalente de Norton será:

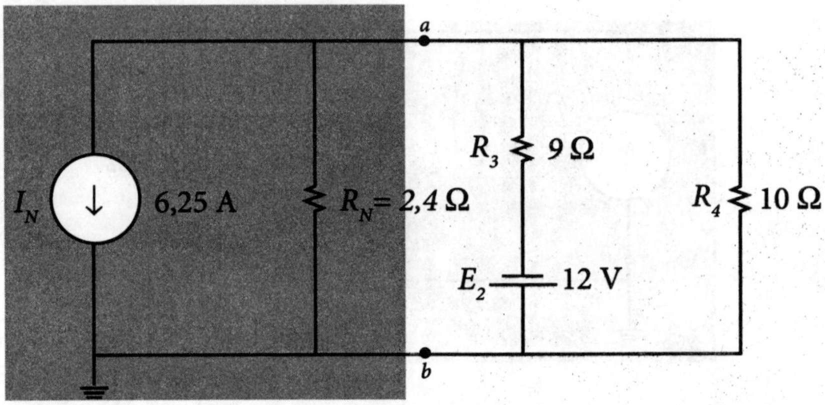

Capacitores

Conceitos

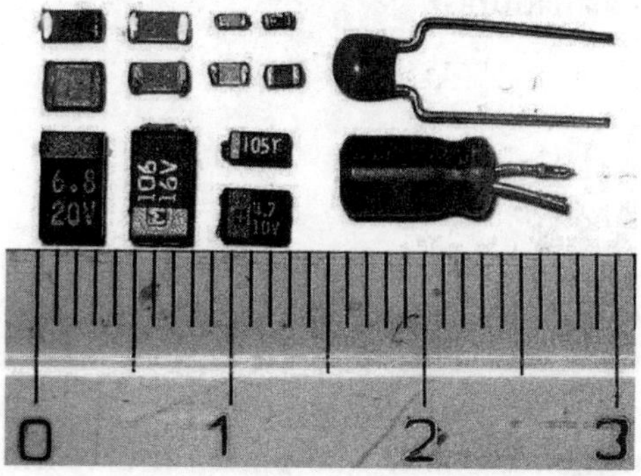

O que são capacitores?

São dispositivos elétricos responsáveis por armazenar carga e energia eletrostática.

Qual a sua utilidade?

Algumas vezes, os capacitores são utilizados para armazenar carga para utilização rápida. É isso que o flash das câmeras fotográficas faz. Os grandes lasers também utilizam essa técnica para produzir flashes muito brilhantes e instantâneos. Também podem eliminar ondulações. Se uma linha que conduz corrente contínua (CC) possui ondulações e picos, um grande capacitor pode uniformizar a tensão absorvendo os picos e preenchendo os vales. Ele também pode bloquear a CC. Se você conectar um pequeno capacitor a uma pilha, então não fluirá corrente entre os polos da pilha assim que o capacitor estiver carregado (o que é instantâneo se o capacitor é pequeno). Entretanto, o sinal de corrente alternada (CA) flui através do capacitor sem qualquer impedimento. Isso ocorre porque o capacitor irá carregar e descarregar à medida que a corrente alternada flutue, fazendo parecer que a corrente alternada está fluindo.

Onde podemos encontrá-los?

- Nas máquinas fotográficas, armazenando cargas para o flash.
- Nas armaduras das lâmpadas fluorescentes.
- Nos sistemas de áudio dos carros, para acumular energia no amplificador quando necessário.
- Na fonte de alimentação ininterrupta (UPS).
- Na placa mãe dos computadores.
- Empregados para o funcionamento de relógios de quartzo e transmissores de rádio AM.

Capacitância

A carga armazenada no capacitor é proporcional à diferença de potencial estabelecida entre as suas armaduras. Isso é perfeitamente coerente com o resultado até agora encontrado em todos os cálculos de potencial, para os quais ele resulta sempre proporcional à carga contida no condutor. Para transformar essa proporcionalidade numa igualdade, introduzimos uma constante definida como a capacitância:

A capacitância depende tão somente da *geometria do capacitor* e do *material dielétrico* existente entre as armaduras. O significado físico da capacitância é evidente: quanto maior for o seu valor, mais carga o capacitor pode armazenar para uma dada ddp (observe que denominados carga em um capacitor tão somente a carga, em valor absoluto, em uma de suas armaduras).

No SI, temos:

Capacitores

Um capacitor ou condensador é um conjunto de dois condutores próximos e isolados um do outro, de modo que haja indução total (ou quase total) entre eles e que, ao serem eletrizados, adquiram cargas de mesmo módulo, mas de sinais contrários. Cada um dos condutores recebe o nome de armadura do capacitor. Entre as armaduras deve haver um meio isolante que pode ser o vácuo, o ar, ou outro dielétrico como o papel, o óleo, ou a mica.
A carga total de um capacitor é nula, mas quando mencionamos a carga do capacitor estaremos nos referindo à carga positiva que está em uma das armaduras.

Energia elétrica armazenada no capacitor

A energia (no SI, medida em joule) armazenada em um capacitor é igual ao trabalho feito para carregá-lo. Considere um capacitor com capacitância *C*, com uma carga $+q$ em uma placa e $-q$ na outra. Movendo um pequeno elemento de carga dq de uma placa para a outra contra a diferença de potencial $V = q/C$ necessita de um trabalho dW:

$$dW = \frac{q}{C}dq$$

Nós podemos descobrir a energia armazenada em um capacitor integrando essa equação. Começando com um capacitor descarregado (q=0) e movendo carga de uma placa para a outra até que as placas tenham carga +Q e -Q, necessita de um trabalho W:

$$W_{carregando} = \int_0^Q \frac{q}{C}dq = \frac{1}{2}\frac{Q^2}{C} = \frac{1}{2}CV^2 = E_{armazenada}$$

Associação de Capacitores

<u>*Série:*</u>

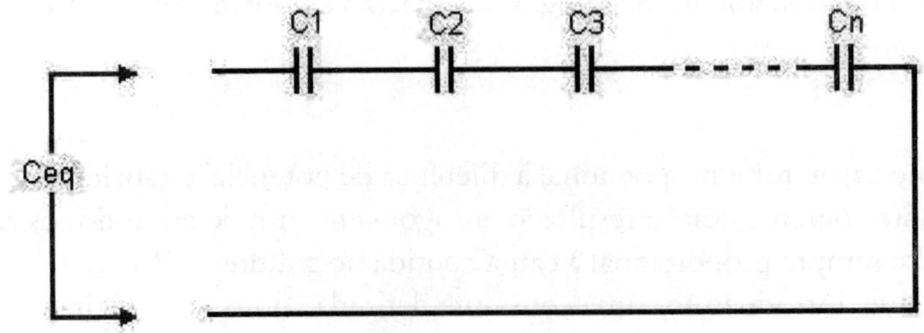

Na associação em série, a armadura negativa do capacitor está ligada à armadura positiva do capacitor seguinte. Quando os capacitores são ligados em série, a carga da associação é igual para todos os capacitores. Como V = Q/C, isolando "V", temos que:

$V_1 = Q/C_1$
$V_2 = Q/C_2$
$V_3 = Q/C_3$
...

Como $V=V_1+V_2+V_3+...+V_N$, então:

$Q/C_{eq} = (Q/C_1) + (Q/C_2) + (Q/C_3) +...+ (Q/C_N)$

Portanto, a capacitância equivalente (C_{eq}) é dada por:

Paralelo:

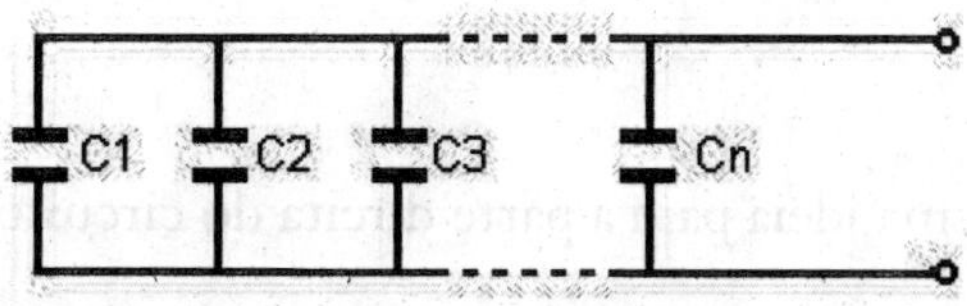

Na associação de capacitores em paralelo as armaduras negativas (e positivas) do capacitor são ligadas entre si. Quando os capacitores são ligados em paralelo, a ddp da associação é a mesma para todos.

Como $Q = Q_1 + Q_2 + Q_3 +...+ Q_N$, percebemos que $C_{eq}.V = C_1.V + C_2.V + C_3.V + ... + C_N.V$

Portanto a capacitância equivalente (C_{eq}) é dada por;

Simetria:
Em alguns problemas, a solução mais eficiente é observar a simetria da associação. O princípio é o mesmo para capacitores e resistores.

Transformação Delta-Estrela:

Apesar de sua aplicação ser mais comum nas questões de resistores, podemos solucionar inúmeras questões de capacitores a partir da mesma ideia. Só precisamos ter cuidado para não confundir as equações de Δ (delta) e Y (estrela).

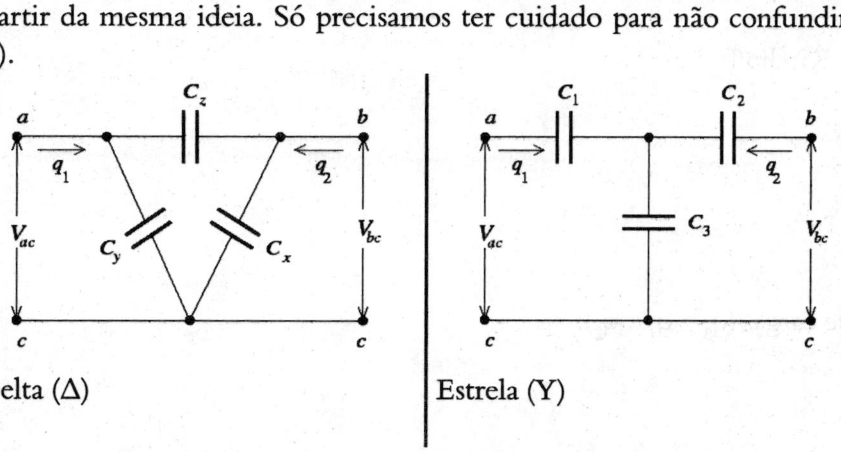

$\Delta \rightarrow$ y: Considerando a figura anterior, podemos dizer que:

No Delta

$a_1 = q_y + q_z$

$q_1 = C_y V_{ac} + C_z V_{ab}$

Pela segunda lei de Kirchoff:

$V_{ab} = V_{ac} + V_{ab} = V_{ac} - V_{bc}$

Então,

$q_1 = C_y V_{ac} + C_z (V_{ac} - V_{bc})$

$q_1 = (C_y + C_z)V_{ac} - C_z V_{bc}$

De forma similar, aplicamos a mesma ideia para a parte direita do circuito:

$q_2 = q_r - q_z$

$q_2 = C_L V_{bc} - C_z (V_{ac} - V_{bc})$

Assim, resolvendo as equações destacadas encontramos:

$$V_{ac} = \left(\frac{C_x + C_z}{C_x C_y + C_y C_z + C_z C_x}\right) q_1 + \left(\frac{C_z}{C_x C_y + C_y C_z + C_z C_x}\right) q_2$$

$$V_{bc} = \left(\frac{C_z}{C_x C_y + C_y C_z + C_z C_x}\right) q_1 + \left(\frac{C_y + C_z}{C_x C_y + C_y C_z + C_z C_x}\right) q_2$$

Na estrela:

Pela segunda lei de Kirchoff:

$V_1 + V_3 = V_{ac}$

$$\frac{q_1}{C_1} + \frac{q_3}{C_3} = V_{ac}$$

Pela conservação de cargas ($q_3 = q_1 + q_2$):

$$V_{ac} = \left(\frac{1}{C_1} + \frac{1}{C_3}\right) q_1 + \left(\frac{1}{C_3}\right) q_2$$

Mesma ideia para parte direita:

$$V_2 + V_3 = V_{bc}$$

$$\frac{q_2}{C_2} + \frac{q_3}{C_3} = V_{bc}$$

$$V_{bc} = \left(\frac{1}{C_3}\right) q_1 + \left(\frac{1}{C_2} + \frac{1}{C_3}\right) q_2$$

Agora, comparando os coeficientes das equações de $V_{BC,}$ poderemos igualar:

$$\frac{1}{C_3} = \frac{C_Z}{C_x C_Y + C_Y C_z + C_z C_x}$$

$$C_3 = \left(C_x C_Y + C_Y C_z + C_z C_x\right) / C_Z$$

Agora comparando o coeficiente de q_2:

$$\frac{1}{C_2} + \frac{1}{C_3} = \frac{C_Y + C_Z}{C_x C_Y + C_Y C_Z + C_Z C_x}$$

Substituindo o valor de C_3 poderemos encontrar o valor de C_2:

$$C_2 = (C_x C_Y + C_Y C_z + C_z C_x)/C_Y$$

De forma análoga,

$$C_1 = (C_x C_Y + C_Y C_z + C_z C_x)/C_x$$

$y \rightarrow \Delta$

Neste caso, para se evitar excesso de "contas", podemos fazer analogia à transformação $\Delta \rightarrow$ Y dos resistores e assim encontrar a capacitância que queremos para o caso Y $\rightarrow \Delta$.

Assim, as equações serão:

$$C_Z = \frac{C_1.C_2}{C_1 + C_2 + C_3}$$

$$C_X = \frac{C_2.C_3}{C_1 + C_2 + C_3}$$

$$C_Y = \frac{C_1.C_3}{C_1 + C_2 + C_3}$$

$\Delta \rightarrow Y$	$Y \rightarrow \Delta$
$C_1 = \dfrac{C_xC_y + C_yC_z + C_zC_x}{C_x}$	$C_X = \dfrac{C_2.C_3}{C_1 + C_2 + C_3}$
$C_2 = \dfrac{C_xC_y + C_yC_z + C_zC_x}{C_y}$	$C_Y = \dfrac{C_1.C_3}{C_1 + C_2 + C_3}$
$C_3 = \dfrac{C_xC_y + C_yC_z + C_zC_x}{C_z}$	$C_Z = \dfrac{C_1.C_2}{C_1 + C_2 + C_3}$

Interligação de condutores

Quando dois condutores de potenciais diferentes são colocados em contato, há uma movimentação de elétrons, os quais vão do condutor de menor potencial para o de maior potencial, até que os dois condutores fiquem com o mesmo potencial, quando então cessa a movimentação de cargas.

Consideremos dois condutores A e B muito afastados um do outro, de capacitâncias C_A e C_B, cargas Q_A e Q_B e potenciais V_A e V_B, respectivamente. Se esses condutores forem ligados por um fio, haverá uma redistribuição das cargas dos condutores até que ambos fiquem com o mesmo potencial V. Sejam Q_A' e Q_B' as novas cargas.

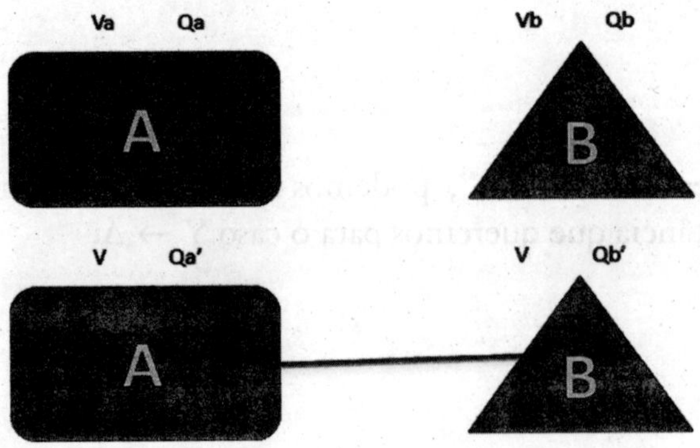

Pelo Princípio da Conservação das Cargas Elétricas, teremos:

$Q_A' + Q_B' = Q_A + Q_B$
$C_A.V + C_B.V = Q_A + Q_B$

$$V = \frac{Q_A + Q_B}{C_A + C_B} = \frac{C_A V_A + C_B V_B}{C_A + C_B}$$

Generalizando, podemos escrever:

$$V = \frac{Q_A + Q_B + \ldots + Q_N}{C_A + C_B + \ldots C_N} = \frac{C_A V_A + C_B V_B + \ldots C_N V_N}{C_A + C_B + \ldots C_N}$$

Cálculos da capacitância

Capacitor plano de placas paralelas:

Consiste de duas armaduras de mesmas dimensões planas e paralelas. Ambas com área "A", distam de "d" uma da outra e têm o espaço entre elas preenchido por um dielétrico de permissividade ()

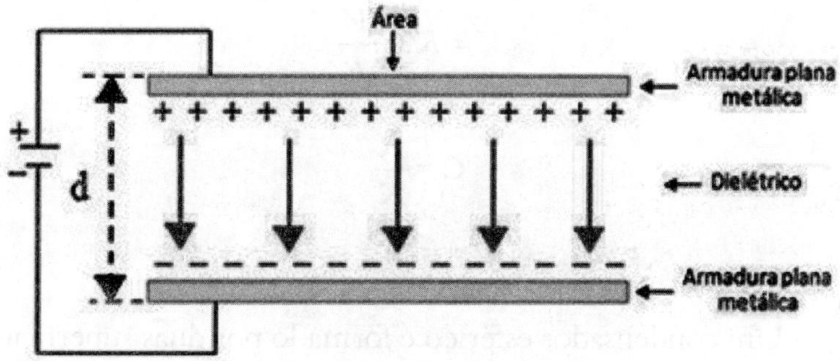

Se a distância "d" entre as placas for bem menor que as outras dimensões, o campo no interior do dielétrico é praticamente uniforme, exceto nas bordas do capacitor e é praticamente nulo na região exterior.

Devemos encontrar o valor do campo elétrico entre as placas, para isso, iremos utilizar a Lei de Gauss a fim de encontrar o campo elétrico numa placa delgada infinita com densidade superficial de carga σ.

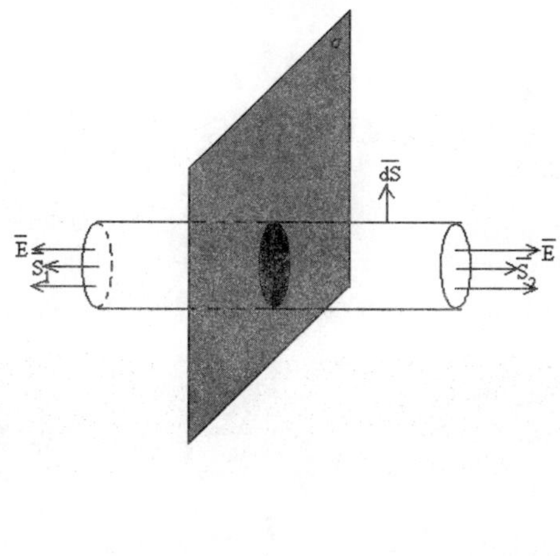

$$\phi \vec{E}.\vec{dA} = \frac{Q}{\varepsilon_0}$$

$$2.E.A = \frac{\sigma.A}{\varepsilon}$$

$$E = \frac{\sigma}{2\varepsilon}$$

Como no interior das placas paralelas o campo elétrico resultante é a soma vetorial dos campos de mesmo sentido, então, o campo resultante será $\frac{\sigma}{\varepsilon_0}$. Assim, Q = σA, U = E.d = $\frac{\sigma.d}{\varepsilon}$. Assim, a capacitância será: $C=\frac{Q}{U}=\frac{\varepsilon A}{d}$

Condutor Esférico:

Considere um condutor esférico e isolado cujo raio é R. Quando esse condutor é eletrizado com carga Q, seu potencial é:

$$V=\frac{KQ}{R}$$

Sabendo que: $Q = C.V$

Substituindo a segunda equação na primeira, encontramos:

$$V=K.C.\frac{V}{R}$$

$$\boldsymbol{C=\frac{R}{K}}$$

Capacitor Esférico:

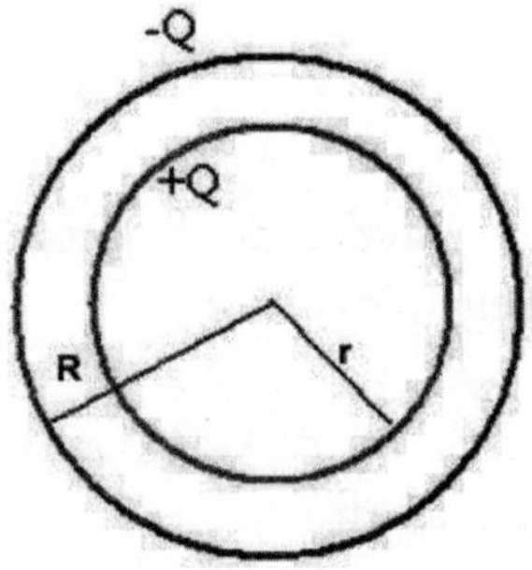

Um condensador esférico é formado por duas superfícies condutoras esféricas, concêntricas de raios r e R, carregadas com cargas iguais e opostas +Q e –Q, respectivamente.

Utilizando a Lei de Gauss, podemos encontrar o campo elétrico, neste caso:

$$E\oint dS=\frac{Q}{\varepsilon_0}\rightarrow E.4\pi d^2=\frac{Q}{\varepsilon_0}\rightarrow E=\frac{1}{4\pi d^2}.\frac{Q}{\varepsilon_0}=\frac{KQ}{d^2}$$

O potencial resultante em cada superfície vale:

$$V_A=\frac{KQ_A}{r}+\frac{KQ_B}{R}$$

$$V_A=\frac{KQ_A}{R}+\frac{KQ_B}{R}$$

A ddp entre A e B vale:

$U = V_A - V_B$

Assim,

$$U = \frac{KQ_A}{r} - \frac{KQ_A}{R}$$

Como $Q_A = +Q$: $U = KQ\left(\frac{1}{r} - \frac{1}{R}\right)$

Substituindo na expressão do capacitor teremos:

$$C = \frac{Q}{KQ\left(\frac{1}{r} - \frac{1}{R}\right)} = \frac{1}{K} \cdot \frac{Rr}{R - r}$$

OBS: Perceba que se $R >> r$, teremos: $C = \frac{r}{K}$

Note que não utilizamos o valor encontrado na Lei de Gauss para achar a capacitância. Agora, iremos mostrar uma outra forma de encontrar a capacitância da esfera utilizando o valor encontrado na Lei de Gauss. Sabemos que a ddp é calculada por:

$$\Delta V = \int_r^R \vec{E}.\vec{dr} = KQ\int_r^R r^{-2}dr = KQ\left(\frac{1}{r} - \frac{1}{R}\right)$$

Logo, a capacitância será:

$$C = \frac{1}{K\left(\frac{1}{r} - \frac{1}{R}\right)}$$

Capacitor Cilíndrico:

A figura mostra a seção transversal de um capacitor cilíndrico de comprimento L, com raios interno e externo dados por r_a e r_b, respectivamente. Usando a Lei de Gauss, podemos calcular o campo elétrico no interior do cilindro de forma semelhante ao caso anterior. Assim:

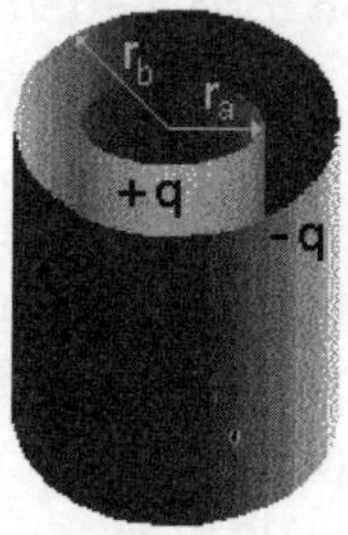

$$\oint \vec{E}.d\vec{S} = E(2\pi rL) = \frac{q}{\in_0} \quad ou \quad E = \frac{q}{2\pi \in_0 Lr}$$

Então, o potencial elétrico será igual a:

$$V = \int_a^b \vec{E}d\vec{r} = \frac{q}{2\pi \in_0 L}\int_a^b \frac{dr}{r} = \frac{q}{2\pi \in_0 L}\left(ln(r_0) - ln(r_a)\right) \quad ou \quad V = \frac{q}{2\pi \in_0 L} ln\left(\frac{r_b}{r_a}\right)$$

Logo, a capacitância é igual a:

$$C = 2\pi \in_0 \frac{L}{ln(r_b / r_a)}$$

Circuito RC

A partir do estudo do circuito RC (Resistor-Capacitor), podemos entender como funciona o processo de carga e descarga de um capacitor.

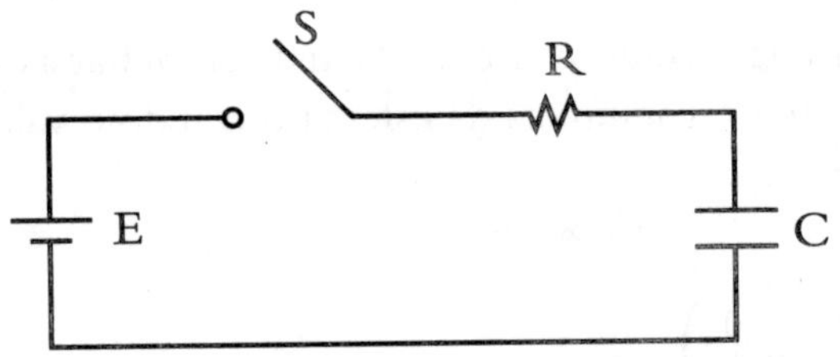

São circuitos onde um resistor de resistência R é associado em série a um capacitor de capacitância C e com uma bateria de força eletromotriz E. Em primeiro lugar, devemos lembrar como se carrega o capacitor (esquecendo por enquanto a resistência). Quando o circuito está aberto, a ddp entre as placas do capacitor é $V_0 = 0$. Com as placas carregadas, a ddp entre elas aumenta para $V_0 = q/C$. Nesse processo, a carga q aumenta com o tempo, ou seja, q = q(t), assim como a ddp no capacitor. O carregamento só termina quando a ddp entre as placas for igual à fem da bateria: $V_0 = Q/C = E$. Ou seja, Q é o valor máximo da carga do capacitor.

Se retirarmos a bateria e conectarmos o capacitor a um resistor, ele irá se descarregar, ou seja, a carga diminuirá agora com o tempo, pois as cargas acumuladas nas placas do capacitor fluem novamente pelo circuito, formando uma corrente elétrica $\left(i = \frac{dq}{dt}\right)$ que passa pelo resistor. Quando a corrente passa pelo resistor há uma conversão em calor (Efeito Joule), de modo que toda a energia acumulada no capacitor será dissipada. Em longo prazo, tanto a carga no capacitor quanto a corrente no resistor serão nulas.

O papel da resistência R é "amortecer" esse processo. Por exemplo, se não houvesse resistência, o capacitor iria se carregar instantaneamente. Devido à resistência, no entanto, ele leva algum tempo para atingir a carga máxima Q. Da mesma forma, o capacitor não se descarrega imediatamente, mas aos poucos. Essa é a principal utilidade do circuito RC, o que faz com que seja usado na eletrônica. Por exemplo, a lâmpada do flash da máquina fotográfica, para funcionar, necessita de uma corrente alta por um tempo muito curto. Antes de o flash disparar, duas pilhas de 1,5 V carregam um capacitor passando por um resistor. Terminada a carga, o flash está pronto para o disparo. Quando se bate a foto, o capacitor descarrega através da lâmpada do flash. Assim, vamos encontrar as equações do circuito citado:

Sabendo que $i = \frac{dq}{dt}$, podemos escrever que a força eletromotriz do gerador equivale a:

$$\varepsilon = R.i + \frac{q}{C}$$

$$C\varepsilon = RC\frac{dq}{dt} + q$$

$$RC\frac{dq}{dt} = C\varepsilon - q$$

$$-\int_{t^0}^{t} \frac{dt}{RC} = \int_{0}^{Q} \frac{dq}{q - C\varepsilon} \rightarrow \int_{t^0}^{t} \frac{dt}{RC} = \int_{0}^{Q} \frac{d\varphi}{\varphi}$$

OBS: $q - C\varepsilon = \varphi \rightarrow dq = d\varphi$

$$\frac{-t}{RC} = ln(q - C\varepsilon)\Big|_0^Q$$

$$\frac{-t}{RC} = ln\left(\frac{Q - C\varepsilon}{-C\varepsilon}\right)$$

$$\frac{C\varepsilon - Q}{C\varepsilon} = e^{-\frac{t}{RC}}$$

Logo,

$$\mathbf{Q = C\varepsilon\left(1 - e^{-\frac{t}{RC}}\right)}$$

Após encontrar o valor de **Q**, vamos achar a intensidade da corrente elétrica num instante t:

$$i = \frac{dq}{dt}$$

$$q = \varepsilon.C.\left(1 - e^{-\frac{t}{RC}}\right)$$

$$i = \frac{d\left(q = \varepsilon.C.\left(1 - e^{-\frac{t}{RC}}\right)\right)}{dt}$$

$$i = \varepsilon.C.\left(\frac{d1}{dt} - \frac{d\left(e^{-\frac{t}{RC}}\right)}{dt}\right)$$

$$i = \varepsilon.C.\left(0 - \left(-\frac{1}{R.C}e^{-\frac{t}{RC}}\right)\right)$$

$$i = \varepsilon.C.\frac{1}{R.C}e^{-\frac{t}{RC}}$$

$$i = \frac{\varepsilon}{R}e^{-\frac{t}{RC}}$$

Logo,

$$\boldsymbol{i = \frac{e}{R}e^{-\frac{t}{RC}}}$$

A partir das equações encontradas, podemos achar a equação da diferença de potencial (ddp):

$$\boldsymbol{V_c = e\left(1 - e^{-\frac{t}{RC}}\right)}$$

Após encontrar as equações, devemos fazer algumas considerações:

<u>No instante t = 0</u>: $i_{máximo} \frac{\varepsilon}{R}$ e $Q = 0$

Quando a ddp entre as armaduras se tornar igual a força eletromotriz (E) do gerador, o processo de carga estará terminado e teremos:

- Intensidade de corrente nula (i = 0)
- Diferença de potencial entre as armaduras: U = E
- Carga do capacitor: Q = C.U = C.E

Vale lembrar que a energia fornecida pelo gerador durante o processo de carga se divide em energia potencial elétrica armazenada no capacitor, energia perdida por efeito Joule no resistor e energia irradiada na forma de ondas eletromagnéticas, a qual pode ser considerada desprezível.

Por análise dimensional, é possível provar que:

Ω.F = s (ohm x farad = segundo)

O instante T em que o processo de carga termina é quando:

$$Q \cong C\varepsilon$$

Na prática, Q jamais será 100% do valor, mas podemos encontrar um valor próximo de T.

$$\tau = RC = k \text{ (constante)}$$

A equação acima nos fornece o tempo após ***uma*** *constante de tempo.*
Podemos provar que após uma constante de tempo, a carga no capacitor alcança aproximadamente 63% de seu valor final:

$$q(\tau) = C\varepsilon\left(1 - e^{-\tau/RC}\right) = C\varepsilon\left(1 - e^{-1}\right) \cong 0{,}63C\varepsilon = \frac{63}{100}C\varepsilon$$

Afinal, quantas constantes de tempo devem decorrer até que um capacitor num circuito RC esteja carregado com mais de 99% de seu valor final?

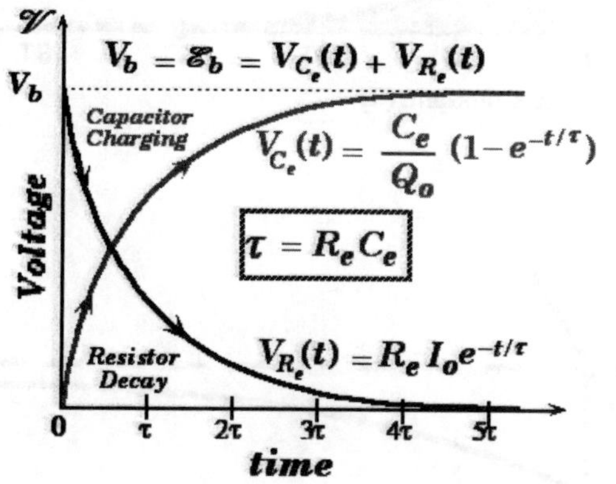

Time Constant

t	$e^{-t/\tau}$	$1 - e^{-t/\tau}$
τ	.368	.632
2τ	.135	.865
3τ	.050	.950
4τ	.018	.982
5τ	.007	.993

Pela figura acima, podemos ver que o valor desejado será mais próximo de $5\pi = 5RC$

Ou seja, $\boldsymbol{T \cong 5RC}$.

Dessa forma, podemos representar os esboços dos gráficos de Q, U e i em função do tempo:

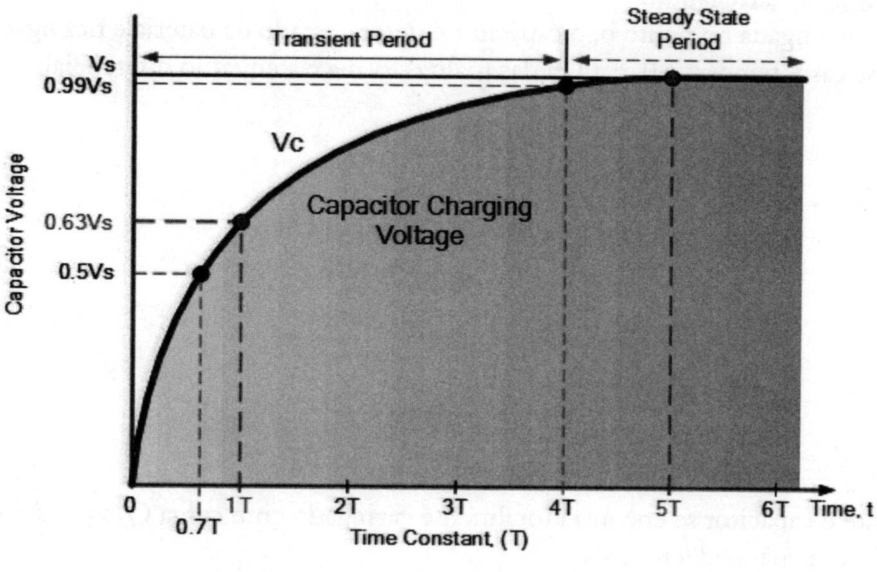

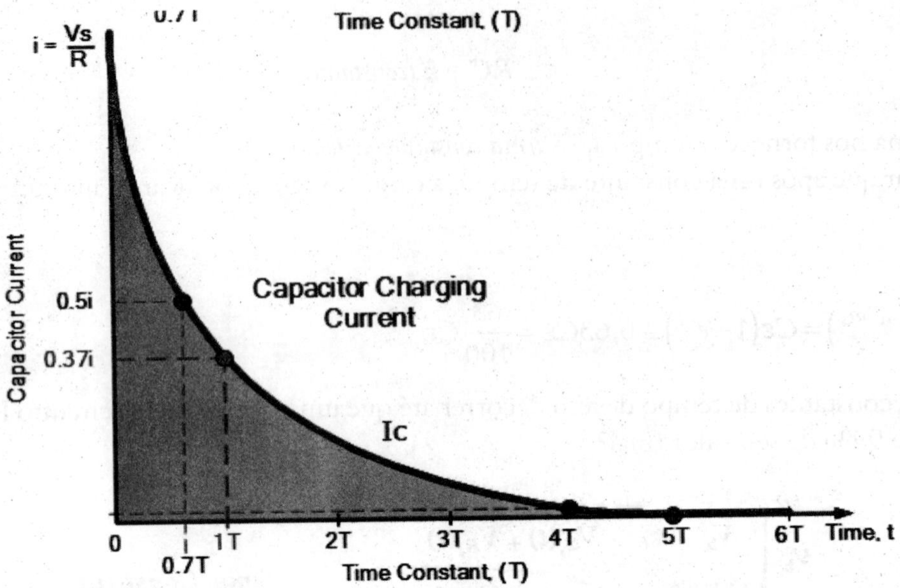

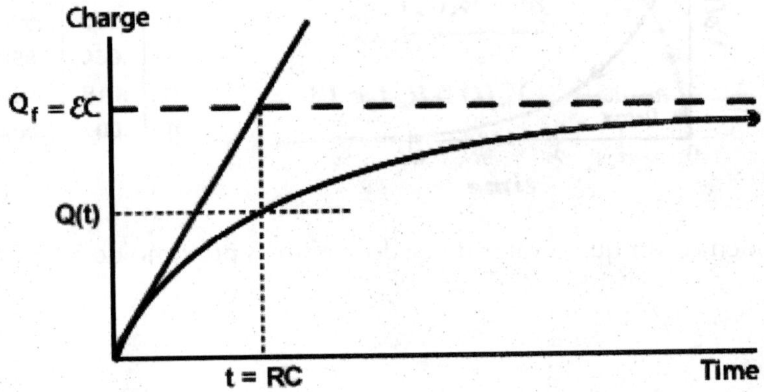

<u>No caso do capacitor descarregando</u>:

Quando a chave S está ligada no ponto b, o capacitor é desconectado da bateria e fica ligado apenas ao resistor em série. Nesse caso, temos ε = 0, e a Lei das malhas fornece a equação diferencial:

$$\boxed{R\frac{dq}{dt} + \frac{q}{C} = 0}$$

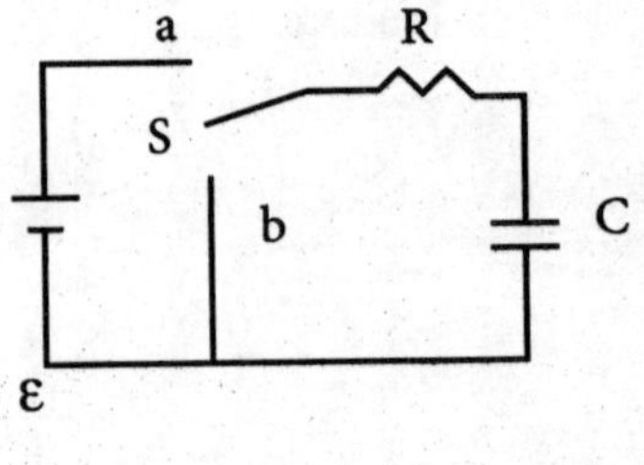

Como inicialmente o capacitor se encontra totalmente carregado com carga Q, a condição inicial será q(0) = Q = ε.C. A solução da equação diferencial é:

$$\boxed{q(t) = Qe^{-t/RC}}$$

Como a carga diminui com o tempo, a corrente elétrica será definida como:

$$\boxed{i(t) = -\frac{dq}{dt} = -Q\frac{d}{dt}e^{-t/RC} = \frac{Q}{RC}e^{-t/RC}}$$

Verificação da solução na equação diferencial:

$$\mathbf{0} = R\frac{dq}{dt} + \frac{q}{C} = R\left(-\frac{Q}{RC}e^{-t/RC}\right) + \frac{1}{C}Qe^{-t/RC} = -\frac{Q}{C}e^{-t/RC} + \frac{Q}{C}e^{-t/RC} = \mathbf{0}$$

A carga diminui exponencialmente com o tempo, tendendo a zero quando o tempo vai a infinito. Por outro lado, a corrente inicialmente é:

$$i(0) = \frac{Q}{RC} = \frac{Q}{\tau} = \frac{C\varepsilon}{RC} = \frac{\varepsilon}{R}$$

e, quando o tempo t aumenta, também a corrente cai exponencialmente para zero.

$$U(t) = \varepsilon . e^{-\frac{t}{RC}}$$

Assim, os gráficos serão parecidos com:

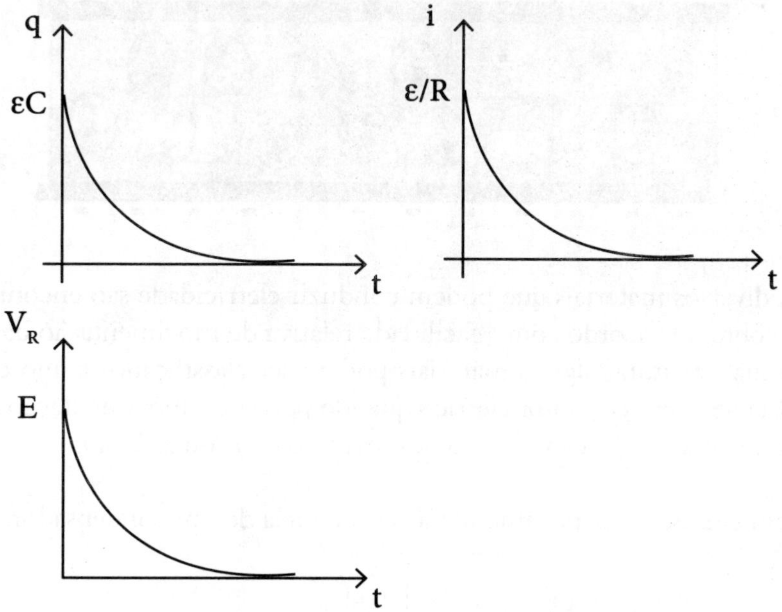

Carregando	Descarregando
$Q = C\varepsilon\left(1 - e^{-\frac{t}{RC}}\right)$	$q = (C\varepsilon)e^{-\frac{t}{RC}}$
$i = \frac{\varepsilon}{R}e^{-\frac{t}{RC}}$	$i = -\frac{Q}{RC}e^{-\frac{t}{RC}}$
$V = \varepsilon\left(1 - e^{-\frac{t}{RC}}\right)$	$V = \varepsilon e^{-\frac{t}{RC}}$

Note que as duas equações da corrente são iguais. O sinal negativo simplesmente indica que a carga flui no sentido oposto.

Dielétrico

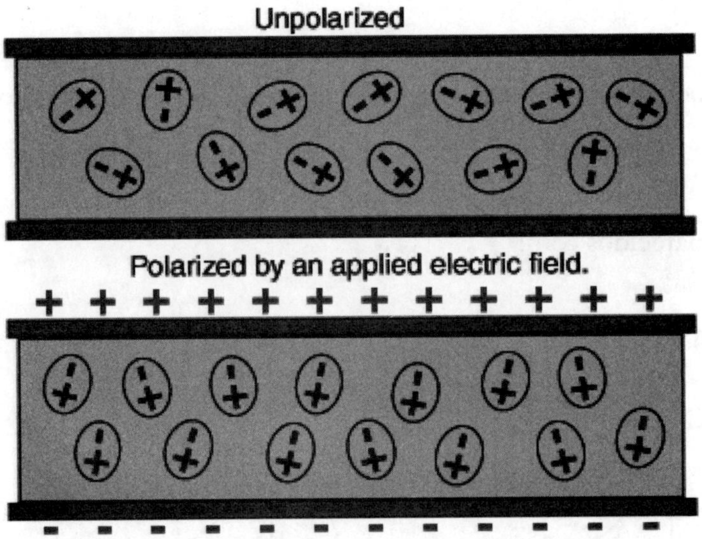

Em nosso cotidiano, diversos materiais que podem conduzir eletricidade são encontrados. O mais conhecido deles é o fio de cobre. De acordo com a facilidade relativa de movimentação das partículas portadoras de carga elétrica em sua estrutura, alguns materiais podem ser classificados como condutores e isolantes. Um material comporta-se como condutor elétrico quando permite a movimentação de portadores de carga elétrica em sua estrutura, caso contrário, ele é denominado *isolante* ou *dielétrico*.

Os dielétricos também são usados para aumentar a capacitância de um condensador:

$$C = \varepsilon \cdot C_0$$

Constante dielétrica (ε) é a propriedade responsável pela descrição do comportamento dielétrico e, por isso, é possível explicar o aumento da capacitância de um condensador e também o índice de refração de materiais transparentes.

Potencial de Ruptura: acontece quando o valor máximo do campo elétrico entre as placas do condutor é excedido, causando então um processo chamado ruptura, que permite a passagem de cargas elétricas de uma carga para outra.

Rigidez dielétrica: É o valor máximo alcançado pelo campo elétrico tolerado pelo material sem que haja uma ruptura.

Vale salientar, que existem dielétricos constituídos de moléculas polares ou apolares. Quando submetemos essa substância à aplicação de um campo elétrico externo, observamos um efeito de polarização das cargas (como é possível observar na ilustração acima).

Dielétricos Polares – é quando os dipolos elétricos buscam um alinhamento com o campo elétrico externo, que tende a aumentar quando o campo elétrico aumenta ou quando há uma diminuição de temperatura. Os dielétricos polares também produzem um campo elétrico oposto ao aplicado e com módulo geralmente menor que o módulo do campo elétrico aplicado.

Dielétricos Apolares – acontece por indução, ou seja, quando as moléculas são expostas a um campo elétrico externo.
Assim, então, o que ocorre quando o campo de polarização for maior (em módulo) que o campo externo?

Sabemos que nos dielétricos, os elétrons estão presos aos núcleos dos átomos e, ao contrário dos metais, não existem elétrons livres nessa substância. Dado isso, se um campo elétrico for aplicado a um dielétrico, vai haver uma tendência de afastar os elétrons de seus núcleos devido à força externa. É claro que a medida que aumentamos o campo também iremos aumentar a força que age em cada elétron. Isso pode chegar ao ponto em que a força externa fica maior do que a força que liga o elétron ao seu núcleo. Quando isso ocorre, os elétrons passarão a ser livres. Dessa maneira, transformando-se em condutores.

É curioso ressaltar que quando o campo exceder o valor da rigidez dielétrica do ar, este irá se tornar um condutor. Logo, ocorrerá uma descarga elétrica e ela vem acompanhada de emissão de luz e um estalo que é causado pela expansão do ar que se aquece com a descarga elétrica.

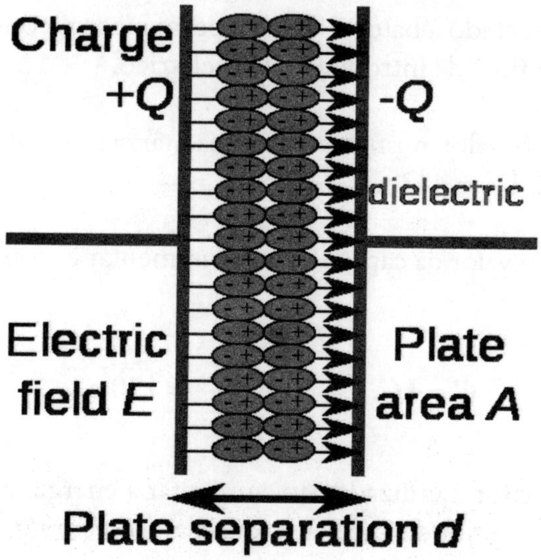

Alguns fenômenos do nosso dia a dia podem ser citados:

- "Quando observamos uma faísca elétrica saltar de um corpo para outro, podemos concluir que a rigidez dielétrica do ar situado entre os corpos foi ultrapassado.
- O raio em uma tempestade também está ligado à rigidez dielétrica. Por exemplo, durante uma tempestade, ocorre uma separação de cargas nas nuvens, ficando, as nuvens mais baixas, eletrizadas negativamente e as mais altas, positivamente. Então, é fácil imaginar que vai haver um campo elétrico entre essas nuvens. Além disso, a nuvem mais baixa (carregada negativamente) vai induzir uma carga positiva na superfície da Terra e, também,estabelece-se entre essas duas, um campo elétrico. Então, à medida que as cargas elétricas vão se acumulando nas nuvens, as intensidades dos campos elétricos vão aumentando e ultrapassam a rigidez dielétrica do ar. Quando isso acontece, o ar torna-se condutor e aparece um relâmpago, que nada mais é do que uma enorme centelha elétrica que salta de uma nuvem para outra, ou de uma nuvem para a Terra. Essa descarga elétrica aquece o ar, provocando uma expansão que se propaga na forma de uma onda sonora, originando o trovão."
- <u>Fonte</u>: http://www.fisica.ufmg.br/feletromagnetismo

<u>Observações</u>:

a) Dielétrico é colocado após retirada da bateria, ou seja, Q = constante.

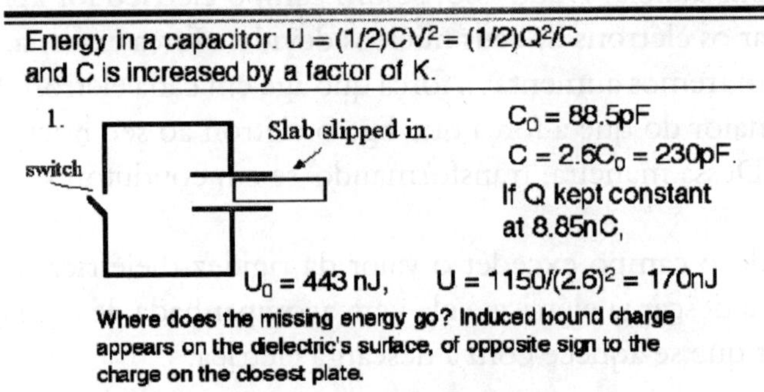

Quando o capacitor não está conectado à bateria, a carga permanecerá constante, ou seja, a carga no início será igual ao módulo da carga no final da introdução do dielétrico.

Pela figura, podemos encontrar o valor numérico da capacitância inicial, da carga e da energia inicial : $C_0 = 88,5pF$; $Q = 8,85nC$; $U_0 = 443nJ$

Após a introdução do dielétrico, o valor da capacitância irá aumentar e, consequentemente, a energia armazenada será reduzida:

$$C = kC_0 \quad ; \quad U = \frac{U_0}{k} = 170\,nJ$$

Essa energia "perdida" pelo capacitor é utilizada para aumentar a energia mecânica da superfície dielétrica, a qual é acelerada em direção ao interior do capacitor, ou seja, <u>o dielétrico é puxado pelo campo</u> (efeitos de borda).

Assim, não há necessidade de executar trabalho externo sobre a superfície dielétrica a fim de movê-la, pois o campo elétrico no capacitor irá executar o trabalho.

b) Dielétrico é colocado com bateria ligada, ou seja, ddp = constante.

The capacitor tugs on the slab, so does work on it,
W = 443 – 170 = 273nJ.
If there is no friction, slab oscillates back and forth with constant mechanical energy of 273nJ, transferring between kinetic and potential energy.

2.

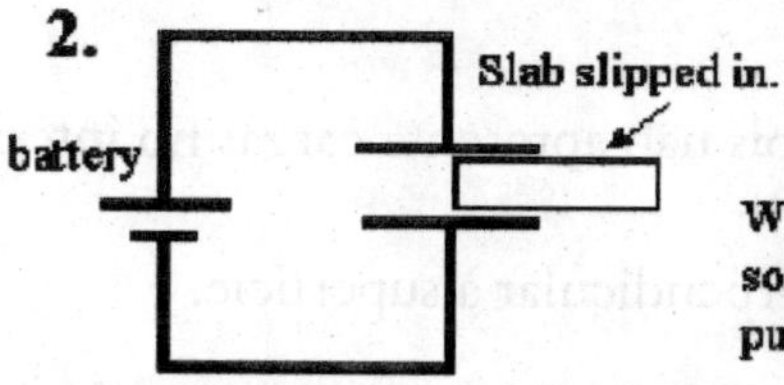

What if V kept constant at 100V,
U_0 = 443nJ, U = 1150nJ. U *increased by 707nJ*

Where does the extra energy come from? Does someone need to do mechanical work on slab to push it in?

***No.* Q *increased.* Battery does 1414nJ of work to supply extra charge. This is twice the energy needed to increase the capacitor energy. The extra energy goes into accelerating the slab therefore *slab is still pulled in.* The battery indirectly did work on the slab.**

A diferença de potencial é constante. A capacitância inicial, carga inicial e energia inicial são: $C_0 = 88{,}5\,pF$; $Q_0 = 8{,}85\,nC$; $U_0 = 443\,nJ$.

Após a introdução da superfície dielétrica, a energia será: $U = kU_0 = 1150\,nJ$

Observe que a energia no capacitor aumentou de $1150 - 443 = 707\,nJ$.

Então, isso quer dizer que devemos executar um trabalho externo na superfície dielétrica para inserir entre as placas do condensador? Não. A bateria também executa trabalho para colocar cargas extras no capacitor.

Trabalho feito pela bateria: $W = \int V dQ = V\Delta Q$, e:

$$\Delta Q = Q - Q_0 = kC_0V - C_0V = C_0V(k-1)$$

Assim, o trabalho feito pela bateria é:

$$W = V\Delta Q = C_0V^2(k-1) = 2U_0(k-1) = 2.707 = 1414\,nJ\ .$$

Em outras palavras, a bateria executa duas vezes o trabalho necessário para aumentar a energia no capacitor. Assim, essa energia extra será utilizada para aumentar a energia mecânica da superfície dielétrica. Como anteriormente, a superfície será acelerada em direção ao interior do capacitor. Desse modo, a bateria executou indiretamente o trabalho para puxar a superfície dielétrica.

Por meio dessa ideia, podemos concluir que a conservação da energia quando a bateria permanecer conectada é dada por:

$$\Delta U + calor = W_{bateria}$$

2) Quando um enunciado afirma que as placas de um capacitor são ligadas "com a placa positiva de um ligada à placa negativa do outro", devemos ter em mente que a associação se trata de dois capacitores em paralelo, ou seja, mesma ddp. Nesse tipo de questão, devemos ter cuidado com os sinais quando utilizarmos o Princípio da Conservação das Cargas Elétricas (questão resolvida 10 – nível I).

3) Quando estivermos tratando com condutores, devemos ter alguns cuidados. Inicialmente, devemos saber que o campo elétrico no interior de um condutor em equilíbrio elétrico é *nulo*, pois se tivesse campo dentro do condutor os elétrons iriam se mover e não estariam na situação eletrostática. Quando colocamos um condutor na presença de um campo externo, as cargas dentro dele tenderão a se redistribuir de tal forma que o campo no interior cancele o campo externo.

A densidade volumétrica de carga no condutor é zero, pois não apresenta cargas no interior.

O condutor é uma equipotencial e o campo elétrico é perpendicular à superfície.

A carga se distribui na superfície do condutor, podemos entender isso com a seguinte situação: Imagine que atritamos um condutor de tal modo que apareçam cargas positivas na região atritada. Como essas cargas apresentam o mesmo sinal, haverá repulsão fazendo com que elas se desloquem até atingir uma distribuição final em que as cargas estarão distribuídas com uma máxima separação entre elas. Com isso, haverá o equilíbrio eletrostático e as cargas deverão estar localizadas na superfície do condutor.

Quando colocamos um condutor entre as armaduras de um capacitor haverá indução de cargas na superfície do condutor. É fundamental que o condutor não seja tratado como dielétrico que foi colocado entre as armaduras.

4) Quando um capacitor está completamente carregado, não passará mais corrente por ele, mas devemos ter cuidado em algumas questões, pois não necessariamente cessará a corrente no circuito mesmo após o fim do carregamento do condensador.

5) Densidade de carga livre (σ_f): densidade das cargas nas armaduras do capacitor. Densidade de cargas ligadas (σ_b): densidade de cargas na superfície do dielétrico.

Exercícios Resolvidos – Nível I

1. (PUC) Uma esfera metálica oca (A) e outra maciça (B) têm diâmetros iguais. A capacidade elétrica de A:

a. Depende da natureza do metal de que é feita.
b. Depende de sua espessura.
c. É igual a de B.
d. É maior que a de B.
e. É menor que a de B.

Resolução:
Para resolver essa questão, devemos lembrar que a capacitância depende apenas da geometria do capacitor (dimensões) e da constante dielétrica da substância utilizada entre as armaduras. Observe que a capacitância

NÃO depende do material de que é feito o condensador.
Logo, a resposta é o item C.

OBS: Caso dois condutores tenham o mesmo volume, o que tiver o formato mais próximo de uma esfera terá maior capacitância.

2. Consideremos dois condutores A e B, muito afastados um do outro, de capacitâncias C_A = 8,0nF e C_B = 2,0nF e cargas Q_A = 40 μC e Q_B = 20 μC. Esses condutores são ligados por um fio de capacitância desprezível.

a. Qual o potencial de cada condutor antes da ligação?
b. Qual o potencial dos condutores depois de atingindo o equilíbrio?
c. Calcule a carga de cada condutor, depois de atingido o equilíbrio.
d. Supondo que a passagem de cargas ocorreu num intervalo de tempo de $2{,}5.10^{-2}$ s, calcule a intensidade média da corrente elétrica que passou pelo fio.
e. Calcule a perda de energia potencial elétrica do sistema.

Resolução:

a. $$\begin{cases} V_A = \dfrac{40\mu C}{8{,}0nF} = 5.10^3 V \\ \\ V_B = \dfrac{20\mu C}{2{,}0nF} = 1.10^4 V \end{cases}$$

b. Após atingindo o equilíbrio:

$$V = \frac{QA + QB}{CA + CB} = 6.10^3 V$$

c. Depois de atingindo o equilíbrio as cargas serão:

$Q'_A = C_A . V = 48.10^{-6}\ C$

$Q'_B = C_B . V = 12.10^{-6}\ C$

d. Observe que tivemos uma variação de carga de 8.10^{-6} C = (48 - 40) μC

$$i = \frac{\Delta Q}{\Delta t} \rightarrow i = \frac{8.10^{-6} C}{2{,}5.10^{-2} s} = 3{,}2.10^{-4} A$$

e. $$E_{pot-sistema-inicial} = E_A + E_B = \frac{Q_A^2}{2.C_A} + \frac{Q_B^2}{2.C_B} = 0{,}2J$$

$$E_{pot-sistema-final} = E'_A + E'_B = 0{,}18J$$

Assim, a perda será:

$$0{,}2\text{-}0{,}18 = 0{,}02\,J$$

3. (PUC) A carga de um capacitor sofre um aumento de $6{,}0.10^{-5}$ C, quando a diferença de potencial entre seus terminais aumenta de 50V para 60V. Qual a capacidade desse capacitor?

Resolução:

$$Q_{inicial} = 50C$$

$$Q_{final} = 60C$$

$$Q_{final} - Q_{inicial} = 10C = 6.10^{-5} \rightarrow C = 6.10^{-6}\,F$$

4. No circuito representado, o gerador ideal está ligado há muito tempo. Calcule:

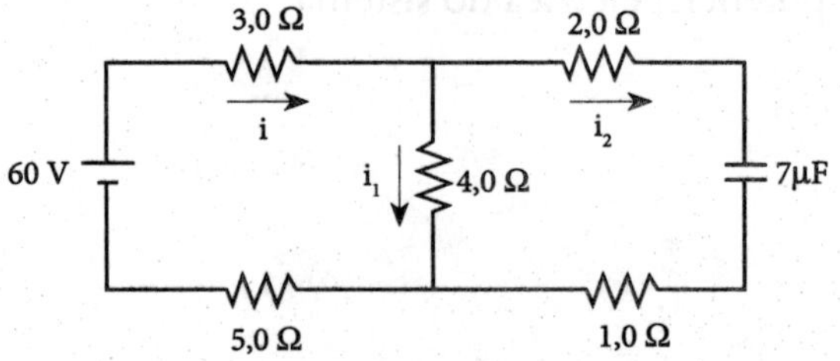

a. A intensidade da corrente "i"
b. A intensidade da corrente "i_1"
c. A intensidade da correnet "i_2"
d. A diferença de potencial entre as armaduras do capacitor
e. A carga do capacitor.

Resolução:

Note que pelo o enunciado podemos concluir que o capacitor já está carregado (*o gerador ideal está ligado há muito tempo*), ou seja, não passa mais corrente para o capacitor. Então, $i_2 = 0$, e o resistor de 2 Ω e o de 1 Ω estão em curto, pois não passa corrente entre eles.

Podemos facilmente encontrar a corrente i e i_1 por meio da Lei das Malhas:

$$3.i + 4.i_1 + 5.i - 60 = 0$$

Então, é possível perceber que $i = i_1$:

$$i = i_1 = 5\,A$$

Como os dois resistores na horizontal da malha da direita estão em curto, a ddp no resistor de 4 Ω será a mesma do capacitor (fio liso):

$$U = 4.5 = 20\,V$$

Logo, a carga no capacitor será:

$$Q = 7.10^{-6}.20 = 140.10^{-6}\ C$$

5. (UNICAMP) Dado o circuito elétrico esquematizado na figura, obtenha:

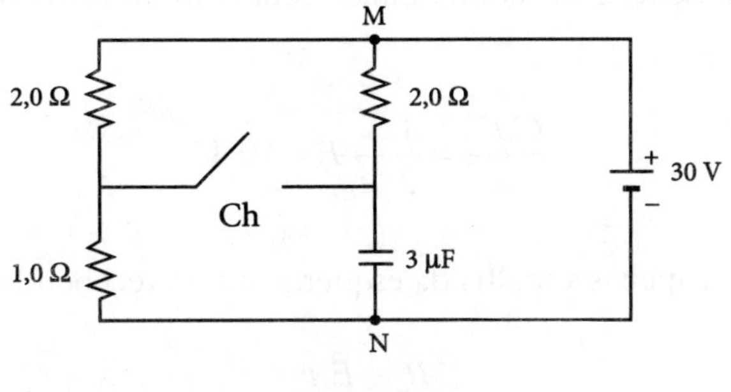

a) a carga no condensador enquanto a chave ch estiver aberta.
b) a carga final no condensador após o fechamento da chave.

<u>Resolução</u>:

a. Chave aberta --- observe na sequência abaixo que a tensão nos terminais do capacitor com a chave aberta é U=30V ---

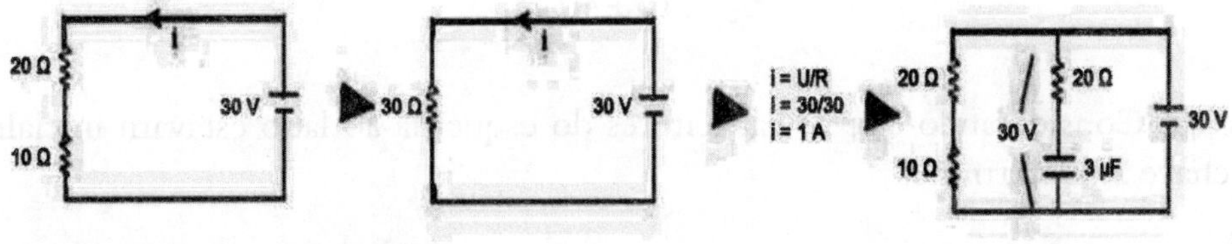

C=Q/U --- 3.10-6=Q/30 --- **Q=90µC**

b. Chave fechada ---
Req = U/i --- 20 = 30/i --- i = 1,5 A --- o capacitor está no ramo em que há o resistor de 10Ω e a tensão em seus terminais vale ---
R=U/i --- 10 = U/1,5 --- U = 15V --- C=Q/U --- 3.10^{-6} = Q/15 --- **Q=45µC**

6. No circuito esquematizado na figura, o capacitor está totalmente eletrizado e armazena energia de 0,50 J; a força eletromotriz da fonte ideal é desconhecida. Qual é a potência elétrica fornecida pela fonte, ao se mudar a posição do interruptor?

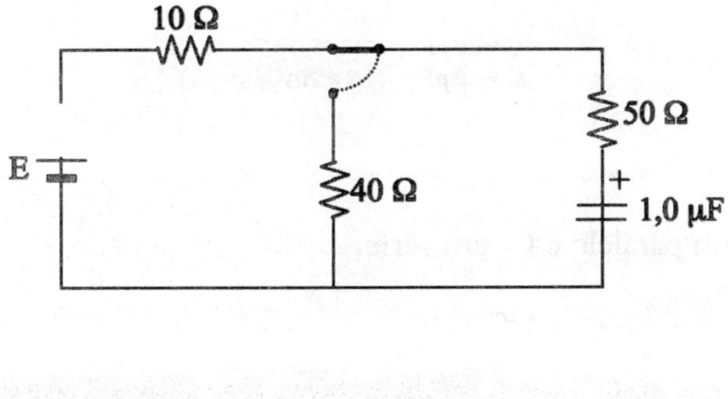

Resolução:

No início, não passa corrente para o resistor de 40 Ω enquanto o capacitor está sendo carregado. Após a carga, o capacitor estará com 0,5 J de energia. Entretanto, devemos lembrar que a questão afirma que o capacitor já está totalmente carregado, então, não passa mais corrente elétrica no circuito. Assim, todos os resistores estão em curto.

Dessa forma, a diferença de potencial no condensador será o módulo da força eletromotriz do gerador. Equacionando:

$$\frac{C.E^2}{2} = \frac{1}{2} \rightarrow E = 10^3 V$$

Após mudar a posição da chave, apenas a malha da esquerda estará recebendo corrente elétrica proveniente do gerador. Basta calcular:

$$P_{ot} = E.i$$

$$P_{ot} = 10^3.i$$

Lembrando que: $i = \frac{E}{\Sigma R}$

$$P_{ot} = 10^3.\frac{10^3}{10+40} = \mathbf{20kw}$$

7. (Física Clássica) Considerando que os capacitores do esquema ao lado estavam inicialmente neutros, fechamos a chave S. Determine:

a. A capacidade equivalente vista pelos terminais do gerador
b. A carga em C_3
c. As cargas de C_1 e C_2

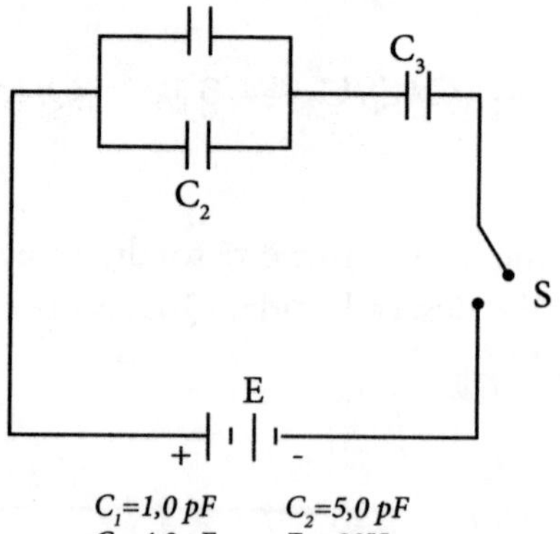

C_1=1,0 pF C_2=5,0 pF
C_2=4,0 pF   E = 20V

Resolução:

a. Note que C_1 e C_2 estão em paralelo e C_3 em série:

$$C_{eq} = \frac{(C_1 + C_2).C_3}{(C_1 + C_2) + C_3} = 2{,}4\,pF$$

$Q_3 = C_3.U_3 \rightarrow Q_3 = 4.U_3.10^{-12}\ C\ (eq\ I)$

$Q_{12} = (C_1 + C_2).U_{12} = 6.U_{12}.10^{-12}\ C\ (eq\ II)$

$Q_{123} = (C_{eq}).E = 2{,}4.20.10^{-12}\ C\ (eq\ III)$

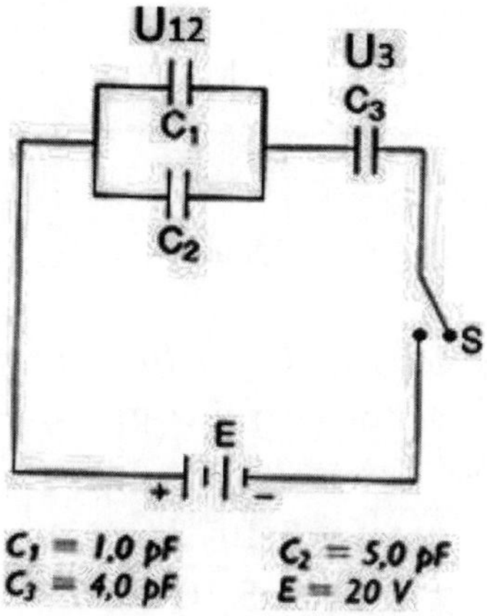

Observe que: $U_{12} + U_3 = E = 20\ V$
Sendo U_{12} a diferença de potencial na resultante dos capacitores 1 e 2, é a de $C_{3.}$

Sabendo que $Q_3 = Q_{12} = Q_{123}$ (capacitores em série) e tendo o valor numérico de Q_{123} podemos encontrar as diferenças de potencial:

$$\begin{cases} U_3 = 12V \\ U_{12} = 8V \end{cases}$$

Logo, a carga que queremos será: $Q_3 = Q_{123} = 48\ pC$
Aproveitando a ddp encontrada no item B:

$U_{12} = 8V$

$Q_1 = C_1.U_{12} = 1.8 = 8\ pC$

$Q_2 = C_2.U_{12} = 5.8 = 40\ pC$

8. (E.E. Mauá-SP) Um capacitor de capacitância $C_1 = 3{,}0\ \mu F$ é inicialmente ligado a um gerador de tensão U = 100V. Após o equilíbrio, ele é desligado do gerador e ligado em paralelo a um outro capacitor de capacidade $C_2 = 1{,}5\ \mu F$, inicialmente descarregado. Calcule a tensão e a carga de cada capacitor após o novo equilíbrio.

Resolução:

A carga armazenada no capacitor será: $Q = C.U = 3.10^{-6}.10^{2} = 3.10^{-4}\ C$

Após o carregamento, ligamos em paralelo o capacitor 1 com o capacitor 2. Como mostra a figura abaixo:

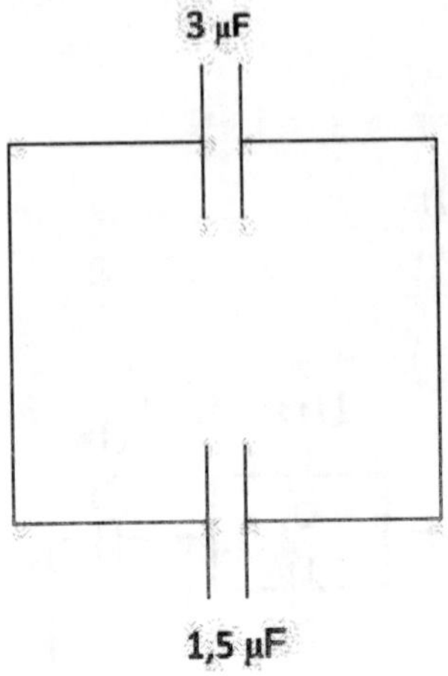

Pelo princípio da conservação das cargas elétricas: $Q = 3.10^{-4} = q + q'$ (equação I), em que q é a carga final do capacitor 1 e q' é a carga final do capacitor 2. Note que os capacitores estão submetidos a mesma ddp (U).Então:

$$\begin{cases} q = 3.10^{-6}.U \\ q' = 1{,}5.10^{-6}.U \end{cases}$$

Substituindo os valores de q e q' na equação I encontramos:

$$4{,}5.10^{-6}.U = 3.10^{-4} \rightarrow \mathbf{U \cong 66{,}67\ V}$$

Assim fica fácil encontrar a carga de cada capacitor:

$$\begin{cases} q = 3.10^{-6}.66{,}67 = 200\mu C \\ q' = 1{,}5.10^{-6}.66{,}67 = 100\mu C \end{cases}$$

9. (MACKENZIE-SP) No esquema da figura, os três capacitores encontram-se neutros: desprezam-se as resistências internas dos geradores. Leva-se a chave para a posição (1) e aguarda-se o equilíbrio elétrico; a seguir, leva-se a chave para a posição (2). Atingindo o equilíbrio elétrico após essa operação, a carga (em μC) do capacitor de capacitância 1μF é:

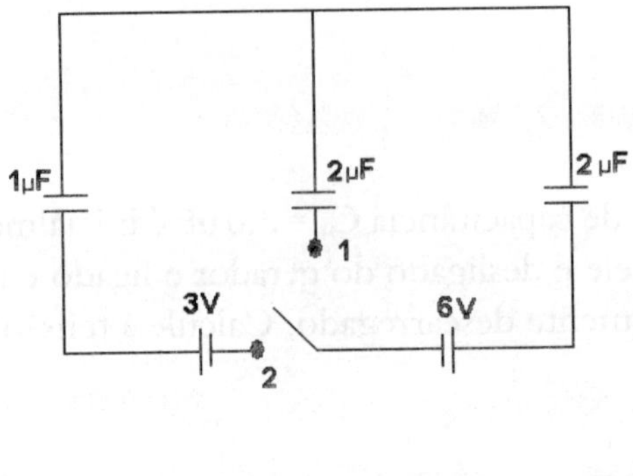

Resolução:
Com a chave em um os dois capacitores de 2 μF em série ficam sujeitos a uma tensão de 6V. Observe que os capacitores estão em série:

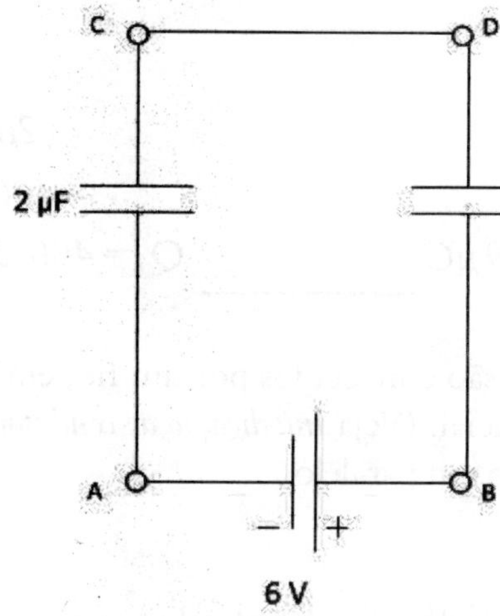

Como o fio de cima é liso: C = D. Assim, $V_{AB} = V_{AC} + V_{DB}$

Lembrando que: $\frac{Q}{C} = V$ e notando que ambos apresentam a mesma capacitância, então, $V_{AC} = V_{DB} = 3V$

Mudando a chave para a posição 2, teremos uma nova força eletromotriz que será: E = 6 – 3 = 3 V.

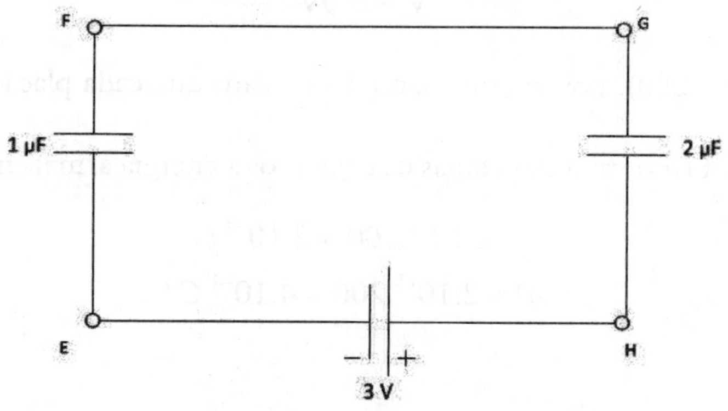

Como os capacitores estão em série, os dois tem a mesma carga. Devemos lembrar que $V_{GH} = V_{DB} = 3V$.
Então:

$$V_{EH} = V_{EF} + V_{GH}$$

$$3 = V_{EF} + 3$$

$$V_{EF} = 0$$

Dessa forma, a carga do capacitor de capacitância de 1 μF será zero.

10. (ITA – 1994 - Modificada) Um capacitor de 1μF carregado com 200V e um capacitor 2 μF carregado com 400 V são conectados após terem sido desligados das baterias de carga, com a placa positiva de uma ligada à placa negativa do outro. Encontre a diferença de potencial e a perda de energia armazenada nos capacitores.

Resolução:

$$1\,\mu F \qquad\qquad\qquad\qquad 2\mu F$$
$$200V \qquad\qquad\qquad\qquad 400V$$
$$Q_1 = 200.1 = 200\,\mu C \;\_\_\_\_\_\_\_\_\; Q_2 = 400.2 = 800\,\mu C$$

A questão indica que os dois capacitores são conectados por um fio, então, podemos concluir que no final ambos terão a mesma diferença de potencial. (Veja *Interligação de condutores* na parte *Conceitos*). Se a ddp é a mesma para os dois capacitores, eles estão em paralelo.

A energia acumulada no início é:

$$E = \frac{(200.10^{-6})^2}{2.10^{-6}} + \frac{(800.10^{-6})^2}{2.2.10^{-6}} = 0{,}18J$$

Pelo princípio da conservação das cargas elétricas:

$$800 - 200 = 1.V + 2.V$$
$$V = 200V$$

Teremos a subtração (800 – 200), pois o enunciado deixa claro que cada placa positiva está ligada com a placa negativa da outra.

Sabendo a ddp, basta descobrir o valor das cargas e acharemos a energia armazenada final.

$$q = 1.10^{-6}.200 = 2.10^{-4}\,C$$
$$q' = 2.10^{-6}.200 = 4.10^{-4}\,C$$

Assim, a energia final:

$$E' = \frac{(2.10^{-4})^2}{2.10^{-6}} + \frac{(4.10^{-4})^2}{2.2.10^{-6}} = 0{,}06\,J$$

$$E - E' = 0{,}18 - 0{,}06 = 0{,}12\,J$$

Resposta: 200 V e 0,12 J

11. (UC-MG) Um capacitor plano, a ar, carregado e isolado, está sob a diferença de potencial U entre as placas. Afastando-se as placas de modo que a distância entre elas dobre, a diferença de potencial entre as placas após o afastamento será:

a. U
b. U/2
c. U/3
d. 2U
e. 3U

Resolução: A capacitância no capacitor plano é inversamente proporcional à distância entre as armaduras. Se dobrarmos a distância, precisamos dobrar a diferença de potencial para que a carga seja constante. A carga só iria variar se estivesse conectada a um gerador que fornecesse uma determinada ddp. Dessa forma, resposta item D.

12. (FAAP-SP) À balança mostrada na figura está preso um capacitor plano paralelo de área S. A distância entre as armaduras é d. A armadura inferior é fixa. Na ausência de tensão, a tara localizada no outro prato (B) faz com que o sistema fique em equilíbrio. Calcular o peso P que se deve colocar em B para que as armaduras permaneçam à mesma distância quando se aplica entre as placas do capacitor uma diferença de potencial U. O meio entre as armaduras é o ar.

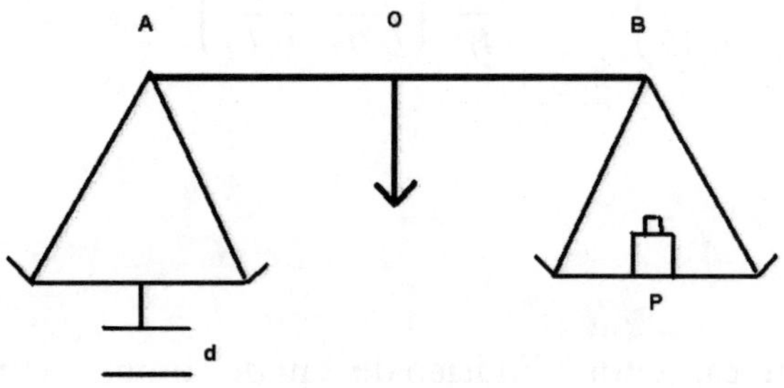

Resolução:

$$P = \frac{Q.E}{2} = \frac{C.U.\frac{U}{d}}{2} = \frac{C.U^2}{2d} = \frac{e.S.U^2}{2.d^2}$$

13. (FAAP-SP) A capacitância de um capacitor pode variar de 10 pF a 100 pF. Ele é ligado a uma fonte de tensão de 200 V quando apresenta sua capacitância máxima. Após totalmente eletrizado, a fonte é desligada e sua capacitância é levada ao seu valor mínimo. Calcule o trabalho necessário para variar essa capacitância.

Resolução:
Vimos que:

$$dW = Vdq = \frac{q}{C}dq$$

$$W_{carregando} = \int_{O}^{Q} \frac{q}{C}dq = \frac{1}{2}\frac{Q^2}{C} = \frac{1}{2}CV^2 = E_{armazenada}$$

Então, basta encontrar a energia armazenada no início e subtrair com a energia final:

$$E_1 = \frac{C.U^2}{2} = \frac{10.10^{-12}.4.10^4}{2} = 20.10^{-8}\ J$$

$$E_2 = \frac{C.U^2}{2} = \frac{100.10^{-12}.4.10^4}{2} = 200.10^{-8}\ J$$

$$E_2 - E_1 = 180.10^{-8} = 1{,}8.10^{-6}\ J$$

14. (Física Clássica) Um capacitor esférico com carga Q = 8,0 pF tem como dielétrico o papel, cuja constante dielétrica é igual a 4,0. Calcule a diferença de potencial entre as armaduras do capacitor e sua capacitância, sabendo que $R_1 = 0{,}09$ m e $R_2 = 0{,}15$ m.

Resolução:

Pela fórmula que provamos:

$$U = \frac{q}{4\pi\varepsilon}\left(\frac{1}{r} - \frac{1}{R}\right) = \frac{8.10^{-12}}{4\pi(4.\varepsilon_0)}\left(\frac{1}{0{,}09} - \frac{1}{0{,}15}\right) = K.\frac{8.10^{-12}}{(4)}\left(\frac{1}{0{,}09} - \frac{1}{0{,}15}\right) = 8.10^{-2}\ V$$

Sabemos que Q/C = U, então:

$$C = 1{,}0.10^{-10}\ F$$

15. Calcule a capacitância de um capacitor cilíndrico de 2 m de comprimento com raio interno de 21 cm e raio externo de 45 cm. Considere que o capacitor esteja no vácuo.

Resolução:

Aplicação direta da fórmula:

$$C = 2\pi\varepsilon\frac{L}{ln\left(\frac{R}{r}\right)} = 2\pi\varepsilon\frac{2}{ln\left(\frac{45}{21}\right)} \cong 1{,}4.10^{-10}\ F$$

16. (FUVEST – SP) Um capacitor é feito de duas placas condutoras, planas e paralelas, separadas pela distância de 0,5 mm e com ar entre elas. A diferença de potencial entre as placas é de 200 V.

a. Substituindo-se o ar contido entre as placas por uma placa de vidro, de constante dielétrica 5 vezes maior que a do ar e permanecendo constante a carga das placas, qual será a diferença de potencial nessa nova situação?
b. Sabendo-se que o máximo campo elétrico que pode existir no ar seco sem produzir descarga é de $0{,}8.10^6$ V/m, determine a diferença de potencial máxima que o capacitor pode suportar, quando há ar seco entre as placas.

Resolução:

a. Sendo ε_0 a rigidez dielétrica do ar e ε a do vidro. No início, temos:

$$C = \frac{Q}{U} = \frac{Q}{200} = \frac{\varepsilon_0 A}{0,5.10^{-3}}, \text{ então, } Q = 4.10^5.\varepsilon_0 A$$

Observe que o enunciado afirma que a carga permanecerá constante. Assim:

$$Q = Q' = \frac{5.\varepsilon_0.A}{0,5.10^{-3}}.U$$

$$Q = Q' = \frac{\varepsilon_0.A}{10^{-4}}.U = 4.10^5.\varepsilon_0 A$$

$$U = 40V$$

b. A relação entre diferença de potencial e campo elétrico é:

$U = E.d$
$U = 8.10^5.0,5.10^{-3}$
$U = 400V$

17. (Física Clássica) Sendo K_1 e K_2 as constantes dielétricas dos dielétricos 1 e 2, calcule a capacitância do capacitor formado. São dadas ainda: a distância d e a área A de cada placa e a permissividade do vácuo.

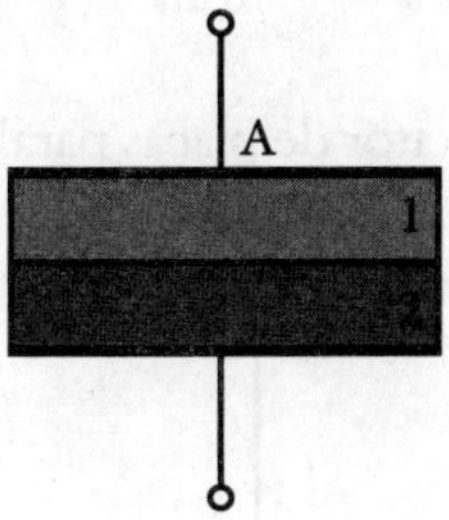

Resolução:
No caso, temos algo parecido com dois capacitores em série. Então, basta fazer:

$$C_1 = \frac{K_1 \varepsilon_0 A}{d} \qquad C_2 = \frac{K_2 \varepsilon_0 A}{d}$$

Assim, a capacitância equivalente será:

$$C = \frac{C_1.C_2}{C_1 + C_2} = \frac{K_1.K_2}{K_1 + K_2}\left(\frac{\varepsilon_0.A}{d}\right)$$

18. (Tópicos de Física) Metade da região entre as placas de um capacitor plano é preenchida por um dielétrico de constante dielétrica K_1, e a outra metade é preenchida por outro dielétrico de constante dielétrica K_2. Sendo A a área de cada placa, d a distância que as separa e ε_0 a permissividade do vácuo, prove que a capacitância C desse capacitor é dada por:

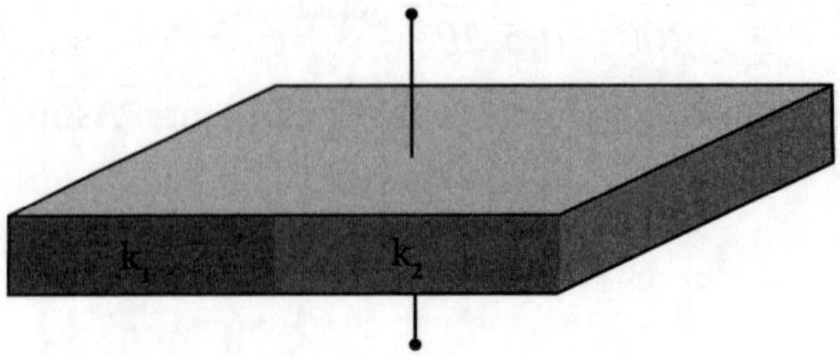

$$C = \frac{\varepsilon_0 (k_1 + k_2) A}{2d}$$

Resolução:

Trata-se da mesma ideia da questão anterior, mas observe que agora os dielétricos estão em paralelo. Deveremos usar metade da área de cada placa (veja figura). Dessa forma:

$$C_1 = \frac{K_1 \varepsilon_0 A}{2d} \qquad C_2 = \frac{K_2 \varepsilon_0 A}{2d}$$

Como os dielétricos estão em paralelo:

$$C_1 + C_2 = \frac{K_2 \varepsilon_0 A}{2d} + \frac{K_1 \varepsilon_0 A}{2d} = \frac{\varepsilon_0 A}{2d}(K_1 + K_2)$$

19. (Tipler) Determine a capacitância do capacitor de placas paralelas abaixo:

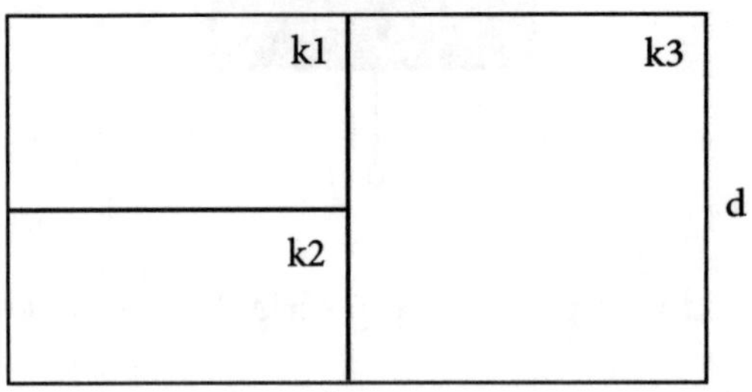

Resolução:

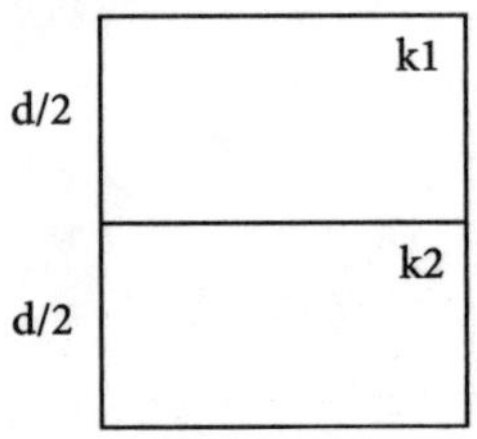

$$C_1 = \frac{\varepsilon_0 K1.\frac{A}{2}}{\frac{d}{2}} = \frac{\varepsilon_0 K1.A}{d} \qquad C_1 = \frac{\varepsilon_0 K2.\frac{A}{2}}{\frac{d}{2}} = \frac{\varepsilon_0 K2.A}{d}$$

A ideia é encontrar o dielétrico resultante de K1 e K2 *em série* e a resultante delas em *paralelo* com K3. Chamaremos de K4 a constante dielétrica resultante de K1 e K2:

$$C_4 = \frac{C_1.C_2}{C_1 + C_2} = \frac{\varepsilon_0 A}{d}\left(\frac{K1.K2}{K1 + K2}\right)$$

Como C_4 é paralelo a C_3:

$$C = C_4 + C_3$$

$$C = \frac{\varepsilon_0 A}{d}\left(\frac{K1.K2}{K1 + K2}\right) + \frac{\varepsilon_0 .K3.\frac{A}{2}}{d}$$

$$C = \frac{\varepsilon_0 A}{d}\left(K3 + \frac{2.K1.K2}{K1 + K2}\right)$$

20. (FEI – SP) No esquema da figura, o capacitor de capacitância $C_1 = 5{,}0.10^{-6}$ F estava inicialmente eletrizado com a carga de 400.10^{-6} C na armadura A e o capacitor de capacitância $C_2 = 2{,}5.10^{-6}$ F estava inicialmente neutro. Calcular as cargas dos capacitores no equilíbrio eletrostático na situação da figura.

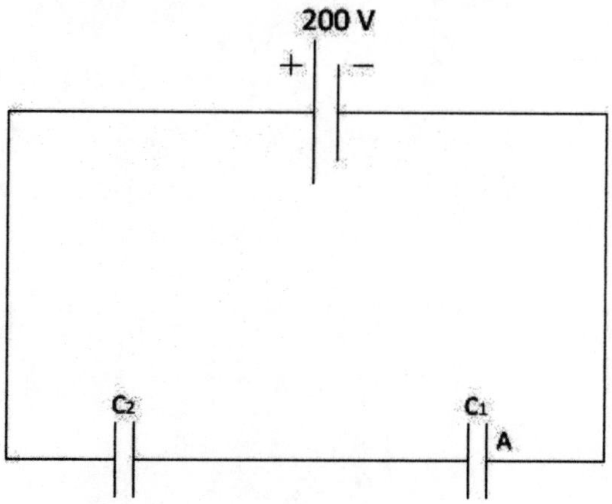

Resolução:

Pelo Princípio da Conservação das Cargas Elétricas:

$$400.10^{-6} + 0 = Q_1 + Q_2$$

$$400.10^{-6} = 5.10^{-6}.V_1 + 2{,}5.10^{-6}.V_2$$

$$400 = 5V_1 + 2{,}5V_2$$

Sendo V_1 e V_2 a diferença de potencial nos capacitores 1 e 2, respectivamente. Então:

$$200 = V_1 + V_2$$

Resolvendo o sistema temos:

$V_1 = -40V$

$V_2 = 240V$

Assim, no equilíbrio eletrostático, o módulo das cargas será: 200.10^{-6} e 600.10^{-6}

Exercícios de Fixação – Nível I

1. O que é um capacitor? Explique seu funcionamento.

2. Considere as afirmações:
   I. A capacitância não depende do material de que é feito o condutor.
   II. Quanto maior for a constante dielétrica em um capacitor, maior será sua capacitância.
   III. A capacitância depende da forma e do tamanho de cada armadura, bem como da posição relativa entre elas.
   IV. Condutores em forma de fio apresentam capacitância superior a condutores cujo formato mais se aproxima de uma esfera.
   V. Nos capacitores temos um valor máximo permitido para a diferença de potencial "U" e também para sua carga.
   Quais são as afirmativas verdadeiras?

3. (Tópicos de Física) Um capacitor plano é ligado a uma bateria e, após ser carregado, é desligado dela. Em seguida, aumenta-se um pouco a distância entre as suas armaduras. Em virtude dessa última operação:

   a) A capacitância do capacitor aumenta.
   b) A diferença de potencial entre as armaduras do capacitor não se altera.
   c) A carga elétrica do capacitor diminui.
   d) A intensidade do campo elétrico entre as armaduras do capacitor aumenta.
   e) A energia potencial elétrica armazenada no capacitor aumenta.

4. (Tópicos de Física) Um capacitor plano a vácuo é ligado a um gerador. Mantendo-o ligado ao citado gerador, introduz-se uma placa de um material dielétrico entre as suas armaduras. Consequentemente:

   a) a capacitância do capacitor diminui.
   b) a diferença de potencial entre as armaduras do capacitor aumenta.
   c) a carga elétrica do capacitor aumenta.
   d) a intensidade do campo elétrico entre as armaduras do capacitor aumenta.
   e) a energia potencial elétrica armazenada no capacitor diminui.

5. (Tópicos de Física) Um capacitor plano a vácuo é carregado por um gerador e, em seguida, desligado dele. Introduz-se, então, uma placa de um dielétrico entre as armaduras do capacitor. Consequentemente:

   a) a capacitância do capacitor diminui.
   b) a diferença de potencial entre as armaduras do capacitor diminui.
   c) a carga elétrica do capacitor aumenta.
   d) a intensidade do campo elétrico entre as armaduras do capacitor aumenta.
   e) a energia potencial elétrica armazenada no capacitor aumenta.

6. A respeito da associação de capacitores em série, podemos considerar corretas as afirmativas:

I. Capacitores inicialmente descarregados, associados em série, depois de eletrizados apresentam a mesma carga.
II. A carga do capacitor equivalente e, portanto, da associação, é igual à carga de cada um dos capacitores associados.
III. A tensão total da associação é igual ao somatório das tensões parciais.
IV. As tensões em cada capacitor são inversamente proporcionais às respectivas capacitâncias.
V. A capacitância equivalente é sempre menor do que cada uma das capacitâncias associadas.

7. A respeito da associação de capacitores em paralelo, podemos considerar corretas as afirmativas:

I. Em paralelo, os capacitores ficam sob mesma ddp U.
II. A carga total acumulada pela associação é igual à soma das cargas de cada capacitor.
III. A carga de cada capacitor é diretamente proporcional à respectiva capacitância.
IV. A capacitância equivalente é igual ao somatório das capacitâncias individuais.
V. A capacitância equivalente é sempre maior do que cada uma das capacitâncias associadas.

8. (UnB) Julgue os itens a seguir:

(1) Dois capacitores de capacitância diferentes são associados e o conjunto é carregado. Observa-se que, no equilíbrio, as cargas nesses capacitores são iguais. Conclui-se que eles estão associados em série.
(2) Dois capacitores idênticos são associados e o conjunto é carregado. Observa-se que, no equilíbrio, as cargas nesses capacitores são iguais. Então eles podem estar associados em paralelo.
(3) Dois capacitores são associados de tal modo, que a capacitância do sistema é menor que a capacitância de qualquer um dos capacitores associados. Nesse caso, eles estão associados em paralelo.
(4) A capacitância de um capacitor depende, exclusivamente, da carga e da voltagem.
(5) Seja um capacitor ligado a uma bateria. No equilíbrio do sistema, a soma das cargas acumuladas nas placas é nula.
(6) A capacitância de um capacitor depende da diferença de potencial entre suas placas.

9. (UnB) Considere um capacitor de placas paralelas, de área A, separadas por uma distância muito pequena quando comparada com as dimensões das placas. O capacitor está carregado com carga Q. Com base nesses dados, pode-se afirmar que:

(1) Cada placa do capacitor é uma superfície equipotencial.
(2) O campo elétrico, no ponto médio entre as placas, é nulo.
(3) As linhas de campo elétrico, entre as placas, são paralelas a estas.
(4) A diferença de potencial, entre as placas depende da distância de separação delas.
(5) Uma partícula carregada sofrerá uma força constante, quando colocada entre as placas.

10. Para se ter uma ideia do que é a unidade Farad, calcule a área que seria ssária para as placas de um capacitor para ter 1 Farad de capacitância, operando no vácuo, com espaçamento entre as placas de 1,0mm. Dado: $\varepsilon_0 = 8{,}85.10^{-12}$ F/m

11. (UFV-2005) Duplicando-se a diferença de potencial entre as placas de um capacitor, é CORRETO afirmar que:

a) a carga e a capacitância do capacitor também são duplicadas.
b) a carga e a capacitância do capacitor permanecem constantes.
c) a carga do capacitor é duplicada, mas sua capacitância permanece constante.
d) a carga e a capacitância do capacitor são reduzidas à metade dos valores iniciais.
e) a carga do capacitor é duplicada e sua capacitância é reduzida à metade.

12. (Ponta Grossa - 2002) Sobre um conjunto de três capacitores associados em série é aplicada um d.d.p. de 100V, conforme mostra a figura baixo. Com relação à d.d.p. sobre os capacitores, assinale o que for correto.

(01) A d.d.p. sobre o capacitor c é igual a 20 V.
(02) A d.d.p. sobre os capacitores a e b é igual a 83,3 V.
(04) A d.d.p. se divide igualmente entre os três capacitores
(08) A d.d.p. sobre o capacitor b é igual a 50 V.
(16) A d.d.p. sobre cada um dos capacitores é igual à tensão da fonte, 100 V

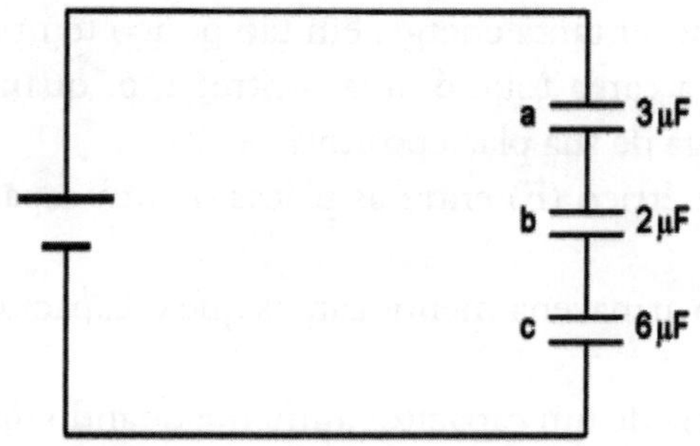

13. (PUC) Um capacitor ideal de placas paralelas está ligado a uma fonte de 12 V. De repente, por um processo mecânico, cada placa é dobrada sobre sim mesma, de modo que a área efetiva do capacitor fica rapidamente reduzida à metade. A fonte é mantida ligada em todos os instantes. Nessa nova situação, pode-se afirmar, em relação àquela inicial, que:

a) o campo elétrico dobra e a carga acumulada também.
b) o campo elétrico dobra e a carga fica reduzida à metade.
c) o campo elétrico e a carga não mudam de valor.
d) o campo não muda, mas a carga fica reduzida à metade.
e) o campo elétrico fica reduzido à metade, mas a carga não muda.

14. (FEI) Quando um corpo eletrizado com carga +Q é introduzido na cavidade de um condutor neutro, oco, este envolvendo completamente aquele sem que ambos se toquem:

a) o condutor oco sempre apresenta cargas cuja soma é nula;
b) a face da cavidade sempre se eletriza com carga +Q;
c) nunca há carga na face exterior do condutor;
d) o potencial do condutor oco é sempre nulo;
e) o potencial do corpo eletrizado sempre se anula.

15. (ITA - SP) Um condutor esférico oco, isolado, de raio interno R, em equilíbrio eletrostático, tem seu interior uma pequena esfera de raio r < R, com carga positiva. Neste caso, pode-se afirmar que:

a) A carga elétrica na superfície externa do condutor é nula.
b) A carga elétrica na superfície interna do condutor é nula.
c) O campo elétrico no interior do condutor é nulo.
d) O campo elétrico no exterior do condutor é nulo.
e) Todas as alternativas acima estão erradas.

16. (UNISA) Um capacitor plano de capacitância C e cujas placas estão separadas pela distância d encontra-se no vácuo. Uma das placas apresenta o potencial V e a outra -V. A carga elétrica armazenada pelo capacitor vale:
a) CV   b) 2CV   c) Vd   d) 2V / d   e) CV / d

17. Julgue as afirmativas abaixo:

I. O capacitor é um dispositivo capaz de armazenar energia e carga elétrica. Em alguns casos, precisamos liberar muita energia em um curto intervalo de tempo, como em um reanimador cardíaco. Por isso, usamos os capacitores. Dessa forma, uma pilha normal, que normalmente usada para gerar corrente elétrica, não é capaz de fornecer tanta energia em tão pouco tempo.
II. Num capacitor carregado, a carga total é nula. Entretanto, quando dizemos "carga do capacitor" estamos nos referindo à carga de sua placa positiva.
III. A intensidade do campo elétrico (E) entre as placas de um capacitor é a mesma com ou sem um dielétrico entre elas.
IV. O capacitor com dielétrico armazena menos cargas que o capacitor a vácuo.

18. (MACKENZIE) A capacitância de um capacitor aumenta quando um dielétrico é inserido preenchendo todo o espaço entre suas armaduras. Tal fato ocorre porque:

a) cargas são armazenadas no dielétrico;
b) átomos do dilétrico absorvem elétrons da placa negativa para completar suas camadas eletrônicas externas;
c) as cargas agora podem passar da placa positiva à negativa do capacitor;
d) a polarização do dielétrico reduz a intensidade do campo elétrico no interior do capacitor;
e) o dielétrico aumenta a intensidade do campo elétrico.

19. Um capacitor a vácuo é conectado a uma bateria. A carga, a energia, o campo elétrico e a ddp entre suas placas são respectivamente iguais a Q_0 W_0 E_0 e V_0. Se bateria é desconectada do capacitor e um dielétrico de constante dielétrica k for introduzido no espaço vazio, determine:

a) sua nove capacitância;
b) sua nova carga armazenada;
c) a nova ddp entre suas armaduras;
d) a nova energia potencial armazenada;
e) o novo campo elétrico entre as placas.

20. Qual a utilidade de se colocar um dielétrico entre as placas de um capacitor?

21. Um capacitor, de capacitância desconhecida, tem sido usado para armazenar e fornecer energia a um aparelho de TV. O capacitor é carregado com uma fonte de 1.000 V, armazenando uma carga de 10 C. O televisor funciona num intervalo de diferença de potencial entre 80 V e 260 V. Quando ocorre falta de energia, liga-se o capacitor ao televisor e esse consegue funcionar durante cerca de 5 minutos. A carga que fica armazenada no capacitor, no instante em que o televisor deixa de funcionar, é de:

a) 1 C b) 10 C c) 2,6 C d) 0,8 C

22. No circuito a seguir, estando o capacitor com plena carga, levamos a chave K da posição 1 para a 2. A quantidade de energia térmica liberada pelo resistor de 5 Ω, após essa operação, é:

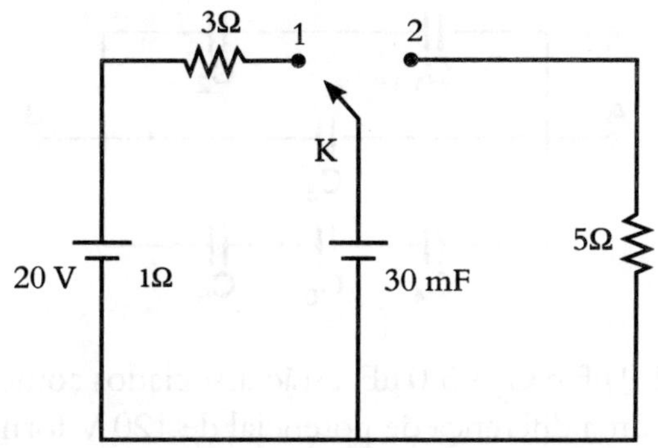

a) 1 J b) 3 J c) 6 J d) 12 J e) 15 J

23. No circuito visto na figura, a bateria é ideal e o capacitor C tem capacitância igual a 7 μF. Determine a carga do capacitor C.

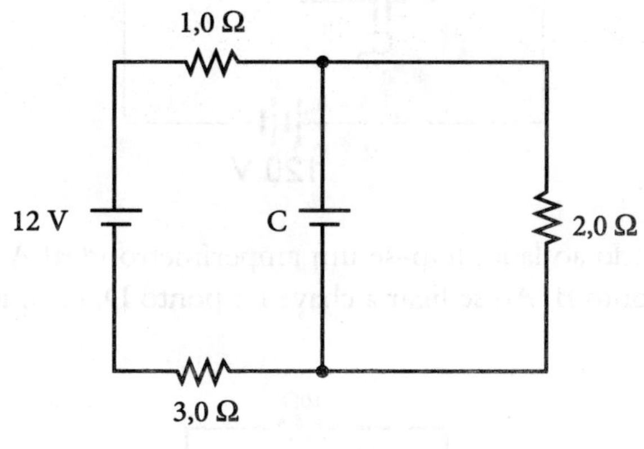

24. Um capacitor de placas paralelas é carregado ligando-se suas placas aos terminais de um gerador de corrente contínua (bateria). Se não for desfeita a ligação com o gerador e reduzirmos a distância entre as placas do capacitor, podemos afirmar que:

01. a capacitância do capacitor aumenta.
02. haverá aumento de carga nas placas do capacitor.
04. a ddp entre as placas do capacitor permanecerá constante.

08. a intensidade do campo elétrico entre as placas do capacitor aumenta.
16. as intensidades do campo elétrico e do potencial elétrico diminuem.
32. a intensidade do campo elétrico aumenta e a do potencial diminui entre as placas do capacitor.
Some os itens corretos.

25. Dois capacitores planos idênticos, cujas placas possuem 1,00 cm^2 de área cada uma, estão associados em série, sob uma ddp de 12,0 V. Deseja-se substituir os dois capacitores por um único capacitor que tenha uma capacidade elétrica equivalente à da associação. Se o novo capacitor também for plano, possuir o mesmo dielétrico e mantiver a mesma distância entre as placas, a área de cada uma delas deverá ter:

a) 0,25cm^2 b) 0,50cm^2 c) 1,5cm^2 d) 2,0 cm^2 e) 4,0 cm^2

26. Encontre a capacitância equivalente da associação abaixo:

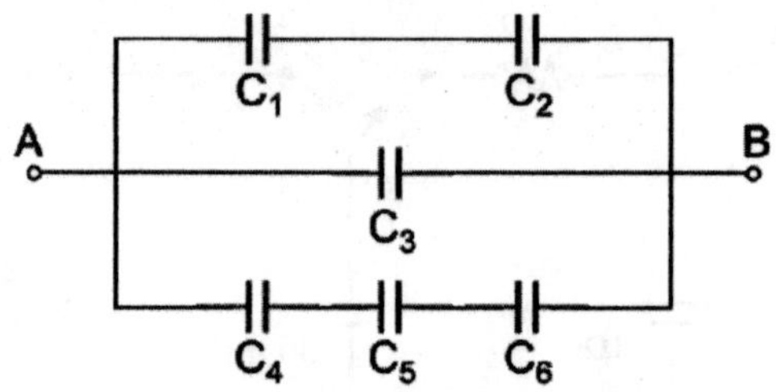

27. Três capacitores, $C_1 = C_2 = 1{,}0\ \mu F$ e $C_3 = 3{,}0\ \mu F$, estão associados como mostra a figura. A associação de capacitores está submetida a uma diferença de potencial de 120 V fornecida por uma bateria. Calcule o módulo da diferença de potencial entre os pontos B e C, em volts.

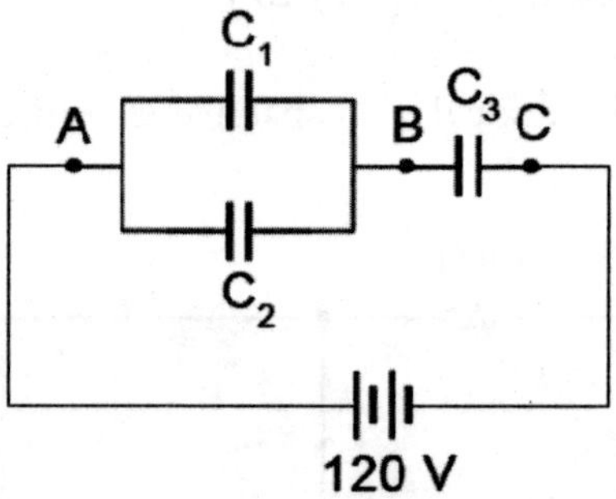

28. No circuito elétrico ilustrado ao lado, tem-se um amperímetro ideal A que indica 500 mA, quando a chave K está ligada no ponto B. Ao se ligar a chave no ponto D, encontre o valor da energia elétrica adquirida pelo capacitor.

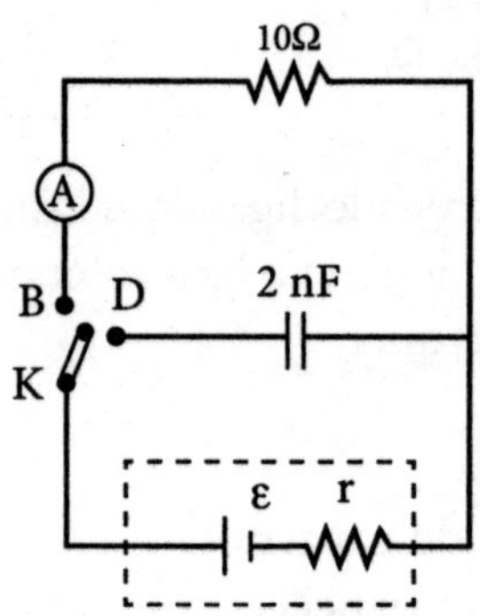

29. A introdução de um dielétrico entre as placas de um capacitor carregado aumenta a capacidade de armazenamento de cargas do capacitor. Considere que o capacitor é de placas paralelas e que a distância entre as placas é mantida fixa. Com base nessa afirmativa, assinale o que for correto.

01) O aumento da capacitância do capacitor deve-se à polarização que ocorre no dielétrico.
02) O aumento da capacidade do capacitor deve-se à redução do módulo do vetor campo elétrico resultante no interior do capacitor.
04) O aumento da capacidade do capacitor deve-se ao fato de aumentar a diferença de potencial entre as placas e, portanto, aumenta a intensidade do vetor campo elétrico entre as placas mesmo com o gerador desligado.
08) O aumento da capacidade do capacitor deve-se ao fato de a carga do dielétrico passar para o capacitor.
16) O aumento da capacidade do capacitor deve-se ao fato de a diferença de potencial ser reduzida ao introduzir-se o dielétrico entre as placas e volta a ser menor que a do gerador, reiniciando o processo de carga.

Some os itens corretos.

30. No circuito abaixo, o capacitor de capacitância C_1 está carregado com uma carga de 143 μC, e os outros dois capacitores $C_2 = 2C_1$ e $C_3 = 3C_1$ estão completamente descarregados. Fechando-se simultaneamente as chaves S_1 e S_2, qual a carga no capacitor C_3, em unidades de μC, após se estabelecer o equilíbrio eletrostático?

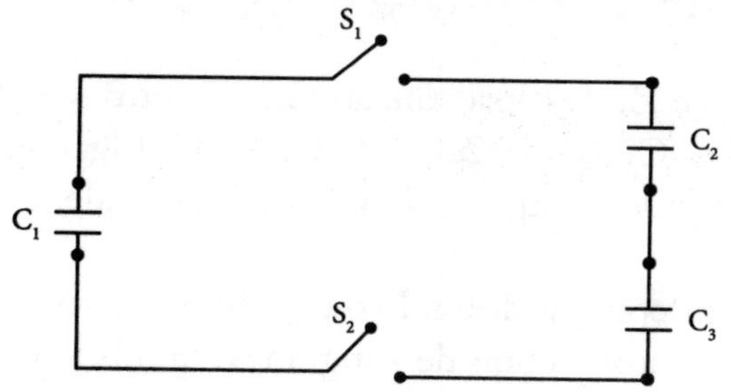

31. Encontre a capacitância equivalente do circuito abaixo:

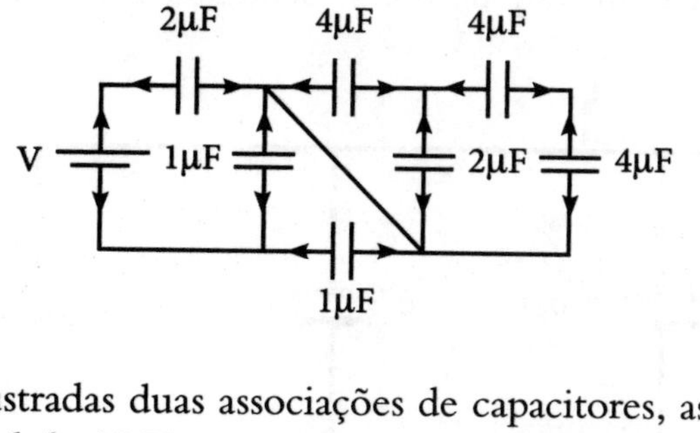

32. Nas figuras abaixo, estão ilustradas duas associações de capacitores, as quais serão submetidas a uma mesma diferença de potencial de 12 V, assim que as respectivas chaves, K_A e K_B, forem fechadas. As relações entre as cargas elétricas (Q) adquiridas pelos capacitores serão:

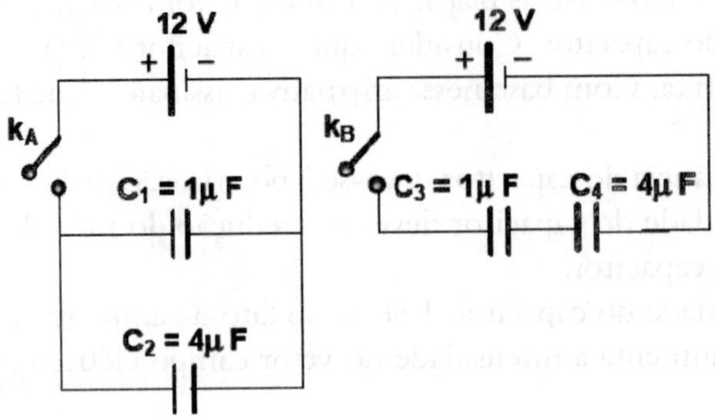

a) $Q_1 = Q_3$ e $Q_2 = Q_4$
b) $Q_1 = Q_3$ e $Q_2 = Q_4/5$
c) $Q_1 = 4Q_3$ e $Q_2 = 4Q_4$
d) $Q_1 = 5Q_3/4$ e $Q_2 = 5Q_4$
e) $Q_1 = Q_3/4$ e $Q_2 = Q_4/4$

33. (PUC) Duas esferas A e B de raios, respectivamente, R_A e R_B, sendo $R_A = 2R_B$, estão carregadas com cargas iguais. Chamando E_A e E_B as energias de descarga mediante uma ligação de A e B com o solo, respectivamente, podemos afirmar:

a) $E_A = E_B$ b) $E_A = E_B/2$ c) $E_A = 4E_B$ e) $E_A = E_B/4$ d) $E_A = 2E_B$

34. Três condutores isolados X,Y e Z, de capacitâncias Cx = 2,0 nF, Cy = 3,0 nF e Cz = 5 nF, são eletrizados com cargas Qx = 18 μC, Qy = 12μC e Qz = 40μC. Ligando-se esses condutores por fios de capacitância desprezíveis (X ligado a Y que está ligado a Z), calcule:

a) o potencial dos condutores depois de atingido o equilíbrio eletrostático.
b) a carga elétrica de cada condutor, depois de atingido o equilíbrio eletrostático.

35. (Mackenzie – SP) A carga total de um sistema de capacitores vale 400 μC. Os capacitores, todos de 2μC, estão ligados de tal modo que uma linha contem "m" desses capacitores em série e o conjunto possui "n" dessas linhas submetidas a uma ddp de 100 V. Sendo 50 o número de capacitores, determine "m" e "n"

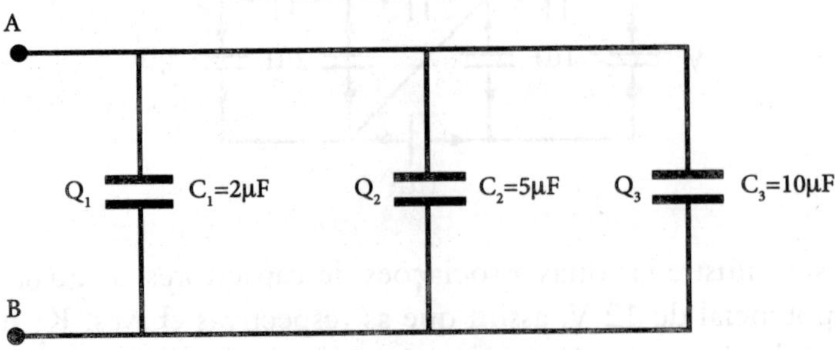

36. Três capacitores são associados conforme a figura.

Aplicando-se entre A e B a ddp de 100 V, determine:

a) a carga elétrica e a ddp em cada capacitor.
b) a ddp da associação.
c) a capacitância do capacitor equivalente.
d) a energia potencial elétrica da associação.

37. O gerador do circuito a seguir é ideal.

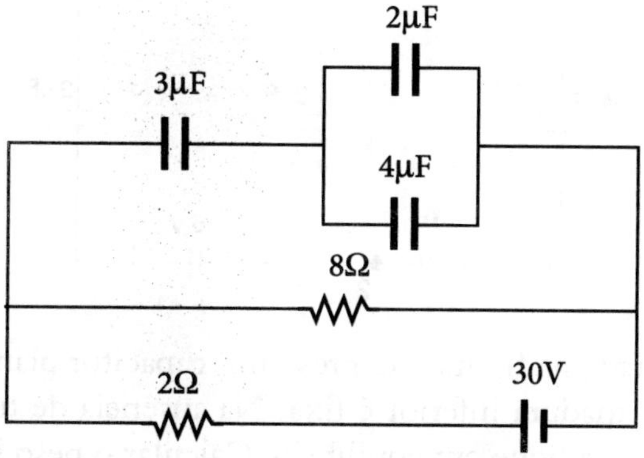

A ddp nos terminais do capacitor de 3 μF é de:

a) 2V b) 4V c) 8V d) 16V e) 32V

38. (Escola Naval) Um estudante distraído, querendo aumentar de 25% a capacitância existente num ramo de um circuito de 20 microfarads, colocou, em série com o mesmo, outro capacitor de 5 microfarads. Para corrigir o erro e obter o valor desejado, a capacitância, em microfarads, que você colocaria em paralelo com a associação anterior é:

a) 5 b) 21 c) 23 d) 10 e) 20

39. (UFC) Um capacitor de placas planas e paralelas, com vácuo entre as placas, tem capacitância C. Nele introduz-se um dielétrico de constante K = 15, aumenta-se a área de cada placa de 140% e diminui-se de 50% a distância entre as placas. A nova capacitância é C'. Determine a razão de C' sobre C.

40. O conjunto de capacitores esquematizado a seguir está ligado a um gerador de corrente contínua: Passada a fase transitória, determinar a carga elétrica e a tensão entre as armaduras de cada capacitor.

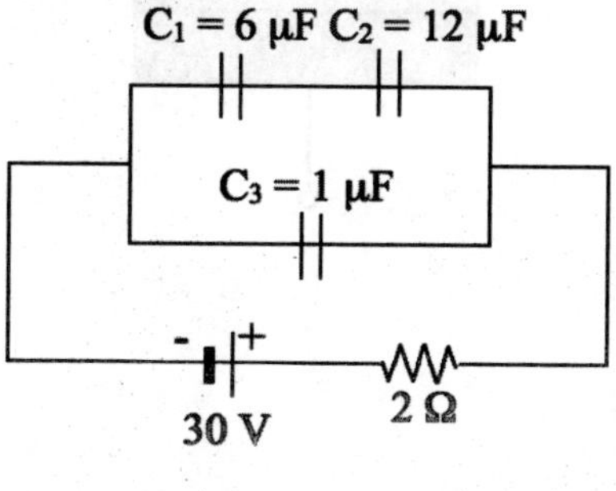

41. (Mackenzie - SP) Considerando o esquema a seguir, quando se liga a chave K no ponto X, o amperímetro ideal A acusa uma intensidade de corrente elétrica igual a 250 mA. Ao se ligar a chave K no ponto Y, o capacitor adquire uma carga elétrica de:

42. (MACKENZIE-SP) No esquema da figura, os três capacitores encontram-se neutros: desprezam-se as resistências internas dos geradores. Leva-se a chave para a posição (1) e aguarda-se o equilíbrio elétrico; a seguir, leva-se a chave para a posição (2). Atingindo o equilíbrio elétrico após esta operação, a carga (em μC) do capacitor de capacitância 1μF é:

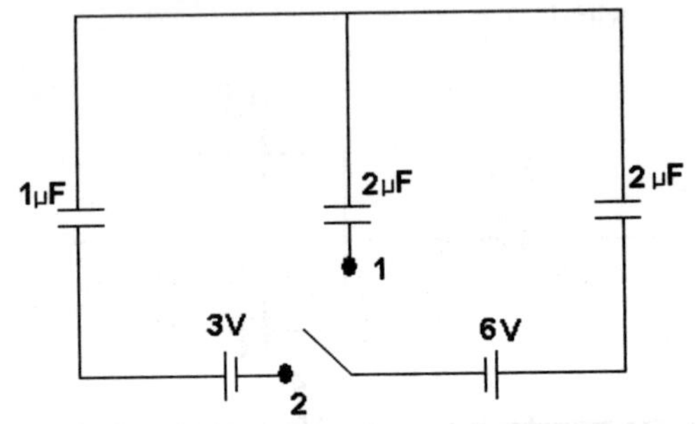

43. (FAAP-SP) À balança mostrada na figura está preso um capacitor plano paralelo de área S. A distância entre as armaduras é d. A armadura inferior é fixa. Na ausência de tensão, a tara localizada no outro prato (B) faz com que o sistema fique em equilíbrio. Calcular o peso P que se deve colocar em B para que as armaduras permaneçam à mesma distância quando se aplica entre as placas do capacitor uma diferença de potencial U. O meio entre as armaduras é o ar.

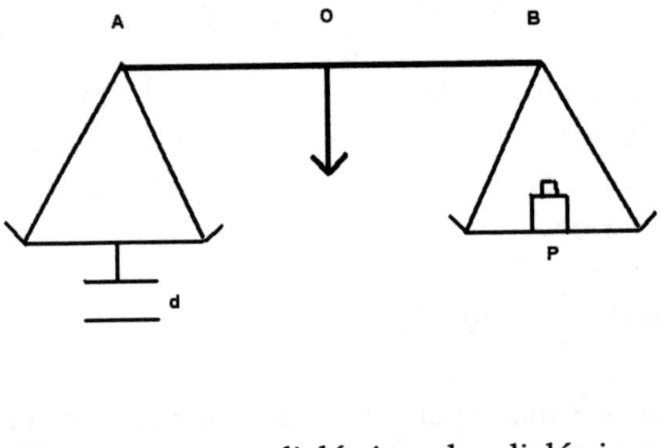

44. (Física Clássica) Sendo K_1 e K_2 as constantes dielétricas dos dielétricos 1 e 2, calcule a capacitância do capacitor formado. São dadas ainda: a distância d e a área A de cada placa e a permissividade do vácuo.

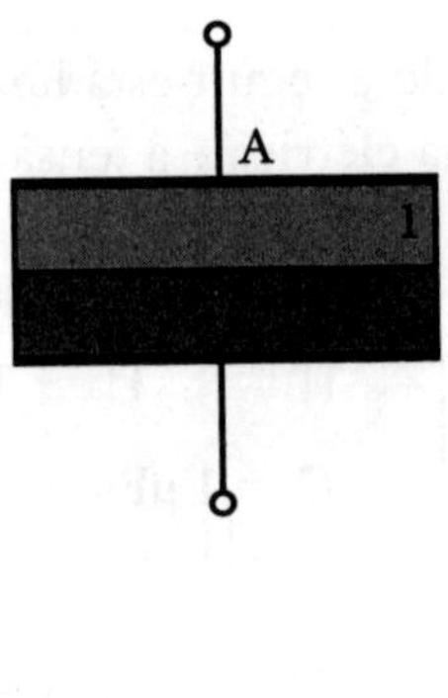

45. (Tipler) Determine a capacitância do capacitor de placas paralelas abaixo:

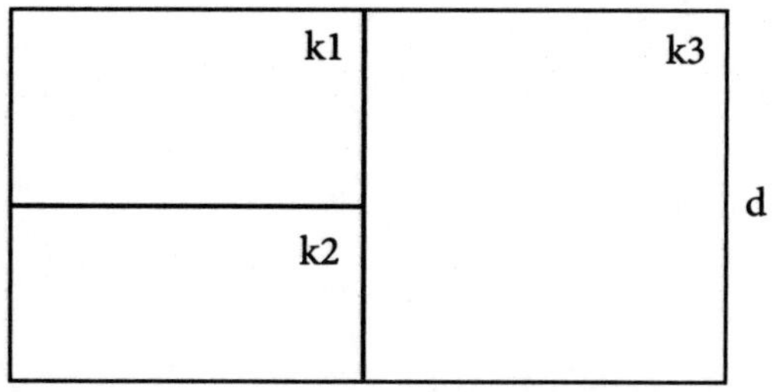

46. (FEI – SP) No esquema da figura, o capacitor de capacitância $C_1 = 5,0.10^{-6}$ F estava inicialmente eletrizado com a carga de 400.10^{-6} C na armadura A e o capacitor de capacitância $C_2 = 2,5.10^{-6}$ F estava inicialmente neutro. Calcular as cargas dos capacitores no equilíbrio eletrostático na situação da figura.

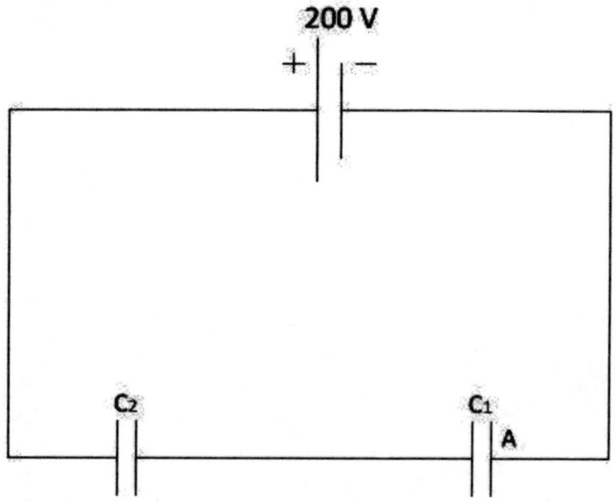

47. Qual a explicação para o fato de a mica ter sido usada durante muito tempo como isolante elétrico em diversos aparelhos?

48. Você poderia usar um vidro Pirex como isolante elétrico em um aparelho no qual ele estaria submetido a um campo elétrico de 2.10^7 N/C? Por que?

49. Sabe-se que quando uma esfera condutora no ar recebe uma carga elétrica que vai sendo aumentada gradualmente, há um limite para o valor da carga que a esfera pode reter. Após esse limite ser atingido:

    a) O que acontece com a carga que é transferida à esfera?
    b) O que se pode afirmar sobre o campo elétrico na superfície da esfera?

50. (Física Clássica) Um capacitor esférico com carga Q = 8,0 pF tem como dielétrico o papel, cuja constante dielétrica é igual a 4,0. Calcule a diferença de potencial entre as armaduras do capacitor e sua capacitância, sabendo que $R_1 = 0,09$ m e $R_2 = 0,15$ m.

Exercícios Resolvidos – Nível II

1. Mostre que as placas de um capacitor plano se atraem mutuamente com uma força igual a:

$$F = \frac{q^2}{2\varepsilon_0 A}$$

Resolução:

Entre as placas de um capacitor plano existe um campo elétrico de módulo "E". Devemos lembrar que esse valor é devido à soma dos campos criados pela placa 1 e a placa 2. Então, como queremos a força que atua em cada placa, devemos utilizar apenas o campo elétrico produzido por uma única placa:

$$F = q\frac{E}{2}$$

$$F = q \cdot \frac{\sigma}{\varepsilon_0} \cdot \frac{1}{2} = q \cdot \frac{q}{A \cdot \varepsilon_0} \cdot \frac{1}{2} = \frac{q^2}{2\varepsilon_0 A}$$

2. Determine a capacitância equivalente da associação abaixo:

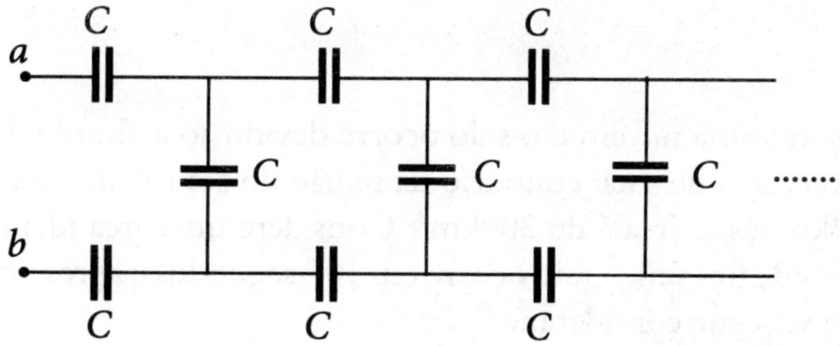

Resolução:

Para resolver essa questão, basta seguir a mesma ideia da questão análoga para resistores. Como o circuito é infinito, podemos chamar de X a capacitância equivalente total do circuito. Ainda assim, podemos considerar que X também será a capacitância equivalente de uma malha até o infinito, como podemos ver na figura abaixo:

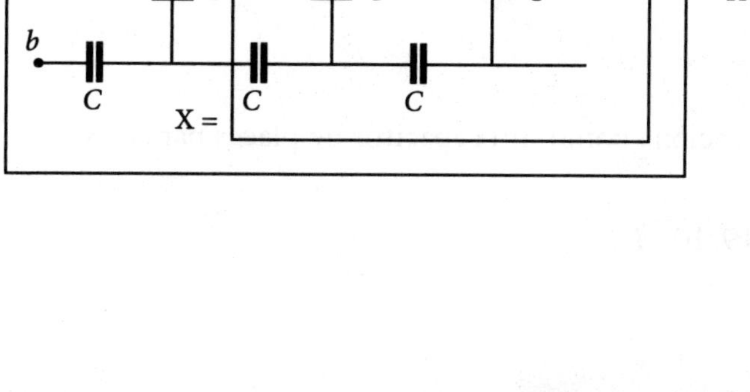

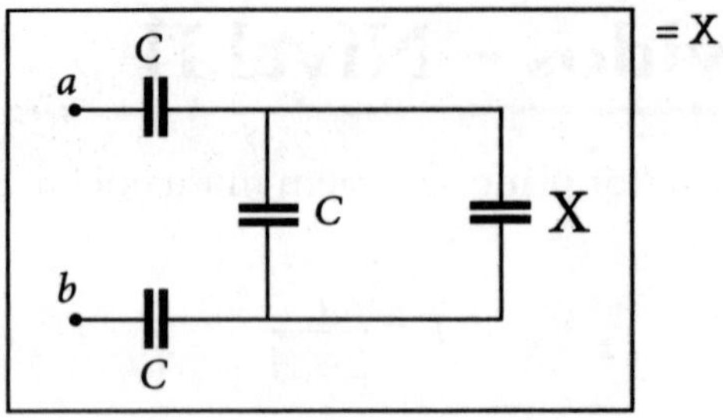

Agora, basta resolver o circuito:

- X // C: X + C
- (X+C) em série C e C: 1/(X) = 2/(C) + 1/(X+C)

$$\frac{1}{X} = \frac{2}{C} + \frac{1}{X+C}$$

Resolvendo a equação encontraremos como solução possível:

$$X = \frac{C}{2}\left(\sqrt{3} - 1\right)$$

3. (Unicamp) Um raio entre uma nuvem e o solo ocorre devido ao acúmulo de carga elétrica na base da nuvem, induzindo uma carga de sinal contrário na região do solo abaixo da nuvem. A base da nuvem está a uma altura de 2km e sua área é de 200km². Considere uma área idêntica no solo abaixo da nuvem. A descarga elétrica de um único raio ocorre em 10^{-3} segundos e apresenta uma corrente de 50 kA. Responda os itens que se segue considerando:

$$\varepsilon_0 = 9.10^{-12}\frac{F}{m}$$

a) Qual é a carga armazenada na base da nuvem no instante anterior ao raio?
b) Qual é a capacitância do sistema nuvem-solo nesse instante?
c) Qual é a diferença de potencial entre a nuvem e o solo imediatamente antes do raio?

Resolução:
Questão simples, mas que mostra como as nuvens e o solo funcionam como um capacitor durante uma descarga elétrica.

a) $Q = i.t = 50.10^{-3} = 50$ C

b) O sistema nuvem-solo funciona como um capacitor de placas paralelas:

$$C = \frac{\varepsilon_0 A}{d} = \frac{9.10^{-12}.2.10^{8}}{2.10^{3}} = 9.10^{-7}F$$

c) Q = C.U

$$U = \frac{Q}{C} = \frac{50}{9.10^{-7}} V$$

4. Os capacitores A e B possuem a mesma área e a mesma distância entre as placas. Na metade do espaço entre as placas de cada capacitor é colocado um dielétrico como mostra a figura. Qual dos capacitores terá maior capacitância (A ou B)?

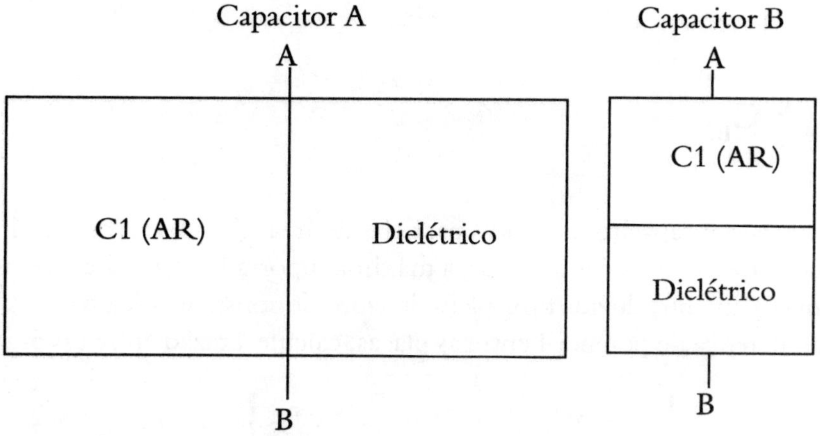

Resolução:

No capacitor A, temos dois dielétricos em paralelo:

$$C_A = C_1 + C_2$$

$$C_A = \frac{\varepsilon_0 \frac{A}{2}}{d} + \frac{k.\varepsilon_0 \frac{A}{2}}{d}$$

$$C_A = \frac{\varepsilon_0 A}{2d}(1+k)$$

No capacitor B, temos dois dielétricos em série:

$$C_B = \frac{C_1 C_2}{C_1 + C_2} = \frac{\varepsilon_0 A}{\frac{d}{2}} \cdot \frac{k\varepsilon_0 A}{\frac{d}{2}} \cdot \frac{1}{\frac{\varepsilon_0 A}{\frac{d}{2}} + \frac{k\varepsilon_0 A}{\frac{d}{2}}}$$

$$C_B = \frac{2\varepsilon_0 A}{d} \cdot \frac{2k\varepsilon_0 A}{d} \cdot \frac{d}{2\varepsilon_0 A(1+k)}$$

$$C_B = \frac{2\varepsilon_0 A}{d} \cdot \frac{1}{(1+k)}$$

Assim, para saber qual é maior devemos encontrar a razão entre eles:

$$C_B = \frac{2\varepsilon_0 A}{d} \cdot \frac{k}{(1+k)}$$

$$C_A = \frac{\varepsilon_0 A}{2d}(1+k)$$

$$\frac{C_B}{C_A} = \frac{\frac{2k}{(1+k)}}{\frac{(1+k)}{2}} = \frac{4k}{(1+k)^2}$$

Como k >1, então, $\mathbf{C_A > C_B}$.

5. (ITA) A figura mostra um capacitor de placas paralelas de área "A" separadas pela distância "d". Inicialmente o dielétrico entre as placas é o ar e a carga máxima suportada é Q_i. Para que esse capacitor suporte uma carga máxima Q_f foi introduzida uma placa de vidro de constante dielétrico "k" e espessura "d/2". Sendo mantida a diferença de potencial entre as placas, calcule a razão entre as cargas Q_f e Q_i.

configuração inicial   configuração final

Resolução:

Na situação inicial:

$$Q_i = \frac{\varepsilon_0 A}{d} \cdot U$$

Na situação final:

$$C = \frac{C_{ar} \cdot C_{vidro}}{C_{ar} + C_{vidro}}$$

$$C = \frac{2\varepsilon_0 A}{d} \cdot \frac{2\varepsilon_0 A}{d} \cdot \frac{1}{\frac{2\varepsilon_0 A}{d} + \frac{2\varepsilon_0 A}{d}}$$

$$C = \frac{2\varepsilon_0 A}{d} \cdot \frac{k}{(1+k)}$$

$$Q_f = \frac{2\varepsilon_0 A}{d} \cdot \frac{k}{(1+k)} \cdot U$$

Assim, a razão será:

$$Q_f = \frac{2\varepsilon_0 A}{d} \cdot \frac{k}{(1+k)} \cdot U$$

$$Q_i = \frac{\varepsilon_0 A}{d} \cdot U$$

$$\frac{Q_f}{Q_i} = \frac{2k}{(1+k)}$$

6. Um bloco de cobre com espessura b = 2 mm é colocado entre as placas de um capacitor de placas paralelas. A área das placas é A = 2,4 cm² e a distância entre elas é d = 5 mm. Como mostra a figura, o bloco é colocado exatamente no centro do espaço entre as placas.

a) Qual é a capacitância após a introdução do bloco?
b) Se uma carga q = 3,4 μC é mantida nas placas, qual é a razão entre as energias armazenadas antes e depois da introdução do bloco?
c) Qual é o trabalho executado quando o bloco é introduzido?
d) O bloco é atraído ou repelido pelo espaço entre as placas?

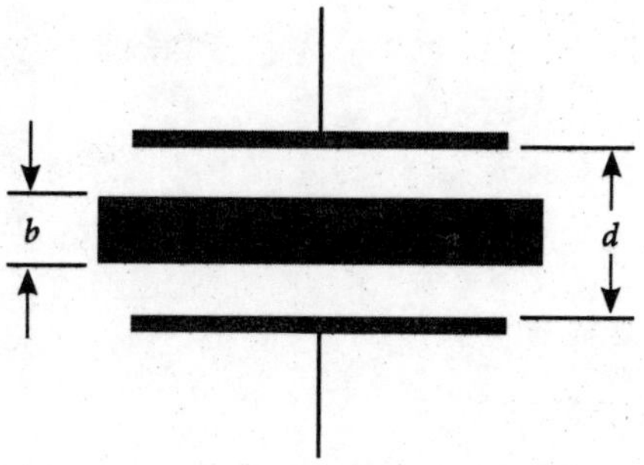

Resolução:

a) Após a introdução do bloco, a placa com carga positiva irá induzir cargas negativas (de mesmo módulo) no lado mais próximo do bloco de cobre. De forma análoga, a placa com carga negativa irá induzir cargas positivas no bloco. Assim, teremos dois capacitores de comprimento (d – b)/2 cada, em série. Lembremos que o cobre é um bom condutor de eletricidade, então, não irá funcionar como dielétrico:

$$C = \frac{\varepsilon_0 A}{d-b} = 0{,}708\,pF$$

b) Q = Q'. Sendo U e U', respectivamente, a energia armazenada antes e depois:

$$\frac{U}{U'} = \frac{\dfrac{Q^2}{2C}}{\dfrac{Q'^2}{2C'}} = \frac{C'}{C} = \frac{\dfrac{\varepsilon_0 A}{d-b}}{\dfrac{\varepsilon_0 A}{d}} = \frac{d}{d-b} = 1{,}67$$

c) A força elétrica é uma força conservativa, ou seja, o seu trabalho é independente da trajetória. Dessa forma, o trabalho executado por um operador para inserir o bloco entre as placas será igual a:

$$W = U' - U = \frac{Q^2}{2}\left(\frac{1}{C'} - \frac{1}{C}\right) = \frac{Q^2}{2.\varepsilon_0.A}(d - b - d) = -5{,}44\,J$$

d) Note que, no item anterior, encontramos o trabalho necessário para inserir o bloco. Esse trabalho é negativo, ou seja, a energia armazenada no capacitor no final é menor que a energia armazenada no início. Isso significa que a energia "perdida" no capacitor foi usada para aumentar a energia mecânica do bloco, assim, ele é acelerado em direção ao capacitor. Ou seja, é atraído.

7. Uma gota esférica de mercúrio de raio R possui uma capacitância dada por $C = 4\pi\varepsilon 0R$. Se duas dessas gotas se combinarem para formar uma única gota maior, qual será sua nova capacitância?

Resolução:

Seja V o volume de uma gota. Após as duas gotas se combinarem, teremos um volume igual a 2V. Como a equação para a capacitância de uma esfera é C = R/K, então, só devemos encontrar o novo raio da esfera:

$$V' = 2V$$

$$\frac{4}{3}\pi(r')^3 = \frac{8}{3}\pi(r)^3$$

$$(r')^3 = 2(r)^3$$

$$r' = r\sqrt[3]{2}$$

Assim, a capacitância será:

$$C = 4\pi\varepsilon_0(r') = 44\pi\varepsilon_0 r \cdot \sqrt[3]{2}$$

8. No circuito esquematizado na figura, o gerador é considerado ideal e o capacitor já está carregado:

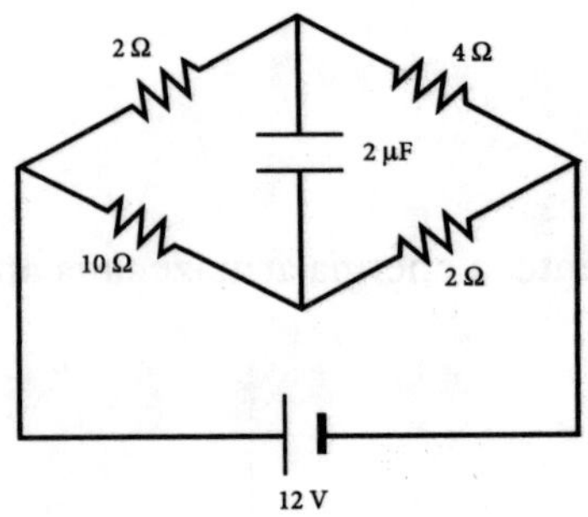

a) Encontre a carga elétrica do capacitor.
b) Determine a resistência do resistor que deveria substituir o resistor de 10 Ω para que o capacitor não se carregasse.
c) Encontre a ddp no capacitor.

Resolução:
a) Como o capacitor está carregado, não passa corrente por ele. Devemos, então, encontrar as correntes que passam pelos resistores:

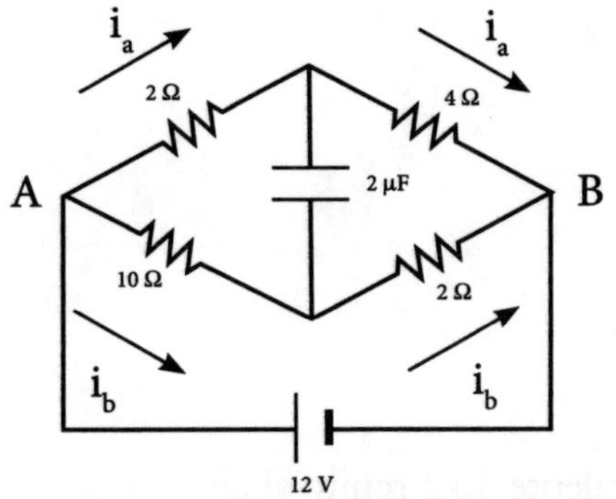

Observe que temos os dois resistores de cima em série e a resultante entre eles está em paralelo com a resultante dos dois resistores de baixo.

$$Req1 = 6\Omega$$
$$Req2 = 12\Omega$$
$$Reqtotal = \frac{6.12}{18} = 4\Omega$$

Sendo i = ia + ib, temos que:

$$U = Reqtotal.i$$
$$12 = 4.i$$
$$i = 3A$$

E que:

$$Va - Vb = 2.ia + 4.ia = 6.ia$$
$$Va - Vb = 10.ib + 2.ib = 12.ib$$
$$ia = 2.ib$$
$$ia + ib = 3$$
$$ia = 2A$$
$$ib = 1A$$

Agora, aplicando Lei das Malhas na malha esquerda teremos:

$$2.ia + \frac{Q}{2.10^{-6}} - 10.ib = 0$$

$$4 - 10 = -\frac{Q}{2.10^{-6}}$$

$$6 = \frac{Q}{2.10^{-6}}$$

$$Q = 12.10^{-6}\,C$$

b) Ponte de Wheatstone:
2.2=4.x, então, x = 1 Ω

c) A ddp no capacitor será:

$$U = \frac{Q}{C} = \frac{12}{2} = 6V$$

9. Determine a capacitância equivalente do circuito abaixo:

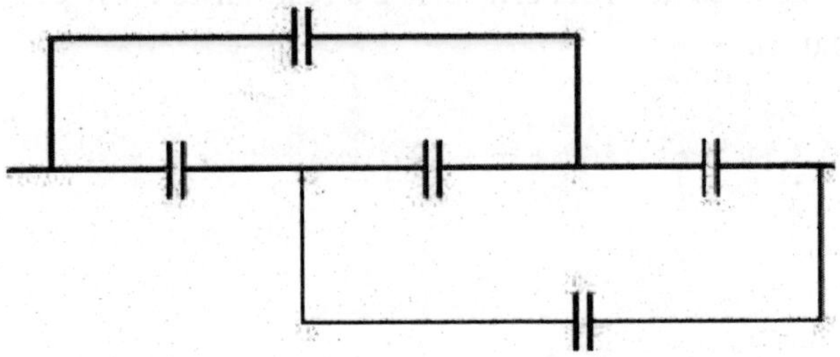

Resolução:
Considerando todos os capacitores iguais, podemos notar que o capacitor do meio pode ser retirado do circuito (Ponte de Wheatstone). Assim, a capacitância equivalente entre as extremidades do circuito será a própria capacitância de um único capacitor.

10. Uma pilha de N placas tem as placas alternadamente ligadas, de modo que formam um capacitor como indicado na figura a seguir. As placas adjacentes estão separadas por um dielétrico com espessura d. A constante dielétrica é k e a área ativa de cada placa A. Mostre que a capacitância dessa montagem é:

$$C = \frac{k.\varepsilon_0.A}{d}.(N-1)$$

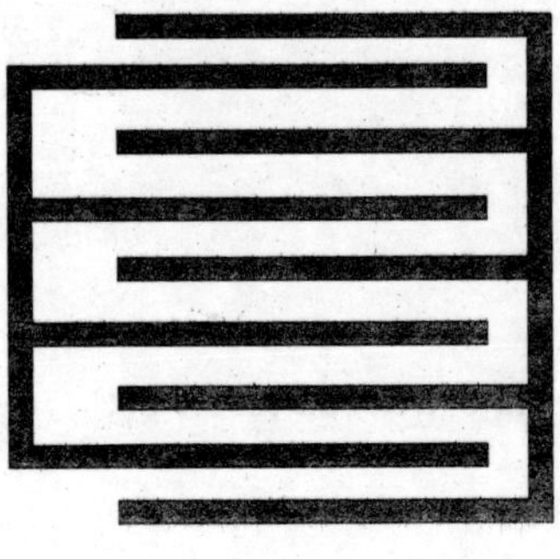

Resolução:

Os pontos dentro da placa do capacitor possuem o mesmo potencial. Assim, as N placas formam (N - 1) capacitores que partem do ponto A (Placa 1) para o ponto B (Placa 2).

$$C = \frac{k\varepsilon_0 A}{d}$$

$$Ceq = \frac{k\varepsilon_0 A}{d}(N-1)$$

11. A figura abaixo representa duas placas metálicas formando um capacitor. A capacitância do capacitor vale, sabendo-se que o corpo lançado obliquamente no vácuo atinge a parte superior da placa, cujo ponto pertence à parábola de segurança para o conjunto de velocidades cujos módulos são iguais a 5 m/s. Sabendo-se que no local o valor da gravidade vale 10 m/s^2 e que permissividade elétrica vale ε_0 = 8,85.10^{12} (SI) e que as placas são quadradas.

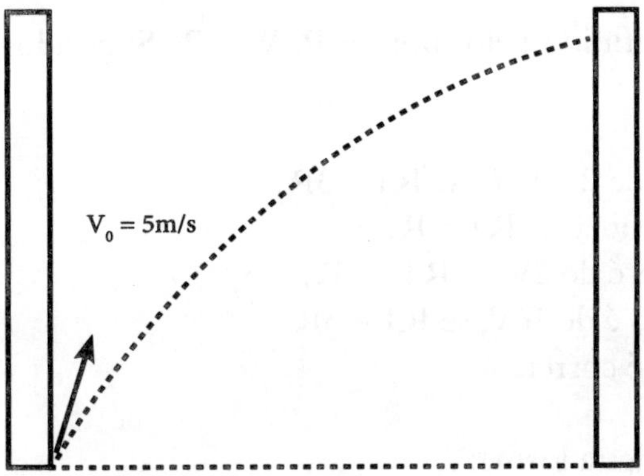

Resolução:

A fórmula da parábola de segurança é: $y = \frac{V_0^2}{2g} - \frac{g}{2V_0^2}x^2$

Substituindo os valores: $y = \frac{25}{20} - \frac{10}{2.25}(0,5)^2 = 1,2m$

Como os capacitores são quadrados, a área será y^2:

$$C = \frac{8,85.10^{-12}.1,44}{0,5} = 25,5pF$$

12. (ITA) Considere o circuito da figura, assentado nas arestas de um tetraedro, construído com três resistores de resistência R, um resistor de resistência R_1, uma bateria de tensão U e um capacitor de capacitância C.

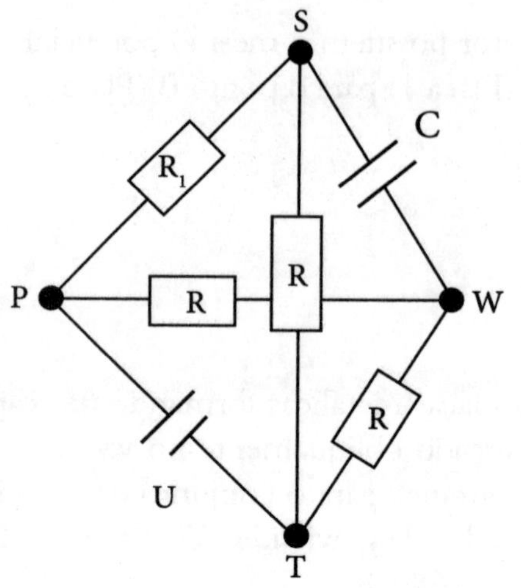

O ponto S está fora do plano definido pelos pontos P, W e T. Supondo que o circuito esteja em regime estacionário, pode-se afirmar que:

a) a carga elétrica no capacitor é de 2.10^{-6} *F*, se R1 = 3R.
b) a carga elétrica no capacitor é nula, se R1 = R.
c) a tensão entre os pontos W e S é de 2V, se R1 = 3R.
d) a tensão entre os pontos W e S é de 16V, se R1 = 3R.
e) nenhuma das respostas acima é correta.

Resolução:

Podemos redesenhar o circuito desta forma:

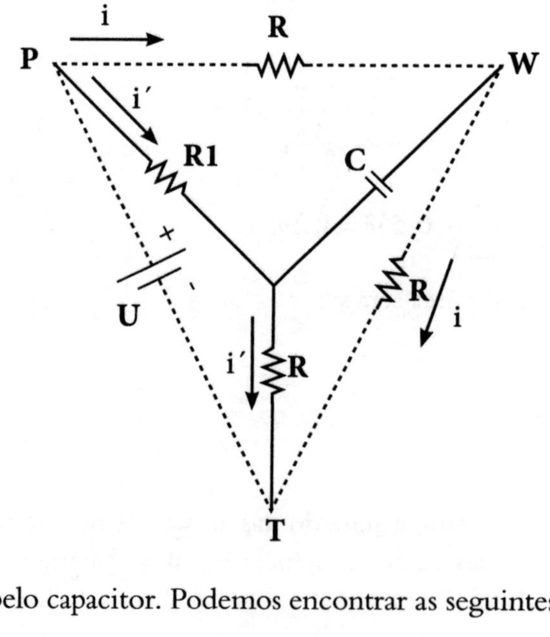

Note que não passa corrente pelo capacitor. Podemos encontrar as seguintes equações pela Lei das Malhas nas três malhas da figura:

$$R1.i' + R.i' = U$$

$$R.i - R1.i' = \frac{-Q}{C}$$

$$R.i - R.i' = \frac{Q}{C}$$

Somando a segunda com a terceira:

$$2R.i = i'(R1 + R) = U$$

$$i = \frac{U}{2R}$$

Observe que se R1 = R: i = i'. Assim, teremos que a diferença de potencial no capacitor é nula. Resposta item B.

13. (ITA - Modificada) Duas baterias, de f.e.m de 10 V e 20V, respectivamente, estão ligadas a duas resistências de 200 Ω e 300 Ω e com um capacitor de 2 μF, como mostra a figura.

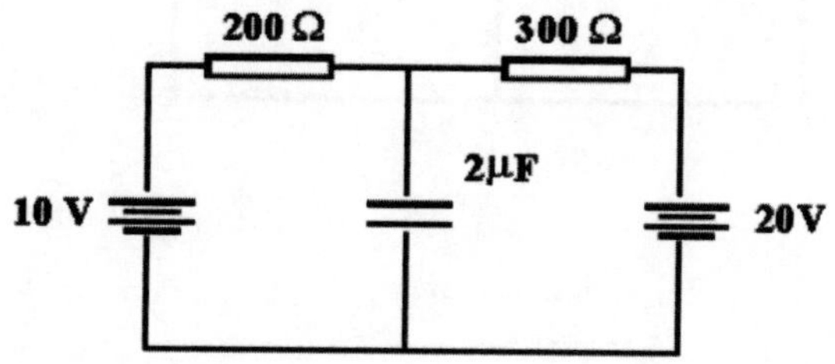

Encontre Q_C a carga do capacitor e P_d a potência total dissipada depois de estabelecido o regime estacionário.

Resolução:

Inicialmente, devemos encontrar a corrente que atravessa o circuito. Temos dois resistores em série, um capacitor, um gerador e um receptor. Como não passa corrente pelo capacitor, devemos achar a corrente por:

$$i = \frac{E - E'}{\sum R} = \frac{10}{500} = \frac{1}{50} A$$

Assim, aplicando Lei das Malhas na malha da direita no sentido anti-horário:

$$300.\frac{1}{50} + \frac{Q}{2.10^{-6}} - 20 = 0$$

$$14 = \frac{Q}{2.10^{-6}}$$

$$Q = 28.10^{-6}\,C$$

A potência dissipada será a potencia dissipada pelos dois resistores:

$$P = 500.i^2 = 0,2W$$

14. (Mackenzie – 1996) No circuito representado a seguir, o gerador de força eletromotriz 10V é ideal e todos os capacitores estão inicialmente descarregados. Giramos inicialmente a chave CH para a posição (1) e esperamos até que C_1 adquira carga máxima. A chave CH é, então, girada para a posição (2). A nova diferença de potencial entre as armaduras de C_1 será igual a:

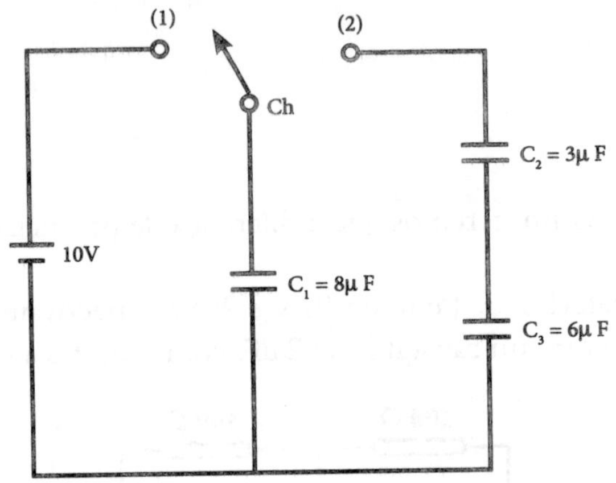

a) 8V
b) 6V
c) 5V
d) 4V
e) zero.

Resolução:
A carga máxima no capacitor 1 será: $Q = C.U = 8.10 = 80\mu C$
Após girar a chave, teremos dois resistores em série com um em paralelo. A capacitância equivalente dos capacitores em série será $2\mu F$. Agora, temos o capacitor 1 em paralelo com o capacitor resultante. Ambos estão submetidos ao mesmo potencial. Pelo Princípio da Conservação das Cargas Elétricas:

$$80 = 8.V + 2.V$$
$$V = 8V$$

Resposta: item A.

15. (ITA - Modificada) O circuito da figura é composto de duas resistências, R1 = 10^3 Ω e R2 = $1{,}5.10^3$Ω, e de dois capacitores, de capacitâncias C1 = 10^{-9} F e C2 = 2.10^{-9} F, respectivamente, além de uma chave S, inicialmente aberta. Sendo fechada a chave S, qual será a variação da carga no capacitor de capacitância C1.

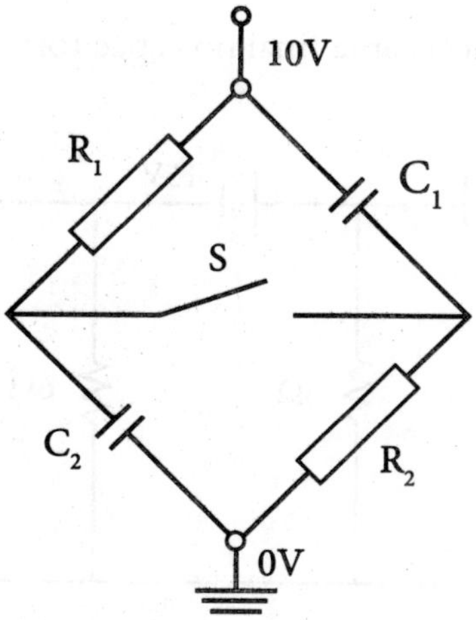

Resolução:
Após a carga dos capacitores, as correntes serão nulas e, portanto não haverá queda de tensão nos resistores. (Observe que R1 e C2 estão em série, R2 e C1 em série também)

Assim, os capacitores estarão sujeitos a uma ddp de 10V.
Assim,
Qinicial = 10.10^{-9} = 10 nC

Quando fechamos a chave S, teremos um circuito similar ao de baixo:

Assim, a variação da carga será **-6 nC**.

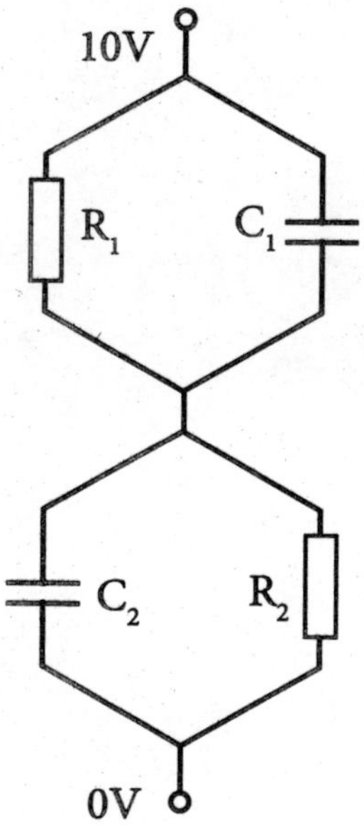

$$V1 = \frac{Qfinal}{C1} = R1.i$$

$$V2 = \frac{Q2}{C2} = R2.i$$

$$V1 + V2 = 10V = i(R1 + R2)$$
$$2{,}5.10^3.i = 10$$

$$i = \frac{1}{2{,}5.10^2}$$

$$Qfinal = C1.R1.i = 4nC$$

16. (FAAP-SP) Dado o circuito, calcule a carga final no capacitor:

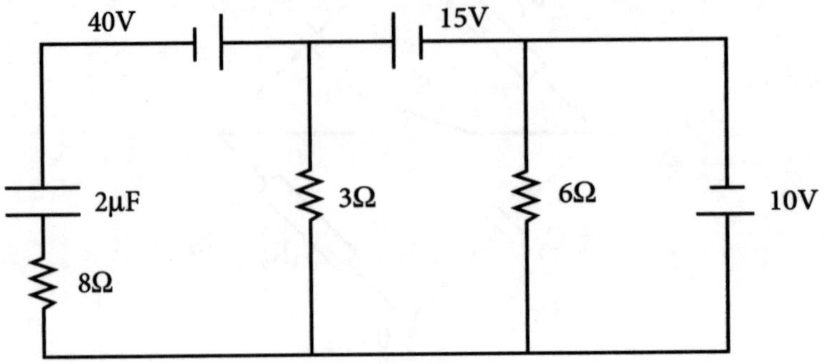

Resolução:

Trata-se apenas de Lei das Malhas. Não podemos esquecer que não passa corrente no capacitor, então, o resistor de 8 Ω estará em curto. Entretanto, não devemos esquecer que é preciso adicionar à equação da malha do capacitor a ddp que esse dispositivo está submetido.

Como o resistor de 8 Ω não passa corrente por ele. Logo, $i_3 = 0$.

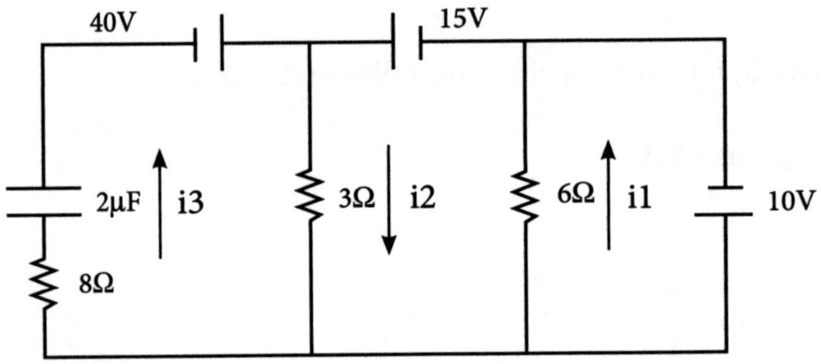

Na última malha (da esquerda para direita): $6.i_1 = 10 \Leftrightarrow i_1 = \frac{10}{6} A$

$$6.i_1 - 15 + 3.i_2 = 0$$

Na malha do meio: $10 - 15 = -3.i_2$

$$i_2 = \frac{5}{3} A$$

Na malha da esquerda:

$$3.i_2 + 0 + \frac{Q}{2.10^{-6}} - 40 = 0$$

$$Q = 70\mu C$$

17. Determine a capacitância equivalente no circuito abaixo, a carga acumulada no capacitor 1 e a carga acumulada no capacitor 2. Todos os capacitores são iguais e têm capacitância de 4 μF.

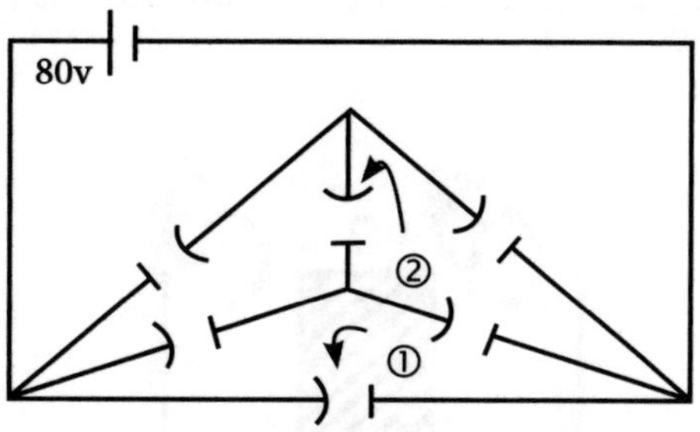

Resolução:
Podemos facilmente resolver essa questão usando a ideia da simetria, mas também podemos resolver por Delta-Estrela.
Iremos fazer a conversão: Y à Δ

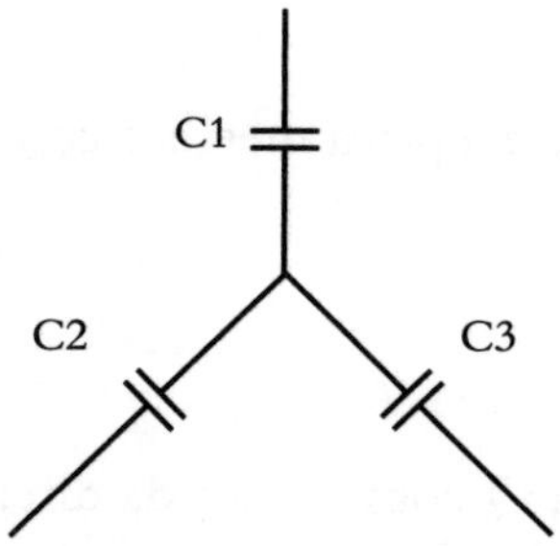

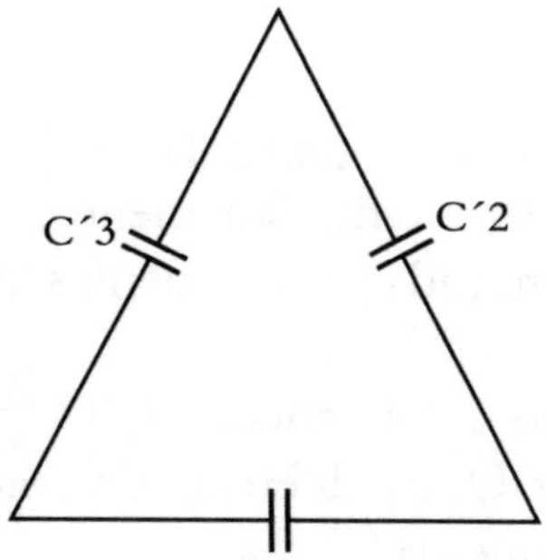

$$C'_1 = \frac{C_2 C_3}{C_1 + C_2 + C_3} = \frac{4}{3}\mu F$$

$$C'_2 = \frac{C_1 C_3}{C_1 + C_2 + C_3} = \frac{4}{3}\mu F$$

$$C'_3 = \frac{C_1 C_3}{C_1 + C_2 + C_3} = \frac{4}{3}\mu F$$

Assim, teremos em cada lado do triângulo um capacitor de 4 μF e um capacitor de 4/3μF em paralelo com ele. Calculando a capacitância equivalente, iremos encontrar como resposta 8 μF.

A carga acumulada no capacitor 2 é zero (Note a Ponte de Wheatstone).
A carga no capacitor 1 será $Q1 = 4.10^{-6}.80 = 320.10^{-6} C$
Lógico que poderíamos resolver essa questão de forma bem mais simples passando a linha de simetria no circuito. O capacitor 2 iria ser excluído, pois estaria submetido ao mesmo potencial (em cima da linha) e bastava calcular a capacitância equivalente de um lado e depois dividir por dois (se fosse resistor deveríamos multiplicar por dois). Ainda poderíamos redesenhar o circuito para facilitar a visualização da ponte de Wheatstone e resolver apenas por série-paralelo.

18. No espaço entre as placas de um condensador plano sem carga é introduzido uma placa metálica que tem carga Q, de modo que, entre a placa metálica e as placas do condensador, os espaços são L_1 e L_2. As áreas das placas são idênticas e iguais a S. Determine a ddp entre as placas do condensador.

Obs: $L_2 > L_1$

Resolução:

Note que o condensador está sem carga e nele é introduzida uma placa metálica com carga Q. Assim, essa carga irá criar campo elétrico de afastamento.

Para encontrar a ddp em cada parte podemos fazer:

$$U_2 = E_2.L_2$$

$$U_2 = \frac{Q}{2\varepsilon_0 A}.L_2$$

$$U_1 = E_1.L_1$$

$$U_1 = \frac{Q}{2\varepsilon_0 A}.L_1$$

Como $L_2 > L_1$, então, $U_2 > U_1$:

Onde U_2 é a diferença de potencial da carga Q com a placa da direita e U_1 é com a placa da esquerda.

Assim, a ddp entre as placas será:

$$U = U_2 - U_1 = \frac{Q}{2\varepsilon_0 A}.(L_2 - L_1)$$

19. Em um condensador plano uma placa tem uma carga $+Q_1$ e a outra tem carga $+Q_2$. Dentro do condensador e paralelas às placas do condensador, coloca-se uma placa metálica sem carga. Que carga será induzida nas superfícies esquerda e direita da placa metálica?

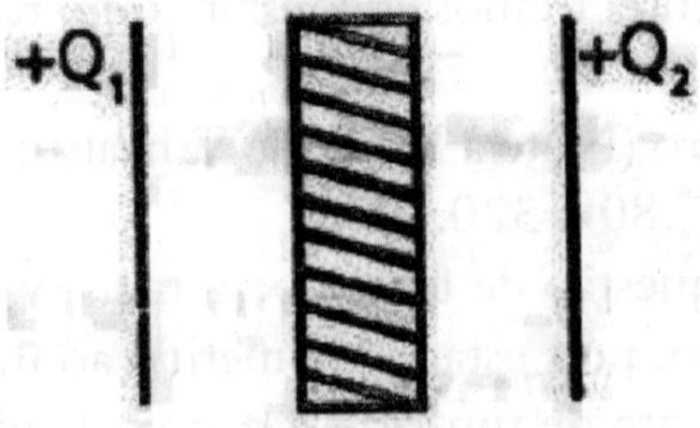

Resolução:

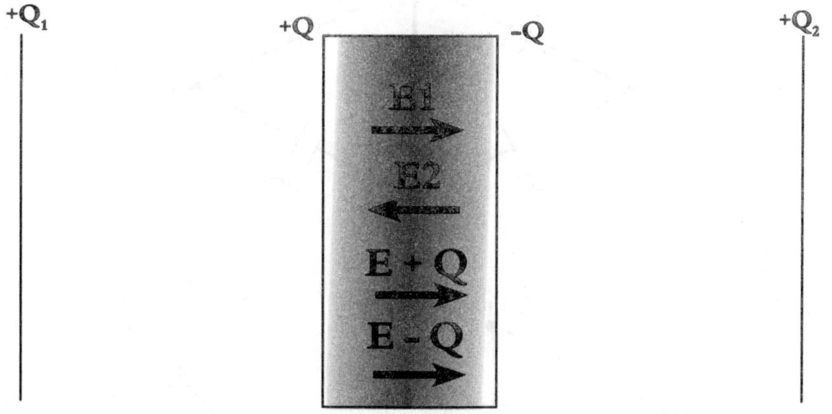

Observe a figura acima, note que teremos uma carga induzida +Q do lado esquerdo e –Q do lado direito supondo que $Q_2 > Q_1$. Devemos lembrar que o campo elétrico no interior de um condutor é nulo, então, a resultante do campo elétrico no interior da placa metálica será igual a zero.

Não devemos nos esquecer de levar em consideração os campos produzidos pelas cargas induzidas na superfície metálica. Desse modo, o campo elétrico resultante deve ser igual a zero:

$$E_1 - E_2 + 2E_{+Q} = 0$$

$$\frac{\sigma_1}{2\varepsilon_0} - \frac{\sigma_2}{2\varepsilon_0} + 2\frac{\sigma}{2\varepsilon_0} = 0$$

$$\frac{-Q_1 + Q_2}{2} = Q$$

$$\frac{+Q_1 - Q_2}{2} = -Q$$

20. Encontre a capacitância equivalente entre os pontos A e B do circuito abaixo.

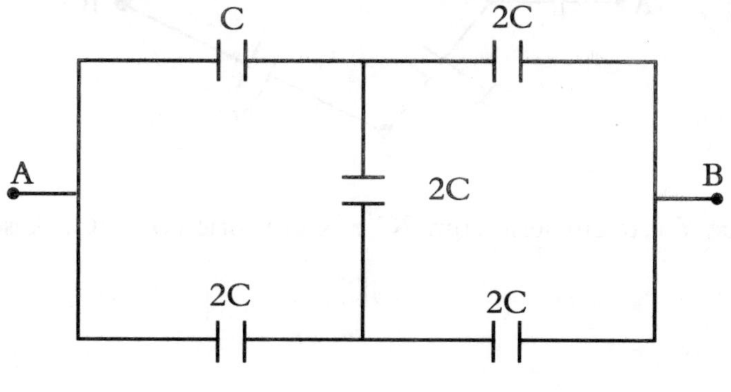

Resolução:

Aplicaremos a transformação delta-estrela para resolver o circuito acima. Vale ressaltar que no exercício anterior que utilizamos essa transformação fizemos Y à Δ. Agora, faremos Δ à Y. Redesenhando o circuito, iremos encontrar algo parecido com:

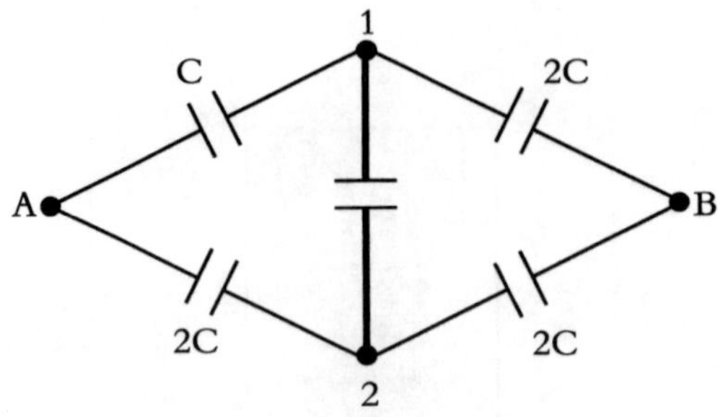

$\Delta \rightarrow Y$

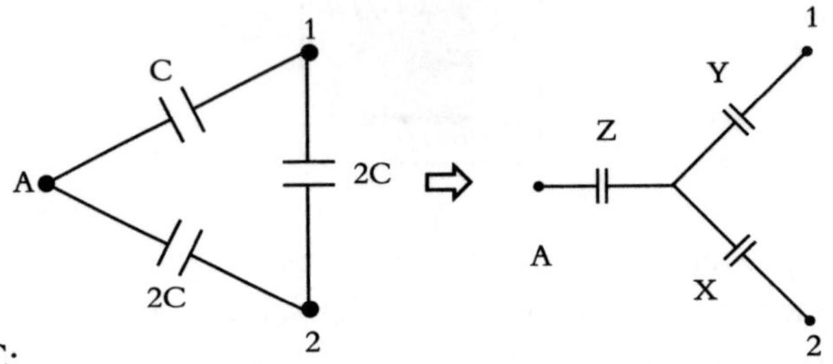

Sendo $C_1 = C$, $C_2 = C_3 = 2C$:

$$X = \frac{C_1C_2 + C_1C_3 + C_2C_3}{C} = 8C$$

$$Y = \frac{C_1C_2 + C_1C_3 + C_2C_3}{2C} = 4C$$

$$Z = \frac{C_1C_2 + C_1C_3 + C_2C_3}{2C} = 4C$$

Finalmente, o circuito completo ficará:

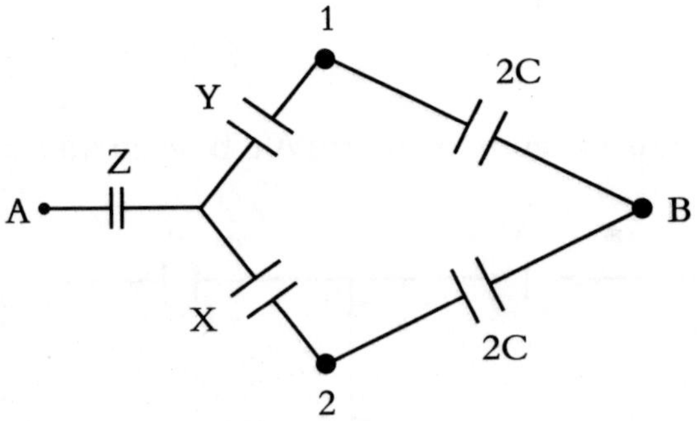

Assim, podemos notar que Y está em série com 2C e X em série com 2C. Resolvendo o circuito agora, iremos encontrar:

$$Ceq = \frac{22C}{13}$$

21. Carrega-se um capacitor com uma bateria que logo foi retirada, uma placa dielétrica é então introduzida entre as placas do capacitor. O que acontece com a carga, capacitância, diferença de potencial, campo elétrico e energia armazenada?

Resolução:

A bateria foi retirada, temos um capacitor carregado com carga Q. Como só colocamos o dielétrico depois de retirada a bateria, a carga permanece inalterada, pois o dielétrico funciona apenas como isolante. Assim, a carga após a introdução do dielétrico será Q. A irá aumentar

$$C = C_0.\varepsilon\ .$$

A ddp final pode ser calculada por:

$$C.U = C_0.U_0 \rightarrow C_0.\varepsilon.U = C_0.U_0 \rightarrow U = \frac{U_0}{\varepsilon}$$

Como a distância entre as placas é constante, o campo elétrico final será:

$$\frac{U}{E} = \frac{U_0}{E_0} \rightarrow \frac{\frac{U_0}{\varepsilon}}{E} = \frac{U_0}{E_0} \rightarrow E = \frac{E_0}{\varepsilon}$$

A carga armazenada final será:

$$Em_0 = \frac{C_0.U_0{}^2}{2}$$

$$Em = \frac{C.U^2}{2}$$

Dividindo as equações e substituindo os valores já encontrados:

$$Em = \frac{Em_0}{\varepsilon}$$

22. Durante o tempo em que um capacitor permanece ligado a uma bateria, um dielétrico é introduzido entre suas placas. O que acontece com a carga nas placas, capacitância, ddp, campo elétrico e a energia acumulada?

Resolução:

Como o gerador não é retirado, ele mantém a ddp constante entre as placas do capacitor. Assim, $U = U_0$.

Como a distância entre as placas também é constante, $E = E_0$.

A capacitância irá aumentar, pois foi adicionado um dielétrico entre as placas: $C = C_0.\varepsilon$.
A carga final será: $Q = \varepsilon.Q_0$.

A energia acumulada será: $Em = \dfrac{C.U^2}{2} = \dfrac{\varepsilon.C_0.U_0^2}{2} = \varepsilon.Em_0$.

23. Quatro placas metálicas idênticas se encontram no ar a iguais distâncias "d" uma da outra. A área de cada uma das placas é "S". As placas extremas estão unidas entre si e as do meio, conectadas com a bateria de força eletromotriz "ε". Ache as cargas das placas do meio.

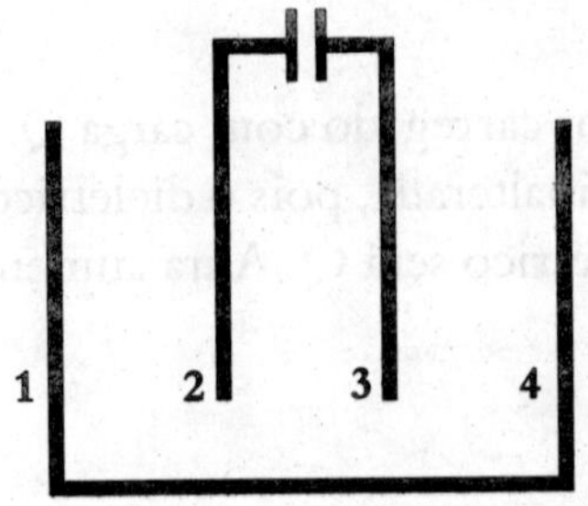

Resolução:

Note que as placas 1 e 4 apresentam o mesmo potencial. As placas 2 e 3 estão submetidas a uma diferença de potencial ε. Repare que temos três capacitores: C_{12}, C_{23} e C_{34}. Devemos separar cada uma as placas 2 e 3 em outras duas para ilustrar. Assim, podemos redesenhar a figura desta maneira:

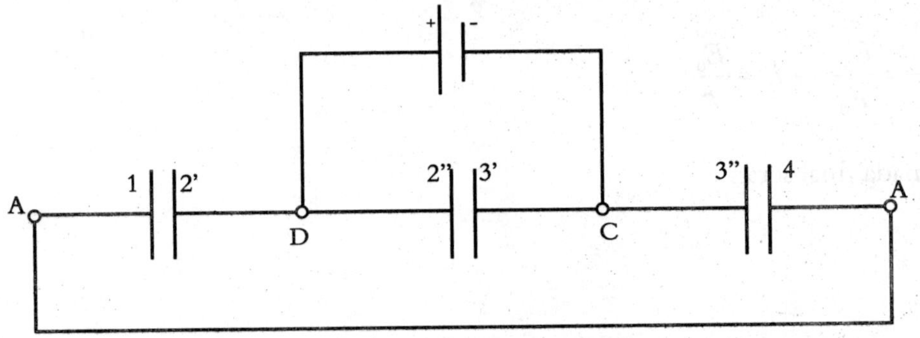

E para facilitar ainda mais:

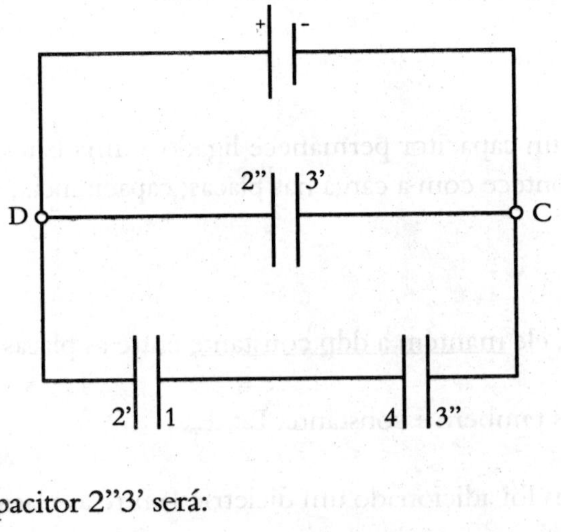

Assim, a carga nas placas do capacitor 2"3' será:

$$|Q_{2''}| = |Q_{3'}| = C.\varepsilon$$

A carga nas placas dos capacitores 2'1 e 43" será igual àquela nas placas do capacitor equivalente a esse par:

$$|Q_{2'}| = |Q_1| = |Q_4| = |Q_{3''}| = \frac{C}{2}\varepsilon$$

Então, finalmente:

$$|Q_2| = |Q_{2'}| + |Q_{2''}| = \frac{3}{2}C\varepsilon = \frac{3}{2}.\frac{\varepsilon_0 S}{d}.\varepsilon$$

De forma análoga para a carga Q_3.

24. Quatro placas metálicas iguais se encontram no ar a iguais distâncias "d" uma da outra. A área de cada uma é "S". A placa 1 está ligada por meio de um condutor à placa 3. Determine a capacitância do condensador completo.

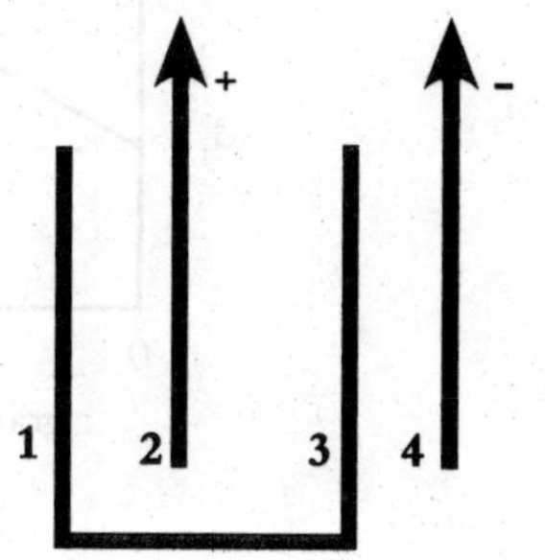

Resolução:

Para resolver essa questão basta seguir a ideia da anterior. Observe que temos três capacitores: C_{12}, C_{23} e C_{34}. As placas 1 e 3 apresentam o mesmo potencial e as placas 2 e 4 estão submetidas a uma diferença de potencial. Assim, podemos redesenhar a figura desta maneira:

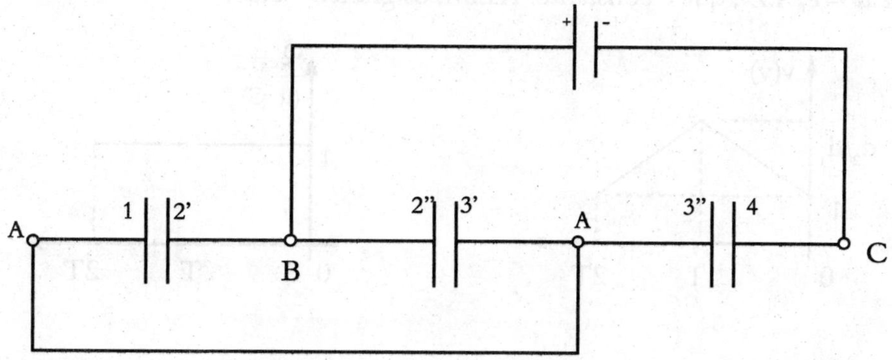

Ou ainda,

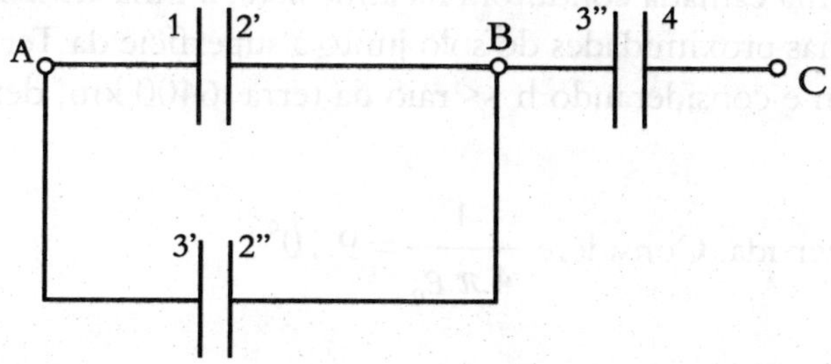

$$Ceq = \frac{2C.C}{3C} = \frac{2C}{3} = \frac{2\varepsilon_0 S}{3d}$$

25. (IME - 1996) Um capacitor de placas paralelas está carregado com +1μC havendo entre as placas uma distância de d_1 metros. Em certo instante, uma das placas é afastada da outra, em movimento, mantendo-a paralela e em projeção ortogonal à placa fixa, faz-se a distância entre elas variar conforme o gráfico a seguir, sendo $d_2 = 2d_1$. Esboce os gráficos da tensão v(t) e da carga q(t) no capacitor, entre 0 e 2T segundos. Dados: capacitância em t = 0 é 1μF, área das placas é A m^2.

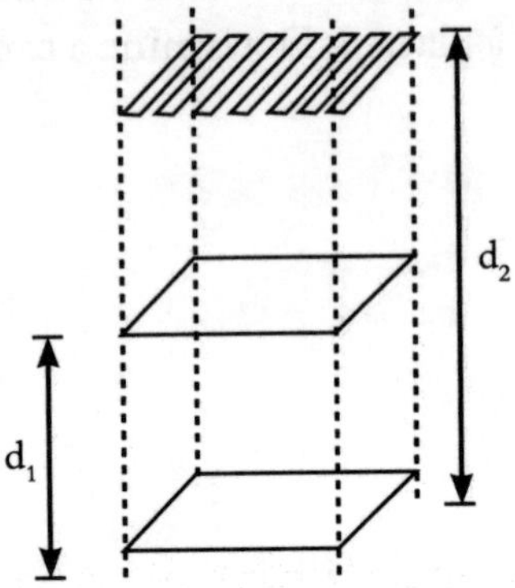

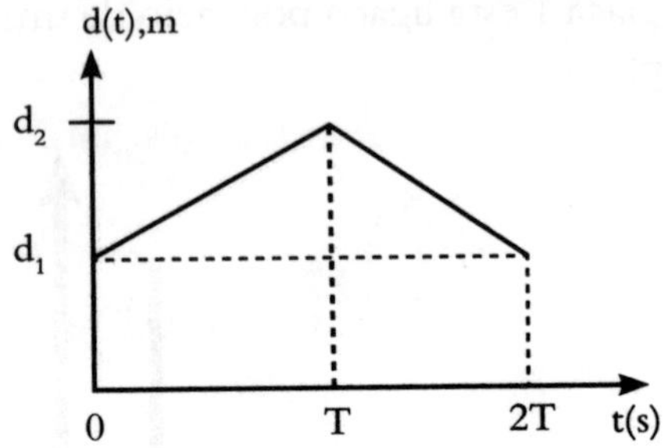

gráfico distância x tempo

Resolução:
Sabemos que a diferença de potencial é calculada por: U = E.d. Sendo que o campo elétrico é constante, então, a única variação será na distância. Quanto a carga temos:

$q = C.U = \frac{\varepsilon_0 A}{d}.E.d = \varepsilon_0 A.E$, que é constante. Assim, os gráficos serão:

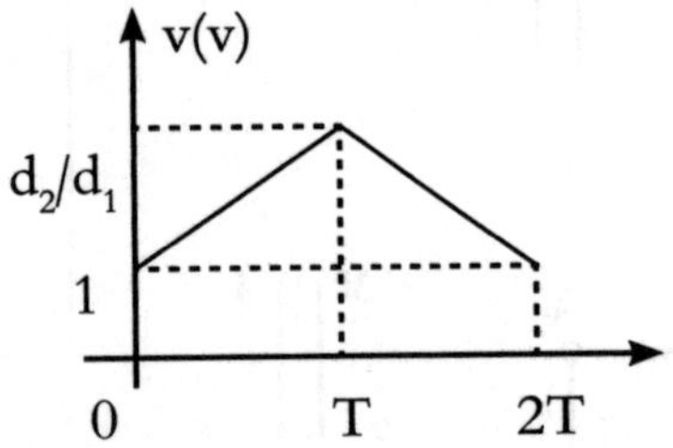

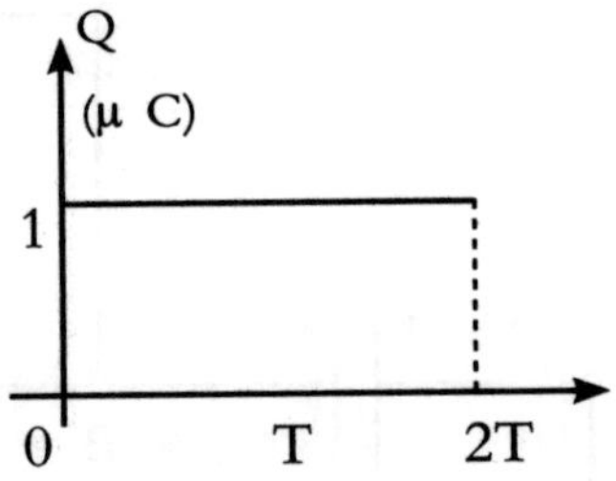

26. (ITA - 2006) Vivemos dentro de um capacitor gigante, onde as placas são a superfície da Terra, com carga -Q e a ionosfera, uma camada condutora na atmosfera, a uma altitude h = 60km, carregada com carga +Q. Sabendo que nas proximidades do solo junto à superfície da Terra, o módulo do campo elétrico médio é de 100V/m e considerando h << raio da terra 6400 km, determine a capacitância desse capacitor gigante

e a energia elétrica armazenada. Considere $\frac{1}{4.\pi.\varepsilon_0} = 9.10^9$.

Resolução:
Aplicando a fórmula da capacitância num capacitor esférico:

$$C = \frac{1}{K\left(\frac{1}{r} - \frac{1}{R}\right)} = \frac{1}{9.10^9\left(\frac{1}{6400.10^3} - \frac{1}{6400.10^3 + 60.10^3}\right)} \cong 75mF$$

$$E = \frac{C.U^2}{2} = \frac{75.10^{-3}.\left(100.60.10^3\right)^2}{2} \cong 1,377.10^{12}\,J$$

27. Um condensador de capacidade 2C se carrega a uma bateria de força eletromotriz 900V e se conecta a um condensador descarregado cuja capacitância é C. Depois o condensador de capacitância C se desliga do capacitor de capacitância 2C e volta a unir-se, porém, a ligação é feita entre as placas com cargas de sinais opostos. Determine a diferença de potencial nos capacitores. A figura abaixo ilustra o procedimento.

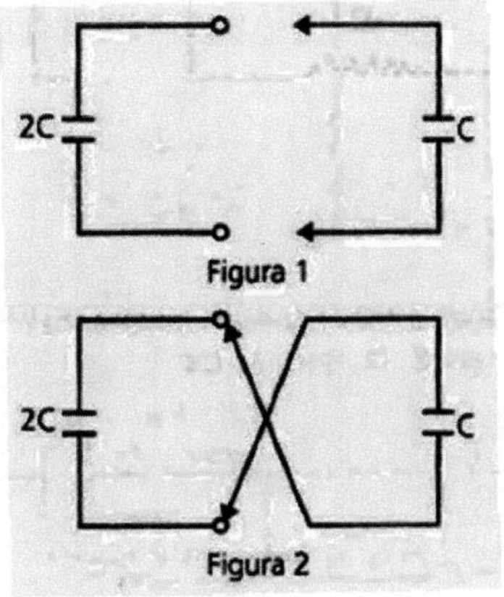

Resolução:
A carga adquirida pelo capacitor de capacitância 2C será: $q = 2C.900 = 1800C$.

Em seguida, o mesmo é ligado a um capacitor de capacitância C em paralelo, ficando ambos submetidos ao mesmo potencial. Pelo Princípio da Conservação das Cargas Elétricas: $1800C = 2C.V + C.V \rightarrow V = 600V$, $Q' = 1200C, Q'' = 600C$

Após esse evento, os capacitores são ligados com sinais opostos, ou seja, a placa positiva de um estará ligada à parte negativa do outro. Pelo Princípio da Conservação das Cargas Elétricas:

$$1200C - 600C = Q_1 + Q_2$$
$$600C = 3CV$$
$$V = 200V$$

Vale lembrar que mesmo ligados com sinais opostos, estarão em paralelo, ou seja, terão o mesmo potencial.

28. Ache a ddp entre os pontos a e b no circuito abaixo.

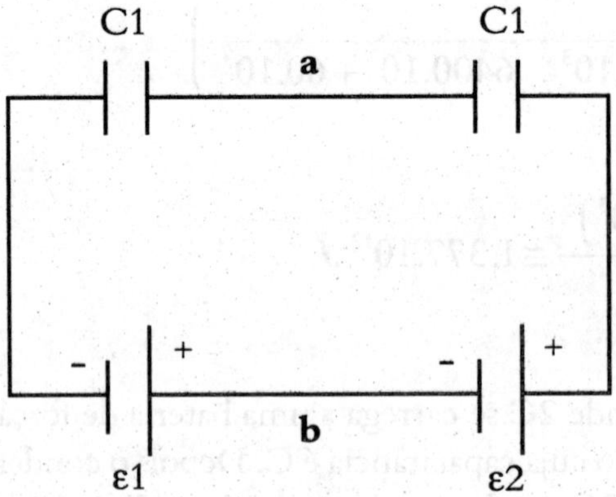

Resolução:

De acordo com a figura, temos que:

$$\frac{Q}{C_1}+\frac{Q}{C_2}=\varepsilon_1+\varepsilon_2 \rightarrow Q=\frac{\varepsilon_1+\varepsilon_2}{\frac{1}{C_1}+\frac{1}{C_2}}$$

Agora que já temos o valor da carga Q, podemos encontrar a ddp entre A e B:

$$V_A+\frac{Q}{C_2}-\varepsilon_2=V_A$$

$$V_A-V_B=\varepsilon_2-\frac{\varepsilon_1+\varepsilon_2}{C_2\left(\frac{1}{C_1}+\frac{1}{C_2}\right)}=\frac{\varepsilon_2.C_2-\varepsilon_1 C_1}{C_1+C_2}$$

29. Um condensador de capacidade C_0 = 20 μF se carrega até a ddp V_0 = 400V e se conecta a outro condensador cuja capacidade C = 1 μF, o qual se carrega; esse condensador se conecta e pelo mesmo procedimento se carrega um segundo capacitor de mesma capacidade C = 1 μF, depois um terceiro e assim sucessivamente. Em seguida, os condensadores de capacidade 1 μF são ligados em série. Que diferença de potencial máximo se pode conseguir deste modo?

Resolução:

No início, temos a ligação de um capacitor de carga $Q=20.400=8000\mu F$ com um capacitor de 1 μF descarregado. Pelo Princípio da Conservação das Cargas Elétricas:

8000 = Q_1 + Q_2. Como ambos estão submetidos ao mesmo potencial:

$$\frac{Q_1}{20}=\frac{Q_2}{1}.$$

Assim, sendo Q_2 a carga do capacitor de 1 μF, teremos: $Q_2=\frac{8000}{21}\mu C$.

Em seguida, ligamos esse capacitor de 1 μF com carga Q_2 a outro capacitor de 1μF descarregado. De forma análoga:

$$\frac{q}{1}=\frac{q'}{1}$$

$$\frac{8000}{21}=q+q'\rightarrow q=q'=\frac{8000}{21.2}\mu C$$

Na **n-ésima** situação,

$$Q_S=Q_F=\frac{8000}{21}.\frac{1}{2^{n-1}}\mu C$$

$$V=\frac{Q}{C}=\frac{\frac{8000}{21}.\frac{1}{2^{n-1}}.10^{-6}}{1.10^{-6}}=\frac{8000}{21}.\frac{1}{2^{n-1}}$$

Como queremos a ddp máxima que podemos conseguir:

$$V_{SÉRIE}=V_1+V_2+...=\frac{8000}{21}\left(\frac{1}{2}+\frac{1}{4}+...+\frac{1}{2^{n-1}}\right),n\rightarrow\infty$$

$$V_{SÉRIE}=\frac{8000}{21}.\frac{\frac{1}{2}}{1-\frac{1}{2}}=\frac{8000}{21}V$$

30. No circuito abaixo, determine a ddp entre cada condensador, bem como a carga de cada um. Dados: ε_1 = 20V, ε_2 = 10V, C_1 = 1μF, C_2 = 2 μF.

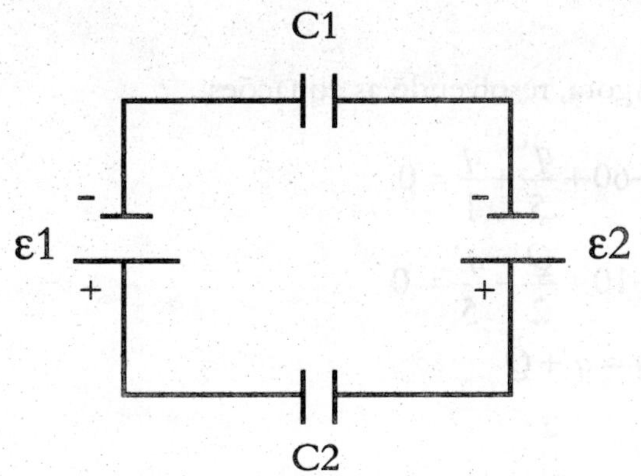

Resolução:

$$V_A + 20 - \frac{Q}{2.10^{-6}} - 10 - \frac{Q}{1.10^{-6}} = V_A$$

$$10 = \frac{3Q}{2.10^{-6}}$$

$$Q = \frac{20}{3}\mu C$$

$$V_1 = \frac{\frac{20}{3}.10^{-6}}{1.10^{-6}} = \frac{20}{3}V$$

$$V_2 = \frac{\frac{20}{3}.10^{-6}}{2.10^{-6}} = \frac{10}{3}V$$

31. Encontre a diferença de potencial ($V_B - V_A$) do circuito:

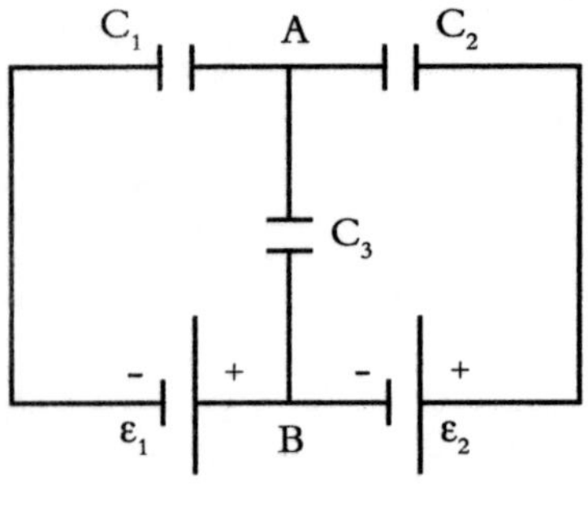

$$\varepsilon_1 = 60V$$
$$\varepsilon_2 = 10V$$
$$C_1 = 1\mu F$$
$$C_2 = 2\mu F$$
$$C_3 = 5\mu F$$

Resolução 1:
Pela Lei das Malhas:

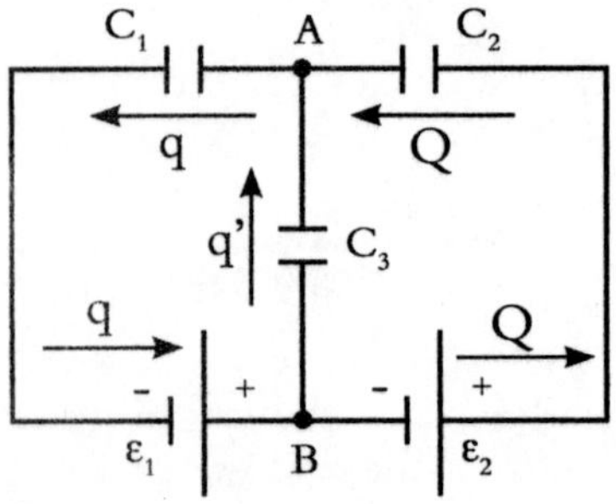

Agora, resolvendo as equações:

$$-60 + \frac{q'}{5} + \frac{q}{1} = 0$$
$$-10 + \frac{Q}{2} - \frac{q'}{5} = 0$$
$$q = q' + Q$$

$$q' = 25\mu C \rightarrow q = 55\mu C \rightarrow Q = 30\mu C$$

Logo,

$$V_B - V_A = \frac{q'}{C_3} = \frac{25}{5} = 5V$$

Resolução 2:

Poderíamos também resolver a questão usando o *Teorema de Thévenin*:

Passo 1 – Cortamos nos pontos A e B, então, a capacitância equivalente será de dois capacitores em paralelo: $Ceq = C_1 + C_2 = 3\mu F$.

Passo 2 –

$$C_1U_1 = C_2U_2 \rightarrow U_1 = 2U_2$$
$$U_1 + U_2 = 70$$
$$U_1 = \frac{140}{3}V, U_2 = \frac{70}{3}V$$
$$V_A - \frac{140}{3} + 60 = V_B \rightarrow V_B - V_A = \frac{40}{3}V = \varepsilon_{Th}$$

O circuito ficará parecido com:

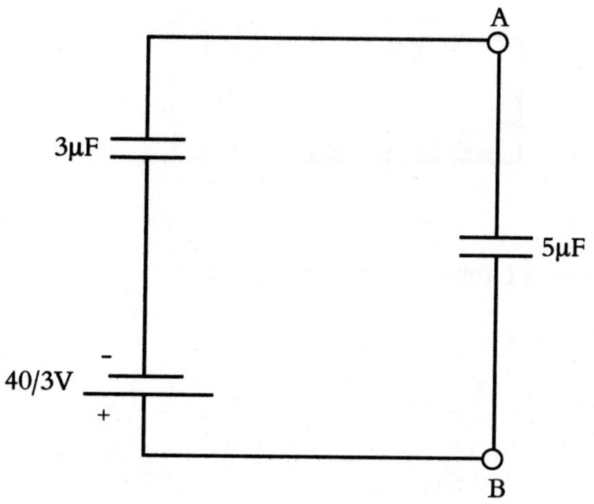

Assim,

$$V_A + \frac{Q}{5.10^{-6}} - \frac{40}{3} + \frac{Q}{3.10^{-6}} = V_A$$
$$Q = 25\mu C$$

$$V_A + \frac{25.10^{-6}}{5.10^{-6}} = V_B$$
$$V_B - V_A = 5V$$

32. Determine os potenciais nos pontos 1, 2 e 3 do circuito, supondo que o potencial do ponto 4 é zero.

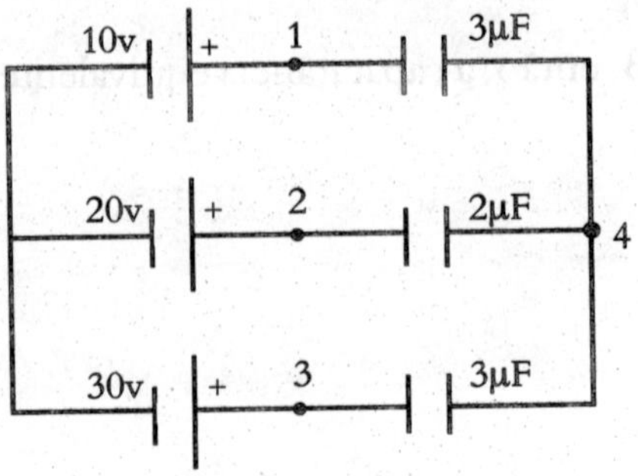

Resolução:
Pela Lei das Malhas:

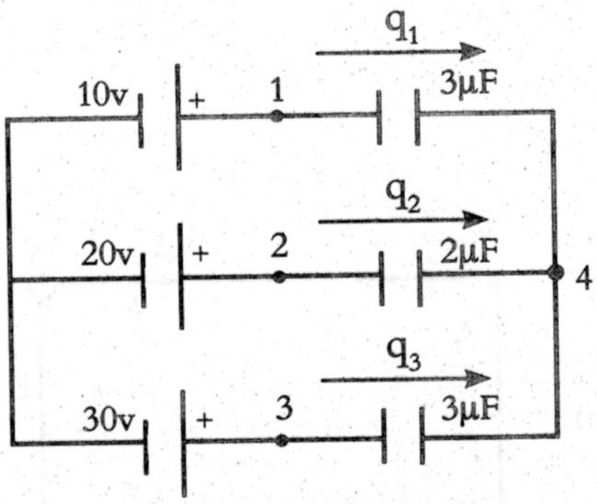

Assim, encontraremos três equações e teremos três incógnitas:

$$\begin{cases} -10+\dfrac{q_1}{3}+\dfrac{q_2}{2}+20=0 \\ \dfrac{q_2}{2}+20-30+\dfrac{q_3}{3}=0 \\ q_1+q_3=q_2 \end{cases}$$

Resolvendo, acharemos: $q_1=-30\mu C, q_2=0\mu C, q_3=30\mu C$

Dividindo o valor encontrado pela capacitância de cada um iremos encontrar a diferença de potencial entre eles. Como o ponto 4 tem potencial zero, a ddp encontrada em cada caso será o respectivo potencial dos pontos 1, 2 e 3.

$$V_1=-10V, V_2=0V, V_3=10V$$

Resolução 2:
Sendo o ponto B, o ponto da extremidade esquerda do circuito, temos:

$$V_B = \frac{Q_1}{3.10^{-6}} - 10 \rightarrow Q_1 = 3.10^{-6}(V_B + 10)$$

$$V_B = \frac{Q_2}{2.10^{-6}} - 20 \rightarrow Q_2 = 2.10^{-6}(V_B + 20)$$

$$V_B = \frac{Q_3}{3.10^{-6}} - 30 \rightarrow Q_3 = 3.10^{-6}(V_B + 30)$$

No início, a carga total no circuito era zero, então, pelo Princípio da Conservação das Cargas Elétricas:

$$Q_1 + Q_2 + Q_3 = 0$$
$$8.10^{-6}.V_B = -160.10^{-6}$$
$$V_B = -20V$$

Assim, os potenciais nos pontos 1, 2 e 3, respectivamente, serão:

$$V_B + 10 = -10V$$
$$V_B + 20 = 0V$$
$$V_B + 30 = +10V$$

33. (Física Fenomenológica - UFC) Encontre a capacitância equivalente do circuito.

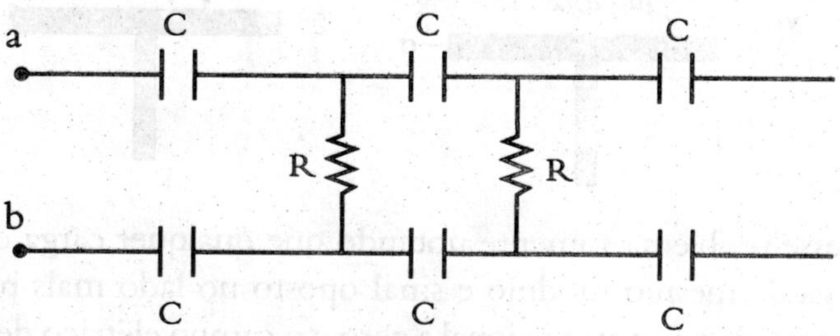

Resolução:
Levando em consideração a característica condutora do resistor, ou seja, permite o fluxo de elétrons através dele, podemos considerar sua permissividade tendendo ao infinito. Assim, a capacitância do resistor tenderá ao infinito.

Note que no lado esquerdo da figura temos dois capacitores que não estão funcionando (em aberto). Dessa forma, teremos dois capacitores e um resistor em série, a resultante entre eles estará em paralelo com uma resistência R e novamente teremos um circuito em série.

- $\dfrac{1}{Ceq} = \dfrac{1}{C} + \dfrac{1}{C} + \dfrac{1}{\infty} \rightarrow Ceq = \dfrac{C}{2}$

- $\dfrac{C}{2} + \infty = \infty$

- $$\frac{1}{Ceqtotal} = \frac{1}{C} + \frac{1}{C} + \frac{1}{\infty} \to Ceqtotal = \frac{C}{2}$$

34. (Resnick) Considere um capacitor de placas paralelas de área A e distância d entre as placas. Uma chapa metálica de espessura a é inserida no meio da distância entre as placas do capacitor.

a) Encontre a capacitância equivalente do dispositivo.
b) Mostre que a capacitância do capacitor original não é alterada se a chapa metálica tiver uma espessura infinitesimal.
c) O que acontece se a chapa não estiver no meio entre as placas do capacitor?

Resolução:

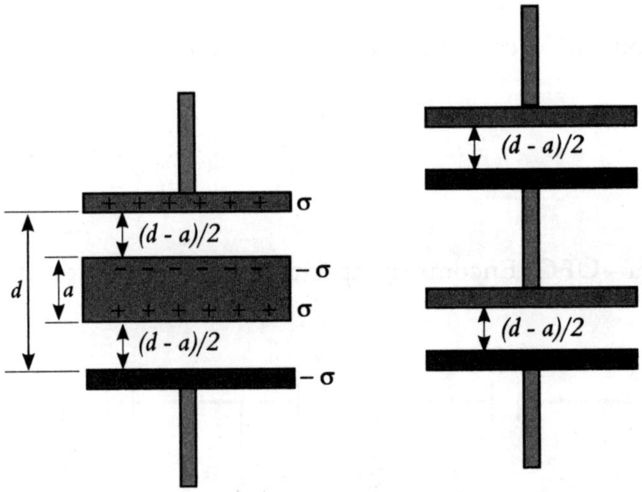

a) Nós podemos resolver esse problema somente notando que qualquer carga que apareça em alguma das placas irá induzir uma carga de mesmo módulo e sinal oposto no lado mais próximo da chapa metálica. Consequentemente, a carga na chapa continua igual a zero e o campo elétrico dentro da chapa também será igual a zero. Assim, teremos dois capacitores em série, como mostra a figura abaixo:

Assim, a capacitância equivalente será: $\frac{1}{C} = \frac{1}{\frac{\varepsilon_0 A}{\frac{d-a}{2}}} + \frac{1}{\frac{\varepsilon_0 A}{\frac{d-a}{2}}} \to C = \frac{\varepsilon_0 A}{d-a}$
S

b) $C = \lim_{a \to 0} \frac{\varepsilon_0 A}{d-a} = \frac{\varepsilon_0 A}{d}$

c) Vamos imaginar que a chapa é deslocada para cima tal que a distância entre a placa superior e a chapa é b. Então, a distância entre a placa inferior e a chapa é d - b - a. Calculando a capacitância equivalente (em série):

$$\frac{1}{C}=\frac{1}{\frac{\varepsilon_0 A}{b}}+\frac{1}{\frac{\varepsilon_0 A}{d-b-a}}$$

$$C=\frac{\varepsilon_0 A}{d-a}$$

Note que a capacitância não depende de b, ou seja, poderíamos ter colocado a chapa em outro local que continuaríamos tendo a mesma capacitância equivalente.

Exercícios de Fixação – Nível II

1. Uma nuvem eletrizada, cuja base tem área de $36\pi.10^3\ m^2$, encontra-se a 100 m de altura acima de uma planície. O campo elétrico entre a nuvem e a Terra atinge a intensidade de 8.10^6 V/m e a nuvem descarrega-se mediante um raio. Que massa de gelo a 0°C seria possível derreter, se toda a energia liberada pelo raio fosse usada para esse fim? O calor latente de fusão do gelo é $3{,}2.10^5$ J/kg e $k_0 = 9.10^9\ N.m^2/C^2$.

2. Um capacitor de 1 μF, ligado a uma ddp de 200V e outro de 2μF, ligado a uma ddp de 400V são ligados entre si em paralelo, sendo a placa positiva de cada um deles ligada à placa positiva do outro. Determine a ddp e a carga de cada capacitor, bem como a perda de energia ocorrida. Resolva o problema para o caso em que a placa positiva de um é ligada à placa negativa do outro.

3. As armaduras de um capacitor plano paralelo que tem ar entre suas placas são atraídas com uma força F. Mostrar que, substituindo o ar por diversos dielétricos e sendo $C_1, C_2, ..., C_n$ as novas capacitâncias e $F_1, F_2, ..., F_n$ as novas forças entre as armaduras, temos $C_1F_1 = C_2F_2 = ... = C_nF_n$.

4. (Ciaba/2000) No circuito abaixo, os valores de carga e da ddp no capacitor valem, respectivamente:

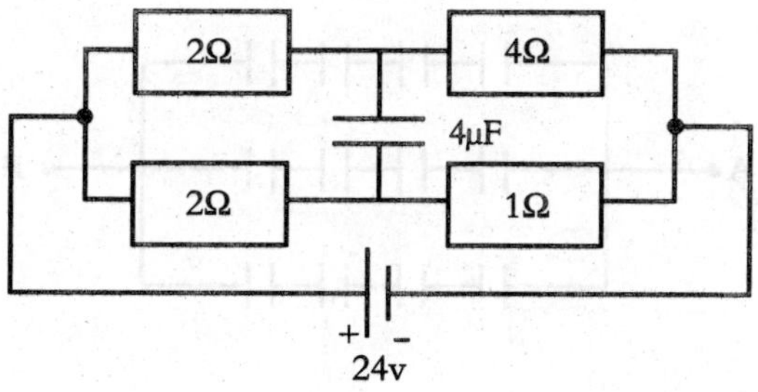

a) 12μC,3V b) 32μC,8V c) 24μC,6V d) 20μC,3V e) 9μC,6V

5. Um capacitor de ar de capacitância C_0 é enchido de um dielétrico de permissividade ε. Que capacitância deve ter o condensador que devemos conectar em série com o citado capacitor, a fim de que o sistema formado volte a ter capacitância C_0?

6. Seja um capacitor de placas planas e paralelas, tal que C seja sua capacitância, A é a área de suas placas e d a distância entre elas. Esse capacitor é associado em paralelo com uma infinidade de outros capacitores, também de placas planas e paralelas e contendo o mesmo meio dielétrico entre elas que o primeiro. As dimensões desses capacitores estão relacionadas com as do primeiro de acordo com a regra: $A_1 = \frac{A}{3}, d_1 = \frac{d}{2}; A_2 = \frac{A}{9}, d_2 = \frac{d}{4}; ...; A_n = \frac{A}{3^n}, d_n = \frac{d}{2^n}; ...$ Determine a razão entre a capacitância equivalente e C:

a) 1,2 b) 1,5 c) 2,0 d) 3,0 e) 6,0

7. Encontre a capacitância equivalente entre os pontos extremos do circuito:

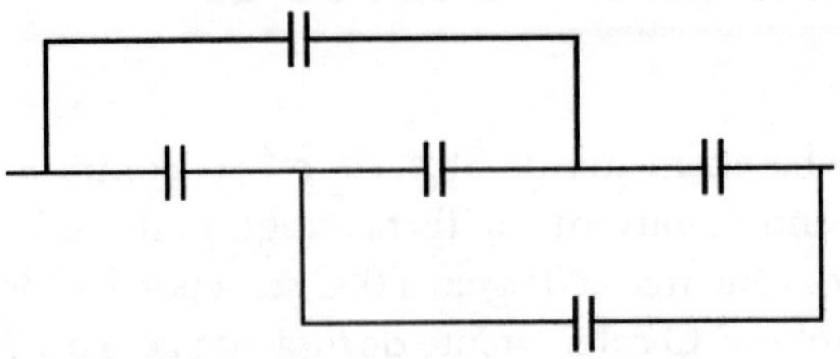

8. (Saraeva) Encontre a capacitância equivalente entre os pontos A e B:

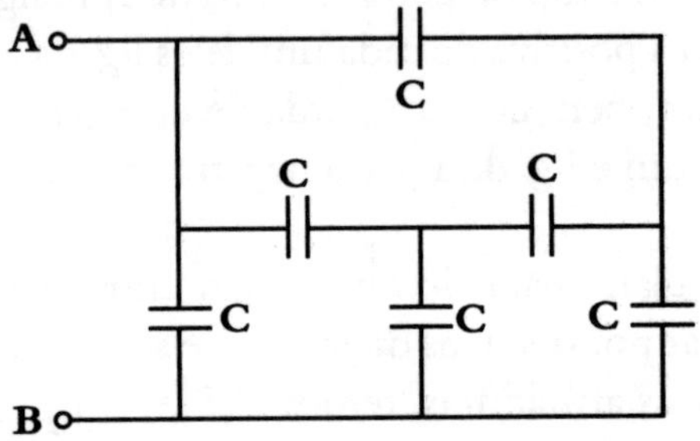

9. No esquema da figura, a ddp entre os pontos A e B é de 500V. Todos os capacitores têm 0,4μF. Calcule:

a) a capacitância equivalente.
b) a energia armazenada no sistema.

10. No circuito da figura em que:

$C_1 = C_2 = C_3 = 1{,}0\ \mu F$, o capacitor C_1 é carregado com potencial $V_0 = 3{,}0V$ pela bateria. Após um período de tempo suficientemente longo para que a carga C_1 se complete, a chave é passada da posição 1 para a posição 2. Determine:

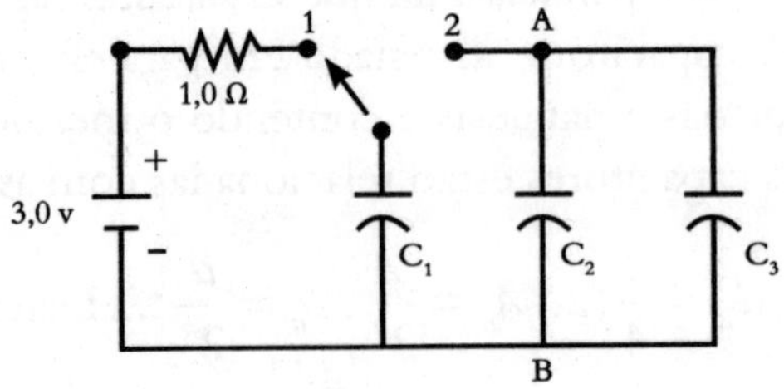

a) a ddp entre os pontos A e B, com a chave na posição 2.
b) a energia armazenada em C_1 quando a chave estava na posição 1.
c) a energia armazenada no sistema de capacitores com a chave na posição 2.

11. Calcule a capacitância equivalente entre os pontos A e B, sabendo que todos os capacitores têm capacitância de 150 μF.

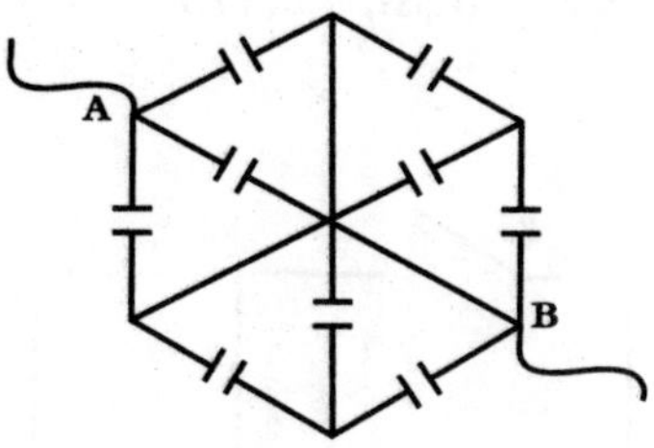

12. Calcule a capacitância equivalente A e C

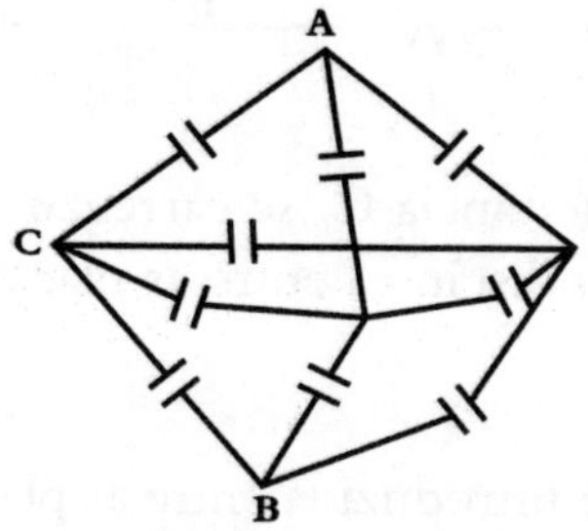

13. Considere a associação a seguir, composta de infinitos capacitores. Cada um deles tem capacitância C. Mostre que a capacitância equivalente entre os terminais A e B é

$$\left(\frac{1+\sqrt{5}}{2}\right)C.$$

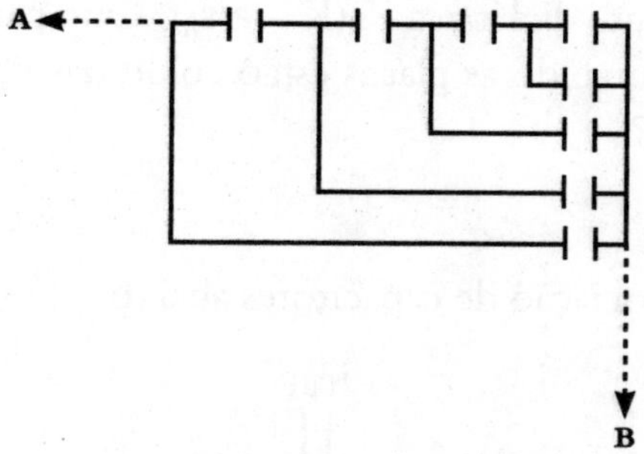

14. Determine a capacitância de um circuito ilimitado formado por uma sucessão de capacitores idênticos de capacidade C.

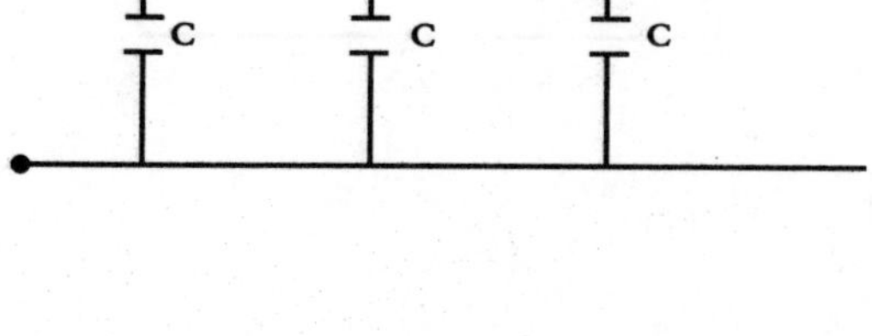

15. No circuito, carrega-se o condensador C com uma diferença de potencial E, estando a chave K aberta. Em seguida, afasta-se a bateria e liga-se K. Depois de estabelecido o equilíbrio no circuito, verifica-se que 50% de energia armazenada em C foi dissipada em R. Encontre a ddp nos terminais dos condensadores.

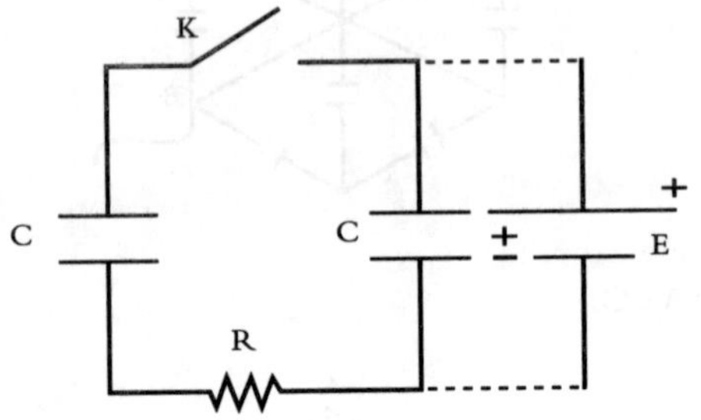

16. Dois capacitores planos de igual capacitância C_0 se carregam até uma ddp V_0 e se unem. Em um dos dois capacitores se aumenta 3 vezes a distância entre as placas. Ache as cargas dos capacitores e a ddp entre eles.

17. Uma placa dielétrica de espessura b é introduzida entre as placas de um capacitor plano, as quais estão separadas pela distância d. Mostre que a capacitância é dada por:

$$C = \frac{K.E_0.A}{kd - b(k-1)}$$

18. Um capacitor plano de ar, cujas placas estão colocadas horizontalmente, é preenchido até a metade com um dielétrico líquido de constante dielétrica K ($K = \varepsilon/\varepsilon_0$). Que parte do capacitor tem que ser preenchida com o mesmo dielétrico quando as placas estão colocadas verticalmente, para que em ambos os casos a capacidade seja a mesma?

19. Obtenha o equivalente Y da associação de capacitores abaixo:

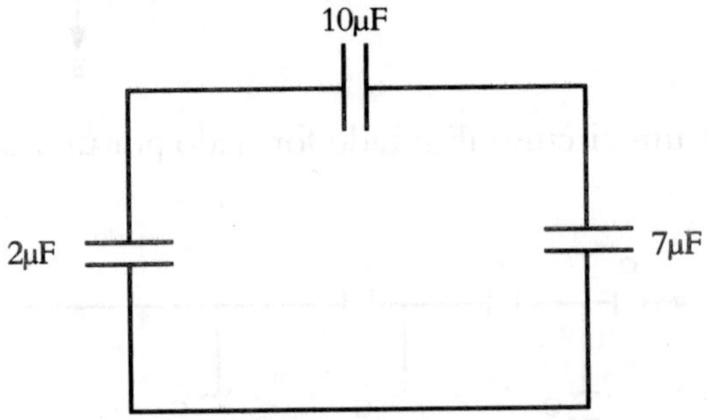

20. Obtenha o equivalente Δ da associação

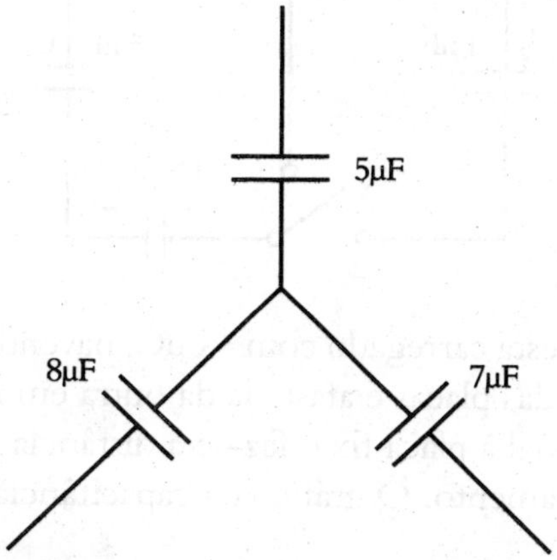

21. Em uma das placas de um condensador plano de capacitância C tem uma carga +Q e na outra, uma carga +4Q. Ache a ddp entre as placas do condensador.

22. Um capacitor de ar de capacitância C0 é enchido de um dielétrico de permissividade ε. Que capacitância deve ter o condensador que devemos conectar em paralelo com o citado capacitor, a fim de que o sistema formado volte a ter capacitância C0?

23. A um capacitor de capacitância $C_1 = 1{,}0\mu F$ carregado a uma tensão de 110V, é ligado em paralelo um sistema formado por dois condensadores não carregados e unidos em série cujas capacitâncias são $C_2 = 2{,}0\mu F$ e $C_3 = 3{,}0\mu F$. Que carga circula pelos condutores de ligação?

24. Calcule o valor das cargas circulares, depois de a chave K haver sido fechada através das seções 1 e 2 nos sentidos marcados pelas flechas? Dados: ε = 10V; C1 = 1μF; C2 = 4μF.

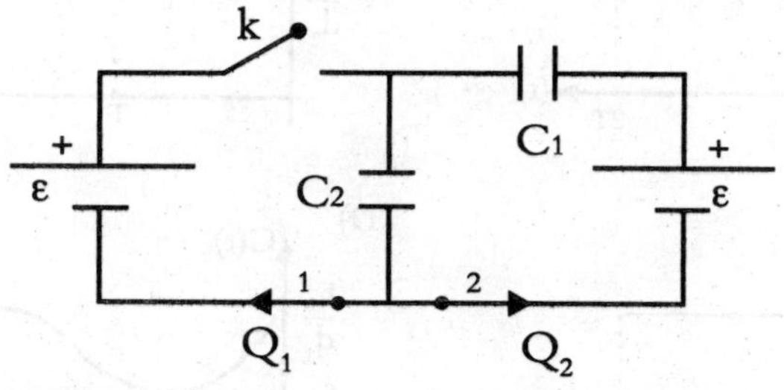

25. Vários capacitores idênticos foram conectados em paralelo submetidos a uma ddp V_0. Em seguida, foram reconectados em série, mantendo, no entanto, a mesma ddp cada um, através de um dispositivo apropriado para executar tal modificação. Determine a razão entre a energia armazenada pelo sistema em paralelo e a energia armazenada pelo sistema em série. Considere n o número de capacitores.

26. No circuito esquematizado, o gerador mantém entre seus terminais uma tensão invariável de 6V. Inicialmente, os condensadores estão descarregados e a chave S está aberta. Leva-se a chave para a posição 1 e aguarda-se o equilíbrio elétrico; então, leva-se a chave para a posição 2. Atingido o equilíbrio após essa operação, qual é a carga elétrica em C_2?

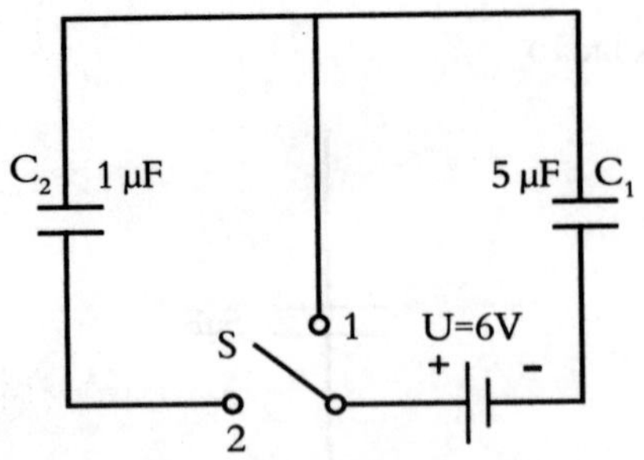

27. Um capacitor de placas paralelas está carregado com +1 μC, havendo entre as placas uma distância de d_1 metros. Em certo instante, uma das placas é afastada da outra em movimento uniforme, e mantendo-a paralela e em projeção ortogonal à placa fixa, faz-se a distância entre elas variar conforme o gráfico abaixo, sendo d_2 o máximo afastamento. O gráfico da capacitância C(t) do capacitor, entre 0 e 2T segundos é:

Dados: A = Área da placa.

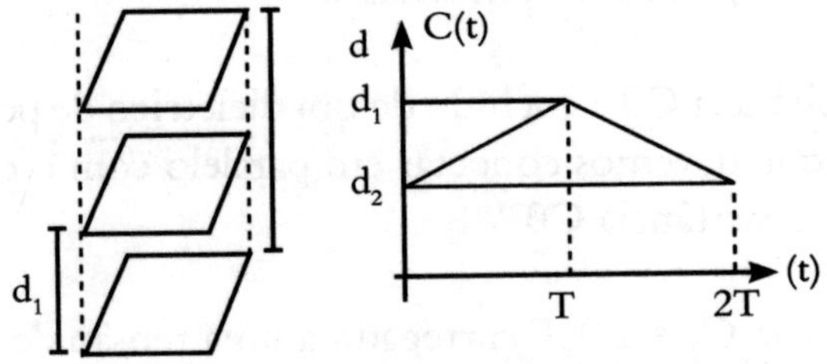

A)

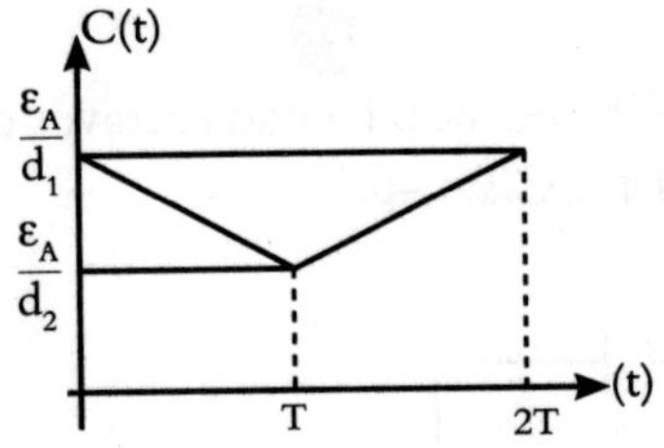

B)

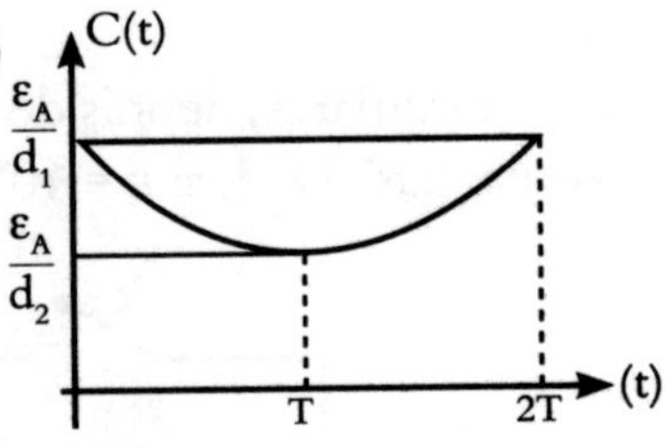

C)

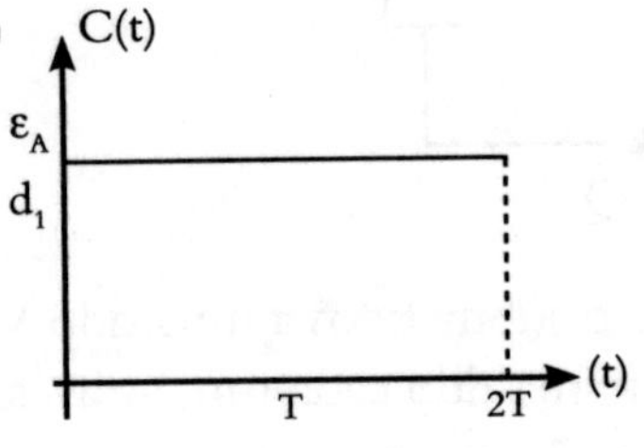

D)

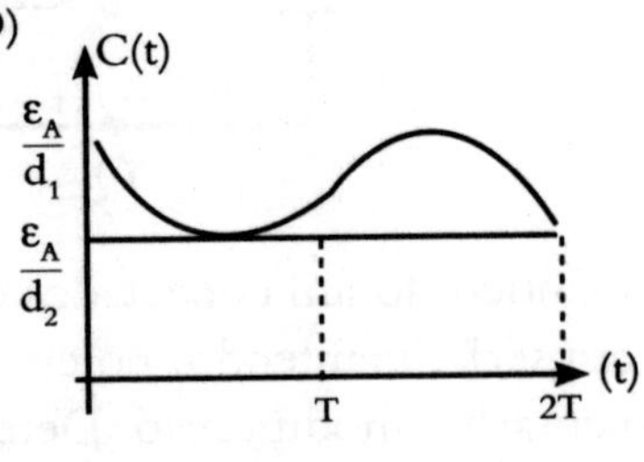

E) n.r.a

28. Considere um capacitor com um dielétrico misto. Qual é a capacitância do capacitor?

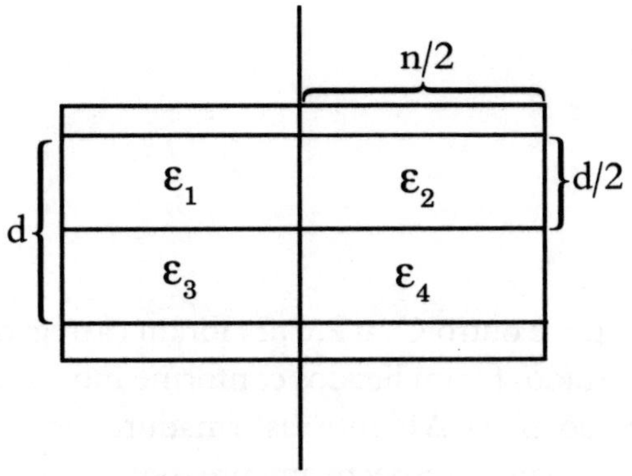

29. O trecho de circuitos abaixo é composto de idênticos capacitores. Em que terminal deve-se conectar uma bateria a fim de que todos os capacitores armazenem carga.

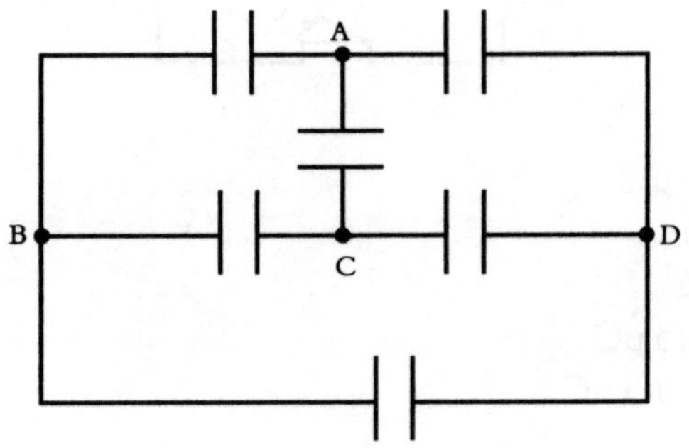

a) Entre os pontos A e B.
b) Entre os pontos A e C.
c) Entre os pontos B e D.
d) Em nenhuma opção acima.

30. Um capacitor consiste de duas placas metálicas de área A separadas por uma distância d. Uma placa dielétrica de área A, espessura b e constante dielétrica k é localizada dentro do capacitor. Sejam C a capacitância do capacitor vazio e C_k a capacitância com o dielétrico, determine k em função de b e d, de tal forma que $C_k = 2C$.

a) $k = \dfrac{4b}{2b - d}$

b) $k = \dfrac{3b}{2b - d}$

c) $k = \dfrac{4b}{4b-d}$

d) $k = \dfrac{2b}{2b-d}$

31. Dois capacitores, um $C_1 \cong 1{,}0\ \mu F$ e outro $C_2 \cong 2{,}0\ \mu F$, foram carregados a uma tensão de 50V. Logo em seguida, esses capacitores carregados foram ligados conforme mostra a figura. O sistema atingirá o equilíbrio a uma nova diferença de potencial ΔV entre as armaduras dos capacitores, Q_1 a carga no capacitor C_1 e Q_2 a carga no capacitor C_2, dados, respectivamente, por:

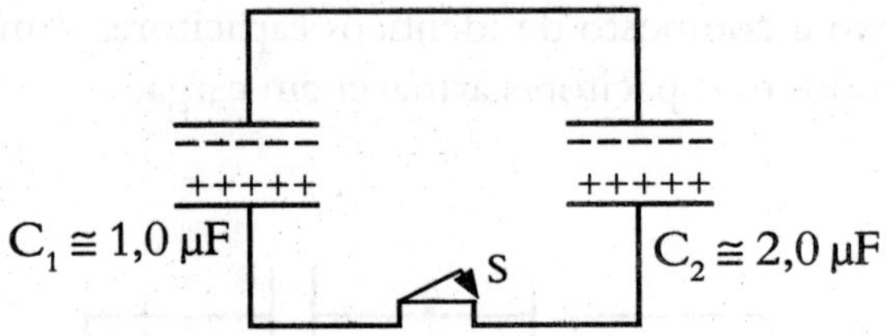

a) 0 V, Q_1 = 50/3 μC, Q_2 = 100/3 μC
b) 0 V, Q_1 = 50 μC, Q_2 = 100 μC
c) 50 V, Q_1 = 50 μC, Q_2 = 100 μC
d) 50 V, Q_1 = 50/3 μC, Q_2 = 100/3 μC
e) 50/3 V, Q_1 = 50/3 μC, Q_2 = 100/3 μC

32. Considere as duas redes mostradas nas figuras 1 e 2 abaixo.

Figura 1:

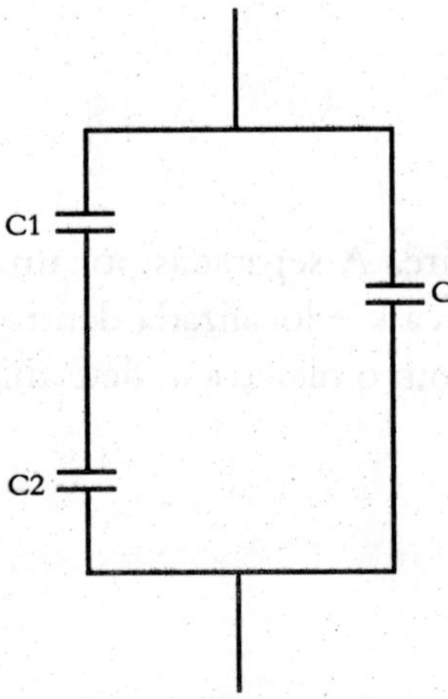

Figura 2:

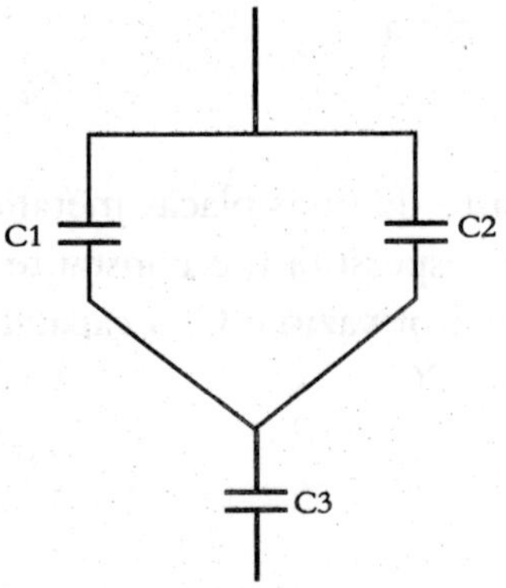

Se C_1 e C_2 são iguais e fixas é sempre possível escolher um C_3 de modo que ambas as redes tenham a mesma capacitância equivalente? Em caso afirmativo, determine o valor de C_3 em termos de C ($C_1 = C_2 = C$).

33. (Tipler) Você faz parte de uma equipe de pesquisa em engenharia que está projetando um laser pulsado de nitrogênio. Para criar as altas densidades de energia necessárias para operar esse tipo de laser, é usada a descarga elétrica de um capacitor de alta tensão. Tipicamente a energia necessária por pulso (isto é, por descarga) é 100J. Estime o valor da capacitância necessária se a descarga deve criar uma faísca através de um espaçamento de aproximadamente 1,0 cm. Considere que o valor da tensão de ruptura dielétrica do nitrogênio é o mesmo que o do ar normal.

34. (Tipler) Estime o valor da capacitância da garrafa de Leyden mostrada na figura abaixo. A figura do homem tem um décimo da altura média de um homem.

35. (Tipler) Duas esferas condutoras isoladas de raios iguais R têm cargas +Q e –Q, respectivamente. Os centros das esferas estão separados por uma distância d, que é grande comparada ao raio delas. Estime o valor da capacitância desse capacitor não usual.

36. Uma esfera metálica sólida tem raio de 10,0 cm e uma casca metálica esférica concêntrica tem um raio interno de 10,5 cm. A esfera sólida tem uma carga de 5,00nC.

a) Estime o valor da energia armazenada no campo elétrico na região entre as esferas. Podemos tratar as esferas essencialmente como lâminas planas e paralelas separadas por 0,5 cm.
b) Estime o valor da capacitância desse sistema de duas esferas.
c) Estime o valor da energia total armazenada no campo elétrico usando a equação $U = Q^2/2C$ e compare com a resposta do item a.

37. (Tipler) Você e seu grupo de laboratório receberam um projeto de seu professor de engenharia elétrica. Seu grupo deve projetar uma rede de capacitores que tem uma capacitância equivalente de 2,00μF e uma tensão de ruptura de 400V. A restrição é que seu grupo deve usar apenas capacitores de 2,00μF que têm valores idênticos de tensão de ruptura de 100V. Faça um diagrama da combinação.

38. Considere a Terra como uma esfera condutora. Qual é sua auto capacitância?

39. Um capacitor de 100pF e um capacitor de 400pF são, ambos, carregados a 2,00kV. Eles são, então, desconectados da fonte de tensão e conectados juntos, placa positiva à placa negativa e placa negativa à placa positiva.

a) Determine a diferença de potencial resultante em cada capacitor.
b) Determine a energia dissipada quando as conexões são feitas.

40. Dois capacitores, um com capacitância 4,00μF e o outro com capacitância de 12,0μF, são, primeiramente, descarregados e, então, conectados em série. A seguir, a combinação em série é conectada aos terminais de uma bateria de 12,0V. Depois, eles são cuidadosamente desconectados de maneira que permaneçam carregados, e, então, conectados um ao outro novamente (placa positiva à placa positiva e negativa à negativa).

a) Determine a ddp em cada capacitor depois que eles foram conectados novamente.
b) Determine a energia armazenada nos capacitores antes de eles terem sido desconectados da bateria e determine a energia armazenada depois de eles terem sido conectados novamente.

41. Um capacitor de 20pF é carregado a 3,0kV e, então, removido da bateria e conectado a um capacitor de 50pF descarregado.

a) Qual é a nova carga em cada capacitor.
b) Determine a energia armazenada no capacitor de 20pF antes de ele ser desconectado da bateria e a energia armazenada nos dois capacitores depois de eles terem sido conectados um ao outro. A energia armazenada aumenta ou diminui quando os dois capacitores são conectados um ao outro?

42. Um capacitor de placas paralelas tem placas separadas por uma distância d. A capacitância desse capacitor é C_0 quando não há dielétrico no espaçamento entre as placas. Entretanto, o espaçamento está completamente preenchido por dois dielétricos diferentes. Um dos dielétricos tem espessura d/4 e constante dielétrica k_1 e o outro tem espessura 3d/4 e constante dielétrica k_2. Determine a capacitância deste capacitor.

43. Dois capacitores têm, ambos, duas placas condutoras com área de superfície A e a espessura da camada de ar é igual a d. Eles são conectados em paralelo, como mostra a figura, e cada um tem carga Q na placa carregada positivamente. Uma lâmina que tem largura d, área A e constante dielétrica k, é inserida entre as placas de um dos capacitores. Calcule a nova carga Q' na placa carregada positivamente deste capacitor depois que o equilíbrio eletrostático foi restabelecido.

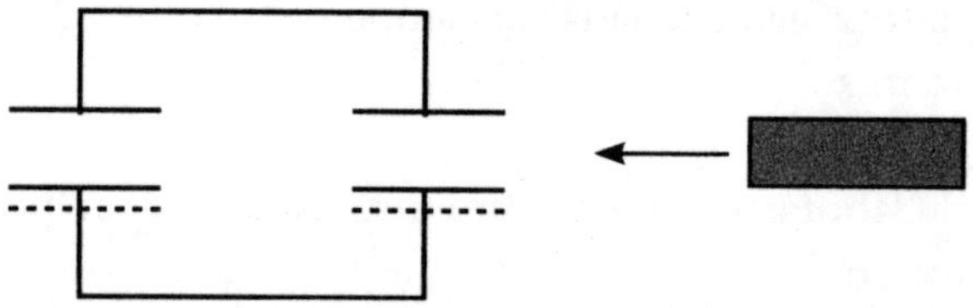

44. (Veja questão 25 – Nível III) O espaço entre as placas de um capacitor que está conectado aos terminais de uma bateria é preenchido com um material dielétrico. Determine a constante dielétrica do material se a carga ligada induzida por unidade de área nele é 80% da carga livre por unidade de área das placas.

45. As placas de um capacitor de placas paralelas são separadas por uma distância d_0 e cada placa tem área A. Uma lâmina metálica de espessura d e área A é inserida entre as placas de maneira tal que a lâmina é paralela às placas do capacitor.

a) Mostre que a nova capacitância é dada por: $\dfrac{\varepsilon_0 A}{d_0 - d}$, independentemente da distância entre a lâmina metálica e a placa carregada positivamente.

b) Mostre que esse arranjo pode ser modelado como um capacitor que tem separação entre as placas a em série com um capacitor cuja separação entre as placas é b, onde $a+b+d=d_0$.

46. (ITA – Modificada) O circuito elétrico mostrado na figura é constituído por dois geradores ideais, com 45V de força eletromotriz, cada um; dois capacitores de capacitâncias iguais a 2μF; duas chaves S e T e sete resistores, cujas resistências estão indicadas na figura. Considere que as chaves S e T se encontram inicialmente fechadas e que o circuito está em regime estacionário.

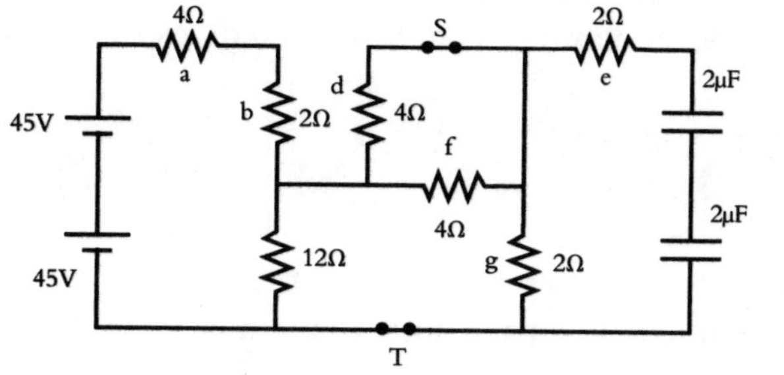

Assinale a opção correta:

a) A corrente através do resistor d é 7,5 A.
b) A ddp em cada capacitor é de 15V.
c) Imediatamente após a abertura da chave T, a corrente através do resistor g é 3,75 A.
d) A corrente através do resistor e, imediatamente após a abertura simultânea das chaves S e T, é de 1,0 A.

47. Considere o circuito constituído por um gerador, um resistor ôhmico e três capacitores, como mostra o esquema a seguir.

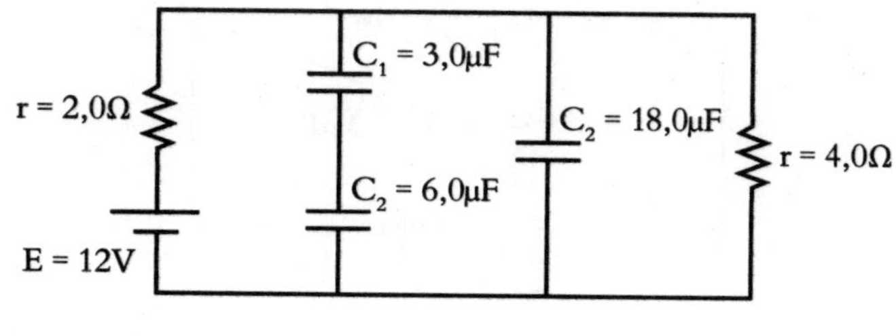

De acordo com o esquema e os valores nele indicados, analise as afirmações que seguem.

a) A capacidade do capacitor equivalente à associação de capacitores representada no esquema vale 6,0μF
b) A carga elétrica armazenada no capacitor C_2 é o dobro da armazenada em C_1.
c) A energia potencial elétrica armazenada em C_3 vale $5{,}76 \cdot 10^{-4}$ J.
d) A ddp nos terminais do capacitor C_1 vale 16/3 V.
e) A potência elétrica total dissipada no circuito vale 24W.

48. (Luís Eduardo Háteras) Suponha que seja possível colocar um bloco de cobre com espessura **b** e área **A/4** entre as placas de um capacitor de placas paralelas. A área das placas é **A** e a distância entre elas é **d**. O bloco foi colocado na vertical e está situado sobre a linha de simetria das placas. Sabendo que esse bloco tem comprimento muito próximo de **d**, calcule a capacitância do capacitor resultante.

49. (Luís Eduardo Háteras) Sabendo que o capacitor da questão anterior está ligado a uma fonte de tensão de ddp igual a **U**. Calcule a razão entre a energia armazenada pelo capacitor da questão anterior com o bloco entre as placas e sem o bloco entre as placas.

50. (Exercício Resolvido – 6) Um bloco de cobre com espessura b = 2 mm é colocado entre as placas de um capacitor de placas paralelas. A área das placas é A = 2,4 cm^2 e a distância entre elas é d = 5 mm. Como mostra a figura, o bloco é colocado exatamente no centro do espaço entre as placas.

a) Qual é a capacitância após a introdução do bloco?
b) Se uma carga q = 3,4 μC é mantida nas placas, qual é a razão entre as energias armazenadas antes e depois da introdução do bloco?
c) Qual é o trabalho executado quando o bloco é introduzido?
d) O bloco é atraído ou repelido pelo espaço entre as placas?

51. (CELV) No circuito esquematizado abaixo, determine, em μC, a carga máxima armazenada no capacitor.

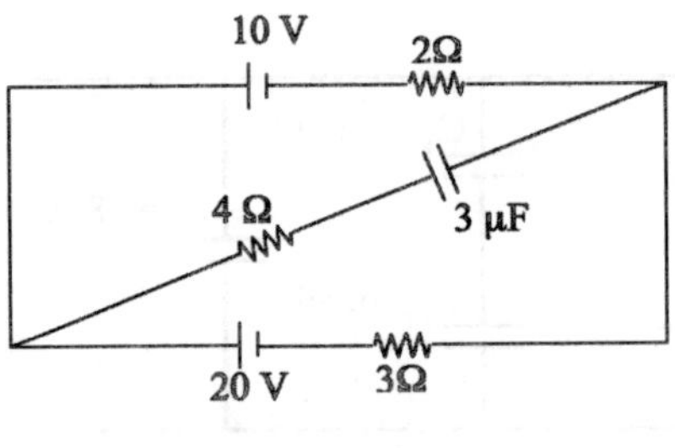

52. (Tópicos de Física) No circuito esquematizado na figura, o gerador é considerado ideal e o capacitor já está carregado:

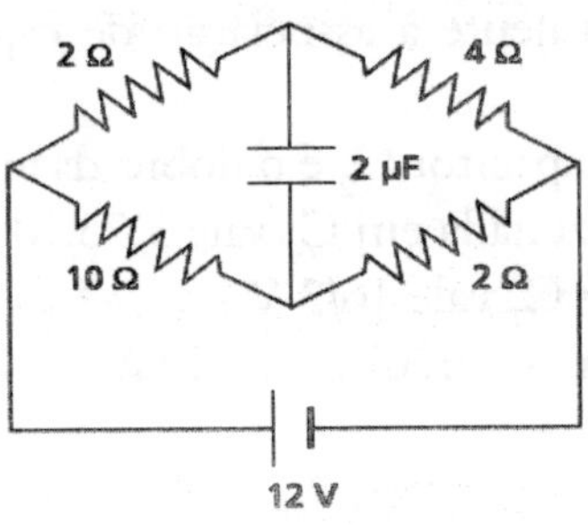

a) a carga elétrica do capacitor

b) a resistência do resistor que deveria substituir o resistor de 10 Ω para que o capacitor não se carregasse.

53. (Escola Naval – 2011) No circuito elétrico abaixo, a chave K está inicialmente ligada ao terminal (1), e o reostato Rx é ajustado em 0,50Ω para que a corrente elétrica indicada no amperímetro seja 10 A. Esse valor é igual a metade da corrente de curto-circuito do gerador de f.e.m ε_1 e resistência r_1 . Posteriormente, a chave é ligada ao terminal (2) e espera-se pela carga total dos capacitores. Verifica-se, então, que o capacitor C_1 possui carga elétrica Q_1 = 20μF. O valor absoluto da f.e.m ε_2 (em volt) do segundo gerador é :

Dados: C_1 =2,0 μF;C_2 =4,0μF;C_3 =5,0μF

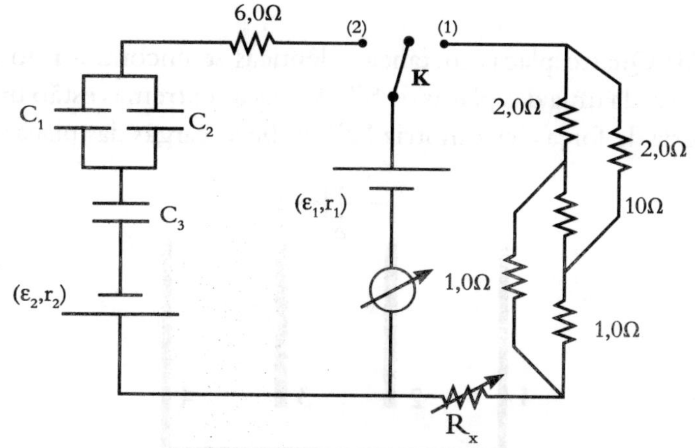

54. (**Physics for Scientists and Engineers – Serway, Jewett**) O circuito da figura abaixo está conectado durante um longo tempo. Calcule a diferença de potencial no capacitor.

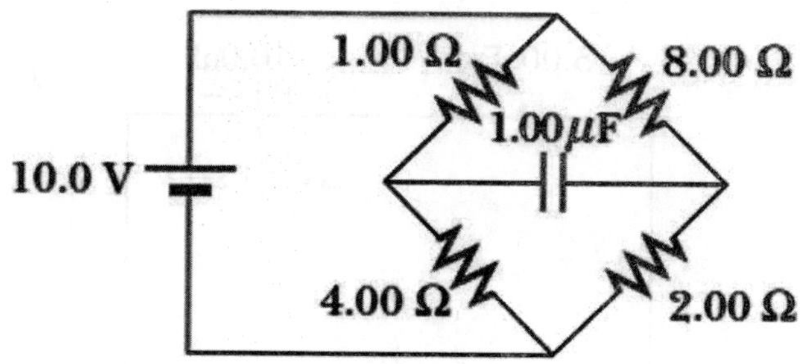

55. (**Physics for Scientists and Engineers – Serway, Jewett**) Duas grandes placas metálicas paralelas são orientadas horizontalmente e separadas por uma distância 3d. Um fio aterrado liga as placas, e, inicialmente, cada placa está descarregada. Então, uma terceira placa idêntica com carga Q é inserida entre as duas anteriores, paralelamente entre elas e localizado a uma distância d a partir da placa superior, como mostra a figura.

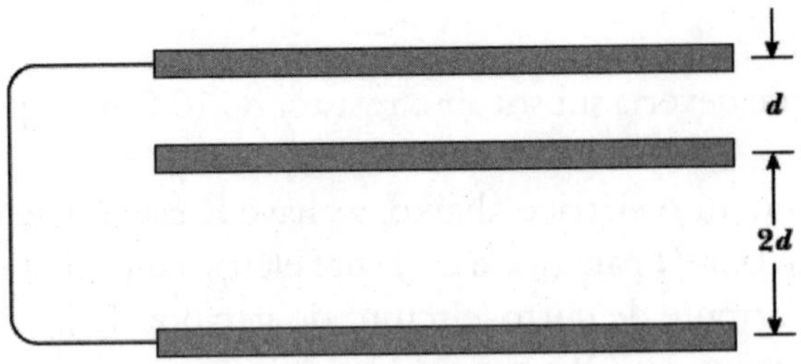

a) Qual a carga induzida em cada uma das duas placas originais?

b) Qual é a diferença de potencial que aparece entre a placa do meio e cada uma das outras placas? Dado: Cada placa tem área A.

56. (*Exercícios Resolvidos 23)* Quatro placas metálicas idênticas se encontram no ar a iguais distâncias "d" uma da outra. A área de cada uma das placas é "S". As placas extremas estão unidas entre si e as do meio, conectadas com a bateria de força eletromotriz "ε". Ache as cargas das placas do meio.

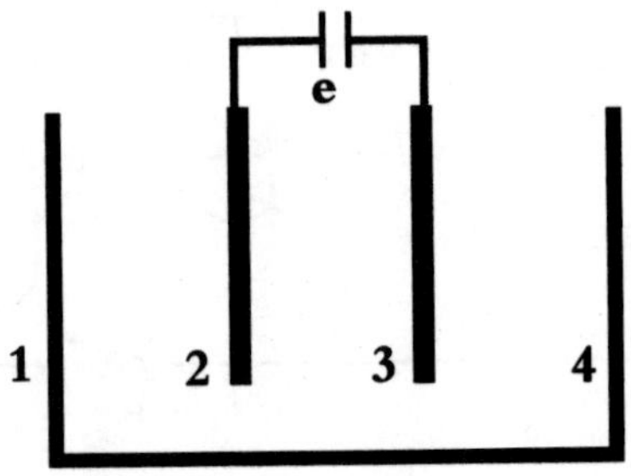

57. Um capacitor de 10μF é carregado com 15V. Em seguida, ele é conectado em série com um capacitor de 5μF descarregado. A combinação em série está ligada com uma bateria de 50V, como mostra a figura abaixo. Encontre a diferença de potencial nos capacitores.

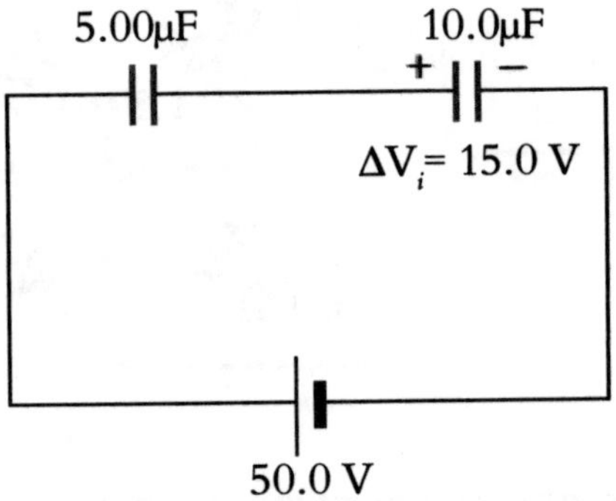

58. (Luís Eduardo Háteras) As placas metálicas da figura abaixo são iguais e se encontram no ar. A distância entre cada placa vale "d" e sua área é "S". Determine a capacitância do condensador completo.

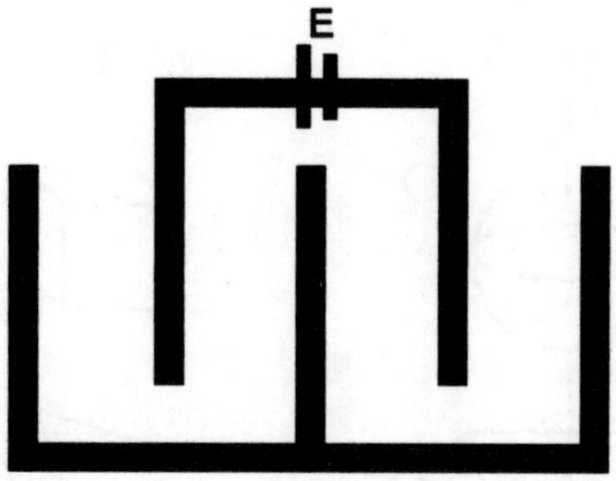

59. (ITA – 1999) Dois conjuntos de capacitores de placas planas e paralelas são construídos como mostram as montagens 1 e 2 abaixo. Considere que a área de cada placa seja igual a **A** e que as mesmas estejam igualmente espaçadas de uma distância **d**. Sendo ε_0 a permissividade elétrica do vácuo, as capacitâncias equivalentes C_1 e C_2 para as montagens 1 e 2, respectivamente, são:

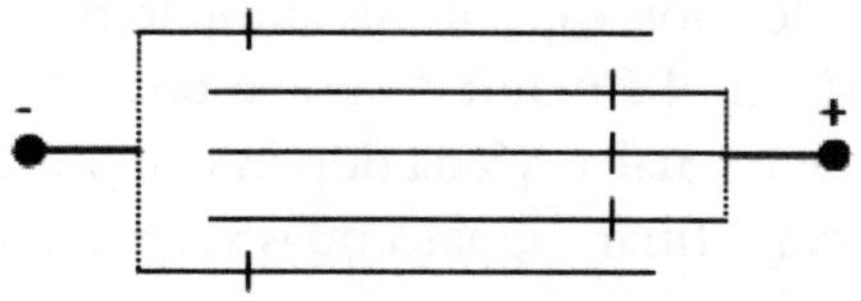

MONTAGEM 1

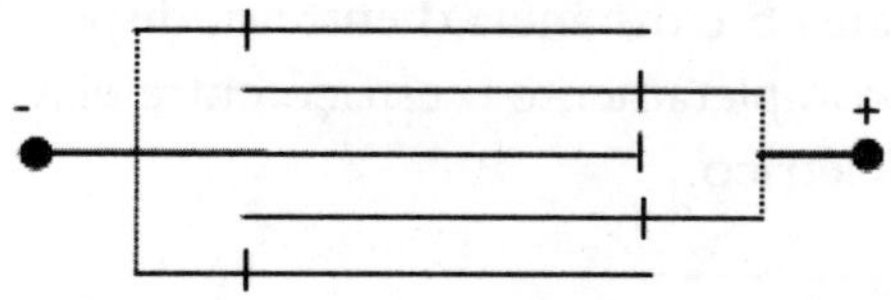

MONTAGEM 2

a) $C_1 = \dfrac{\varepsilon_0 A}{d}; C_2 = \dfrac{2\varepsilon_0 A}{d}$

b) $C_1 = \dfrac{\varepsilon_0 A}{d}; C_2 = \dfrac{4\varepsilon_0 A}{d}$

c) $C_1 = \dfrac{2\varepsilon_0 A}{d}; C_2 = \dfrac{4\varepsilon_0 A}{d}$

d) $C_1 = \dfrac{\varepsilon_0 A}{2d}; C_2 = \dfrac{2\varepsilon_0 A}{4d}$

e) $C_1 = C_2 = \dfrac{4\varepsilon_0 A}{d}$

60. (ITA – 2003) A figura mostra dois capacitores, 1 e 2, inicialmente isolados um do outro, carregados com uma mesma carga Q. A diferença de potencial (ddp) do capacitor 2 é a metade da ddp do capacitor 1. Em seguida, as placas negativas dos capacitores são ligadas à Terra e, as positivas, ligadas uma a outra por um fio metálico, longo e fino. Pode-se afirmar que:

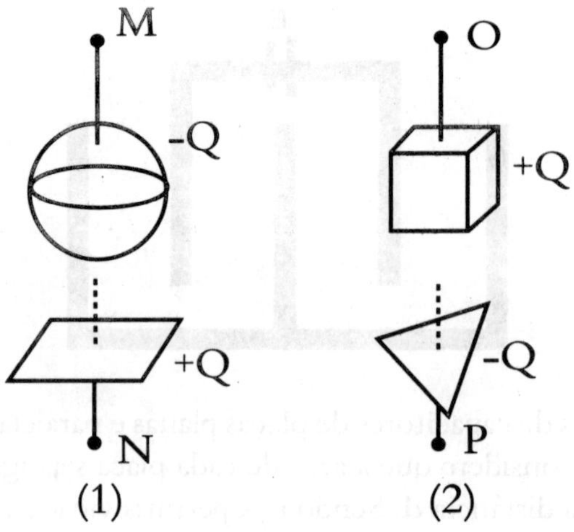

a) antes das ligações, a capacitância do capacitor 1 é maior do que a do capacitor 2
b) após as ligações, as capacitâncias dos dois capacitores aumentam.
c) após as ligações, o potencial final em N é maior do que o potencial em O.
d) a ddp do arranjo final entre O e P é igual a 2/3 da ddp inicial do capacitor 1.
e) a capacitância equivalente do arranjo final é igual a duas vezes à capacitância do capacitor 1.

61. (ITA – 2009 - Modificada) Na figura, o circuito consiste de uma bateria de tensão **V** conectada a um capacitor de placas paralelas, de área **S** e distância **d** entre si, dispondo de um dielétrico de permissividade elétrica "**e**" que preenche completamente o espaço entre elas. Encontre a magnitude da carga **q** induzida sobre a superfície do dielétrico.

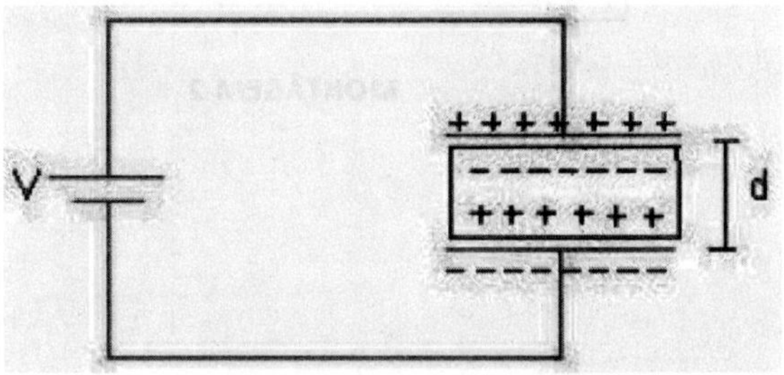

62. (ITA – 2012) Um capacitor de placas paralelas de área **A** e distância 3h possui duas placas metálicas idênticas, de espessura **h** e área **A** cada uma. Compare a capacitância **C** deste capacitor com a capacitância C_0 que teria sem as duas placas metálicas.

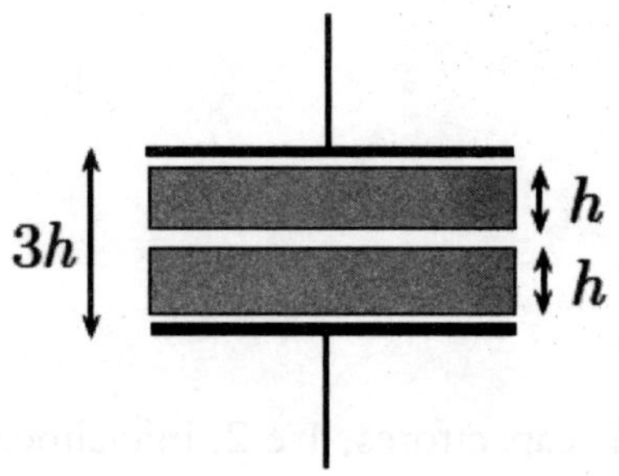

a) $C = C_0$
b) $C > 4C_0$
c) $0<C<C_0$
d) $C_0<C<2C_0$
e) $2C_0<C<4C_0$

63. (Luís Eduardo Háteras) Considere um cubo em que cada aresta contenha um capacitor de capacitância **C**. Sabendo que X é a capacitância equivalente do circuito entre os pontos extremos do cubo, Y a capacitância equivalente entre dois pontos adjacentes e Z a capacitância equivalente entre os pontos não adjacentes de uma mesma face. Calcule X+Y+Z.

64. (ITA – 2011) Uma diferença de potencial eletrostático V é estabelecida entre os pontos M e Q da rede cúbica de capacitores idênticos mostrada na figura. A diferença de potencial entre os pontos N e P é:

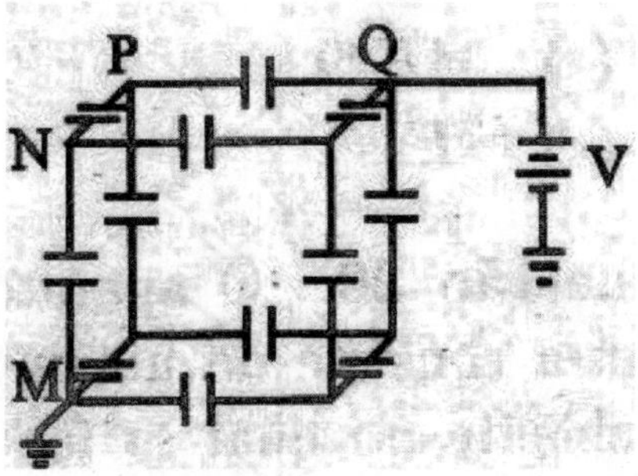

a) V/2
b) V/3
c) V/4
d) V/5
e) V/6

65. (Escola Naval – 2008) No circuito elétrico abaixo, considere a resistência elétrica de cada fonte (gerador) desprezível e o capacitor completamente carregado.

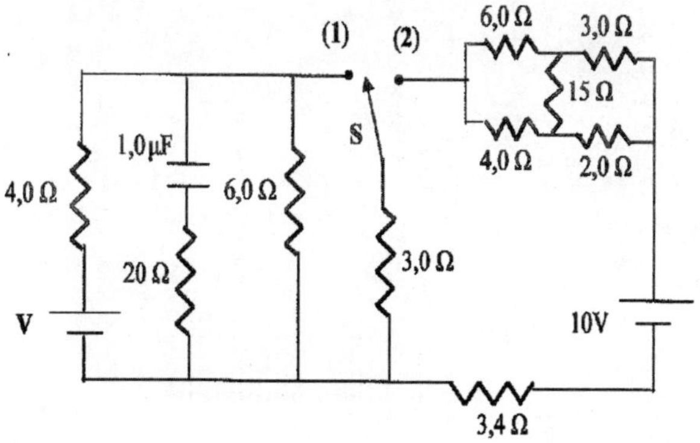

Para que a potência elétrica total dissipada no circuito, com a chave S na posição 1, seja igual à potencia elétrica total dissipada no circuito, com a chave S na posição 2, a voltagem V, em volt, entre as placas do gerador, deve ser, aproximadamente, igual:

a) 12,2
b) 12,8
c) 13,0
d) 13,5
e) 14,5

66. (Gilson Resolve / ITA-Adaptada) Uma diferença de potencial eletrostático U é estabelecida entre os pontos M e N da rede de capacitores idênticos mostrada na figura. Determine a tensão entre os pontos N e P.

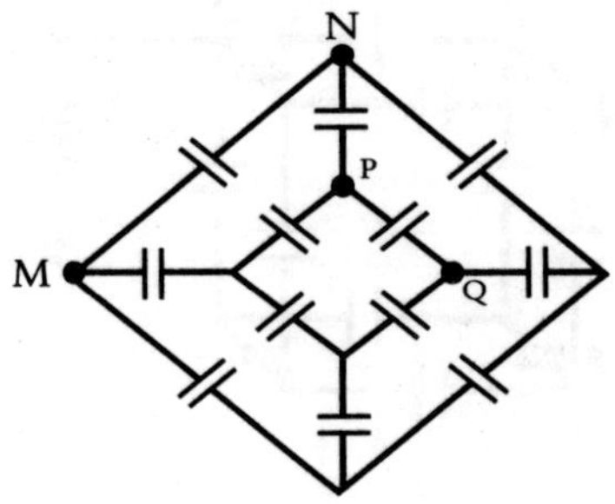

a) $U_0\left[1+\frac{b}{d}\left(k-\frac{1}{k}\right)\right]$

b) $U_0\left[1+\frac{b}{d}\left(1-\frac{1}{k}\right)\right]$

c) $U_0\left[1+\frac{b}{d}\left(\frac{1}{k}-1\right)\right]$

d) $U_0\left[1+\frac{b}{d}\left(k-\frac{1}{k}\right)\right]$

e) $U_0\left[1+\frac{b}{d}\left(1+\frac{1}{k}\right)\right]$

67. (Gilson Resolve – Lucas Lemos - Adaptada) Todas as arestas possuem a mesma capacitância C. Encontre a capacitância equivalente entre os pontos A e B:

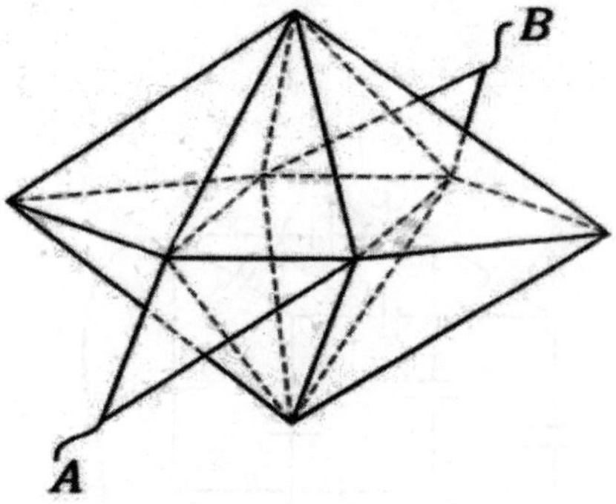

68. (Curso de Física Básica) Ache a capacitância equivalente entre os pontos A e B:

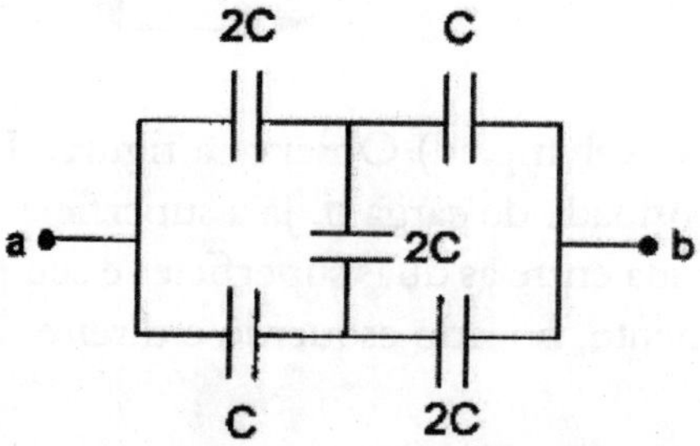

69. (Desafio Vestseller – Renato Brito) Um capacitor a vácuo é inicialmente conectado a uma bateria de tensão U_0 até ser carregado. Em seguida, a bateria é desconectada e um bloquinho de porcelana, de constante dielétrica "k" e espessura "b", é introduzido entre as placas do capacitor, paralelamente às mesmas. Se a distância entre as placas do capacitor vale d > b, a tensão elétrica final entre as placas do capacitor vale:

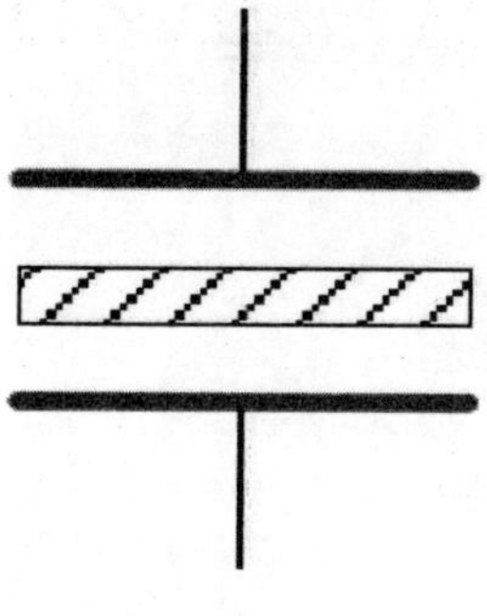

70. (Desafio Vestseller – Renato Brito) Doze capacitores idênticos de mesma capacitância C = 3nF inicialmente descarregados foram conectados formando um cubo como mostra a figura. Em seguida, uma bateria foi conectada ao sistema até atingir o equilíbrio eletrostático. Ao final do processo, o capacitor em destaque atingiu uma carga Q = 8mC. Em seguida, a bateria foi eliminada do circuito e substituída por um resistor de resistência r =10Ω que estava imersa no interior de um recipiente adiabático que continha 1kg de gelo inicialmente a 0°C. O *prof. Renato Brito* pede que você determine a massa de gelo que se funde:

a) 10g
b) 25g
c) 150g
d) 250g
e) 600g

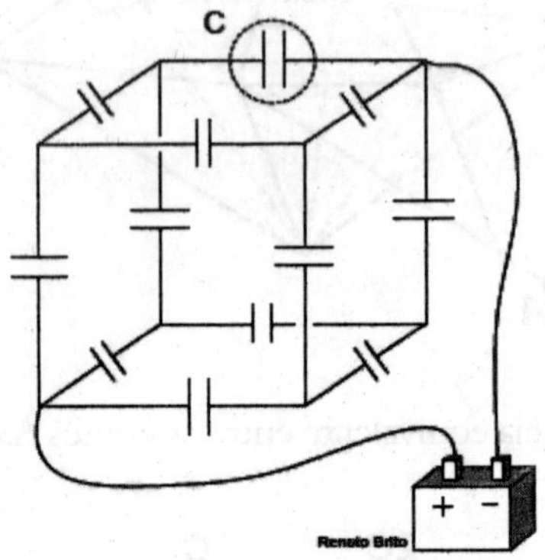

71. (Hong Kong High School Physics Olympiad) Observe a figura. Temos uma superfície infinitamente grande no lado esquerdo com densidade de carga σ. Já a superfície da direita possui densidade de carga -2σ. Um chapa condutora é inserida entre as duas superfícies e seu potencial fixo é zero. No equilíbrio, a densidade de carga, respectivamente, no lado esquerdo e direito do condutor será

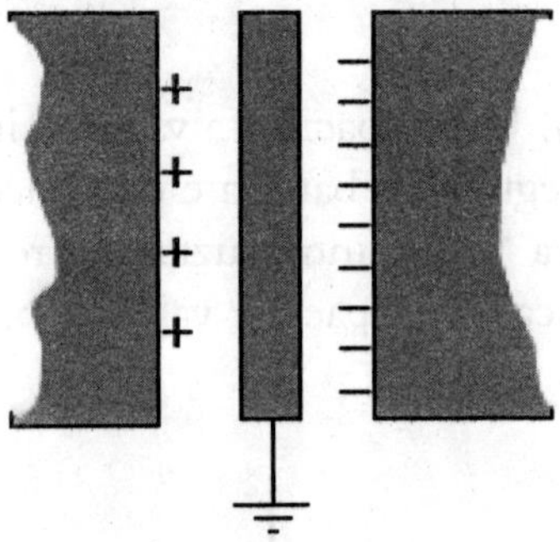

a) σ e – σ
b) – 2σ e 2σ
c) - 2σ e σ
d) σ e -2σ
e) – σ e 2σ

72. (Revisão ITA – 2005 – Renato Brito) Considere o circuito da figura, assentado nas arestas de um tetraedro, construído com 4 resistores de resistências R, R, 2R e R, um capacitor C = 5μF e uma fonte de tensão U = 12V. O *prof. Renato Brito* pede para que você determine a carga armazenada pelo capacitor.

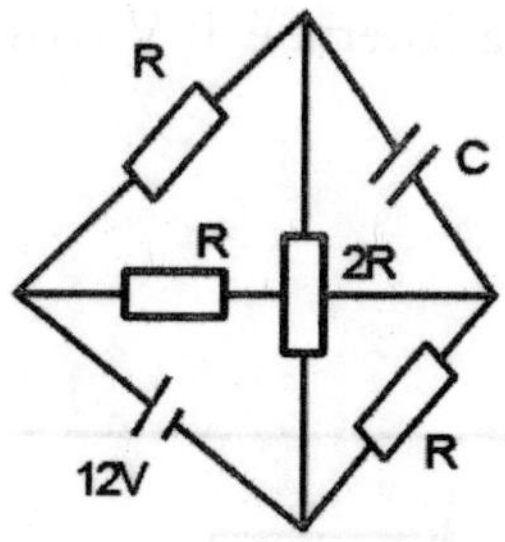

a) $10\mu C$
b) $20\mu C$
c) $40\mu C$
d) $60\mu C$

73. Calcule a capacitância equivalente do conjunto abaixo e discuta os limites:

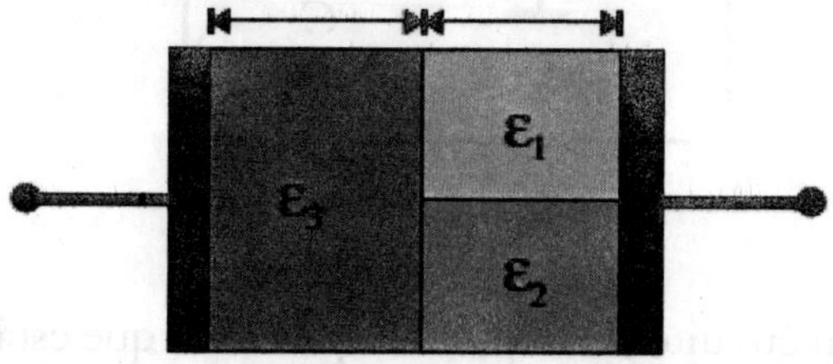

A área correspondente ao dielétrico ε_3 é **A**. A correspondente ao dielétrico ε_1 é **a**.
Discuta os seguintes limites:
a) $a \to 0$
b) $a \to A$
c) $\varepsilon_1 \to \varepsilon_2$
d) $\varepsilon_1 \to \varepsilon_3$
e) $\varepsilon_1 = \varepsilon_2 = \varepsilon_3 = \varepsilon$

74. (Resnick) Na figura, as capacitâncias são $C_1 = 1\mu F$ e $C_2 = 3{,}0\mu F$ e os dois capacitores são carregados com diferenças de potencial V = 100V de polaridades opostas. Em seguida, as chaves S_1 e S_2 são fechadas.

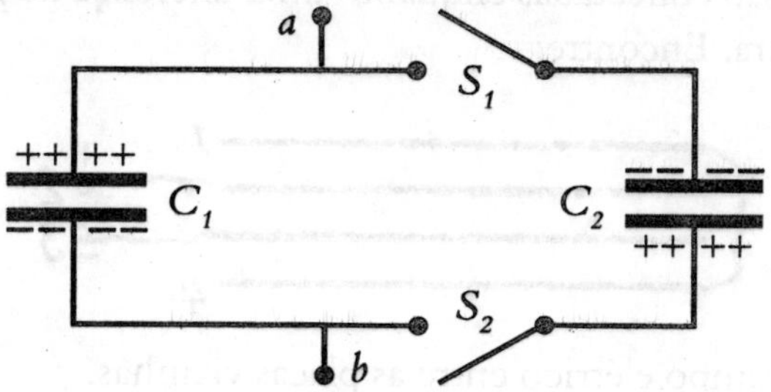

a) Qual é a nova diferença de potencial entre os pontos a e b?
b) Qual é a nova carga do capacitor 1?
c) Qual é a nova carga do capacitor 2?

75. Na figura, a diferença de potencial V da bateria é 10V e os sete capacitores têm uma capacitância de 10,0μF. Determine:

a) a carga do capacitor 1.
b) a carga do capacitor 2.

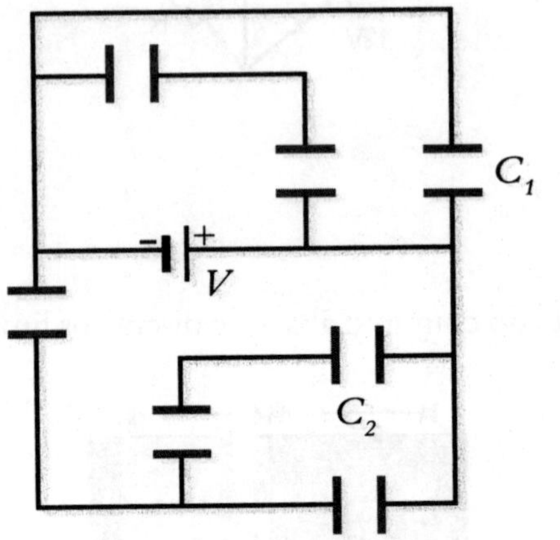

76. (Resnick) A figura mostra um circuito com quatro capacitores que está ligado a um circuito maior através dos pontos A e B. As capacitâncias são C_1=10μF e C_2=C_3=C_4=20μF. A carga do capacitor 1 é 30μC. Qual é o valor absoluto da diferença de potencial $V_A - V_B$?

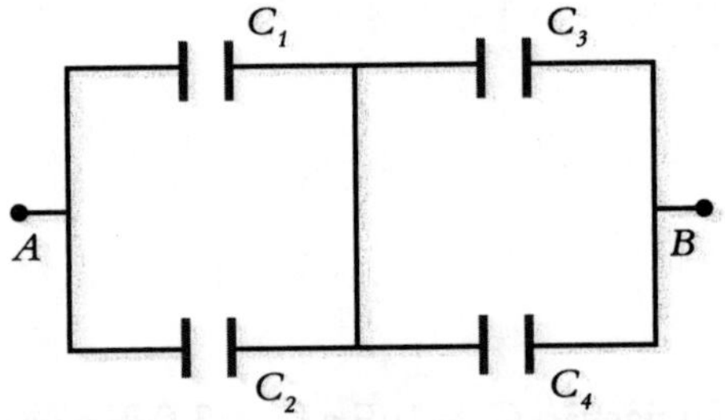

77. (Irodov) Quatro placas de material metálico são colocadas a uma pequena distância "d" uma da outra. As placas das extremidades são conectadas enquanto uma diferença de potencial **V** é aplicada nas placas internas como mostra a figura. Encontre:

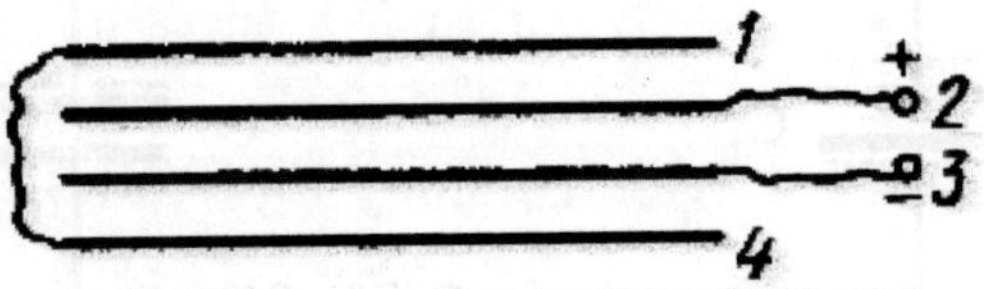

a) os valores da intensidade do campo elétrico entre as placas vizinhas.
b) a carga total por unidade de área de cada placa.

78. (Irodov) Encontre a diferença de potencial entre os pontos A e B da associação da figura abaixo se a força eletromotriz é igual a 110V e a razão entre as capacitâncias C_2/C_1 = 2,0.

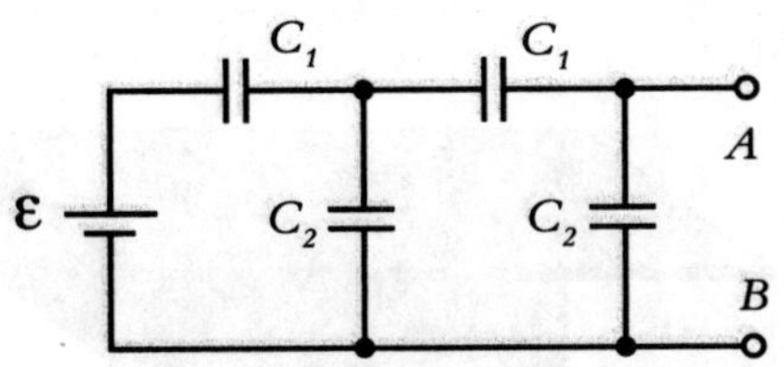

79. (Irodov) Determine a diferença de potencial entre os pontos A e B da figura abaixo:

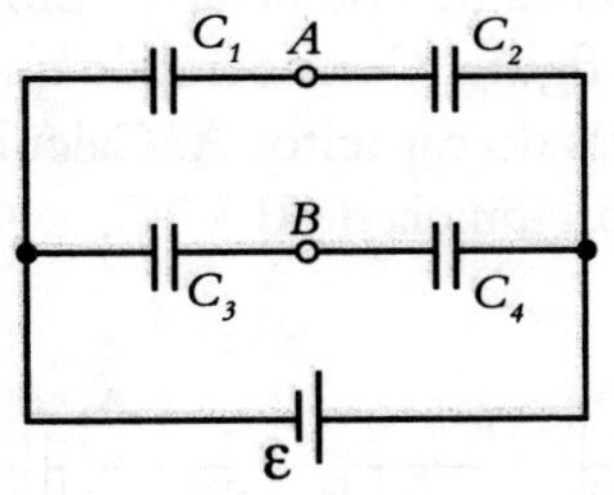

80. (Irodov - Adaptada) Encontre a diferença de potencial entre A e B sabendo que $\varepsilon_2 > \varepsilon_1$.

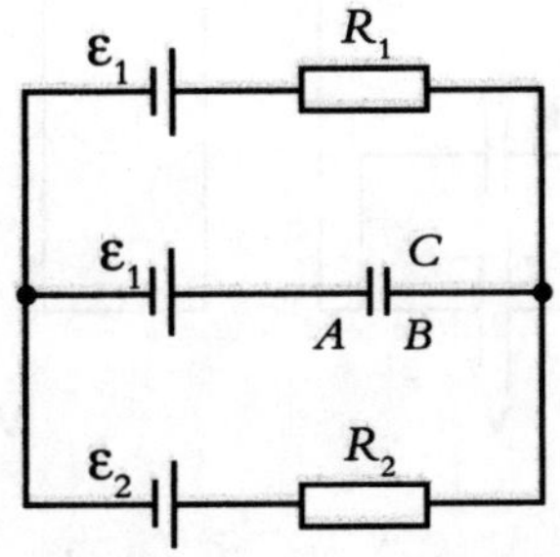

81. (Resnick) A figura abaixo mostra uma bateria 12V e quatro capacitores descarregados de capacitâncias C_1 = 1μF, C_2 = 2μF, C_3 = 3μF e C_4 = 4μF. Se apenas a chave S_1 é fechada, determine a carga (a) do capacitor 1;(b) do capacitor 2;(c) do capacitor 3;(d) do capacitor 4. Se as duas chaves são fechadas, determine a carga (e) do capacitor 1;(f) do capacitor 2;(g) do capacitor 3;(h) do capacitor 4.

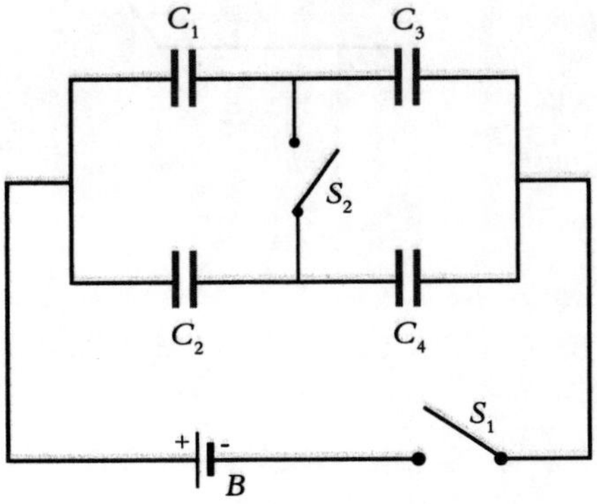

82. Encontre a capacitância equivalente:

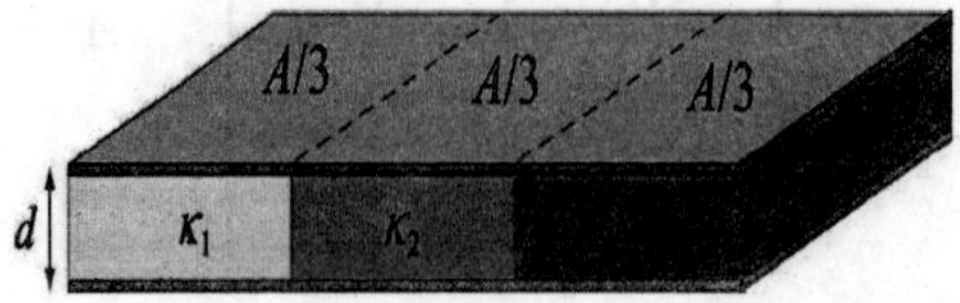

83. (Collection of Physics Problems – Blogspot) Dois capacitores de placas planas-paralelas e mesma área, A e B, estão submetidos a uma diferença de potencial **V**. Em seguida, inserimos o capacitor B entre as placas do capacitor A como mostra a figura. Considerando que a distância entre as placas do capacitor B é menor que a distância entre as placas do capacitor A. Calcule o trabalho feito para a situação descrita. Dados: Capacitância de A = C e Capacitância de B = 2C.

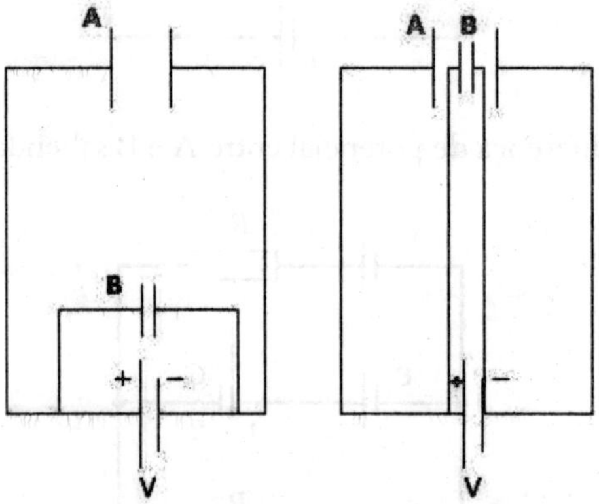

84. Se "n" placas idênticas de área A são conectadas alternadamente e a separação entre duas placas consecutivas é "d", então, calcule a capacitância equivalente dessa associação. (Na ilustração, a seguir, são consideradas apenas quatro placas).

Exercícios Resolvidos – Nível III

1. (IME) Na figura abaixo, o bloco A é um cubo de aresta **a** e massa específica ρ. Sua face superior esquerda está coberta por uma fina placa metálica de massa desprezível, paralela a uma placa quadrada ℙ, metálica de lado **a**, fixada na rampa, a uma distância d_0 do bloco, o qual oscila sem atrito sobre a rampa partindo da posição indicada na figura. Sabendo que a aceleração da gravidade é **g**, a permissividade do ar é ε_0 e a capacitância mínima entre as placas é C_2. Encontre o valor que corresponde à expressão literal da constante da mola **k**.
   OBS: No instante da figura, a força na mola é nula.

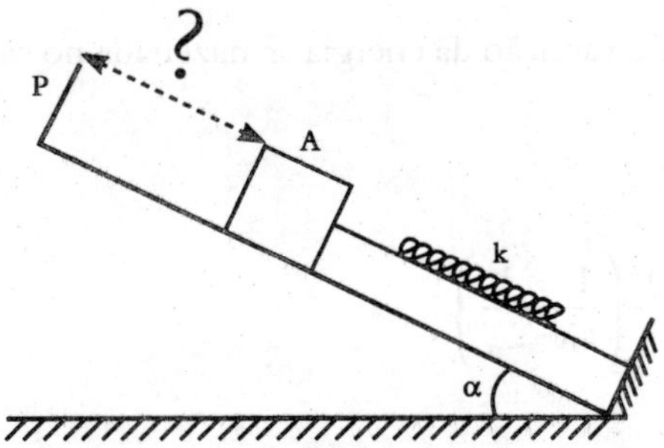

Resolução:
Como a questão não afirma se o capacitor está carregado, iremos considerar que a energia potencial elétrica é nula. Assim, por Conservação da Energia Mecânica, temos:

$$mg.x.sen\alpha = \frac{kx^2}{2} \rightarrow x = \frac{2mg.sen\alpha}{k}$$

O enunciado deixa claro que: $C_2 = \dfrac{\varepsilon_0 A}{d+x} \rightarrow x = \dfrac{\varepsilon_0 A}{C_2} - d$

Igualando as equações:

$$\frac{2mg.sen\alpha}{k} = \frac{\varepsilon_0 A}{C_2} - d$$

$$k = \frac{2mg.sen\alpha.C_2}{\varepsilon_0 A - d.C_2} = \frac{2.\rho.a^3.g.sen\alpha.C_2}{\varepsilon_0 a^2 - d.C_2}$$

2. No interior de um condensador plano se encontra uma placa paralela às armaduras, cuja espessura é **nd** da distância **d** entre as armaduras (n < 1).

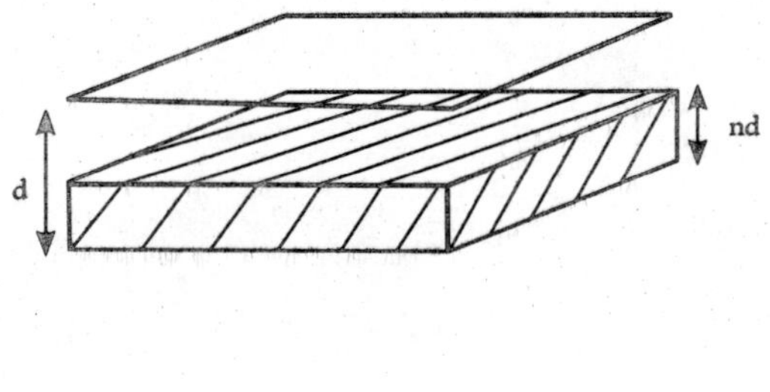

A capacitância do capacitor sem a placa é C_0. Inicialmente, o condensador é ligado a uma fonte de f.e.m ε e logo depois é desconectado. Determine o trabalho realizado por um operador quando essa placa é inserida considerando que:

a) a placa é metálica.
b) a placa é de vidro de constante dielétrica *k*.

Resolução:

a) Como o dielétrico foi colocado após a retirada do gerador, a carga nas placas será a mesma. ($Q = Q_0$)

A capacitância final será: $C = \frac{\varepsilon_0 A}{d - nd} = \frac{C_0}{1-n}$

O trabalho realizado por um operador é a variação da energia armazenada no capacitor depois e antes de inserir a placa metálica:

$$W = Epot_{depois} - Epot_{antes}$$

$$W = \frac{Q^2}{2.C} - \frac{Q_0{}^2}{2.C_0} = \frac{Q^2}{2}\left(\frac{1}{C} - \frac{1}{C_0}\right) = \frac{(C_0.\varepsilon)^2}{2}\left(\frac{1}{C} - \frac{1}{C_0}\right)$$

Assim, encontraremos:

$$W = \frac{-n.C_0.\varepsilon^2}{2}$$

b) Agora, a placa apresenta uma constante dielétrica, então, devemos considerar como dois capacitores em série entre as placas do capacitor original. O capacitor 1 será o vidro com mesma área que o capacitor original e de espessura **nd**. O capacitor 2 será o ar (ou o meio onde está inserido o capacitor original) com espessura **d – nd**. Podemos equacionar da seguinte forma:

$$C_1 = \frac{k.\varepsilon_0.A}{nd}$$

$$C_2 = \frac{\varepsilon_0.A}{d - nd}$$

$$C_{eq} = \frac{k.\varepsilon_0.A}{d(n + k - nk)} = \frac{k.C_0}{n + k - nk}$$

Assim, o trabalho será:

$$W = \frac{Q^2}{2.C_{eq}} - \frac{Q_0{}^2}{2.C_0} = \frac{Q^2}{2}\left(\frac{1}{C_{eq}} - \frac{1}{C_0}\right)$$

$$W = \frac{C_0.\varepsilon^2.n.(1-k)}{2k}$$

3. Entre duas placas paralelas há um dielétrico de permissividade ε e resistividade ρ. Determine a corrente de "fuga" através do dielétrico. As placas possuem cargas iguais **Q** de sinais opostos.

Resolução:
Sabemos que a resistência é proporcional a L/A sendo L o comprimento e A a área da seção do condutor. Já a capacitância é proporcional a A/D sendo A a área e D o comprimento entre as placas do capacitor. Dessa forma, podemos equacionar da seguinte forma:

$$R = \frac{\rho\ell}{A}$$
$$C = \frac{\varepsilon A}{d}$$

Como L e D são análogos, podemos multiplicar a primeira equação com a segunda:

$$R.C = \rho.\varepsilon$$

Guarde esse resultado que será importante nas próximas questões.
Sabemos que Q = C.U, então, C = Q/U e que U = R.i, substituindo na equação temos:

$$\frac{U}{i}.\frac{Q}{U} = \rho.\varepsilon \rightarrow i = \frac{Q}{\rho.\varepsilon}$$

4. Encontre a resistência de um capacitor esférico o qual possui o raio maior muito superior ao raio menor. Sendo ρ a resistividade e **r** o raio da esfera.

Resolução:
Pela equação:

$$RC = \rho\varepsilon \rightarrow R.4\pi r = \rho \rightarrow R = \frac{\rho}{4\pi r}$$

5. Considere duas esferas de cargas Q_1 e Q_2 e raios R_1 e R_2, respectivamente. Essas esferas são fixas no solo a uma distância **D** uma da outra. Encontre a energia total no sistema. Sendo $D >> R_1 > R_2$

Resolução:

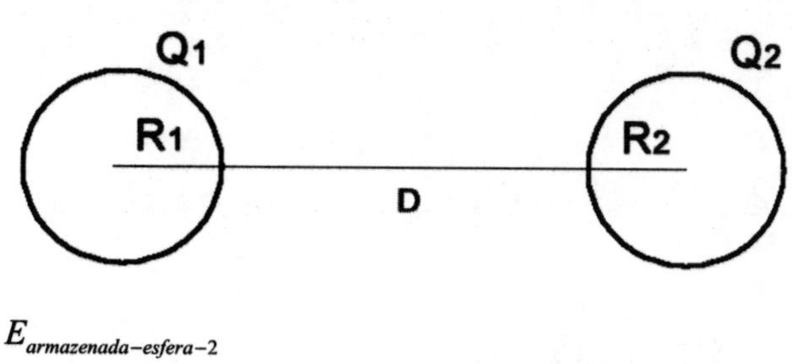

$$E_{sistema} = E_{pot} + E_{armazenada-esfera-1} + E_{armazenada-esfera-2}$$
$$E_{sistema} = \frac{kQ_1Q_2}{D} + \frac{Q_1^2}{2C_1} + \frac{Q_2^2}{2C_2}$$
$$E_{sistema} = \frac{Q_1Q_2}{4\pi\varepsilon_0 D} + \frac{Q_1^2}{8\pi\varepsilon_0 R_1} + \frac{Q_2^2}{8\pi\varepsilon_0 R_2}$$

6. Considere o capacitor esférico da figura abaixo, sendo ρ sua resistividade e ε a permissividade elétrica. Responda os itens abaixo:

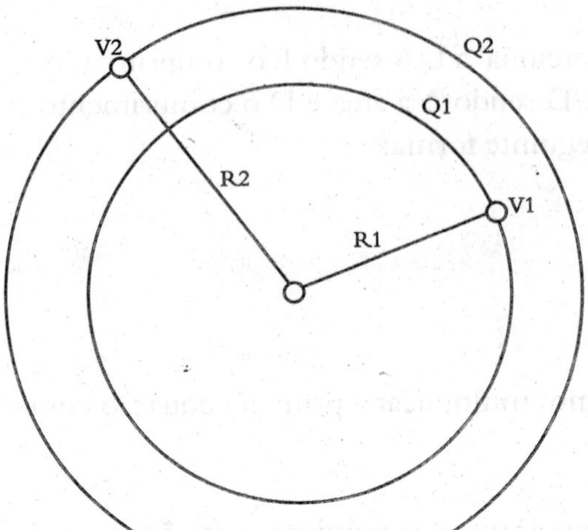

a) Encontre o potencial V_1, V_2 e ΔV.
b) Calcule a energia do sistema.
c) Considere $Q_1 = -Q$ e $Q_2 = +Q$, calcule a capacitância do capacitor por meio da resposta encontrada no item anterior.
d) Calcule a resistência do sistema.
e) Considere **n** esferas concêntricas, sendo a primeira com carga Q_1 e raio R_1, a segunda com carga Q_2, até a carga Q_n e raio R_n. Encontre a energia desse sistema.

Resolução:

a)
$$V_1 = \frac{KQ_1}{R_1} + \frac{KQ_2}{R_2}$$
$$V_2 = \frac{KQ_2}{R_2} + \frac{KQ_1}{R_2}$$
$$\Delta V = \frac{KQ_1}{R_1} - \frac{KQ_1}{R_2}$$

b) $$E_{sistema} = \frac{Q_1 Q_2}{4\pi\varepsilon_0 R_2} + \frac{Q_1{}^2}{8\pi\varepsilon_0 R_1} + \frac{Q_2{}^2}{8\pi\varepsilon_0 R_2}$$

c) $$\frac{1}{2}C.(\Delta V)^2 = E_{sistema} = \frac{Q_1 Q_2}{4\pi\varepsilon_0 R_2} + \frac{Q_1{}^2}{8\pi\varepsilon_0 R_1} + \frac{Q_2{}^2}{8\pi\varepsilon_0 R_2}$$
$$\frac{1}{2}C.\left(\frac{KQ_1}{R_1} - \frac{KQ_1}{R_2}\right)^2 = \frac{Q_1 Q_2}{4\pi\varepsilon_0 R_2} + \frac{Q_1{}^2}{8\pi\varepsilon_0 R_1} + \frac{Q_2{}^2}{8\pi\varepsilon_0 R_2}$$
$$C = \frac{4\pi\varepsilon_0}{\frac{1}{R_1} - \frac{1}{R_2}}$$

d) $RC = \rho\varepsilon$

$$R = \frac{\rho}{4\pi}\left(\frac{1}{R_1} - \frac{1}{R_2}\right)$$

e) $E_{sistema} = \left(E_{armazenada-esfera-1} + \ldots + E_{armazenada-esfera-n}\right) +$

$$\left(E_{pot-1-2} + E_{pot-1-3} + \ldots + E_{pot-1-n}\right) +$$

$$\left(E_{pot-2-3} + E_{pot-2-4} + \ldots + E_{pot-2-n}\right) + \ldots + \left(E_{pot-(n-1)-n}\right)$$

Podemos reescrever essa equação, sendo $n \geq 2$:

$$E_{sistema} = \frac{1}{8\pi\varepsilon_0}\sum_{k=1}^{n}\frac{Q_k^2}{R_k} + \frac{1}{4\pi\varepsilon_0}\sum_{k=2}^{n}\frac{Q_k}{R_k}(Q_1 + \ldots + Q_{n-1})$$

7. (Kósel) No circuito mostrado na figura, determine a carga do condensador **C** após os capacitores terem atingido os estados estacionários. Desprezar a resistência interna da bateria.

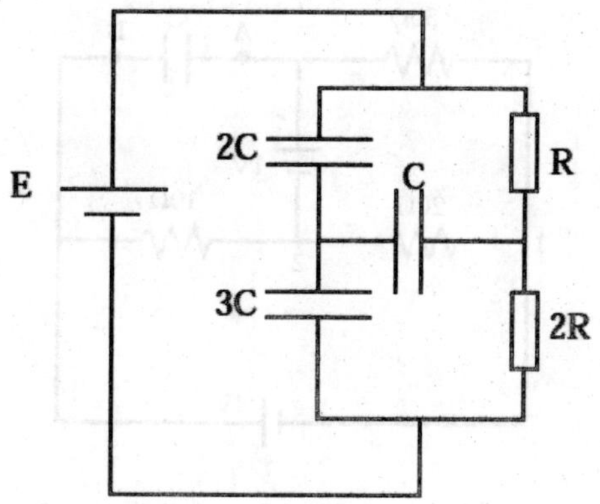

Resolução:

Depois de atingido o regime estacionário, não passará mais corrente pelos capacitores. Assim, eles estarão em aberto como mostra a figura abaixo:

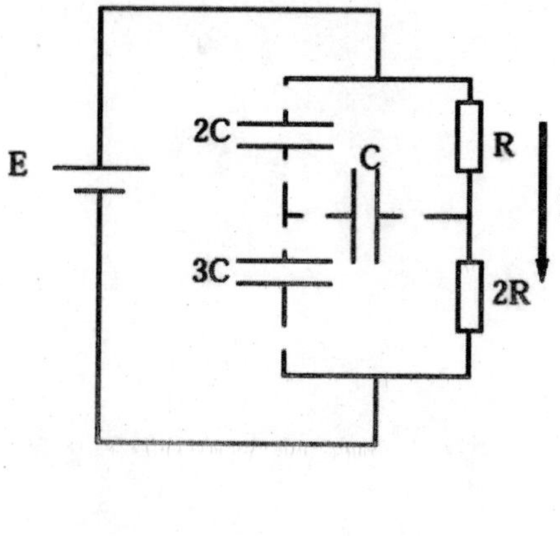

Note que ainda passará corrente pelos resistores. Pela Lei de Pouillet:

$$i = \frac{E}{\sum r} = \frac{E}{3R}$$

Dessa forma, teremos duas malhas com resistores recebendo uma corrente **i**. Para encontrar a carga no condensador, iremos usar as Leis de Kirchhoff:

Assim, as equações serão:

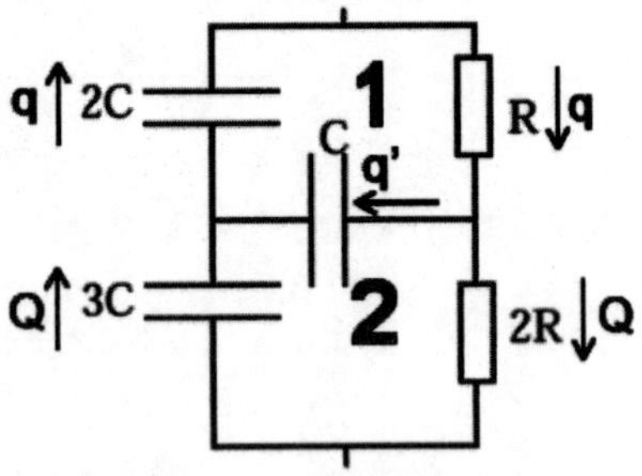

$$q = q' + Q$$
$$\frac{q}{2C} + \frac{q'}{C} + R.(i) = 0 \ (malha\,1)$$
$$\frac{Q}{3C} - \frac{q'}{C} + 2R.i = 0 \ (malha\,2)$$

Resolvendo as equações, encontraremos:

$$q' = \frac{2CE}{9}$$

8. Dado o circuito abaixo, determine a diferença de potencial entre os pontos A e B entre as placas do condensador **C**. Considere que as fontes são ideais. **OBS**: Considere que o capacitor está no regime estacionário.

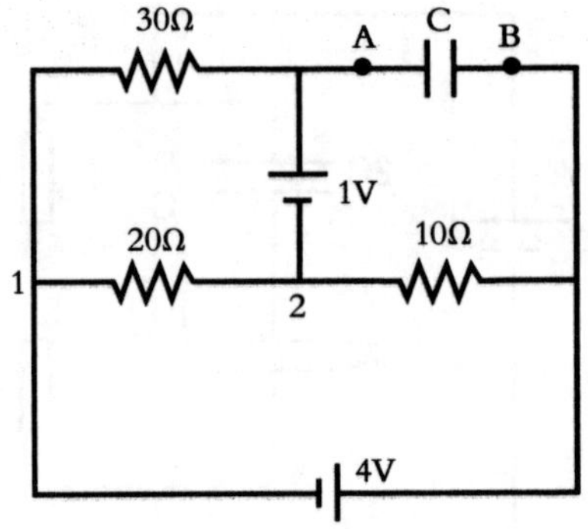

Resolução:

De forma análoga à questão anterior:

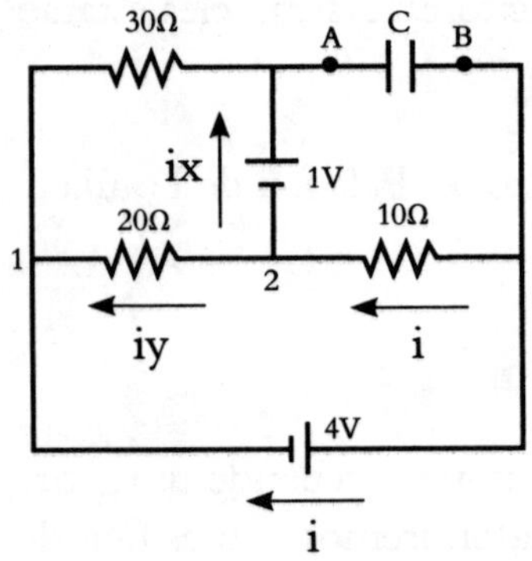

$$i = i_x + i_y$$
$$10i + 20i_y = 4 \rightarrow 10i_x + 30i_y = 4$$
$$-1 + 30i_x - 20i_y = 0$$

Resolvendo as equações achamos:

$i_x = 0,1A;\ i_y = 0,1A;\ i = 0,2A$

Lei das Malhas na malha do capacitor:

$$10i - 1 + V_{AB} = 0 \rightarrow V_{AB} = -1V$$

9. (IME - 1989) Na figura abaixo, P1, P2 e P3 são três placas metálicas de mesma área, tendo P1 massa M1 e P2 massa M2 sendo M1 > M2. A placa P3, paralela a P2, está fixa num pedestal isolante. O fio que liga P1 e P2 é isolante e de massa desprezível. Na situação inicial (a da figura), a capacitância entre P2 e P3 é C0. Determine a expressão literal da capacitância C entre P2 e P3 quando P2 atingir a altura máxima em relação ao solo. Dados: aceleração da gravidade = g, distância inicial entre P2 e P3 = d0, altura inicial de P1 e P2 em relação ao solo = h.

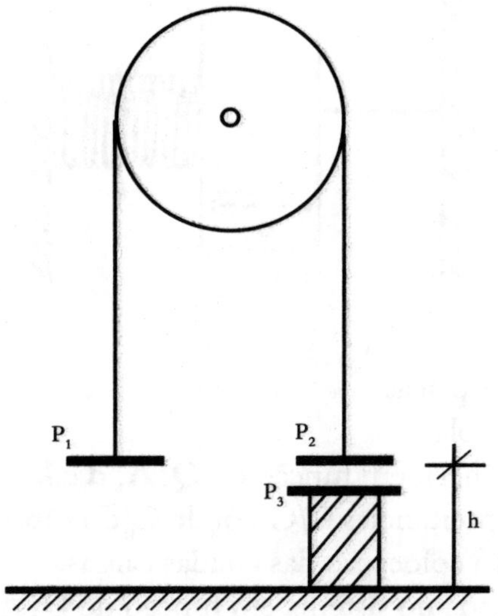

Resolução:

A capacitância inicial é: $C_0 = \dfrac{\varepsilon A}{d_0}$

Quando a placa P_1 atingir o solo, a placa P_2 continuará seu movimento de subida com a aceleração constante da gravidade até que sua velocidade se torne nula. Assim, devemos encontrar a velocidade inicial do movimento retardado da placa P_2:

$$Em_{inicial} = Em_{final}$$

$$M_1gh + M_2gh = M_2g(2h) + \frac{M_2.v^2}{2} + \frac{M_1v^2}{2}$$

$$v = \sqrt{\frac{2gh(M_1 - M_2)}{M_1 + M_2}}$$

Agora, devemos encontrar a distância "x" que a placa P_2 irá percorrer:

$$M_2.g.x = \frac{M_2.v^2}{2}$$

$$x = \frac{h(M_1 - M_2)}{M_1 + M_2}$$

Dessa forma, a capacitância será:

$$C = \frac{\varepsilon A}{(2h + x) - (h - d_0)} = \frac{C_0 d_0}{h + x + d_0}$$

10. Considere um capacitor de placas paralelas, conforme a figura. A área de cada placa é A e a distância entre as duas placas é d. Uma das placas está em contato com uma parede através de uma mola de constante elástica k e a outra placa é fixa. Quando a distância entre as placas é d, a mola está no seu tamanho natural. Assume que a permissividade do ar entre as placas é ε_0. Colocam-se cargas +Q e –Q sobre as placas e deixa o sistema alcançar o equilíbrio mecânico. Despreze os efeitos gravitacionais.

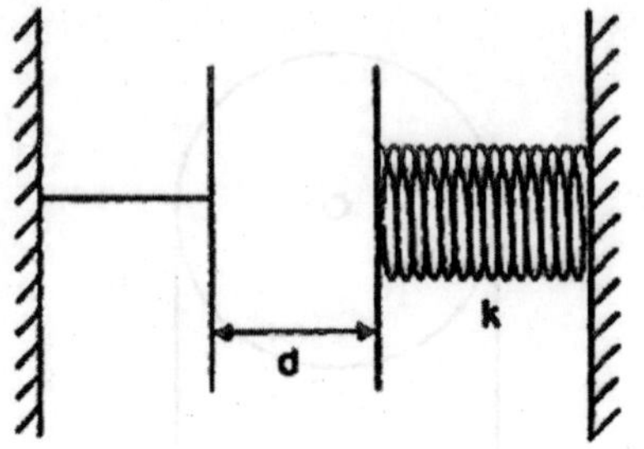

a) Calcule a força elétrica entre as placas.
b) Determine a deformação da mola.
c) Determine a diferença de potencial em função de **Q**, **A**, **d** e **k**.
d) Determine a razão entre as capacitâncias C/C_0, onde C_0 é a capacitância antes da colocação das cargas +Q e –Q nas placas e C após a colocação das citadas cargas.
e) Determine a energia armazenada no sistema em função de **Q**, **A**, **d** e **k**.

Resolução:

a) $\dfrac{F}{A} = \dfrac{\sigma^2}{2\varepsilon_0} \rightarrow F = \dfrac{Q^2}{2\varepsilon_0 A}$

b) $\dfrac{Q^2}{2\varepsilon_0 A} = K.x \rightarrow x = \dfrac{Q^2}{2k\varepsilon_0 A}$

c) $Q = \dfrac{\varepsilon_0 A}{d-x} U \rightarrow U = \dfrac{Q(d-x)}{\varepsilon_0 A}$

d) $\dfrac{\dfrac{\varepsilon_0 A}{d-x}}{\dfrac{\varepsilon_0 A}{d}} = \dfrac{d}{d-x}$

e) $E_n = \dfrac{\left(\dfrac{\varepsilon_0 A}{d-x}\right) \cdot \left(\dfrac{Q^2(d-x)^2}{(\varepsilon_0 A)^2}\right)}{2} + \dfrac{Kx^2}{2}$

$E_n = \dfrac{Q^2 d}{2\varepsilon_0 A}\left(1 - \dfrac{Q^2}{4k\varepsilon_0 A d}\right)$

11. (IME) Entre duas placas metálicas paralelas e que constituem um capacitor de capacitância C = 0,08μF, coloca-se esticado um fio de náilon que vibra na frequência fundamental f_1 = 100 Hz. Retira-se o fio, altera-se a distância entre as placas e coloca-se entre elas outro fio de náilon, com as mesmas propriedades físicas do primeiro, porém, de comprimento tal que, agora, a frequência fundamental de vibração seja f_2 = 250 Hz. Sabendo-se que as placas permanecem sempre carregadas com Q = 2μC, determine a tensão elétrica entre elas na segunda distância da experiência.

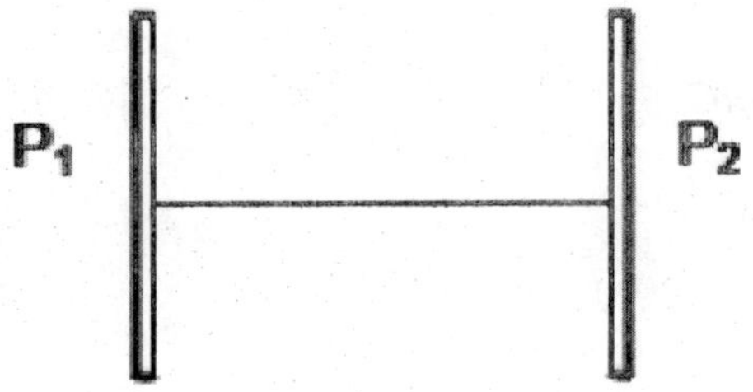

Resolução:

Trata-se de uma onda estacionária com os nós nas extremidades da corda. O fio vibra na frequência fundamental, ou seja, *n* = *1*. Sendo assim, seja L_1 e L_2 os comprimentos dos fios na primeira e segunda situação, respectivamente:

$$2L_1 = \lambda_1 = \frac{v}{f_1};\ 2L_2 = \lambda_2 = \frac{v}{f_2}$$

$$L_1 f_1 = L_2 f_2 \ (\textit{pois a velocidade é a mesma})$$

$$L_1.100 = L_2.250 \rightarrow L_1 = 2{,}5L_2$$

A razão entre as capacitâncias é:

$$\frac{C_1}{C_2} = \frac{L_2}{L_1} \rightarrow C_2 = 2.10^{-7}F$$

Dessa forma, a tensão será:

$$Q = C.U \rightarrow U = \frac{2.10^{-6}}{2.10^{-7}} = 10V$$

12. (IME) Descolando-se em uma pista retilínea horizontal, os dois carrinhos de madeira A e B, representados na figura a seguir, colidem frontalmente, sendo 0,8 o coeficiente de restituição do choque. Sobre a face posterior do carrinho A está fixada uma placa metálica P_1, que, no instante do choque, dista 3 m de uma placa metálica idêntica P_2, fixada no ponto F. Sabendo-se que entre as duas placas existe uma capacitância de 8μF e uma tensão de 12V, encontre a carga elétrica, a capacitância e a tensão elétrica entre as placas 0,5 segundos após o choque.

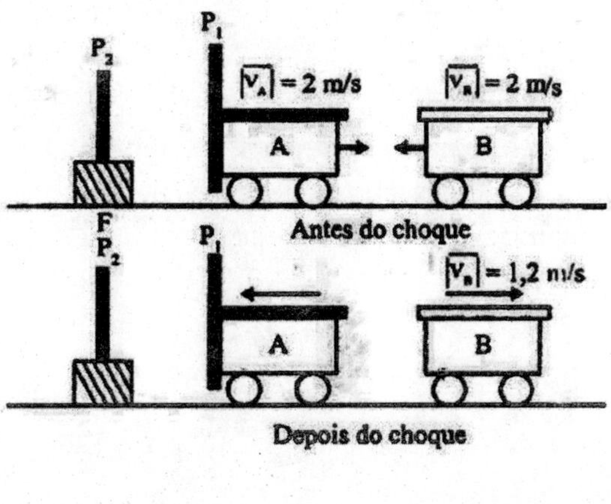

Resolução:

I) A carga se conserva: $Q = 8.12 = 96\mu C$

II) $8.10^{-6} = \frac{\varepsilon_0 A}{3} \rightarrow \varepsilon_0 A = 24.10^{-6}$

III) $e = \frac{|V_{AF}|}{|V_{AP}|} \rightarrow 0,8 = \frac{1,2+v}{4} \rightarrow v = 2\,m/s$

IV) $2 = \frac{\Delta S}{0,5} \rightarrow \Delta S = 1m \rightarrow d = 2m$

V) $C = \frac{\varepsilon_0 A}{d} = \frac{24.10^{-6}}{2} = 12\mu F$

VI) $Q = C.U \rightarrow 96.10^{-6} = 12.10^{-6}.U \rightarrow U = 8V$

Assim, as resposta são:

$$Q = 96\mu C,\ C = 12\mu F,\ U = 8V$$

13. Um capacitor de placas paralelas tem um espaço **d** entre as placas. Há um bloco de material com constante dielétrica k e densidade ρ preenchendo o volume entre as placas, mas o material pode mover-se livremente para os lados (paralelamente às placas) sem atrito. Se a voltagem inicial no capacitor é V_0 e o bloco sofre um ligeiro deslocamento para um lado, qual é a velocidade final do bloco, uma vez inteiramente expelido do interior das placas?

Resolução:

O campo elétrico entre as placas será o responsável por expelir o bloco. Para isso, devemos ter a energia armazenada final menor que a inicial, pois parte dessa energia foi utilizada para aumentar a energia mecânica do bloco. Dessa forma, basta encontrar o trabalho:

$W = U - U' = \Delta E_c$, sendo U a energia armazenada inicial e U' a final.

Como o enunciado não mencionou se as placas permanecerão conectadas à fonte de tensão, consideremos a carga final igual à carga inicial:

$$-\frac{Q^2}{2C} + \frac{Q^2}{2C_0} = \frac{mv^2}{2}$$

$$Q^2\left(-\frac{1}{\frac{\varepsilon_0 A}{d}} + \frac{1}{\frac{k\varepsilon_0 A}{d}}\right) = mv^2$$

$$Q^2 \frac{d}{m\varepsilon_0 A}\left(-1 + \frac{1}{k}\right) = v^2$$

$$\frac{\varepsilon_0{}^2}{d^2} V_0{}^2 \frac{1}{\rho\varepsilon_0}\left(-1 + \frac{1}{k}\right) = v^2$$

$$|v| = \frac{\varepsilon_0 V_0}{d}\sqrt{\frac{1}{\rho\varepsilon_0}\left(1-\frac{1}{k}\right)}$$

14. (Irodov) Encontre o calor dissipado no circuito após passar a chave K da posição 1 para a posição 2.

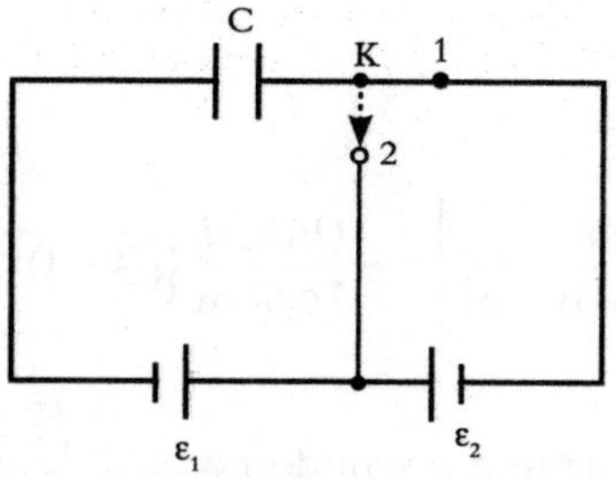

<u>**Resolução**</u>:

Chave em 1: Diferença de potencial no capacitor = $\varepsilon_1 - \varepsilon_2$

Chave em 2: A diferença de potencial no capacitor, no início, é igual a mesma da chave em 1.

A diferença de potencial final no capacitor será ε_1

Assim, pela conservação de energia: $\Delta U + calor = W_{bateria}$

$$calor = \frac{C\varepsilon_2^{\ 2}}{2}$$

15. (Tipler – Adaptada) Um capacitor retangular de placas paralelas tem comprimento **a** e largura **b**, e tem um dielétrico de largura **b** parcialmente inserido até uma distância **x** entre as placas, como mostra a figura.

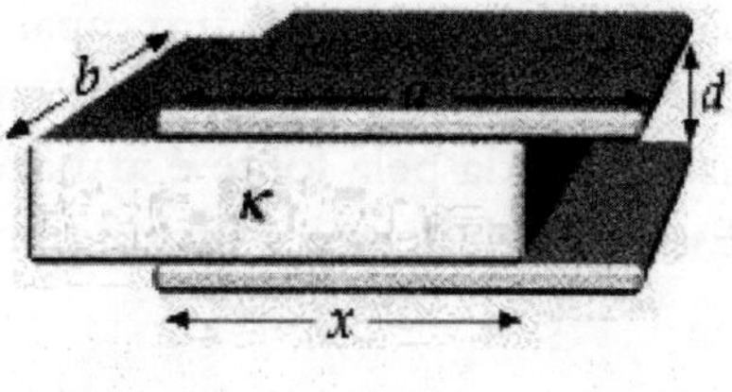

a) Determine a capacitância em função de x.

b) Considere que o capacitor esteja <u>eletricamente isolado</u> e possui uma carga **Q** na sua placa carregada positivamente. Encontre a energia armazenada nesse capacitor.

c) Como a energia do capacitor diminui quando x aumenta, o campo elétrico deve estar realizando trabalho no dielétrico, significando que deve haver uma força elétrica empurrando-o. Calcule esta força examinando como a energia armazenada varia com x.

d) De onde se origina essa força?

<u>**Resolução:**</u>

a) Podemos imaginar dois capacitores em paralelo. Um com largura x e o outro com largura (a – x). Assim, a capacitância do capacitor resultante será:

$$Ceq = C_1 + C_2 = \frac{k.\varepsilon_0.(xb)}{d} + \frac{\varepsilon_0.b.(a-x)}{d} = \frac{\varepsilon_0 b}{d}\left(a + x(k-1)\right)$$

b) A energia armazenada pode ser calculada por:

$$E = \frac{Q^2}{2C} = \frac{Q^2}{\frac{2\varepsilon_0 b}{d}(a + x(k-1))} = \frac{d.Q^2}{2\varepsilon_0 b(a + x(k-1))}$$

c) A força pode ser calculada por:

$$F = -\frac{dU}{dx} = -\frac{d}{dx}\left[\frac{1}{2}\frac{Q^2 d}{\varepsilon_0 b[(k-1)x + a]}\right] = -\frac{Q^2 d}{2\varepsilon_0 b}.\frac{d}{dx}\left\{[(k-1)x + a]^{-1}\right\} = \frac{(k-1)Q^2 d}{2b\varepsilon_0 [(k-1)x + a]^2}$$

O sinal negativo da força indica que a mesma tem o sentido no qual diminui a energia armazenada no condensador. Podemos ainda reescrever a equação da força da seguinte maneira, sendo U_0 a energia armazenada no capacitor antes de inserir o dielétrico:

$$F = U_0 \frac{(k-1)a}{((k-1)x + a)^2}$$

d) A força tem origem nos campos em torno das bordas do capacitor. O efeito da força é puxar o dielétrico polarizado para o espaço entre as placas do capacitor.

16. (Tipler – Adaptada) Considere um circuito RC:

a) Encontre as equações durante o carregamento de um capacitor.
b) Encontre as equações durante o descarregamento de um capacitor.
c) Mostre que quando um capacitor é carregado através de um resistor por uma fonte constante de força eletromotriz, metade da energia fornecida pela fonte é armazenada no capacitor e metade é transformada em energia térmica. Essa energia térmica inclui a energia que é dissipada pela resistência interna da fonte de fem.

Resolução:

a) Consideremos um capacitor inicialmente descarregado ligado a uma fonte de fem e um resistor. Após o circuito ser ligado, começa fluir carga pela bateria. Se a carga na placa à direita do capacitor no instante t é Q, a corrente no circuito é I e o sentido horário é o positivo, então, pela lei das malhas temos:

$$\varepsilon - R.I - \frac{Q}{C} = 0$$

Podemos observar pela equação que quando a corrente I tende a zero, a carga tende a um valor máximo. Como escolhemos o sentido positivo de maneira que, se I é positiva, Q está aumentando. Assim,

$$I = +\frac{dQ}{dt} \rightarrow \varepsilon - R.\frac{dQ}{dt} - \frac{Q}{C} = 0$$

Organizando a equação acima encontramos:

$$-\frac{dq}{(q-\varepsilon.C)}=\frac{dt}{R.C}$$

Note que temos uma equação diferencial, que podemos resolver integrando nos elementos **dq** e **dt**.

$$-\int_0^t \frac{dt}{RC}=\int_0^Q \frac{dq}{q-\varepsilon.C} \qquad I=\frac{dQ}{dt}\rightarrow -\frac{t}{RC}.C\varepsilon\left(-e^{-\frac{t}{RC}}\right)$$

$$\frac{-t}{RC}=\ln\left(\frac{Q-C\varepsilon}{-C\varepsilon}\right) \qquad I=\frac{\varepsilon}{R}e^{-\frac{t}{RC}}=i_0e^{-\frac{t}{RC}}$$

$$Q=C\varepsilon\left(1-e^{-\frac{t}{RC}}\right)$$

Como Q = C. V, temos:

$$\frac{C\varepsilon\left(1-e^{-\frac{t}{RC}}\right)}{C}=V=\varepsilon\left(1-e^{-\frac{t}{RC}}\right)$$

b) Considere um capacitor carregado com carga $+Q_0$ conectado em série a um resistor. Após o circuito ser ligado, existirá uma diferença de potencial no resistor ocasionando a passagem de corrente. A corrente inicial é: $I_0=\frac{V_0}{R}=\frac{Q_0}{RC}$. Sabemos que a corrente é a taxa de fluxo de carga positiva da placa positiva do capacitor para a placa negativa através do resistor. Quando o tempo passa, a carga no capacitor diminui. Se escolhermos o sentido positivo como o horário, então, a corrente é igual à taxa de diminuição da carga. Se Q é a carga na placa superior do capacitor no instante t, a corrente está relacionada a Q por $I=-\frac{dQ}{dt}$ (O sinal de menos é necessário porque, enquanto Q diminui, dQ/dt é negativo).

Assim, pela Lei das Malhas:

$$\frac{Q}{C}-RI=0\rightarrow\frac{Q}{C}+R\frac{dQ}{dt}=0\rightarrow\frac{dQ}{dt}=\frac{-Q}{RC}\rightarrow\frac{dQ}{Q}=-\frac{dt}{RC}$$

Integrando desde Q_0 em t = 0 até Q' em t', obtemos:

$$\int_{Q_0}^{Q'}\frac{dQ}{Q}=-\frac{1}{RC}\int_0^{t'}dt\rightarrow\ln\left(\frac{Q'}{Q_0}\right)=-\frac{t'}{RC}$$

Substituindo t' por t e Q' = Q(t), achamos que:

$$Q(t)=Q_0e^{\frac{-t}{RC}}$$

A corrente será:

$$I = -\frac{dQ}{dt} = \frac{Q_0}{RC} e^{\frac{-t}{RC}} = I_0 e^{\frac{-t}{RC}}$$

A diferença de potencial:

$$V(t) = V_0 . e^{-\frac{t}{RC}}$$

c) Durante o processo de carga, uma carga total $Q_f = C\varepsilon$ flui na bateria. A bateria, portanto, realiza trabalho: $W = Q_f\, \varepsilon = C\varepsilon^2$. Metade desse trabalho é utilizado como energia armazenada no capacitor, então, vamos provar que a outra metade é dissipada como energia térmica pela resistência do circuito. A taxa na qual a energia é dissipada pela resistência R é: $\frac{dW_R}{dt} = R.I^2$. Sendo $I = \frac{\varepsilon}{R} e^{-\frac{t}{RC}} = i_0 e^{-\frac{t}{RC}}$, podemos substituir e encontrar: $\frac{dW_R}{dt} = \frac{\varepsilon^2}{R} e^{\frac{-2t}{RC}}$. Determinamos a energia total dissipada integrando desde t = 0 até t = :

$$W_R = \int_0^{\infty} \frac{\varepsilon^2}{R} e^{\frac{-2t}{RC}} dt = \frac{\varepsilon^2}{R} . \frac{RC}{2}$$

Assim, a quantidade total de aquecimento Joule é, então:

$$W_R = \frac{C.\varepsilon^2}{2} = \frac{\varepsilon . Q_f}{2}$$

Dessa maneira, podemos concluir que metade da energia fornecida pela fonte é armazenada no capacitor e metade é transformada em energia térmica.

17. (IME – Adaptada) Após muito tempo aberta, a chave S do circuito da figura é fechado em t = 0. A partir desse instante, traça-se o gráfico representado, referente à tensão elétrica Vs. Encontre o valor da capacitância do capacitor C.

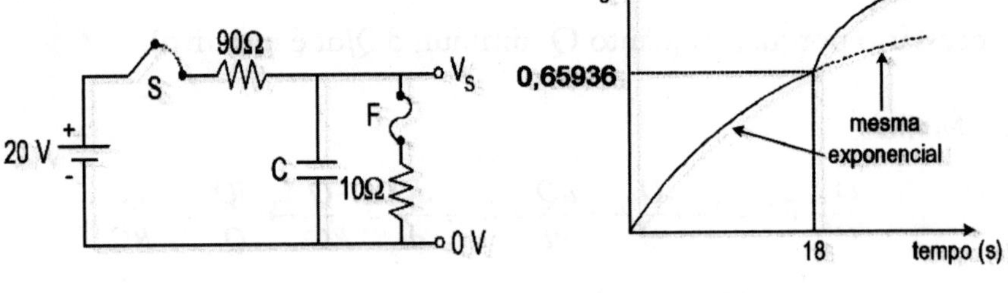

Resolução:

$$V = \varepsilon\left(1 - e^{-\frac{t}{RC}}\right) \to 0,65936 = 20\left(1 - e^{-\frac{18}{100C}}\right) \to C \cong 5F$$

18. Um capacitor de capacitância variável está sendo descarregado por uma resistência R. Sabe-se que a potência dissipada pela resistência em qualquer instante t é constante e que a capacitância inicial vale C_0. Determine a capacitância do capacitor no instante t.

Resolução:
Se a potência dissipada pela resistência é constante, então:

$$\frac{Q}{dC}+\frac{R.Q}{dt}=0$$
$$dC=-\frac{dt}{R}$$
$$C-C_0=\frac{-t}{R}\rightarrow C=C_0-\frac{t}{R}$$

19. (Young and Freedman - University Physics) Um indicador do nível de combustível usa um capacitor para determinar a altura atingida pelo combustível em um tanque. A constante dielétrica efetiva ***Kef*** varia de um valor igual a 1 quando o tanque está vazio até um valor K, a constante dielétrica do combustível, quando o tanque está cheio. Um circuito eletrônico apropriado pode determinar a constante dielétrica efetiva da camada de ar combinada com a camada do combustível entre as placas do capacitor. Cada uma das duas placas retangulares possui largura **w** e um comprimento **L**. A altura do combustível entre as placas é **h**. Despreze qualquer efeito de borda.

a) Deduza a expressão para Kef em função de h.
b) Qual é a constante dielétrica efetiva quando o tanque está cheio até um quarto de seu volume, até a metade do volume e até três quartos de volume se o combustível for gasolina (K = 1,95)?
c) Repita o item b para o metanol (K=33)
d) Para qual dos dois fluidos esse indicador do nível de combustível é mais prático?

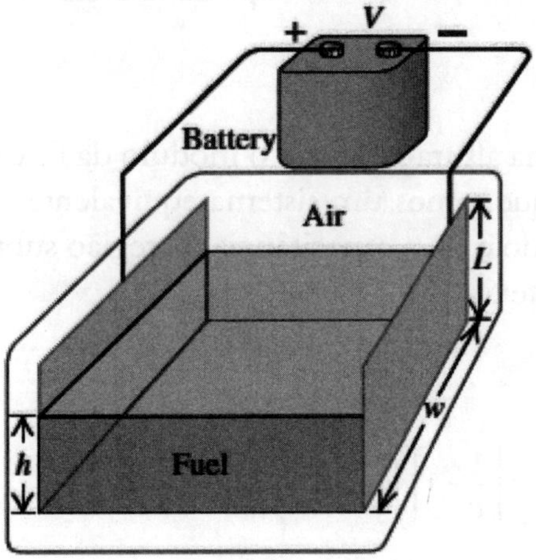

Resolução:
a) O sistema equivale a dois capacitores em paralelo. Um dos capacitores tem área igual a **w.(L - h)** e a separação entre as placas igual a **d**. O outro possui a mesma separação **d**, área **w.h** e constante dielétrica **K**.

Definindo ***Kef*** como $Ceq = \dfrac{Kef.\varepsilon_0.A}{d}$, sendo $A = w.L$. Para os dois capacitores em paralelo $Ceq = C_1 + C_2$:

$$Ceq = \frac{\varepsilon_0 w(L-h)}{d} + \frac{K\varepsilon_0 wh}{d} = \frac{\varepsilon_0 wL}{d}\left(1 + \frac{Kh}{L} - \frac{h}{L}\right)$$

$$Kef = \left(1 + \frac{Kh}{L} - \frac{h}{L}\right)$$

b) Para a gasolina (K = 1,95):
1/4 do volume → h = L/4 à Kef = 1,24
1/2 do volume → h = L/2 à Kef = 1,48
3/4 do volume →h = 3L/4 à Kef = 1,71

c) Para o metanol (K = 33):
1/4 do volume → h = L/4 à Kef = 9
1/2 do volume → h = L/2 à Kef = 17
3/4 do volume →h = 3L/4 à Kef = 25

d) Para o metanol, pois possui maior variação nos valores de ***Kef***.

20. (Irodov) Um capacitor de placas paralelas é colocado horizontalmente tal que uma das placas está submersa num líquido como mostra a figura. A permissividade do líquido é igual a ε e sua densidade é ρ. Até que altura o nível do líquido no capacitor atingirá quando suas placas tiverem uma densidade superficial de carga σ.

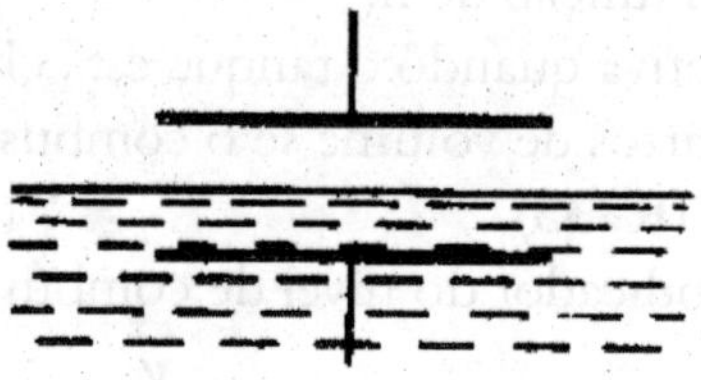

Resolução:
O nível do líquido irá subir até uma altura **x** tal que o módulo da força elétrica seja igual ao peso do líquido entre as placas. É possível notar que temos um sistema equivalente a dois capacitores em série. Seja C_1 a capacitância da região sem o líquido e C_2 a capacitância da região submersa pelo líquido de permissividade ε. Assim, a capacitância equivalente é:

$$\frac{1}{Ceq} = \frac{1}{C_1} + \frac{1}{C_2}$$

$$\frac{1}{Ceq} = \frac{1}{\dfrac{\varepsilon_0 A}{d-x}} + \frac{1}{\dfrac{\varepsilon\varepsilon_0 A}{x}} \rightarrow \frac{1}{Ceq} = \frac{1}{\varepsilon_0 A}\left(d + x\left[\frac{1}{\varepsilon} - 1\right]\right)$$

Como a força elétrica é dada por: $F = -\dfrac{dU}{dx}$, então, devemos encontrar a energia armazenada no capacitor equivalente.

$$U = \frac{Q^2}{2Ceq} = \frac{(\sigma A)^2}{2\left(\dfrac{\varepsilon_0 A}{\left(d + x\left[\dfrac{1}{\varepsilon} - 1\right]\right)}\right)} = \frac{\sigma^2 A}{2\varepsilon_0}\left[d + x\left(\frac{1}{\varepsilon} - 1\right)\right]$$

Dessa forma,

$$F = -\frac{dU}{dx}$$

$$F = -\frac{d\left\{\dfrac{\sigma^2 A}{2\varepsilon_0}\left[d + x\left(\dfrac{1}{\varepsilon} - 1\right)\right]\right\}}{dx} = \frac{\sigma^2 A}{2\varepsilon_0}\left[-\frac{1}{\varepsilon} + 1\right]$$

Igualando com o peso:

$$F = Mg$$

$$\frac{\sigma^2 A}{2\varepsilon_0}\left[-\frac{1}{\varepsilon} + 1\right] = \rho.A.x.g$$

$$\frac{\sigma^2}{2\varepsilon_0 \rho g}\left[-\frac{1}{\varepsilon} + 1\right] = x \to x = \frac{\sigma^2(\varepsilon - 1)}{2\varepsilon\varepsilon_0 \rho g}$$

21. (Tipler - Adaptada) Um capacitor de placas paralelas preenchido com ar tem espaçamento **d** e placas com área **A**. O capacitor é carregado a uma diferença de potencial **V** e é, então, removido da fonte de tensão. Uma lâmina dielétrica de constante dielétrica 2,00, espessura **d** e área **A/2**, é inserida, como mostra a figura. Seja σ_1 a densidade de carga livre na superfície condutor-dielétrico e seja σ_2 a densidade de carga livre na superfície condutor-ar.

a) Explique por que o campo elétrico deve ter o mesmo valor no interior do dielétrico e no espaço vazio entre as placas.

Resolução:

a) A diferença de potencial no capacitor é a mesma para ambas as metades (as placas são superfícies equipotenciais). Dessa forma, $E = V/d$ deve ser o mesmo para qualquer lugar entre as placas do capacitor.

$$E = \frac{\sigma_1}{k\varepsilon_0} = \frac{\sigma_2}{\varepsilon_0} \to \sigma_1 = k\sigma_2 \to \sigma_1 = 2\sigma_2$$

Entretanto, a mesma situação não irá se repetir no caso em que entre as placas do capacitor contenha um dielétrico "em série" com outro de constante diferente.

22. (Tipler) Um capacitor tem placas retangulares de comprimento **a** e largura **b**. A placa superior está inclinada por um pequeno ângulo, como mostra a figura. A separação entre as placas varia desde $\mathbf{y_0}$ à esquerda, até $\mathbf{2y_0}$ à direita, onde y_0 é muito menor que **a** e **b**. Calcule a capacitância equivalente deste arranjo.

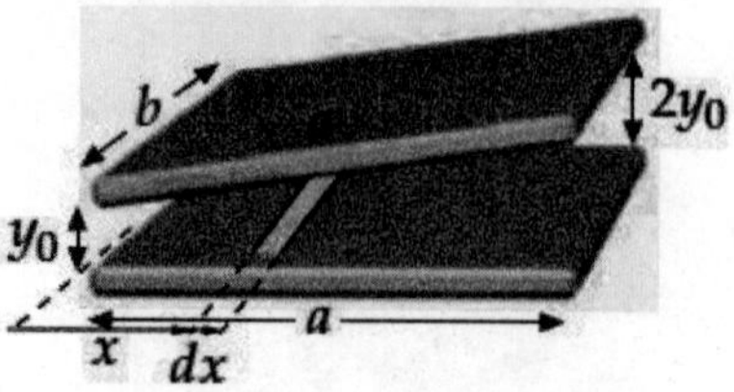

Resolução:
Podemos notar que é possível separar o problema em uma combinação em paralelo. Entre as placas do capacitor, selecionaremos faixas de largura infinitesimal para constituir a associação. Sendo:

- dx: a largura de cada faixa
- b: comprimento das faixas
- d: distância da separação entre as placas do capacitor

Como o ângulo é pequeno, podemos representar a associação graficamente:

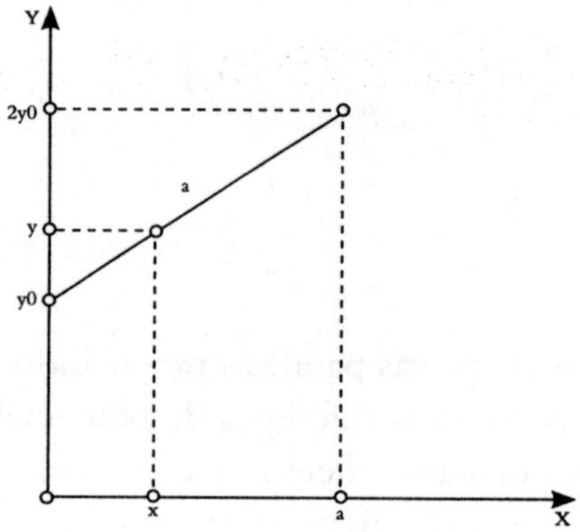

Pelo gráfico, é possível notar que:

$$d = y = y_0 + \left(\frac{y_0}{a}\right)x$$

Assim, teremos:

$$dC = \frac{\varepsilon_0 b}{d}dx = \frac{\varepsilon_0 b}{y_0\left(1 + x/a\right)}dx$$

Como esses elementos estão em paralelo, devemos integrar a equação:

$$dC = \frac{\varepsilon_0 b}{d}dx = \frac{\varepsilon_0 b}{y_0\left(1 + x/a\right)}dx$$

$$C = \frac{\varepsilon_0 b}{y_0}\int_0^a \frac{1}{\left(1 + x/a\right)}dx = \frac{\varepsilon_0 ab}{y_0}\ln 2$$

23. (Young and Freedman - University Physics) O capacitor com placas paralelas imerso no ar indicado na figura, possui duas placas condutoras de área **A**. A placa inferior repousa sobre um suporte fixo e a placa superior está suspensa por quatro molas com constante **k**, colocadas nos quatro vértices da placa, como mostra a figura. Quando descarregadas, as placas são separadas por uma distância $\mathbf{z_0}$. Uma bateria é ligada produzindo uma diferença de potencial **V** entre as placas. Isso faz a distância entre as placas diminuir para **z**. Despreze os efeitos nas bordas das placas.

a) Mostre que a força eletrostática entre as placas carregadas possui módulo:

$$\varepsilon_0 AV^2 / 2z^2$$

b) Obtenha uma expressão que relacione a distância **z** com a diferença de potencial **V**. A equação resultante será uma equação cúbica em **z**.

c) Dados os valores $\mathbf{A} = 0{,}300\ \text{m}^2$, $\mathbf{z_0} = 1{,}20\ \text{mm}$, $\mathbf{k} = 25{,}0\ \text{N/m}$ e $\mathbf{V} = 120\ \text{V}$, calcule os dois valores de **z** para os quais a placa do topo permanece em equilíbrio.

d) Para cada um dos valores de **z** encontrados no item anterior, verifique se o equilíbrio é estável ou instável. Para o equilíbrio estável, um pequeno deslocamento do objeto dá origem a uma força restauradora que força o objeto a voltar para a posição de equilíbrio. Para o equilíbrio instável, um pequeno deslocamento dá origem a uma força resultante que faz o objeto se afastar da posição de equilíbrio.

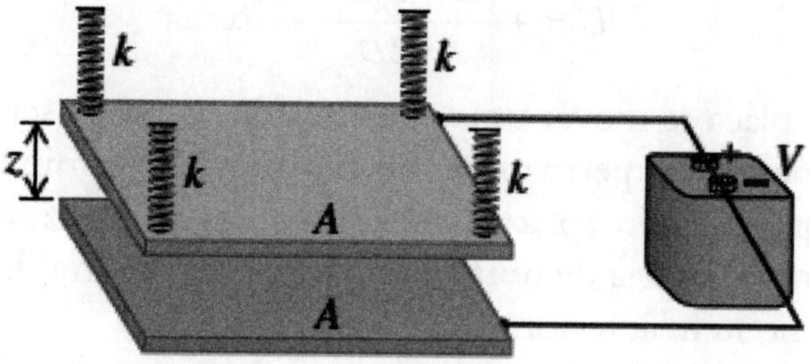

Resolução:

a) Mostramos *(Exercício resolvido 1 – Nível II)* que a força eletrostática entre as placas é:

$$F = \frac{Q^2}{2\varepsilon_0 A} = \frac{C^2V^2}{2\varepsilon_0 A} = \frac{\left(\dfrac{\varepsilon_0 A}{z}\right)^2 V^2}{2\varepsilon_0 A} = \frac{\varepsilon_0 AV^2}{2z^2}$$

b) Quando V = 0, a distância entre as placas é z_0. Quando V é diferente de zero, a distância passa a ser z. No item anterior, encontramos o módulo da força eletrostática entre as placas carregadas. Essa força é responsável pela redução na distância de z_0 para z e pela distensão das molas da placa superior.

Assim, a força total elástica das quatro molas deve ser igual à força eletrostática:

$$4k(z_0 - z) = \frac{\varepsilon_0 AV^2}{2z^2} \rightarrow 2z^3 - 2z^3 z_0 + \frac{\varepsilon_0 AV^2}{4k} = 0$$

c) Substituindo os valores **A** = 0,300 m^2, $\mathbf{z_0}$ = 1,20 mm, **k** = 25,0 N/m, **V** = 120 V e ε_0 = 8,85.10^{-12} m^{-3} kg^{-1} s^4 A^2 na equação encontrada no item anterior acharemos:

$2Z^3 - Z^3.2{,}4.10^{-3} + 3{,}82.10^{-10} = 0$

A equação acima possui três raízes, entretanto, uma das raízes tem valor negativo que não tem significado físico. As raízes válidas serão:

.z = 0,537*mm* e z = 1,014*mm*.z

d) Se considerarmos um pequeno deslocamento <u>acima</u> da posição de equilíbrio, a separação de 1,014 mm é vista de forma estável, o que não ocorre com a separação de 0,537mm.

24. (Young and Freedman - University Physics) Duas placas condutoras quadradas, cada qual com lado igual a L, são separadas por uma distância D. Uma placa dielétrica com constante dielétrica K e com dimensões $LxLxD$ é inserida até uma distância x no espaço entre as placas, como indicado na figura 1.

a) Calcule a capacitância C do sistema.

b) Suponha que o capacitor seja conectado a uma bateria que mantém uma diferença de potencial constante V entre as placas. Se a placa dielétrica for inserida até uma distância adicional dx no espaço entre as placas, mostre que a variação de energia acumulada é dada por:

$$dU = +\frac{(K-1)\varepsilon_0 V^2 L}{2D} dx$$

c) Suponha que, antes de a placa se mover uma distância dx, as placas sejam desconectadas da bateria, de modo que as cargas das placas permanecem constantes. Determine o módulo da carga em cada placa e a seguir mostre que, quando a placa penetra mais uma distância dx no interior do espaço entre as placas, a energia acumulada varia de uma quantidade igual em módulo, mas de sinal contrário ao valor de dU encontrado no item anterior.

d) Se F for o módulo da força exercida sobre o dielétrico pelas cargas das placas, então, dU deve ser igual ao trabalho realizado *contra* essa força para deslocar o dielétrico até uma distância dx. Portanto, $dU = -Fdx$. Mostre que a aplicação desse resultado no item b sugere que a força elétrica empurra o dielétrico para fora do capacitor, enquanto o resultado do item c sugere que a força empurra o dielétrico para dentro do capacitor.

e) A figura 2 mostra que a força empurra efetivamente o dielétrico para dentro do capacitor. Explique a razão pela qual o resultado do item b fornece uma resposta incorreta para o sentido dessa força. (Esse método não exige o conhecimento do campo nas bordas do capacitor)

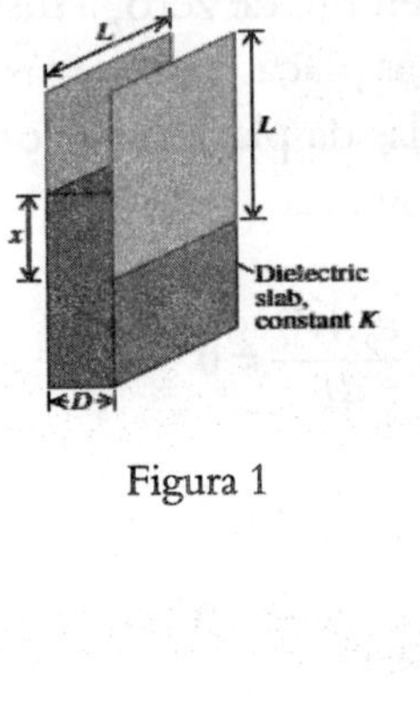

Figura 1

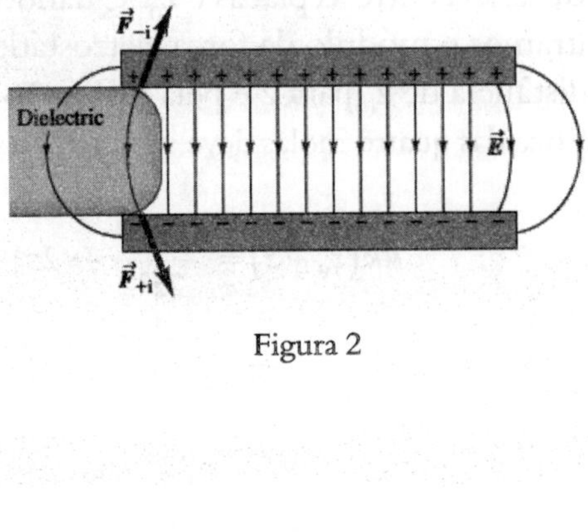

Figura 2

Resolução:

a) Note que o sistema pode ser considerado como dois capacitores em paralelo, um com área *L(L-x)* preenchido com ar e outro com área *Lx* preenchido por um dielétrico. Dessa forma, a capacitância equivalente será:

$$C_0 = \frac{\varepsilon_0 L}{D}\left(L + (K-1)x\right)$$

b) Temos que $dU = \frac{1}{2}(dC)V^2$ onde $C = C_0 + \frac{\varepsilon_0 L}{D}(-dx + dxK)$.

Substituindo na primeira equação encontramos: $dU = \frac{(K-1)\varepsilon_0 V^2 L}{2D}dx$.

c) Se a carga é mantida constante nas placas, então, $Q = \frac{\varepsilon_0 LV}{D}(L+(K-1)x)$

e $U = \frac{CV^2}{2} = \frac{C_0V^2}{2}.\left(\frac{C}{C_0}\right) \cong \frac{C_0V^2}{2}\left(1 - \frac{\varepsilon_0 L}{DC_0}(K-1)dx\right)$.

Assim, $\Delta U = U - U_0 = -\frac{(K-1)\varepsilon_0 V^2 L}{2D}dx$

d) No item b temos que $dU = -Fdx = +\frac{(K-1)\varepsilon_0 V^2 L}{2D}dx$, então, perceba que a força *F* está em sentido oposto ao do deslocamento *dx*, significando que o dielétrico sofre uma força que o empurra para fora do capacitor. Raciocínio análogo para o item c.

e) Quando a bateria é mantida ligada, o sistema não pode ser considerado isolado. Além do trabalho feito no dielétrico pelas cargas nas placas do condensador, energia também é transferida entre a bateria e as placas.

Dessa forma, o dielétrico é puxado para dentro do capacitor como mostra a figura 2. A força é $\frac{(K-1)\varepsilon_0 V^2 L}{2D}$.

25. (Young and Freedman - University Physics) Um capacitor esférico isolado possui carga +Q sobre o condutor interno (raio r_a) e carga –Q sobre o condutor externo (raio r_b). A seguir, metade do volume entre os dois condutores é preenchida por um dielétrico líquido com uma constante K, conforme indicado na figura.

a) Determine a capacitância do capacitor preenchido até a metade.

b) Calcule o módulo de no volume entre os dois condutores em função da distância *r* ao centro do capacitor. Forneça respostas para a metade superior e para metade inferior desse volume.

c) Determine a densidade superficial de cargas livres sobre o condutor interno e sobre o condutor externo.

d) Calcule a densidade superficial de cargas ligadas sobre a superfície interna do dielétrico ($r = r_a$) e sobre a superfície externa do dielétrico ($r = r_b$).

e) Qual é a densidade de carga ligada sobre a superfície plana do dielétrico?

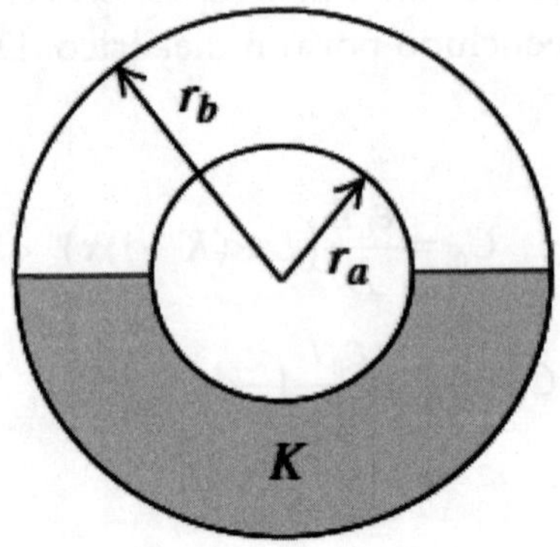

Resolução:

a) Inicialmente, precisamos saber se o conjunto está em série ou em paralelo. Como cada condutor é uma superfície equipotencial, encontramos que:

$$V_a - V_b = \int_{r_a}^{r_b} E_U dr = \int_{r_a}^{r_b} E_L dr \rightarrow E_U = E_L$$

Sendo V_a o potencial no condutor interno, V_b o potencial no condutor externo, E_U o campo elétrico na metade superior e E_L o campo elétrico na metade inferior do volume. Como a região preenchida pelo dielétrico de constante K apresenta a mesma diferença de potencial elétrico que a outra região, então, o conjunto está em paralelo.

Já provamos que para um capacitor esférico com ar entre as placas, a capacitância é calculada por $C_0 = 4\pi\varepsilon_0\left(\frac{r_a r_b}{-r_a + r_b}\right)$. Neste problema, o capacitor é equivalente a dois capacitores C_L e C_U em paralelo, sendo o primeiro a capacitância da metade inferior e o segundo da metade superior.

$$C_L = \frac{KC_0}{2} = 2\pi K\varepsilon_0\left(\frac{r_a r_b}{r_b - r_a}\right) \qquad C_U = \frac{C_0}{2} = 2\pi\varepsilon_0\left(\frac{r_a r_b}{r_b - r_a}\right)$$

$$C = C_U + C_L = 2\pi\varepsilon_0(1+K)\left(\frac{r_a r_b}{r_b - r_a}\right)$$

b) Para encontrar o campo elétrico na metade superior e na metade inferior, iremos utilizar a Lei de Gauss:

$$\oint_S \mathbf{E}\cdot d\mathbf{A} = \frac{q_{int}}{\varepsilon_0}$$

Sendo **E** o campo elétrico, **A** é a área, **q** a carga elétrica e ε_0 permissividade.

Campo elétrico metade inferior	**Campo elétrico metade superior**
$E_L.\frac{4\pi r^2}{2}=\frac{Q_L}{K\varepsilon_0}\rightarrow E_L=\frac{Q_L}{2\pi K\varepsilon_0 r^2}$	$E_U.\frac{4\pi r^2}{2}=\frac{Q_U}{\varepsilon_0}\rightarrow E_U=\frac{Q_U}{2\pi\varepsilon_0 r^2}$
Mas, $Q_L = C_L V$.	Mas, $Q_U = C_U V$
A carga total é : $Q_U + Q_L = Q$	A carga total é: $Q_U + Q_L = Q$
Pelo item anterior, $C_L = KC_U \rightarrow Q_L = KQ_U$	Pelo item anterior, $C_L = KC_U \rightarrow Q_L = KQ_U$
Assim, $Q_L=\frac{KQ}{1+K}$	Assim, $Q_U=\frac{Q}{1+K}$
Substituindo o valor Q_L na primeira equação:	Substituindo o valor Q_U na primeira equação:
$E_L=\frac{KQ}{1+K}.\frac{1}{2\pi K\varepsilon_0 r^2}=\frac{2}{1+K}.\frac{Q}{4\pi\varepsilon_0 r^2}$	$E_U=\frac{Q}{1+K}.\frac{1}{2\pi\varepsilon_0 r^2}=\frac{2}{1+K}.\frac{Q}{4\pi\varepsilon_0 r^2}$
Dessa forma: $E=E_L=E_U=\frac{2}{1+K}.\frac{Q}{4\pi\varepsilon_0 r^2}$	Dessa forma: $E=E_L=E_U=\frac{2}{1+K}.\frac{Q}{4\pi\varepsilon_0 r^2}$

c) Antes de resolver esse item, é fundamental entender do que se tratam as cargas livres e as cargas ligadas.

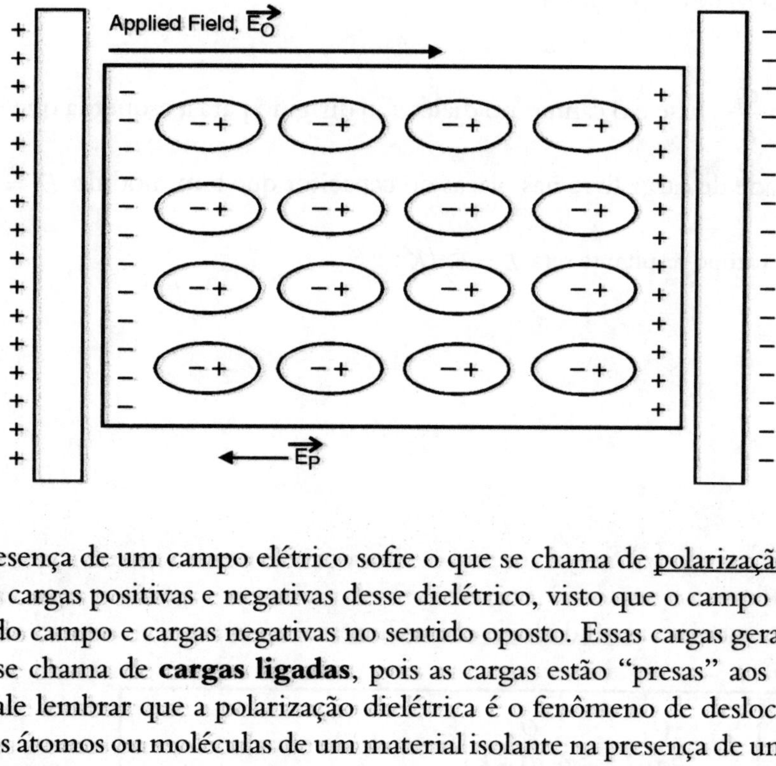

Um dielétrico em presença de um campo elétrico sofre o que se chama de polarização. A polarização consiste na separação das cargas positivas e negativas desse dielétrico, visto que o campo elétrico acelera cargas positivas no sentido do campo e cargas negativas no sentido oposto. Essas cargas geradas por esse efeito de polarização é o que se chama de **cargas ligadas**, pois as cargas estão "presas" aos dipolos sem poder se mover livremente. Vale lembrar que a polarização dielétrica é o fenômeno de deslocamento reversível das nuvens eletrônicas nos átomos ou moléculas de um material isolante na presença de um campo elétrico. Entretanto, quando submetidas a um campo elétrico forte, ou seja, grande em comparação à energia de ligação do átomo ou molécula, é possível gerar ionização, e nesse caso a deformação passa a ser irreversível. Após a formação dos íons, a substância, inicialmente isolante, passa a ser condutora de eletricidade e as cargas ligadas ficam livres para se mover, ou seja, transformam-se em **cargas livres**.

A figura representa a polarização do dielétrico. Perceba que temos as cargas ligadas no dielétrico e as cargas livres nas superfícies dos condutores.

É possível encontrar uma relação entre a densidade superficial de cargas ligadas e cargas livres. Considere a figura abaixo:

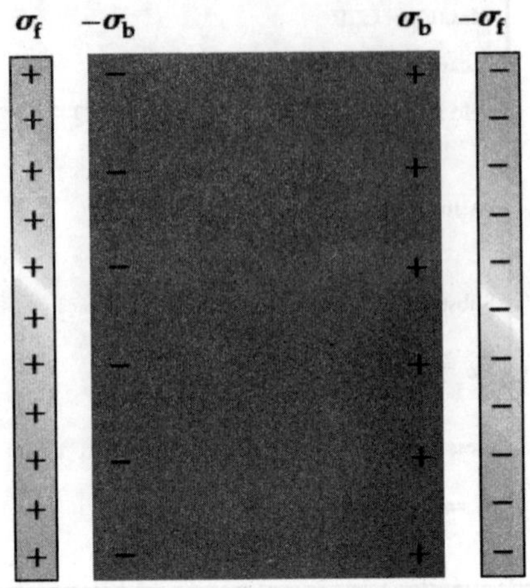

σ_f é a densidade superficial de cargas livres.
σ_b é a densidade superficial de cargas ligadas.

O campo elétrico $E_b = \dfrac{\sigma_b}{\varepsilon_0}$. Esse é o campo no dielétrico dirigido para a esquerda que reduz o campo elétrico E_0 devido à densidade de carga livre nas placas do capacitor que tem módulo $E_0 = \dfrac{\sigma_f}{\varepsilon_0}$.

Assim, a intensidade do campo resultante será $E = E_0/K$:

$$E = E_0 - E_b = E_0/K$$

$$E_b = \left(1 - \frac{1}{K}\right)E_0$$

$$\sigma_b = \left(1 - \frac{1}{K}\right)\sigma_f$$

Finalmente, podemos calcular a densidade de cargas livres:

Condutor interno	$\sigma_U = \dfrac{Q_U}{2\pi r_a^2} = \dfrac{Q}{2\pi r_a^2(1+K)}$ (metade de cima) $\sigma_L = \dfrac{Q_L}{2\pi r_a^2} = \dfrac{KQ}{2\pi r_a^2(1+K)}$ (metade de baixo)

Condutor externo	$\sigma_U = \dfrac{Q_U}{2\pi r_b^2} = \dfrac{-Q}{2\pi r_b^2(1+K)}$ $\sigma_L = \dfrac{Q_L}{2\pi r_b^2} = \dfrac{-KQ}{2\pi r_b^2(1+K)}$

d) As cargas ligadas nada mais são do que as cargas geradas pelo o efeito da polarização do dielétrico. Pela relação entre cargas livres e cargas ligadas podemos encontrar a densidade de cargas ligadas na superfície interna e na superfície externa do dielétrico em questão é, respectivamente:

$$\sigma_b = \left(1 - \frac{1}{K}\right)\sigma_f \rightarrow -\sigma_b = \left(1 - \frac{1}{K}\right)\frac{KQ}{2\pi r_a^2(1+K)} = \left(\frac{K-1}{K+1}\right)\frac{-Q}{2\pi r_a^2}$$

$$\sigma_b = \left(1 - \frac{1}{K}\right)\sigma_f \rightarrow -\sigma_b = \left(1 - \frac{1}{K}\right)\frac{-KQ}{2\pi r_b^2(1+K)} = \left(\frac{K-1}{K+1}\right)\frac{Q}{2\pi r_b^2}$$

Perceba que a densidade de carga ligada está com sinal contrário ao da densidade de carga livre encontrada no item c. Lembremos que o condutor interno apresenta carga elétrica +Q, ou seja, irá induzir cargas negativas no dielétrico. Assim, a densidade de carga ligada na superfície *interna* do dielétrico terá sinal contrário, ou seja, $-\sigma_b$. De forma análoga, acontece com a superfície *externa* do dielétrico.

e) Não há cargas ligadas, pois, caso contrário, o campo elétrico iria mudar à medida que percorrermos pela esfera.

26. (Tipler) Nem todos os dielétricos que separam as placas de um capacitor são rígidos. Por exemplo, a membrana de um nervo axônio é uma bicamada de lipídeos que tem uma compressibilidade finita. Considere um capacitor de placas paralelas cuja separação entre as placas é mantida por um material que tem uma constante dielétrica de 3,00, uma rigidez dielétrica de 40,0 kV/mm e um módulo de Young para tensão compressiva de $5{,}00.10^6$ N/m^2. Quando a diferença de potencial entre as placas do capacitor é zero, a espessura do dielétrico é igual a 0,200 mm e a capacitância do capacitor é dada por C_0.

    a) Derive uma expressão para a capacitância em função da diferença de potencial entre as placas do capacitor.
    b) Qual é o valor máximo dessa diferença de potencial? Considere que a constante dielétrica e a rigidez dielétrica não variam sob compressão.

Resolução:

a) Quando existe diferença de potencial entre as placas, a distância entre elas será menor em comparação com a distância quando a diferença de potencial é zero.

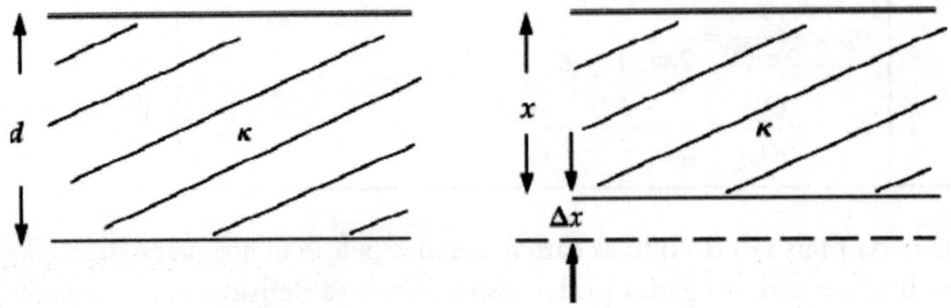

Pela definição de capacitância em função da diferença de potencial: $C(V) = \dfrac{Q}{V}$

Temos quando a diferença de potencial é zero: $C_0 = \dfrac{k\varepsilon_0 A}{d} = \dfrac{3.8,85.10^{-12}.A}{0,2mm}$

Sendo x a separação quando existe ddp: $C(x) = \dfrac{k\varepsilon_0 A}{x} \rightarrow Q(x) = \dfrac{k\varepsilon_0 A}{x}V$

Substituindo na primeira equação temos: $C(V) = \dfrac{\dfrac{k\varepsilon_0 A}{x}V}{V} = \dfrac{k\varepsilon_0 A}{x} = \dfrac{k\varepsilon_0 A}{d - \Delta x}$

A força de atração entre as placas é: $F = \dfrac{Q^2(x)}{2k\varepsilon_0 A} = \dfrac{\left(\dfrac{k\varepsilon_0 A}{x}V\right)^2}{2k\varepsilon_0 A} = -\dfrac{k\varepsilon_0 A V^2}{2x^2}$

O sinal negativo na força foi usado para indicar que ela age para reduzir a separação x entre as placas.

Pela Lei de Hooke aplicada a materiais (Tensão é proporcional à Extensão), temos a relação: $\sigma = E.\varepsilon$, sendo σ = tensão em pascal, E = Módulo de elasticidade ou Módulo de Young e ε = Deformação específica (adimensional).

Podemos reescrever essa equação para o problema tratado: $\dfrac{\Delta x}{x} = \dfrac{F / A}{Y}$

Sendo Y o módulo de Young e F/A a tensão em pascal.
Substituindo o valor de F na equação reescrita:

$$\frac{\Delta x}{x} = -\frac{k\varepsilon_0 V^2}{2Yx^2} \rightarrow \Delta x = -\frac{k\varepsilon_0 V^2}{2Yx} = -\frac{k\varepsilon_0 V^2}{2Yd} \quad (\Delta x << d)$$

A voltagem no capacitor é: $V = E_{MAX}d$ = (40kV / mm)(0,2 mm) = 8kV

Substituindo os valores encontrados na equação $-\dfrac{k\varepsilon_0 V^2}{2Yd}$ temos:

$$\Delta x = -\frac{3.8,85.10^{-12}.(8.10^3)^2}{2.5.10^6.0,2.10^{-3}} \cong 8,50.10^{-7}\, m \text{ (em módulo)}$$

Substituindo na equação de $C(V)$ temos:

$$C(V)=\frac{k\varepsilon_0 A}{d-\dfrac{k\varepsilon_0 V^2}{2Yd}}=C_0\left(1-\frac{k\varepsilon_0 V^2}{2Yd^2}\right)^{-1}\cong C_0\left(1+\frac{k\varepsilon_0 V^2}{2Yd^2}\right)$$

b) A máxima tensão será:

$$V_{MAX}=E_{MAX}(d-\Delta x)=(40kV/mm)(0{,}2mm-8{,}5.10^{-4}mm)=7{,}97kV$$

27. (Saraeva) O espaço entre duas esferas metálicas concêntricas finas, está cheio de dielétrico com permeabilidade dielétrica igual a ε. Os raios das esferas são iguais a r_1 e r_2. As cargas das esferas metálicas, interna e externa, são iguais a +q e –q, correspondentemente. Encontrar a diferença de potencial, a densidade das cargas de polarização e a capacidade de tal condensador esférico.

Resolução:

Inicialmente, devemos encontrar o campo elétrico entre as esferas pela Lei de Gauss:

$$E.(4\pi r^2)=\frac{q}{\varepsilon.\varepsilon_0}\to E=\frac{q}{4\pi r^2\varepsilon\varepsilon_0}$$

Assim, a diferença de potencial será:

$$V=\int E.dr=\frac{q}{4\pi\varepsilon\varepsilon_0}\int dr.r^2$$

$$V=\int_{r_1}^{r_2}E.dr=\frac{q}{4\pi\varepsilon\varepsilon_0}\int_{r_1}^{r_2}dr.r^2=\frac{q}{4\pi\varepsilon\varepsilon_0}\left(\frac{1}{r_1}-\frac{1}{r_2}\right)$$

A densidade de cargas livres é (em módulo):

$$\sigma_{f1}=\frac{q}{4\pi r_1^{\,2}}\ ;\ \sigma_{f2}=\frac{q}{4\pi r_2^{\,2}}$$

Pela relação temos:

$$\sigma_b=\left(1-\frac{1}{\varepsilon}\right)\sigma_f$$

Em módulo:

$$\sigma_{b1}=\left(1-\frac{1}{\varepsilon}\right)\frac{q}{4\pi r_1^{\,2}}$$

$$\sigma_{b2}=\left(1-\frac{1}{\varepsilon}\right)\frac{q}{4\pi r_2^{\,2}}$$

A capacitância é:

$$C=4\pi\varepsilon\varepsilon_0\left(\frac{r_1 r_2}{r_2-r_1}\right)$$

28. (IME) Um bloco de um material isolante elétrico de peso 5N, é abandonado do repouso na situação da figura abaixo. Na queda, o bloco puxa a placa metálica inferior P_2, de um capacitor enquanto a placa superior, P_1, permanece fixa.

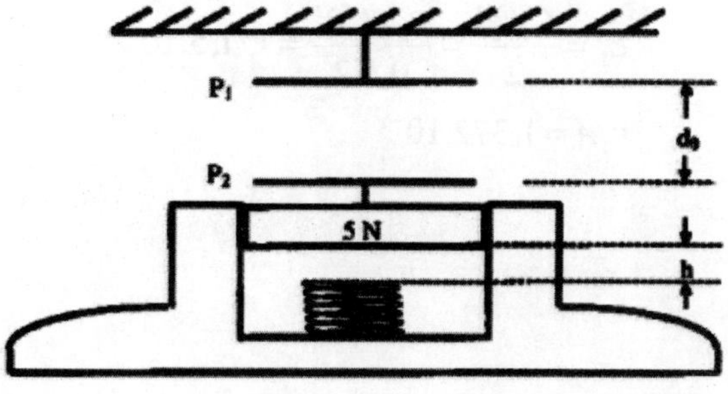

Determine a tensão elétrica no capacitor quando a mola atinge compressão máxima.

Dados: constante da mola: 30N/m, carga do capacitor: q = 18μC, capacitância inicial: C_0 = 9μF, distância inicial entre as placas: d_0 = 32 cm, distância inicial entre o bloco e a mola: h = 8 cm.

Resolução:

I) Conservação da energia mecânica:

$$mg(h+x)=\frac{kx^2}{2}\rightarrow 5(0,08+x)=\frac{30x^2}{2}\rightarrow x=0,4\,m$$

II) A carga final é igual a carga inicial, então:

$$C_0=\frac{\varepsilon_0 A}{d_0}\rightarrow C_0.d_0=\varepsilon_0 A$$

$$Q=\frac{C_0 d_0}{d_0+h+x}V_2\rightarrow V_2=\frac{Q(d_0+h+x)}{C_0 d_0}=\frac{18.10^{-6}(0,32+0,08+0,4)}{0,32.9.10^{-6}}=5V$$

29. (IME) Um gás ideal encontra-se, inicialmente, sob pressão de 1,0 atm e ocupa um volume de 1,0 L em um cilindro de raio R = 5/π m, cujo êmbolo mantém a placa P_2 de um capacitor afastada 10 cm da placa paralela P_1. Nessa situação, existe uma energia 171,5 μJ armazenada no capacitor, havendo entre suas placas a tensão de 5V. Determine o valor da capacitância quando o êmbolo for levantado, reduzindo a pressão isotermicamente para 0,8 atm.

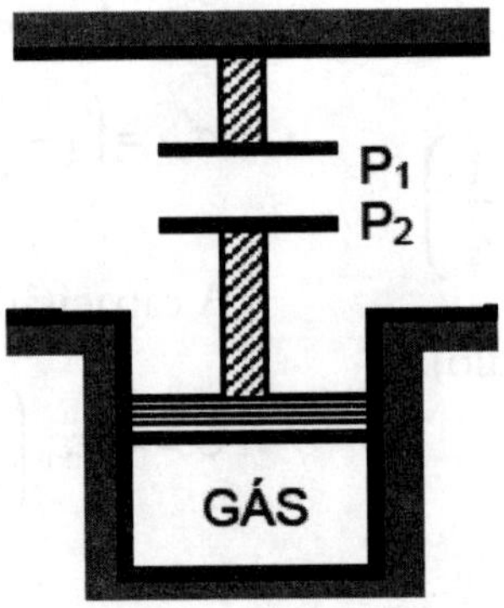

Resolução:

I) Temperatura constante:

$$P_1V_1=P_2V_2\rightarrow V_2=1,25.10^{-3}\,m^3$$

III) Pela energia armazenada:

$$E_1=\frac{C_1V_1{}^2}{2}=\frac{\varepsilon_0 A(5)^2}{0,1.2}=171,5.10^{-6}$$

$$\varepsilon_0 A=1,372.10^{-6}$$

II) Altura final do êmbolo:

$$V_1 = B.h = \pi R^2 h \rightarrow h = \frac{V_1}{\pi R^2}$$

$$V_2 = B.h' = \pi R^2 h' \rightarrow h' = \frac{V_2}{\pi R^2}$$

$$\Delta h = h' - h = \frac{\Delta V}{\pi R^2}$$

IV) A capacitância final será:

$$E_1 = \frac{C_1 V_1^2}{2} = \frac{\varepsilon_0 A (5)^2}{0{,}1.2} = 171{,}5.10^{-6}$$

$$= 1{,}372.10^{-6}$$

$$C = \frac{\varepsilon_0 A}{d_1 - \Delta h} = \frac{1{,}372.10^{-6}}{0{,}1 - 3{,}14.10^{-5}} = 13,$$

$$= 13{,}72.10^{-6}\ F$$

30. (IME) Uma partícula de massa m e carga elétrica q é arremessada com velocidade escalar v numa região entre duas placas de comprimento d, onde existe um campo elétrico uniforme E, conforme ilustra a figura. Ao sair da região entre as placas, a partícula entre numa região sujeita a um campo magnético uniforme B e segue uma trajetória igual a uma semicircunferência, retornando à região entre as placas. Pede-se:

a) o ângulo θ de arremesso da partícula indicado na figura.
b) a energia cinética da partícula no instante de seu retorno à região entre as placas.
c) a faixa de valores de B para que a partícula volte à região entre as placas.
d) verificar, justificando, se existe a certeza da partícula se chocar com alguma das placas após regressar à região entre as placas.

OBS.: desconsidere a ação da gravidade.

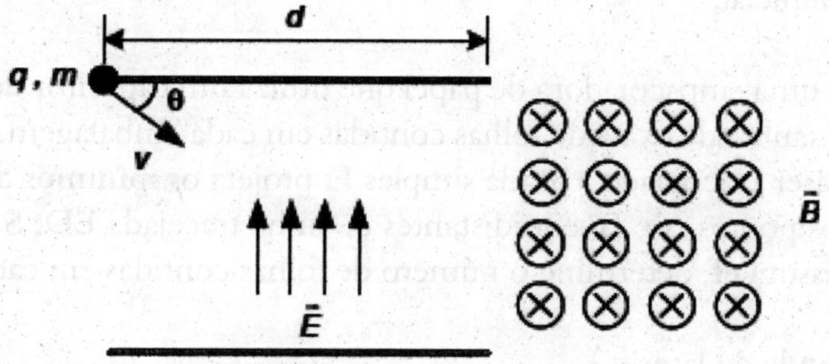

Resolução:

a) Quando a partícula atingir a região do campo magnético para realizar um movimento circular uniforme (velocidade perpendicular a B), sua velocidade vertical será nula:

$$d = V.\cos\theta.t \rightarrow t = \frac{d}{V.\cos\theta}$$

$$Vy = V_0 y - a.t$$

$$0 = V.sen\theta - \frac{qE}{m}\left(\frac{d}{V.\cos\theta}\right)$$

$$\theta = \frac{\sin^{-1}\left(\frac{2qEd}{mV^2}\right)}{2}$$

b) A energia cinética antes é igual à energia cinética depois entre as placas:

$$Ec = \frac{mV^2}{4}\left(1+\sqrt{1-\left(\frac{2qEd}{mV^2}\right)^2}\right)$$

c) Sendo x o deslocamento da partícula no interior do campo elétrico (no eixo y), por Torricelli:

$$0 = (V.sen\theta)^2 - 2\frac{qE}{m}x \rightarrow x = \frac{mV^2sen^2\theta}{2qE}$$

Para que a partícula retorne ao campo elétrico, $2R < x$:

$$2\frac{mV}{qB} < x \rightarrow B > \frac{4E\sqrt{\frac{1}{2}+\frac{1}{2}\sqrt{1-\left(\frac{2qEd}{mV^2}\right)^2}}}{V\left(\frac{1}{2}-\frac{1}{2}\sqrt{1-\left(\frac{2qEd}{mV^2}\right)^2}\right)}$$

d) Ocorre colisão com a placa superior, pois ao retornar com a mesma velocidade com que entrou no campo magnético, a carga estará mais próxima da placa superior (menor potencial) e com isso terá um alcance menor que no lançamento inicial.

31. (IME) A figura ilustra uma empacotadora de papel que utiliza um capacitor de placas quadradas e paralelas para empilhar a quantidade exata de folhas contidas em cada embalagem. Ao atingir a altura limite do bloco de papel, o laser L acoplado à fenda simples *Fs* projeta os mínimos de intensidade de difração de primeira ordem nos pontos A e B, equidistantes da linha tracejada ED. Sabendo que cada folha de papel possui uma espessura **ef**, determine o número de folhas contidas em cada embalagem.

<u>Dados</u>: comprimento de onda do laser = λ;
largura da fenda simples = a;
distância entre a fenda e a reta AB = 2d ;
área da superfície das placas do capacitor = d^2 ;
permissividade do vácuo = ε_0 ;
permissividade do papel = ε;
capacitância do capacitor com o limite máximo de folhas de papel = C.

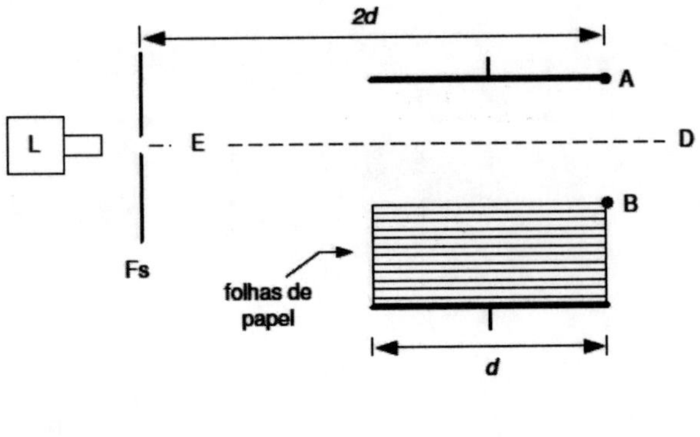

Resolução:
No limite da capacitância tem-se:

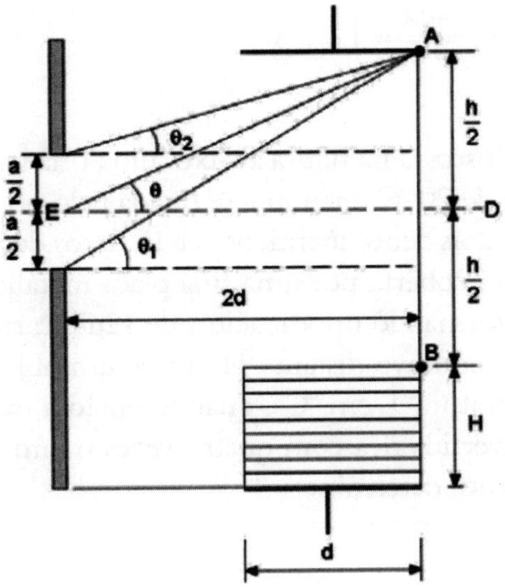

Para o primeiro mínimo da fenda simples:

$$a.sen\theta = 1.\lambda \rightarrow sen\theta = \frac{\lambda}{a} \rightarrow \cos\theta = \sqrt{1-\left(\frac{\lambda}{a}\right)^2} \rightarrow tg\theta = \frac{\lambda}{\sqrt{a^2-\lambda^2}}$$

Da figura acima, temos:

$$tg\theta_1 = \frac{\frac{h}{2}+\frac{a}{2}}{2d} \quad tg\theta_2 = \frac{\frac{h}{2}+\frac{a}{2}}{2d} \quad tg\theta = \frac{\frac{h}{2}}{2d}$$

Considerando que h >> a, temos que $tg\theta \cong tg\theta_1 \cong tg\theta_2$, ou seja, os raios incidentes que interferem <u>destrutivamente</u> para formar o mínimo de difração de primeira ordem no ponto A são praticamente paralelos.

Dessa forma:

$$tg\theta = \frac{h}{4d} = \frac{\lambda}{\sqrt{a^2-\lambda^2}} \rightarrow h = \frac{4d\lambda}{\sqrt{a^2-\lambda^2}}$$

A capacitância na região do papel é: $C_{papel} = \varepsilon\frac{d^2}{H}$

A capacitância da região no vácuo é: $C_{vacuo} = \varepsilon_0\frac{d^2}{h}$

Os capacitores estão em série, então, a capacitância equivalente é: $C = \frac{\varepsilon_0\varepsilon d^2}{\varepsilon_0 H + \varepsilon h}$.

Isolando H (H = n.**ef**, sendo n é o número de folhas) na equação anterior e substituindo

$$H = n.ef = \frac{\varepsilon}{\varepsilon_0}\left(\frac{\varepsilon_0 d^2}{C} - \frac{4d\lambda}{\sqrt{a^2-\lambda^2}}\right)$$

o valor de h, temos: $n = \frac{\varepsilon}{ef.\varepsilon_0}\left(\frac{\varepsilon_0 d^2}{C} - \frac{4d\lambda}{\sqrt{a^2-\lambda^2}}\right)$

32. (IME) Em certa experiência, ilustrada na figura abaixo, uma fina barra de latão, de comprimento L = 8 m, inicialmente à temperatura de 20 °C encontra-se fixada pelo ponto médio a um suporte preso à superfície e pelas extremidades a dois cubos idênticos A e B, feitos de material isolante térmico e elétrico. A face esquerda do cubo A está coberta por uma fina placa metálica quadrada P_1 , distante d_0 = 5 cm de uma placa idêntica P_2 fixa, formando um capacitor de 12μF, carregado com 9μC. Na face direita do cubo B está fixado um espelho côncavo distante 11 cm de um objeto O, cuja imagem I está invertida. Aquece-se a barra até a temperatura T em °C , quando então a distância entre O e I se torna igual a 24 cm e a imagem I, ainda invertida fica com quatro vezes o tamanho do objeto O. Considerando a superfície sob os cubos sem atrito, determine:

a) a distância focal do espelho;
b) a tensão elétrica entre as placas ao ser atingida a temperatura T;
c) a temperatura T.

Dados: coeficiente de dilatação linear do latão (α) = $1,8.10^{-5}\ ^{o}C^{-1}$.

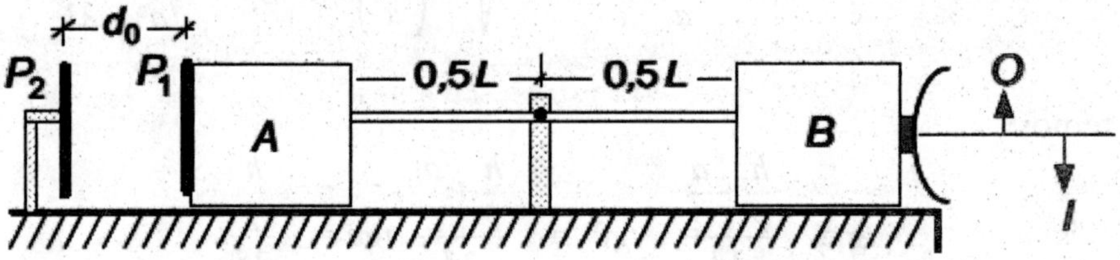

Resolução:

a) Seja **b** a altura do objeto, então, a imagem terá uma altura igual a 4**b**. Como a distância entre a imagem e o objeto é igual a 24 cm, podemos equacionar:

$$p' - p = 24$$
$$\frac{-4b}{b} = -\frac{p'}{p}$$

Resolvendo as equações encontramos: p' = 32cm, p = 8cm

Assim, a distância focal será: $\frac{1}{f} = \frac{1}{p} + \frac{1}{p'} \to f = 6,4\,cm$.

b) Inicialmente, a distância entre o espelho côncavo e o objeto era igual a 11 cm. Após a barra atingir uma temperatura T, essa distância passou a ser 8 cm (como calculado na questão anterior). Dessa forma, podemos afirmar que tanto na extremidade direita quanto na extremidade esquerda tivemos um aumento no comprimento da barra em 3cm. Com isso, podemos encontrar a capacitância final e a tensão elétrica entre as placas:

$$C = \frac{\varepsilon_0 A}{d_0 - \Delta L} = \frac{C_0 d_0}{d_0 - \Delta L} = \frac{12.10^{-6}.5.10^{-2}}{5.10^{-2} - 3.10^{-2}} = 30\mu F$$

$$Q = C.V$$

$$9\mu C = 30\mu F.V \rightarrow V = 0,3V$$

c) A temperatura T é:

$$\Delta L = 0,5L.1,8.10^{-5}.(T - 20) = 3.10^{-2}$$

$$T = 436,6\ ^{\circ}C$$

33. (IME) Um capacitor de capacitância inicial $\mathbf{C_0}$ tem suas placas metálicas mantidas paralelas e afastadas de uma distância **d** pelos suportes e conectadas a uma fonte de V_0 volts, conforme a figura (SITUAÇÃO 1). No interior de tal capacitor, encostada às placas, se encontra uma mola totalmente relaxada, feita de material isolante e massa desprezível. Em determinado instante a fonte é desconectada e, em seguida, a placa superior é liberada dos suportes, deslocando-se no eixo vertical. Considerando que a placa superior não entre em oscilação após ser liberada e que pare a uma distância **L** da placa inferior (SITUAÇÃO 2), determine:

a) a energia total em cada uma das duas situações, em função de C_0, V_0, d e L;

b) a constante elástica da mola em função de C_0, V_0, e d que resulte em um afastamento de L = d/2 entre as placas do capacitor.

Observações:

- Despreze o peso da placa superior, o efeito de borda no capacitor e o efeito da mola sobre a capacitância.
- Os suportes são de material isolante.

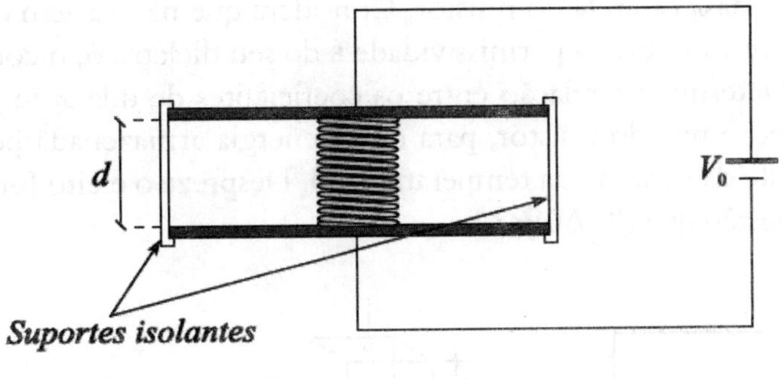

Resolução:

a) Na *situação 1* temos:

$$E = \frac{C_0 V_0^{\ 2}}{2}$$

Na *situação 2*, devemos levar em consideração não apenas a energia armazenada no capacitor mas também a energia potencial elástica:

$$Q = Q_0 = C_0 V_0$$
$$C = \frac{C_0 d}{L}$$
$$x = d - L$$
$$E = \frac{Q^2}{2C} + \frac{kx^2}{2}$$

Como a placa superior não oscila, podemos considerar que a força elétrica é igual à força elástica (estão em equilíbrio):

$$\frac{Q^2}{2\varepsilon_0 A} = k(d - L) \rightarrow k = \frac{C_0 V_0{}^2}{2d(d - L)}$$

Substituindo o valor de Q, C, x e k na equação da energia total na situação 2 e calculando a soma encontramos:

$$E = \frac{C_0 V_0{}^2}{4d}(d + L)$$

b) Substituindo o valor de L na equação da constante elástica encontrada no item anterior, obtemos:

$$k = \frac{C_0 V_0{}^2}{2d\left(d - \frac{d}{2}\right)} = \frac{C_0 V_0{}^2}{d^2}$$

34. (IME) O circuito ilustrado na figura abaixo apresenta um dispositivo F capaz de gerar uma corrente contínua e constante I, independentemente dos valores da resistência R e da capacitância C. Esse circuito se encontra sujeito a variações na temperatura ambiente $\Delta\theta$. O calor dilata apenas as áreas A_C das placas do capacitor e A_R da seção reta do resistor. Considere que não variem com a temperatura a distância d entre as placas do capacitor, a permissividade ε do seu dielétrico, o comprimento L do resistor e sua resistividade ρ. Determine a relação entre os coeficientes de dilatação superficial β_C das placas do capacitor e β_R da seção reta do resistor, para que a energia armazenada pelo capacitor permaneça constante e independente da variação da temperatura $\Delta\theta$. Despreze o efeito Joule no resistor e adote no desenvolvimento da questão que $(\beta_R \Delta\theta)^2 \ll 1$.

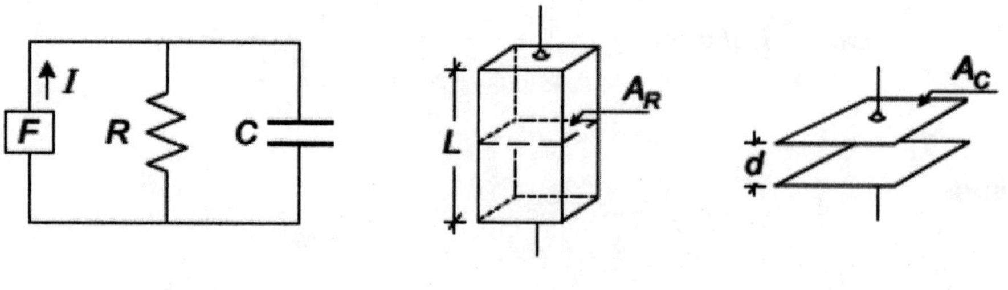

Resolução:

I) Energia armazenada no capacitor no início:

$$E = \frac{C_0 V^2}{2} = \frac{C_0 (R_0 I)^2}{2} = \frac{1}{2}\left(\frac{\varepsilon_0 A_C}{d}\right)(R_0 I)^2$$

II) Energia armazenada no capacitor depois da variação de temperatura:

$$E = \frac{C(V')^2}{2} = \frac{1}{2}\left(\frac{\varepsilon_0 A_C(1+\beta_C\Delta\theta)}{d}\right)\left(\frac{R_0 I}{1+\beta_R\Delta\theta}\right)^2$$

III) Como a energia é a mesma após a variação de temperatura, temos:

$$\frac{1}{2}\left(\frac{\varepsilon_0 A_C(1+\beta_C\Delta\theta)}{d}\right)\left(\frac{R_0 I}{1+\beta_R\Delta\theta}\right)^2 = \frac{1}{2}\left(\frac{\varepsilon_0 A_C}{d}\right)(R_0 I)^2$$

$$\beta_C = 2\beta_R$$

35. (IME) Na figura abaixo, há um espelho com a face refletora para baixo, tendo uma de suas extremidades presa a um eixo que permite um movimento pendular e um canhão, que emite concomitantemente um raio de luz. Abaixo do espelho existem dois corpos de massa m e cargas de mesmo módulo e sinais opostos. Os corpos estão apoiados sobre um trilho sem atrito, fixados em suas extremidades e no mesmo plano vertical que o canhão de luz. Os corpos estão imersos no campo elétrico uniforme existente entre as placas de um capacitor, que é energizado por uma fonte variável U(x).

No momento em que o espelho inicia o movimento, a partir da posição inicial e com aceleração tangencial de módulo constante, o corpo de carga negativa é liberado. Para que a aceleração deste corpo seja constante e máxima no sentido do eixo X, determine:

a) a expressão de U(x), onde x representa a posição do corpo de carga negativa relativa à origem O do eixo X;

b) o módulo da aceleração tangencial da extremidade livre do espelho, para que o raio de luz atinja a carga de prova negativa no momento em que o deslocamento angular do espelho seja de 50°.

Dados: Q = 10-4 C; m = 20 g, l = 1,0 m, d = 0,5 m, g = 10 m/s²

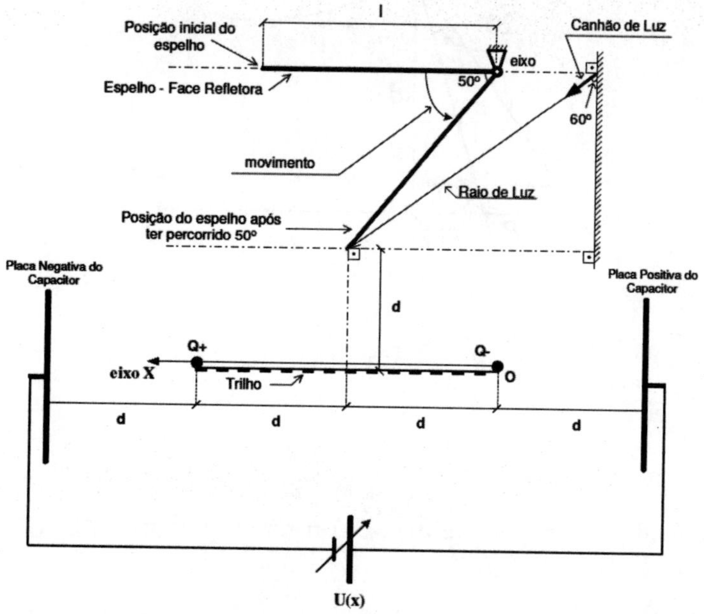

Resolução:

a) Duas forças no eixo x de sentidos opostos atuam no corpo de carga negativa. Assim, a força resultante no eixo x é: $F_R = \frac{KQ^2}{(2d)^2} - \frac{Q^2}{2\varepsilon_0 A}$. Entretanto, aceleração desse corpo deve ser constante e máxima, para a aceleração máxima temos a resultante das forças elétricas igual a: $\frac{KQ^2}{(2d)^2}$.

Dessa forma, durante o movimento do corpo durante o eixo x:

$$\frac{KQ^2}{(2d)^2} = \frac{KQ^2}{(2d-x)^2} - QE$$

$$\frac{KQ}{4d^2} = \frac{KQ}{(2d-x)^2} - \frac{U(x)}{4d}$$

$$U(x) = \frac{KQ}{d}\frac{(4dx - x^2)}{(2d-x)^2}$$

Considerando que o meio seja o vácuo (K = 9.10⁹ (SI)): $U(x) = 1{,}8.10^6\left(\frac{2x - x^2}{(1-x)^2}\right)$

b) A aceleração do corpo de carga negativa é: $\frac{KQ^2}{(2d)^2} = m.a \rightarrow a = 4500\, m/s^2$

Pela figura, podemos observar que a partícula de carga negativa (P) percorreu uma distância de **d + m** quando o raio a atinge. Sendo **m = d.tg 20**:

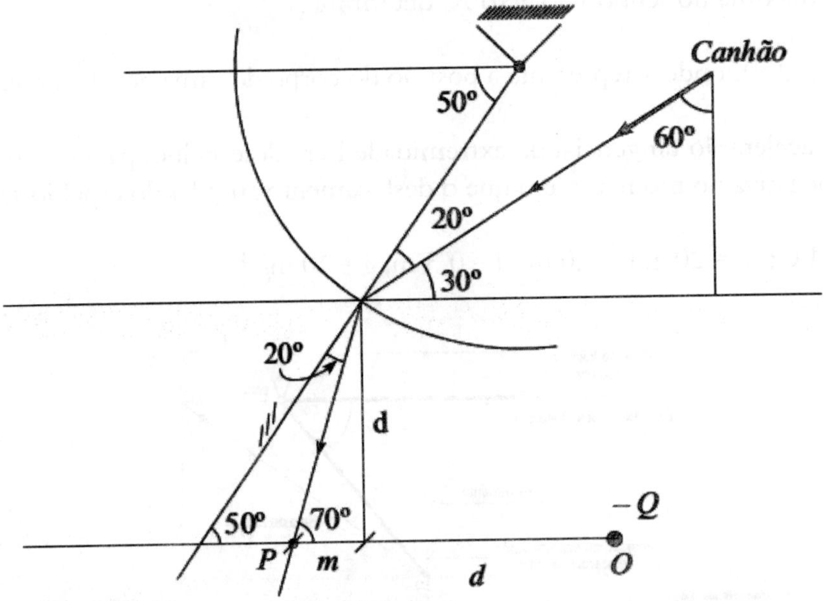

Sendo que:

$$\Delta s = \frac{at^2}{2} \rightarrow d + m = \frac{KQ^2}{4md^2}.\frac{t^2}{2}$$

$$t^2 = \frac{8md^2}{KQ^2}(d + d.tg20)$$

Como a aceleração tangencial da extremidade livre é constante, podemos dizer, a partir do repouso:

$$\Delta\varphi.\ell = \frac{1}{2}.a_T.t^2$$

Substituindo os valores: $\Delta\varphi = \frac{5\pi}{18}$, $\ell = 1m$ e $t^2 = \frac{8md^2}{KQ^2}\left(d + d.tg\left(\frac{\pi}{9}\right)\right)$:

$$a_T = \frac{5\pi}{2\left(1 + tg\frac{\pi}{9}\right)}.10^3\ m/s^2$$

36. (IME) Um raio luminoso incide ortogonalmente no ponto central de um espelho plano quadrado MNPQ, conforme a figura abaixo. Girando-se o espelho de certo ângulo em torno da aresta PQ, consegue-se que o raio refletido atinja a superfície horizontal S a qual está paralela ao raio incidente. Com a sequência do giro, o ponto de chegada em S aproxima-se da aresta PQ. No ponto de chegada em S, que fica mais próximo de PQ, está um sensor que, ao ser atingido pelo raio refletido, gera uma tensão elétrica U proporcional à distância d entre o referido ponto e aquela aresta: $U = k.d$. Fixando o espelho na posição em que a distância d é mínima, aplica-se a tensão U aos terminais A e B do circuito. Dado que todos os capacitores estão inicialmente descarregados, determine a energia que ficará armazenada no capacitor C_3 se a chave Y for fechada e assim permanecer por um tempo muito longo.

Dados: comprimento PQ = 6 m;
constante k = 12 V/m.

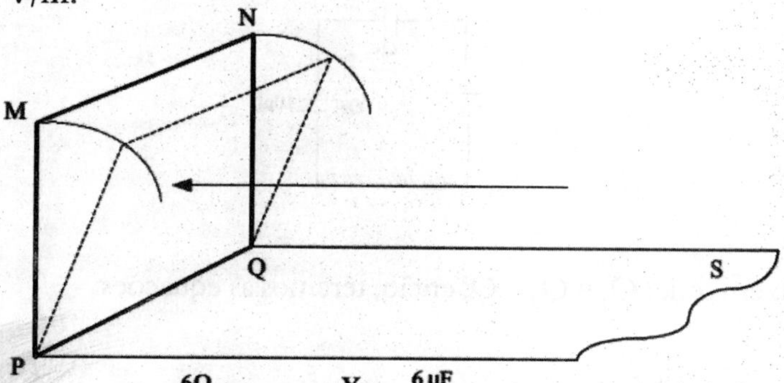

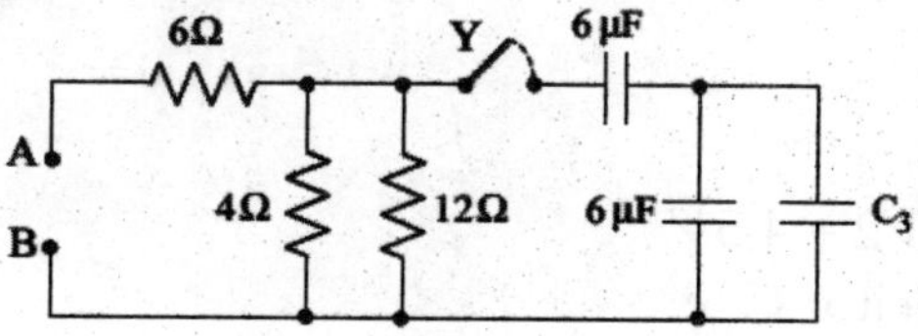

Resolução:

Observe a figura:

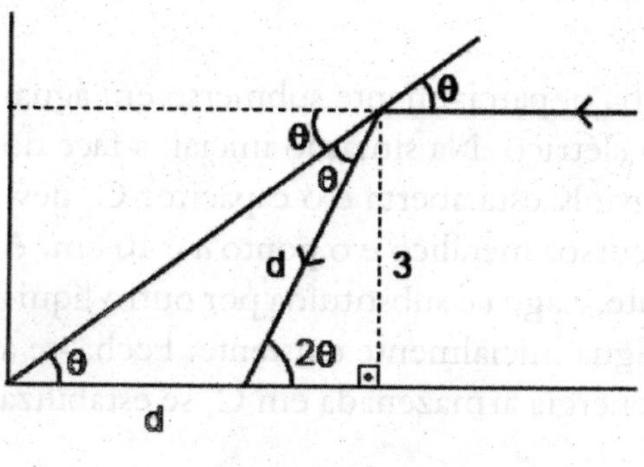

O enunciado afirma que o raio de luz atinge o espelho em seu ponto central. Pela geometria do problema:

$$sen2\theta = \frac{3}{d}$$

Para d mínimo, devemos ter $sen2\theta$ máximo. O maior valor possível para o seno do ângulo é 1. Então, $\theta = 45^0$.
Tensão elétrica: $U = k.d = 12.3 = 36V$

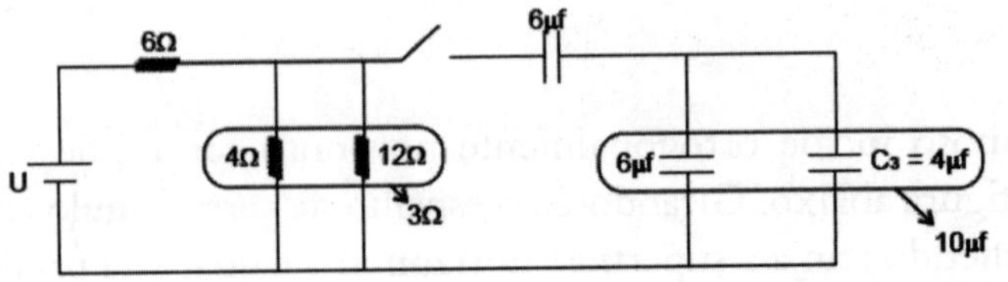

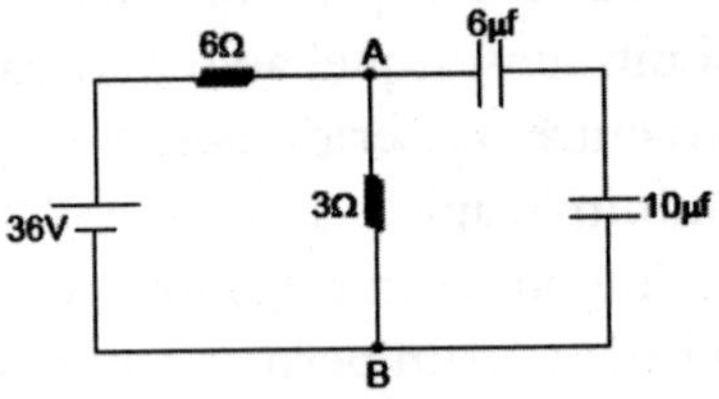

$V_{AB} = 12\ V$

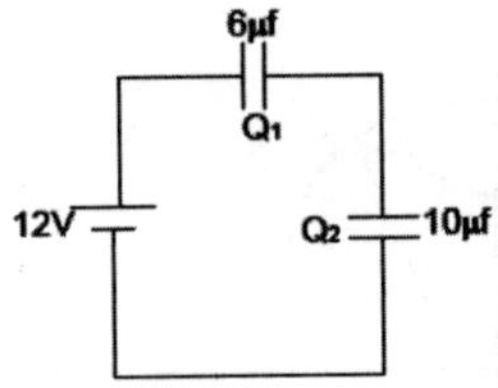

Como os capacitores estão em série: $Q_1 = Q_2 = Q$, então, teremos as equações:

$V_1 + V_2 = 12$
$6.V_1 = 10.V_2$

Resolvendo encontramos $V_1 = 7{,}5V, V2 = 4{,}5V$.
Assim, a energia armazenada no capacitor C_3 é:

$$E = \frac{C_3 V_2{}^2}{2} = \frac{4.10^{-6}.(4{,}5)^2}{2} = 4{,}05.10^{-5}\ J = 40{,}5\,\mu J$$

37. (IME) A figura ilustra um bloco M de madeira com formato cúbico, parcialmente submerso em água, ao qual está fixado um cursor metálico conectado a um circuito elétrico. Na situação inicial, a face do fundo do bloco se encontra a 48 cm da superfície da água, a chave K está aberta e o capacitor C_1 descarregado. O comprimento do fio resistivo entre a posição *b* do cursor metálico e o ponto *a* é 10 cm. A potência dissipada no resistor R_1 é 16 W. Em determinado instante, a água é substituída por outro líquido mais denso, mantendo-se constante o nível H da coluna de água inicialmente existente. Fecha-se a chave K e observa-se que, após um longo intervalo de tempo, a energia armazenada em C_1 se estabiliza

em 28,8 μJ. Considerando que a resistência por unidade de comprimento do fio resistivo é constante, determine a massa específica do líquido que substituiu a água.
Dados: aceleração da gravidade = 10 m/s^2;
massa específica da água = 1g/cm^3.

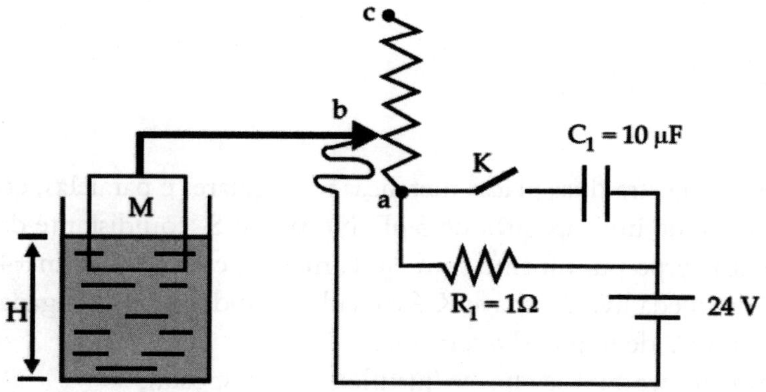

Resolução:

Na *situação inicial*, temos dois resistores (R1 e R2). O primeiro tem resistência de 1Ω enquanto o outro tem $R = \frac{\rho\ell}{A} = k\ell = 0{,}1k$ sendo k uma constante. Como R1 dissipa 16W, podemos encontrar a corrente elétrica que percorre esse circuito: $16 = 1.i^2 \rightarrow i = 4A$

Dessa forma, podemos encontrar R_2:

$$i = \frac{24}{R_1 + R_2} \rightarrow k = 50 \rightarrow R_2 = 5\Omega$$

Após fechar a chave, a resistência de R2 mudou de valor, pois o comprimento do resistor sofreu uma alteração. Assim, teremos dois resistores (R1 e R'2). Devemos encontrar [illegible]rença de potencial no capacitor para achar o módulo da corrente elétrica que passa pelos resistores, qu[illegible]o em série.

$$E = \frac{CU^2}{2} \rightarrow U = 2{,}4V$$

No resistor R_1: $U = R_1.i \rightarrow i = 2{,}4A$
Dessa forma, podemos encontrar R'_2:

$$2{,}4 = \frac{24}{1 + R'_2} \rightarrow R'_2 = 9\Omega \rightarrow \ell_2 = 0{,}18m$$

Em ambos os casos, o empuxo deve equilibrar o peso do bloco. Como o peso é constante, os empuxos são iguais.
Sendo A a área da base do bloco, h e h' as alturas da parte submersa na situação inicial e final, respectivamente, encontramos:

$$(S.h).d_{agua}.g = (S.h').d_L g \rightarrow d_L = \frac{h}{h'} d_{agua}$$

A nova altura h' pode ser encontrada por:

$h - h' = \ell_2 - \ell$

$0{,}48 - h' = 0{,}18 - 0{,}10$

$h' = 0{,}4\,m$

Assim, teremos: $d_L = \dfrac{0{,}48}{0{,}4}.1{,}0 = 1{,}2\ g/cm^3$

38. (IME) A figura a seguir mostra duas placas metálicas retangulares e paralelas, com 4 m de altura e afastadas de 4 cm, constituindo um capacitor de 5 μF. No ponto S, equidistante das bordas superiores das placas, encontra-se um corpo puntiforme com 2g de massa e carregado com +4 μC. O corpo cai livremente e, após 0,6 s de queda livre, a chave K é fechada, ficando as placas ligadas ao circuito capacitivo em que a fonte E tem 60 V de tensão. Determine:
 a) com qual das placas o corpo irá se chocar (justifique sua resposta);
 b) a que distância da borda inferior da placa se dará o choque.

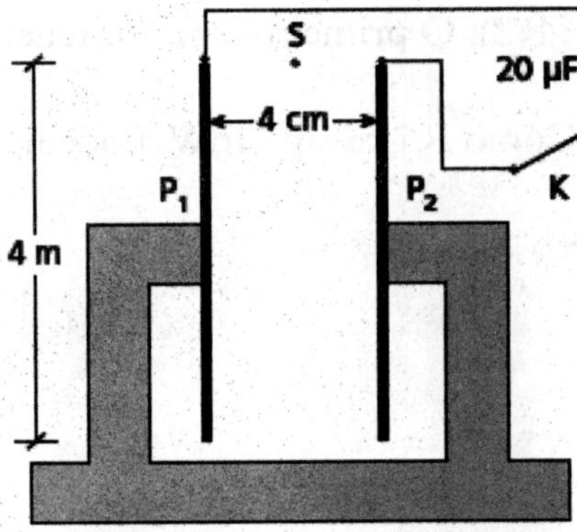

Resolução:

a) P_1, pois essa placa, que está ligada ao polo negativo da fonte de tensão, irá atrair o corpo de carga oposta.

b) Inicialmente, o corpo cai em queda livre por um intervalo de tempo de 0,6 s.

$S_1 = S_0 + V_0 t + \dfrac{a}{2}t^2 \rightarrow S = 0 + 0 + 5.(0{,}6)^2 = 1{,}8\,m$

Após o fechamento da chave, surge uma força entre as placas: F = qE = qU/d. Precisamos encontrar a diferença de potencial entre as placas paralelas. Assim, temos um circuito similar a da figura abaixo:

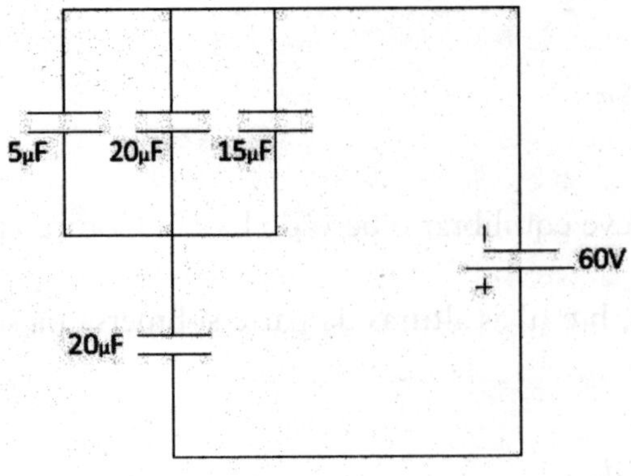

$Q = C_{eq}.U = \frac{40}{3}60 = 800\,\mu C$

Assim, a ddp entre P_1 e P_2 é: $U_S = \frac{Q}{C_S} = \frac{800}{40} = 20V$

Substituindo os valores em *F*: $F = q\frac{U}{d} = 2.10^{-3}\,N$

A aceleração será: a = $1m/s^2$

O tempo gasto do fechamento de K até a colisão pode ser obtido pela equação:

$$t_2 = \sqrt{\frac{2.\frac{4.10^{-2}}{2}}{a}}\sqrt{\frac{2.2.10^{-2}}{1}} = 0,2\,s$$

Assim, achamos (velocidade inicial 6 m/s): $S_2 = 6.0,20 + \frac{10}{2}.(0,20)^2 = 1,40\,m$

Dessa forma, a distância da borda inferior ao ponto de colisão é:
$D = 4 - S_1 - S_2 = 0,8m$

39. (ITA) Situado num plano horizontal, um disco gira com velocidade angular ω constante, em torno de um eixo que passa pelo seu centro *O*. O disco encontra-se imerso numa região do espaço onde existe um campo magnético constante *B* orientado para cima, paralelamente ao eixo vertical de rotação. A figura mostra um capacitor preso ao disco (com placas metálicas planas, paralelas, separadas entre si de uma distância *L*) onde, na posição indicada, se encontra uma partícula de massa *m* e carga *q* > 0, em repouso em relação ao disco, a uma distância *R* do centro.

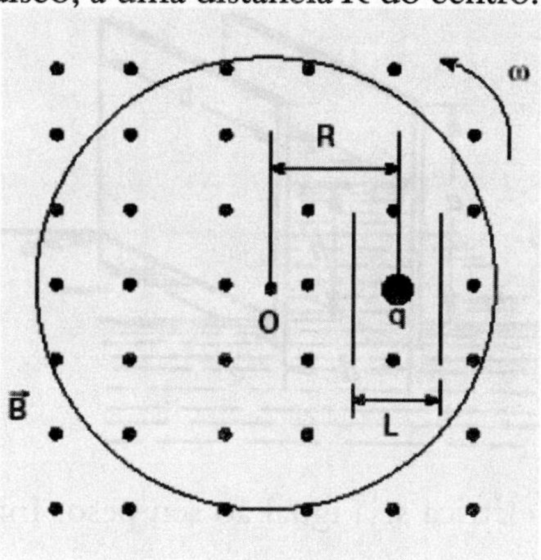

Determine a diferença de potencial elétrico entre as placas do capacitor, em função dos parâmetros intervenientes.

Resolução:
A resultante das forças aplicadas na partícula de carga *q* será igual à força centrípeta, pois a carga está em movimento circular. Assim, o diagrama das forças será:

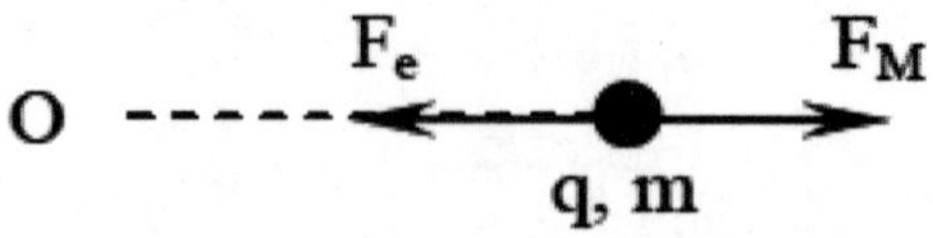

$$F_{cp} = F_e - F_M$$

$$mw^2R = q\frac{U}{L} - BqwR$$

$$U = \frac{wRL(mw + Bq)}{q}$$

40. (MIT) Qual é, aproximadamente, a capacitância de um típico aluno do MIT?

Resolução:
Poderíamos considerar o corpo humano próximo de uma esfera. Primeiramente, necessitamos do raio de uma pessoa. Podemos aproximar esse raio para 1 metro. Então, a capacitância deve ser:

$$C \cong 4\pi\varepsilon_0 R \cong \frac{1}{9.10^9} \cong 100\,pF$$

Apesar da aproximação bastante simplificada, não encontramos uma grande discrepância em comparação ao valor real que é próximo de 170 pF.

41. (Problems in Physics – Pinsky) Sobre a superfície de um líquido, colocado em um grande recipiente, encontram-se as placas verticais de um condensador que tangenciam a superfície do líquido. Liga-se o condensador a uma bateria com fem igual a **U** a qual permanece ligada durante toda a experiência. Sabendo que o líquido tem a permissividade igual a ε e sua densidade igual a ρ, encontre a altura atingida pelo líquido entre as placas do capacitor.

Resolução:
O líquido irá subir até que a força elétrica seja igual ao seu peso. Inicialmente, devemos considerar dois capacitores em paralelo:

$$Ceq = C_1 + C_2 = \frac{\varepsilon\varepsilon_0 hb}{d} + \frac{\varepsilon_0(a-h)b}{d} = \frac{\varepsilon_0 b}{d}\left(a + h(\varepsilon - 1)\right)$$

A energia armazenada no capacitor será: $E = \frac{CeqU^2}{2} = \frac{\varepsilon_0 bU^2}{2d}\left(a + h(\varepsilon - 1)\right)$

Assim, a força pode ser encontrada por: $F = +\frac{dE}{dh}$. Sabemos que se U permanece constante, ao introduzir o dielétrico sua capacidade aumenta e sua energia E aumenta. Como a força atua no sentido no qual aumenta a energia do condensador, o sinal será positivo.

Dessa forma, a força será igual a $F = \frac{\varepsilon_0 b U^2}{2d}(\varepsilon - 1)$.

Igualando ao peso temos:

$$F = \frac{\varepsilon_0 b U^2}{2d}(\varepsilon - 1) = mg = \rho h b d g$$

$$\frac{\varepsilon_0 U^2}{2d^2 \rho g}(\varepsilon - 1) = h$$

42. (Problems in Physics – Pinsky) Resolva a questão anterior considerando que as placas são conectadas a uma bateria de fem igual à φ que depois é desconectada.

Resolução:
Aproveitando o valor da força já encontrada anteriormente temos:

$F = \frac{(k-1)Q^2 d}{2b\varepsilon_0\left[(k-1)x + a\right]^2}$, nessa questão, x = h.

O enunciado afirma que: $Q = \varphi C_0 = \varphi \frac{\varepsilon_0 ab}{d}$

Substituindo o valor de Q na equação da força e simplificando encontramos:

$$F = \frac{\varepsilon_0 a^2 b \varphi^2}{2d}\left(\frac{k-1}{\left[h(k-1)+a\right]^2}\right) = mg = \rho h b d g$$

Sendo h pequeno, podemos utilizar a aproximação: $(1+x)^n \cong 1 + nx$.

No caso, $\left[h(k-1)+a\right]^2 = \left[\frac{h(k-1)}{a}+1\right]^2 = \left[\frac{2h(k-1)}{a}+1\right]$

Dessa forma, organizando a equação, encontramos:

$$h^2 + \frac{a}{\varepsilon - 1}h - \frac{\varepsilon_0 a \varphi^2}{\rho g d^2} = 0$$

Resolvendo a equação encontramos:

$$h = -\frac{a}{2(\varepsilon - 1)} + \sqrt{\frac{a^2}{4(\varepsilon-1)^2} + \frac{\varepsilon_0 a \varphi^2}{\rho g d^2}}$$

Exercícios de Fixação – Nível III

1. (Escola Naval) Uma haste de comprimento inicial L_0 = 59 cm, tem uma extremidade fixa na parede e a outra extremidade presa a uma placa retangular (1) isolante de área da face A, que pode deslizar com atrito desprezível na superfície horizontal. Outra placa retangular (2) isolante, de mesma área da face, está fixa na superfície horizontal a uma distância d = 17,7 cm da placa (1). As placas possuem revestimento metálico nas faces que se defrontam, formando, assim, um capacitor plano de placas paralelas a vácuo. A haste, que possui massa 30 gramas, calor específico médio 0,40cal/g°C e coeficiente de dilatação linear igual a 5.10^{-4} °C^{-1}, é uniformemente aquecida até atingir uma temperatura tal que a nova capacitância do capacitor torne-se 20% maior. Encontre o calor fornecido, em **kcal**, por um aquecedor (não indicado na figura) à haste.

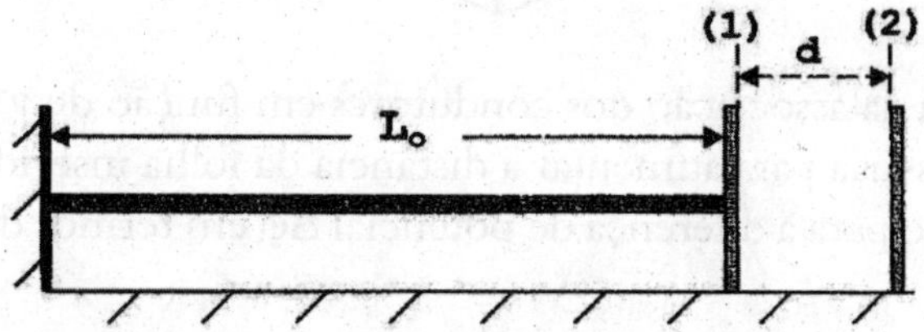

2. A figura mostra uma esfera metálica de raio igual a 1 cm, com carga de 0,1 μC, incrustada em uma esfera concêntrica de um material dielétrico cuja constante dielétrica vale 2,00, cujo raio é 3,00 cm. Calcule a densidade superficial de carga de polarização na superfície:

   a) interna da esfera dielétrica
   b) externa da esfera dielétrica

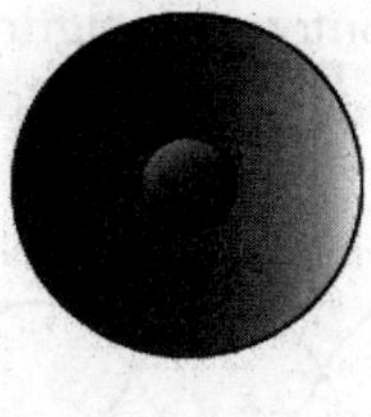

3. Com referência ao capacitor visto na figura, calcule a densidade superficial de carga de polarização na interface entre os dois dielétricos.

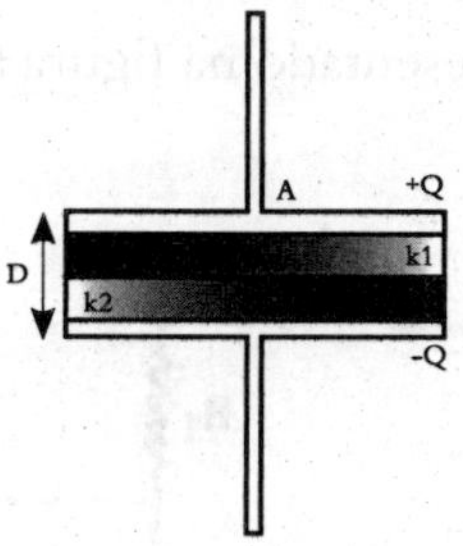

4. Um capacitor de placas paralelas com área 1 m^2 contém um dielétrico que preenche completamente o espaço entre as placas.O campo elétrico entre as placas é igual a $1,4.10^6$ N/C. A constante dielétrica do dielétrico é igual a k = 4,5. Encontre a densidade superficial de cargas livres nas placas do capacitor e calcule a densidade de cargas ligadas no dielétrico.

5. (MIT) Uma folha condutora plana A é suspensa por um fio isolante entre as superfícies de uma folha condutora B dobrada como mostra a figura. As folhas estão carregadas com sinais opostos, a diferença de potencial, em statvolt, é $\Delta\varphi$. Isto faz com que surja uma força **F** de mesmo sentido do peso da folha condutora A puxando-a.

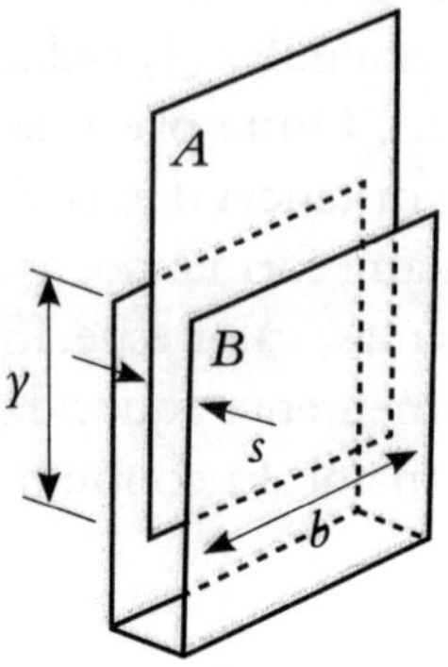

a) Encontre a capacitância da associação dos condutores em função de y e da distância s e b.
b) Quanta energia é necessária para aumentar a distância da folha inserida em Δy ?
c) Encontre uma expressão para a diferença de potencial $\Delta\varphi$ em termos de F e das dimensões relevantes na figura.

6. (Escola Naval) Uma corda isolante de massa **m** e comprimento **L** está esticada, com as extremidades presas a um diapasão e à placa (2) de um capacitor plano de placas paralelas, a vácuo. A área de cada capacitor é **A** e, inicialmente, ele está carregado com carga elétrica de valor absoluto igual a 400 μC. A placa (1) do capacitor está fixa e a placa (2) pode se mover somente na direção horizontal, entre duas guias não representadas na figura. Despreze os atritos. A frequência de vibração do diapasão é 300Hz e a corda está oscilando no terceiro harmônico (conforme a figura abaixo). Para que a corda oscile no segundo harmônico, encontre o valor absoluto da nova carga elétrica em (μC) que o capacitor deve possuir.

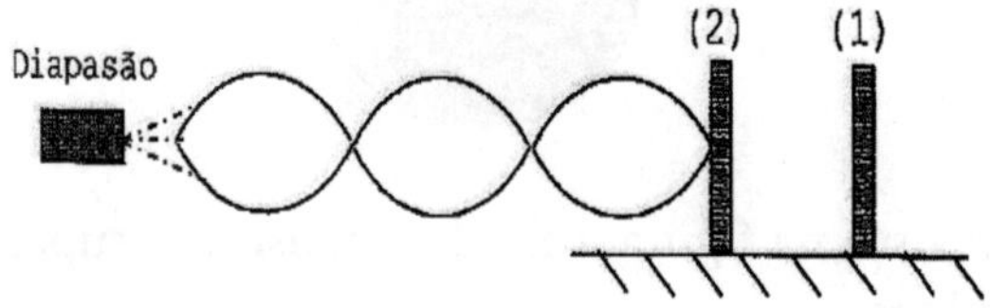

7. **(IME/1988)** Considere o circuito representado na figura abaixo.

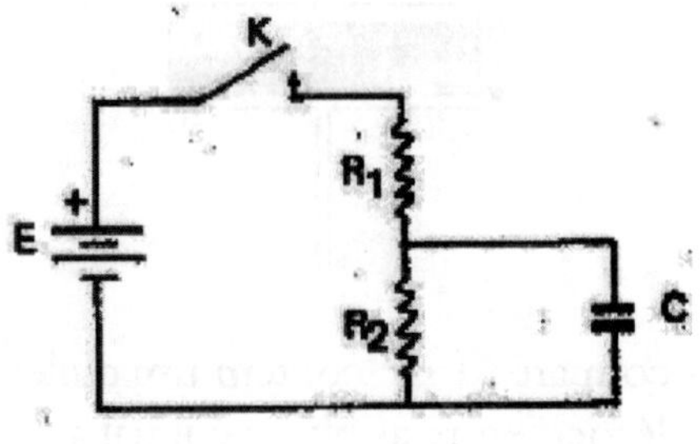

Após um minuto do fechamento da chave K, a carga armazenada no capacitor é transferida para uma esfera condutora de raio r. Uma carga pontual positiva q, colocada no ponto A, a distância D da superfície da esfera, sofre uma força de repulsão de 11.237,5 N.

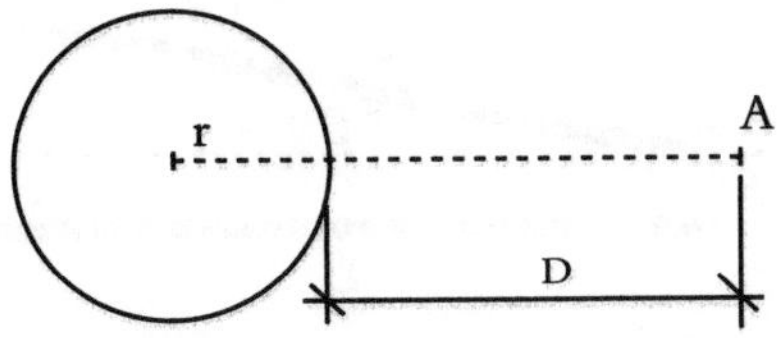

Determine o valor do raio da esfera, supondo uniforme a distribuição da carga na superfície.

Dados: $\pi = 3{,}1415$

$q = +10mC$

$\varepsilon_0 = 8{,}85.10^{-12} N^{-1} m^{-2} C^2$

$D = 5.10^{-2} m$

$R_1 = 10\Omega$

$R_2 = 20\Omega$

$C = 10\mu F$

$E = 120V$

OBS: Supor o capacitor descarregado antes do fechamento da chave.

8. (OBF – 2009) Duas placas condutoras, planas, paralelas, quadradas de lado **d**, separadas por uma distância **a** muito menor que **d**, estão dispostas isoladamente formando um capacitor plano. Uma das placas é aterrada e a outra é ligada por fio condutor a uma esfera condutora de raio **R**. A figura mostra um esboço desse sistema.

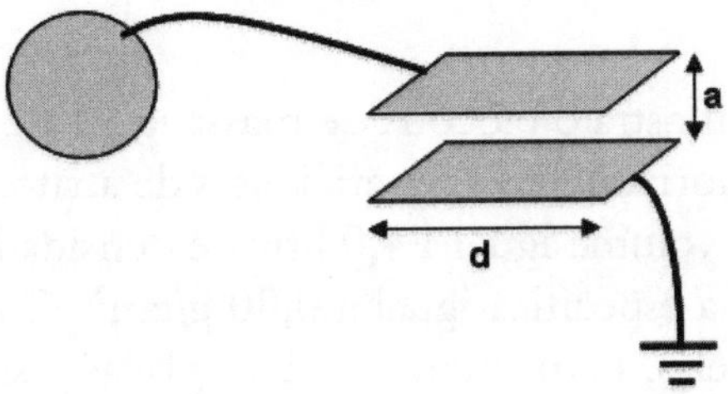

Uma carga elétrica +**Q** foi colocada na placa superior do capacitor. Na situação de equilíbrio eletrostático, considere o meio entre as placas como sendo o vácuo, que os efeitos de borda são desprezíveis, bem como a intensidade do campo elétrico de um elemento (esfera, capacitor ou terra) sobre qualquer outro. Determine:

a) A fração de Q que permanece na placa superior.
b) A intensidade do campo elétrico a uma distância 2R do centro da esfera. Expresse seus resultados como função das grandezas citadas no enunciado e constantes universais quando for o caso.

9. (Física Básica – Alaor Chaves) Em um capacitor de placas planas, uma das placas é inclinada em um pequeno ângulo θ como mostra a figura. As placas são quadradas de lado L. Mostre que a capacitância vale:

$$C = \frac{\varepsilon_0 L^2}{d}\left(1 - \frac{L\theta}{2d}\right)$$

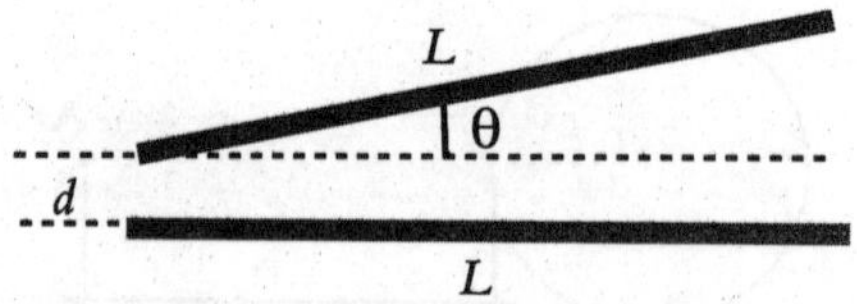

10. (Física Básica – Alaor Chaves) Um capacitor de placas paralelas tem placas com área de 100 cm^2 e carga (livre) de 2,00nC. Uma pastilha quadrada de material dielétrico, cuja constante dielétrica vale 5,00, é inserida entre as placas de modo a preencher inteiramente o espaço entre elas. Calcule:

a) a densidade superficial de carga livre no capacitor.
b) a densidade superficial de carga de polarização na superfície do dielétrico.
c) o campo elétrico no interior do dielétrico.

11. Considere um circuito RC:

a) Encontre as equações durante o carregamento de um capacitor.
b) Encontre as equações durante o descarregamento de um capacitor.

12. (Saraeva) Um condensador plano, cujas placas estão carregadas com cargas +q e –q, foi colocado em um líquido com permeabilidade dielétrica igual a ε até a metade da altura das placas. Qual é a densidade das cargas de polarização do dielétrico, se a área das placas é igual a **S**?

13. (Escola Naval) A figura abaixo mostra o bloco A de massa igual a 2,0 kg apoiado num plano inclinado, isolante, que forma 30° com a horizontal. Os coeficientes de atrito entre o bloco A e o plano inclinado são 0,45 e 0,60. O bloco B, de volume igual a 4,0 litros e densidade igual a 1,4 g/cm^3, está totalmente imerso em um líquido de massa específica igual a 0,80 g/cm^3. Considere os fios e as polias ideais. O capacitor plano de placas paralelas, com vácuo entre as placas, está completamente carregado e cada placa possui área igual a 0,20 m^2. Despreze o efeito de borda. Sabe-se que a placa negativa do capacitor está presa ao plano inclinado e a placa positiva pode se mover com atrito desprezível. Calcule o valor absoluto da carga elétrica armazenada nas placas do capacitor para que o bloco A esteja na iminência de subir o plano inclinado.

Dados: $|g| = 10 m/s^2$;
$\varepsilon_0 = 8{,}85.10^{-12}\ N^{-1}m^{-2}C^2$

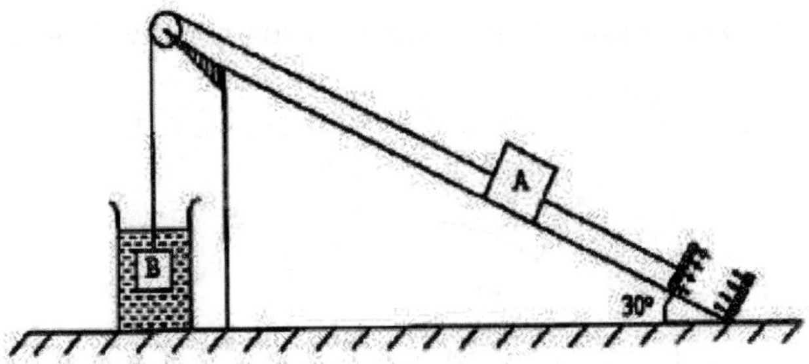

14. (MIT) Duas placas metálicas de comprimento **L** e espessura **s/2** são colocadas em paralelo e separadas por uma distância **s**, sendo s << L. A placa superior possui carga **-Q** e a placa inferior **+Q**. Em seguida, uma força é aplicada sobre uma terceira placa condutora descarregada de espessura **s/2** e inserida em uma distância **x** no espaço entre as placas, mantendo o mesmo espaçamento **s/4** da placa superior e da placa inferior como mostra a figura. Desconsidere efeitos de borda.

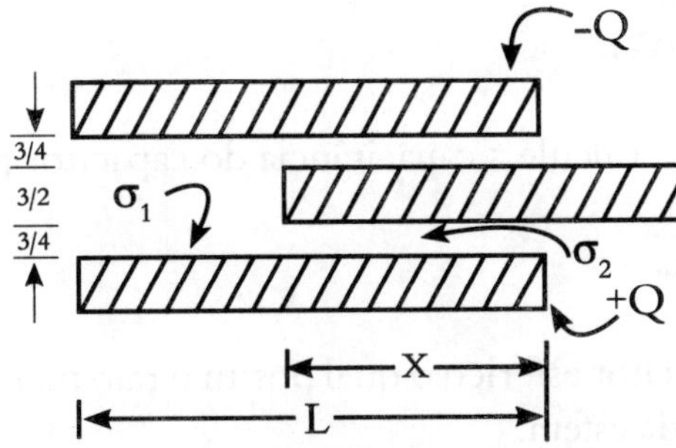

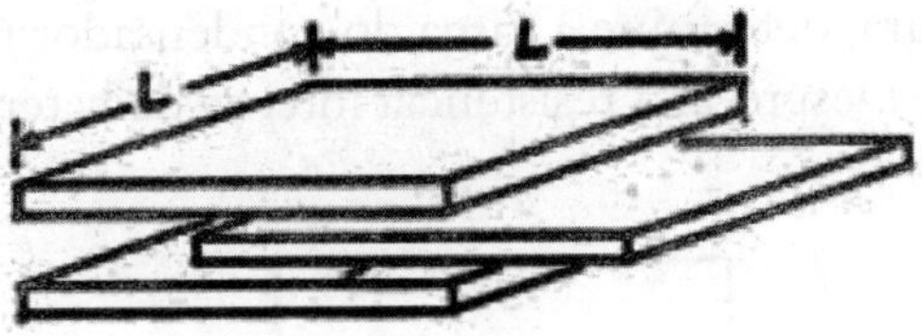

Perspective view

a) Levando em consideração que os metais são superfícies equipotenciais, encontre a densidade superficial de carga σ_L na placa inferior adjacente ao espaço mais extenso entre as placas de sinais opostos (observe a figura) e σ_R na placa inferior adjacente ao espaço mais estreito.

b) Encontre o valor do campo elétrico nas seguintes regiões em função de *L*,*x* e *s*: 1) espaço mais extenso entre as placas; 2) espaço mais estreito entre as placas.

c) Encontre o valor da diferença de potencial entre a placa inferior e a placa superior.

d) Encontre a capacitância da associação.

e) Encontre a energia armazenada no capacitor.

15. Considere o capacitor esférico da figura abaixo, sendo ρ sua resistividade e ε a permissividade elétrica. Responda os itens abaixo:

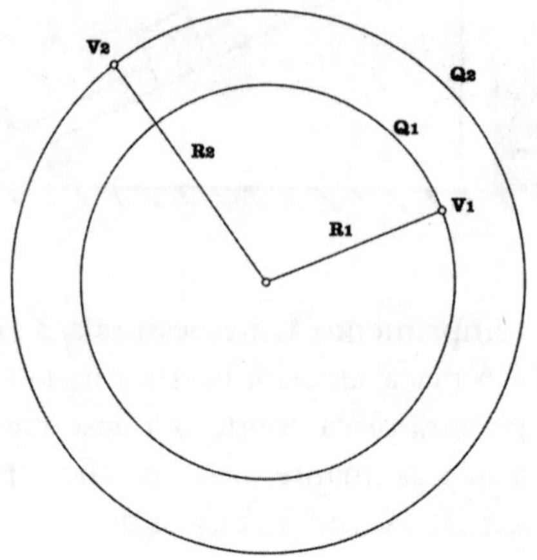

a) Encontre o potencial V_1, V_2 e ΔV.
b) Calcule a energia do sistema.
c) Considere $Q_1 = -Q$ e $Q_2 = +Q$, calcule a capacitância do capacitor por meio da resposta encontrada no item anterior.
d) Calcule a resistência do sistema

16. Encontre a resistência de um capacitor esférico o qual possui o raio maior muito superior ao raio menor. Sendo ρ a resistividade e r o raio da esfera.

17. No circuito mostrado na figura, determine a carga do condensador 6C após os capacitores terem atingido os estados estacionários. Desprezar a resistência interna da bateria.

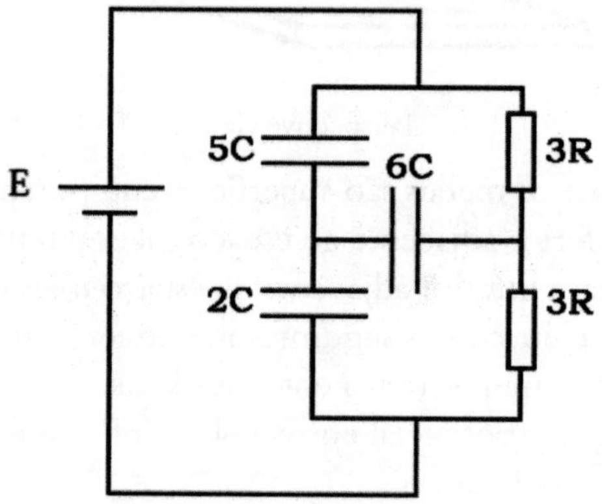

18. (Kósel) Uma placa metálica delgada 1 está em contato direto com a armadura 2 de um capacitor (2 e 3) como mostra a figura. A capacitância desse capacitor é *C*. Considere que entre a placa 1 e a armadura 2 existe contato elétrico. Em seguida, a placa 1, com a carga que há nela, é colocada no meio entre as armaduras. Determine as cargas nas armaduras 2 e 3. <u>Dado</u>: f.e.m da bateria = ε

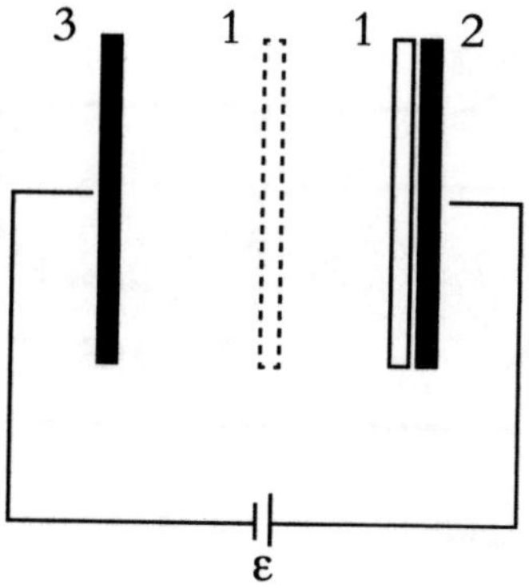

19. (Kósel) Que quantidade de calor é liberado no circuito quando a chave K passa da posição 1 para a posição 2 ?

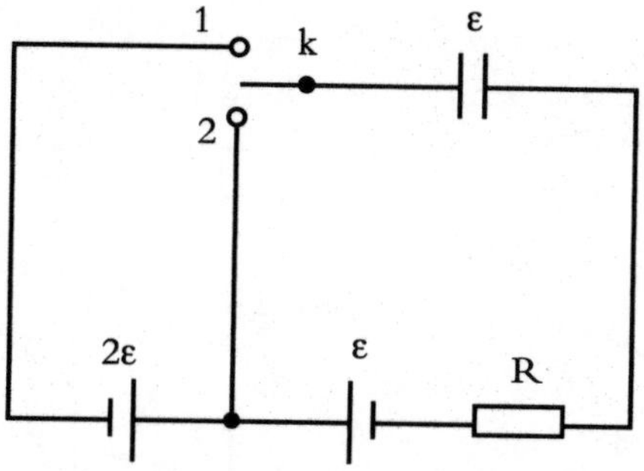

20. (Kósel) Um condensador plano de ar está conectado através de um galvanômetro com uma fonte de f.e.m constante. Dentro do condensador, paralela a suas armaduras, encontra-se uma placa metálica portadora de uma carga **q** (as dimensões geométricas se encontram na figura). Nessas condições, a carga do condensador é **q/2**. Que carga passará pelo galvanômetro se produzirmos um curto-circuito entre a placa metálica e a armadura direita do condensador?

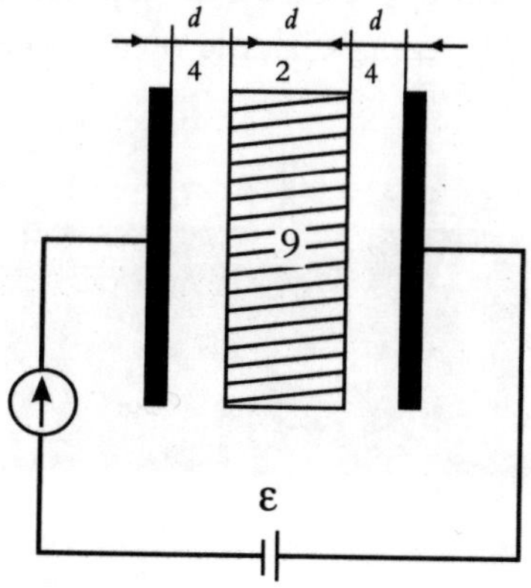

21. Resistores R_1, R_2,, uma bateria, um capacitor e duas chaves estão montados conforme o circuito abaixo. O capacitor está inicialmente descarregado; no tempo t=0 a chave 1 é fechada, ocorrendo fluxo de corrente. Depois, no tempo t = 50 μs a chave 2 é também fechada (a chave 1 permanece fechada).

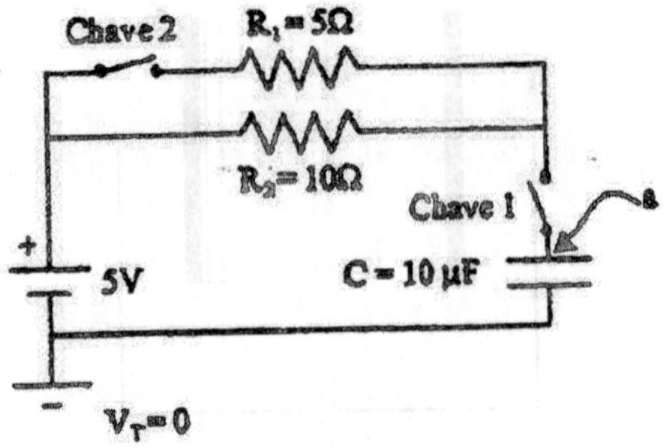

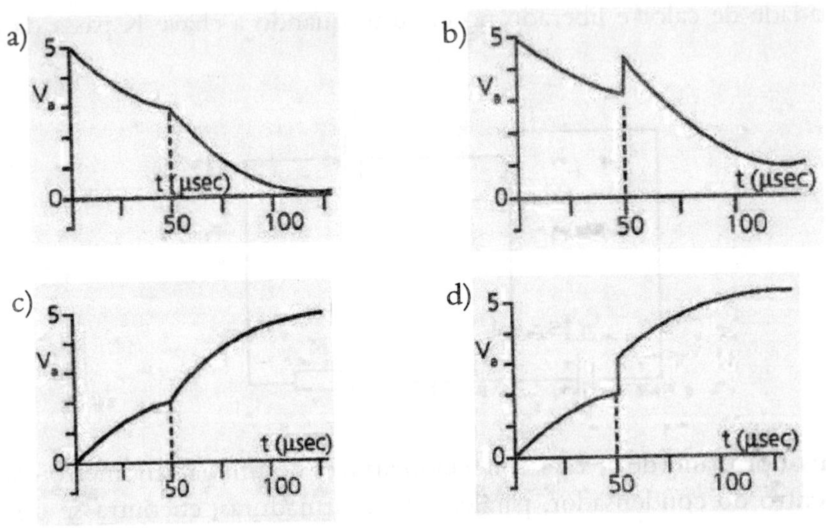

22. (Física Básica – Alaor Chaves) A constante dielétrica do capacitor visto na figura varia linearmente com a coordenada y, na forma $k = 1 + \frac{y}{d}(k_d - 1)$. Calcule o campo elétrico E(y) e a capacitância C(y).

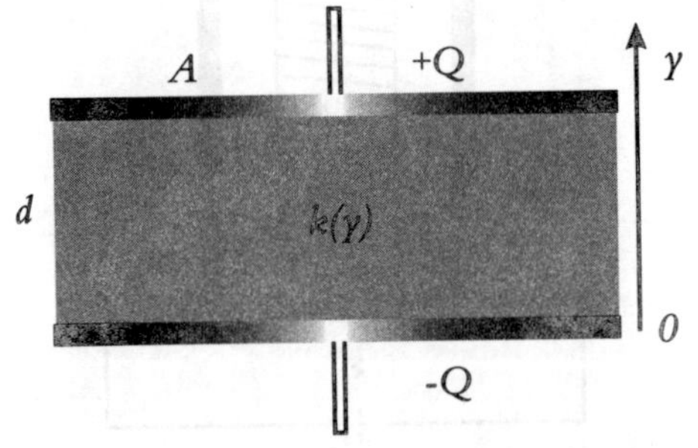

23. No esquema mostrado na figura, a f.e.m da bateria é **E**, sua resistência interna é **r** e a resistência externa é **R**. Ao fechar o interruptor K_1, a agulha do galvanômetro se inclina de um ângulo α. Determine o ângulo que se inclina a agulha do galvanômetro, se estando a chave K_1 fechada, se fecha também a chave K_2. A inclinação da agulha é proporcional à carga que passa pelo galvanômetro.

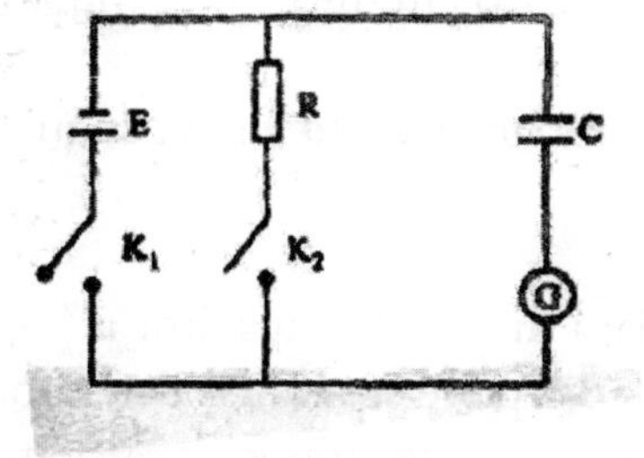

a) $\frac{\alpha}{2}$ b) 0^0 c) $\frac{R}{r}\alpha$ d) $\frac{r}{R}\alpha$ e) $\frac{r}{R+r}\alpha$

24. O capacitor está inicialmente descarregado. No tempo t_1 a chave **S** é fechada; no tempo t_2 a chave é aberta.

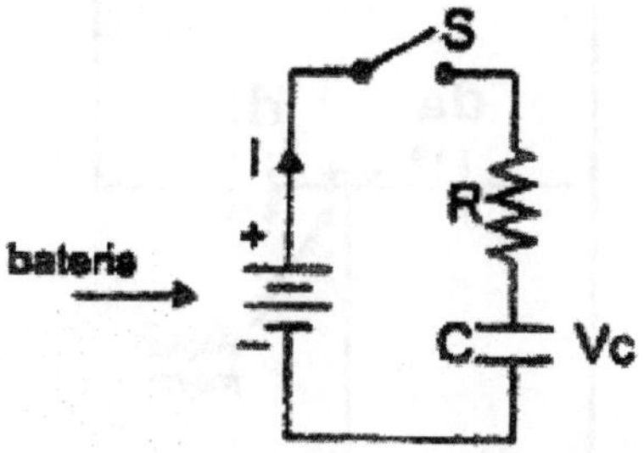

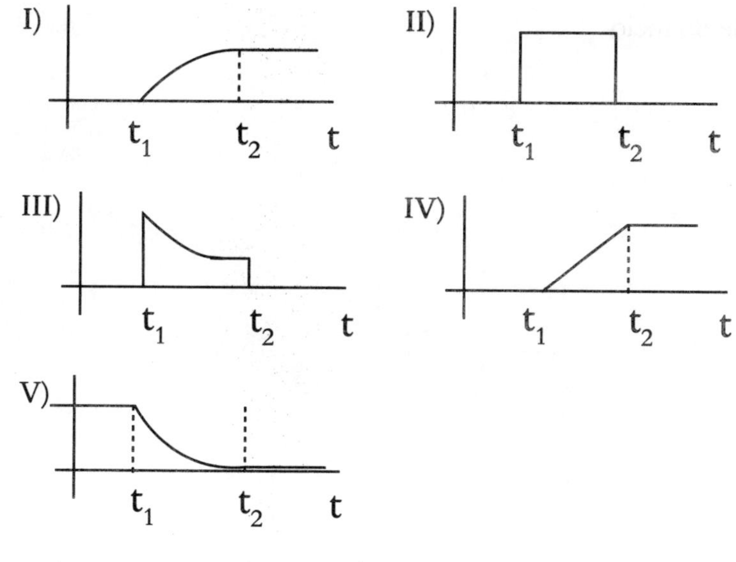

a) O gráfico que representa a corrente no circuito é o III, enquanto o que representa a voltagem no capacitor é o I.
b) O gráfico que representa a corrente no circuito é o V, enquanto o que representa a voltagem no capacitor é o II.
c) O gráfico que representa a corrente no circuito é o III, enquanto o que representa a voltagem no capacitor é o II.

d) O gráfico que representa a corrente no circuito é o I, enquanto o que representa a voltagem no capacitor é o IV.
e) O gráfico que representa a corrente no circuito é o V, enquanto o que representa a voltagem no capacitor é o II.

25. A seção do circuito que inclui a placa direita do capacitor **a** (separação de placas $\mathbf{d_a}$) e a placa esquerda do capacitor **b** (separação de placas $\mathbf{d_b}$) pode ser transladada por um movimento rígido de ida e volta, para variar simultaneamente a capacitância de ambos os capacitores. Durante o movimento de $d = d_a + d_b$ permanece fixa.

A capacitância equivalente do arranjo vale:

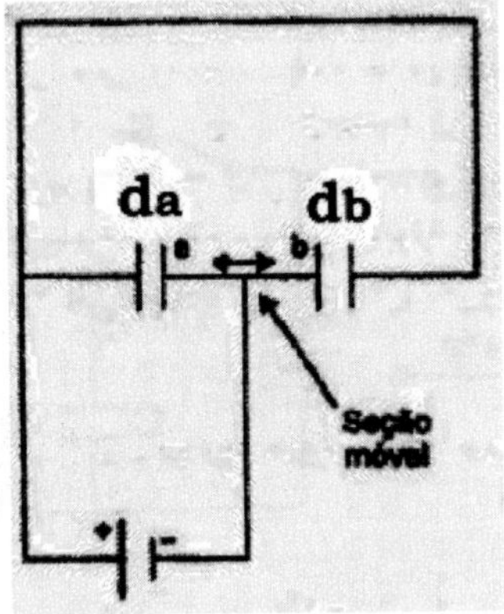

Dados: ε_0 à permissividade do meio
A à área das placas

a) $\dfrac{2\varepsilon_0 Ad}{d_a(d-d_a)}$

b) $\dfrac{2\varepsilon_0 Ad}{d_a(d-d_b)}$

c) $\dfrac{2\varepsilon_0 Ad}{d_a(2d-d_b)}$

d) $\dfrac{\varepsilon_0 Ad}{d_a(d-d_a)}$

e) n.d.a

26. Os capacitores estão inicialmente descarregados. No tempo t = 0 a chave **S** é fechada.

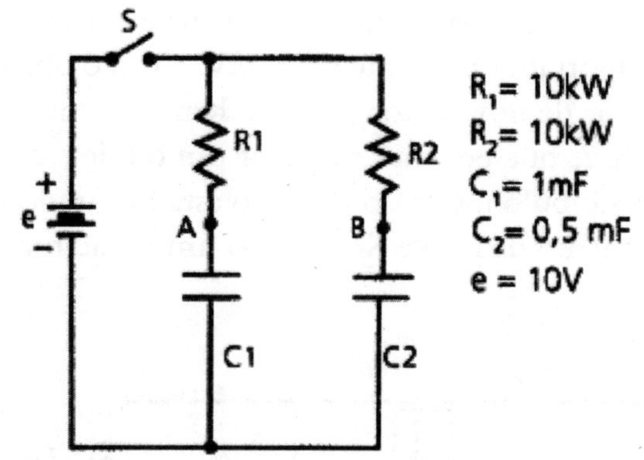

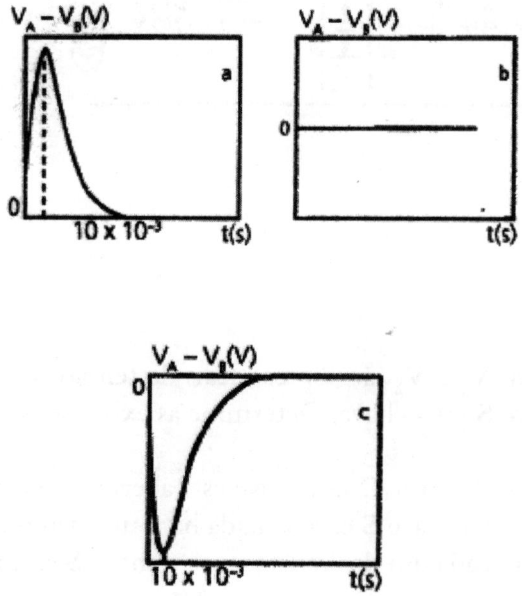

Podemos afirmar que:

a) o gráfico correto referente à ddp entre os pontos A e B com o tempo é o **a** e durante o processo de carregamento dos capacitores, as correntes máximas fluindo através de R_1 e R_2 são iguais.

b) o gráfico correto referente à ddp entre os pontos A e B com o tempo é o **b**, e durante o tempo em que os capacitores estão sendo carregados, as correntes máximas fluindo através de R_1 e R_2 são diferentes.

c) o gráfico correto referente à ddp entre os pontos A e B com o tempo é o **c**, e durante o tempo em que os capacitores estão sendo carregados, as correntes máximas fluindo através de R_1 e R_2 são iguais.

d) o gráfico correto referente à ddp entre os pontos A e B com o tempo é o **a**, e durante o tempo em que os capacitores estão sendo carregados, as correntes máximas fluindo através de R_1 e R_2 são diferentes.

27. Quando se quer um flash com potência total, deve-se fechar a chave K e assim os dois capacitores são carregados. Se o desejo é de meia potência do flash, abre-se a chave K e assim, apenas um capacitor é carregado. Se, por acaso, acionar a chave K, quando um capacitor está totalmente carregado e o outro descarregado, o flash é acionado sem haver a tomada da fotografia, além de provocar danos, como fusão dos metais que constituem a chave K, fragmentos são expelidos, luz e som também são emitidos. Um bulbo de flash eletrônico usado em fotografia é acionado a partir de um ou mais capacitores que armazenam energia potencial elétrica, a fim de produzir uma rápida descarga dentro do gás que enche

o bulbo. A alta voltagem da descarga torna o gás um plasma e como resultado ocorre a emissão da luz. Geralmente, os capacitores suportam uma fonte de 330 V. Com o objetivo de variar a emissão do flash, capacitores são trocados a partir de um seletor (a chave K no circuito abaixo). Assuma que há dois capacitores de 800 μF e uma chave que permite conectar um ou dois capacitores no circuito, com vistas a proporcionar a descarga para o bulbo. O caso descrito está mostrado no circuito abaixo. Determine a energia perdida após o fechamento da chave K, quando um capacitor está carregado e o outro descarregado.

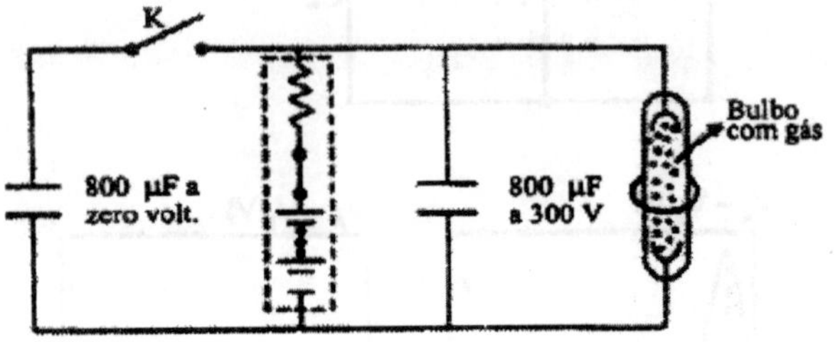

a) 6 J
b) 12 J
c) 18 J
d) 24 J
e) 36 J

28. (IME) No circuito da figura, $\mathbf{V_1}$ e $\mathbf{V_2}$ são fontes ideais de tensão contínua, tais que $V_1 > V_2$. **C** é um capacitor, $\mathbf{R_1}$ e $\mathbf{R_2}$ resistores e **S** uma chave. Determine as expressões:

a) da energia armazenada no capacitor **C** se a chave está aberta há muito tempo.
b) da tensão no capacitor **C**, se a chave **S** está fechada há muito tempo.
c) da tensão e da corrente em cada um dos resistores se a chave **S** está fechada há muito tempo.

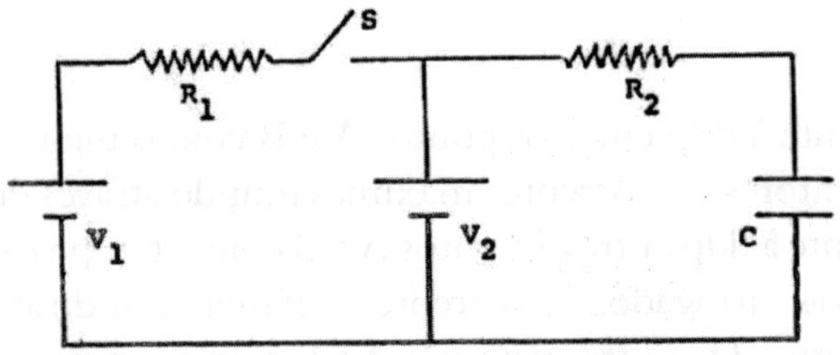

29. (IME) Num laboratório realizou-se a experiência ilustrada na figura abaixo. O resistor de 2 Ω está imerso em 50g de água a 30 °C num recipiente adiabático. Inicialmente, o capacitor C_1 estava descarregado. Comutou-se a chave CH_1 para a posição 1 até que o capacitor se carregou. Em seguida, comutou-se a chave CH_1 para a posição 2 até que o capacitor se descarregou. Este procedimento foi repetido por 220 vezes consecutivas até que a água começou a ferver. Considerando-se total a transferência de calor entre o resistor e a água, determine a capacitância de C_1.
Dados:
Calor específico da água = 1cal/g°C
Temperatura de ebulição da água: 100 °C

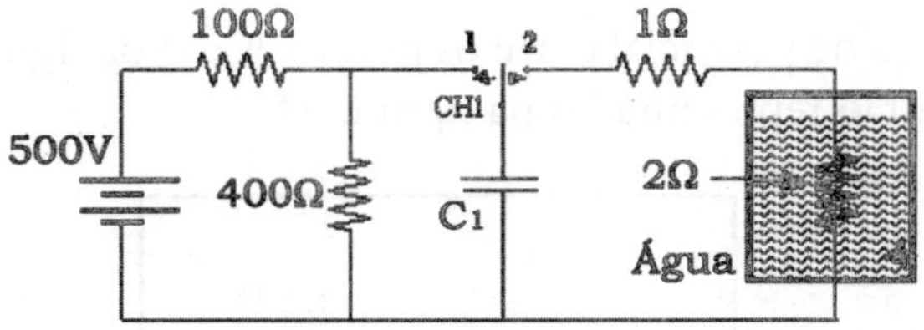

30. (IME) Um circuito composto por uma fonte, três resistores, um capacitor e uma chave começa a operar em t = - com o capacitor inicialmente descarregado e a chave aberta. No instante $t = 0$, a chave é fechada. Esboce o gráfico da diferença de potencial nos terminais do capacitor em função do tempo, indicando os valores da diferença de potencial para $t = -$, $t = 0$ e t=+.

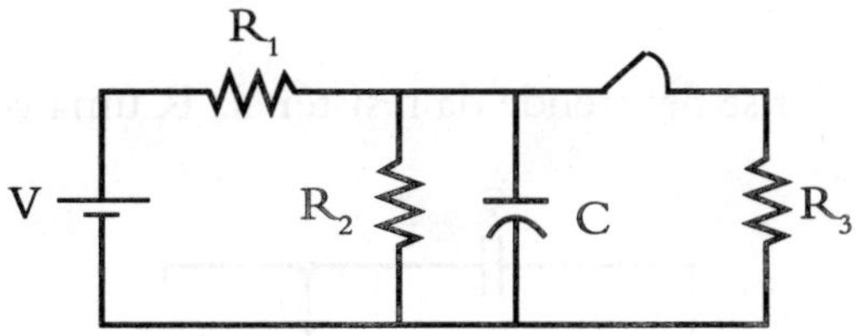

31. (IME) Um fio condutor rígido PQR, dobrado em ângulo reto, está ortogonalmente inserido em um campo magnético uniforme de intensidade B igual a 0,40 T. O fio está conectado a dois circuitos, um resistivo e o outro capacitivo. Sabendo que o capacitor C_1 está carregado com 40 μC, determine a intensidade da força de origem magnética que atuará sobre o fio PQR no instante em que a chave K for fechada.
<u>Dados</u>: $C_1 = 1$ μF, $C_2 = 2$ μF e $C_3 = 6$ μF.

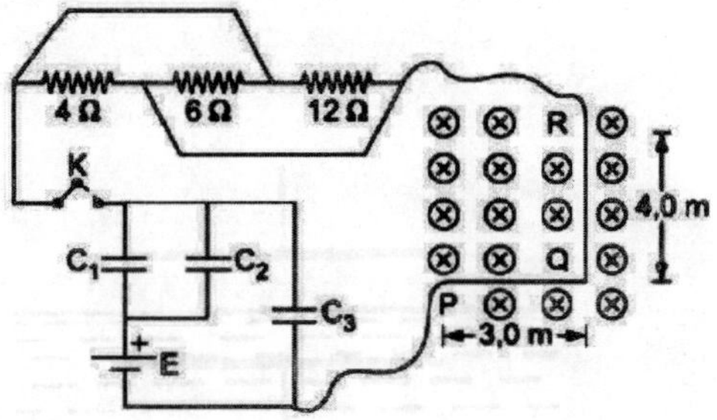

32. (Kósel) No circuito representado na figura, determine a carga que passa pelo interruptor K quando o mesmo é fechado. Despreze a resistência interna da bateria.

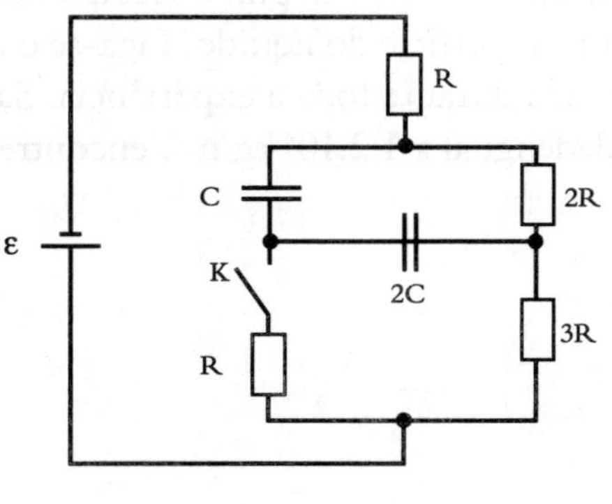

33. (Kósel) Determine a diferença de potencial entre os pontos A e B da figura abaixo. A f.e.m e a resistência interna de cada bateria estão representadas na figura.

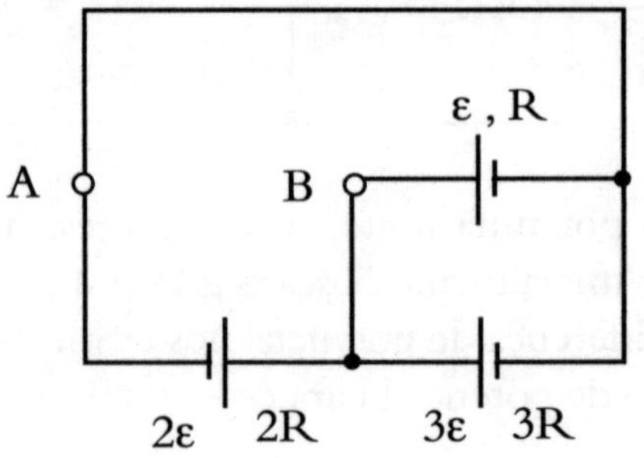

34. (Kósel) Que quantidade de calor se desprende da resistência R uma vez que se fecha a chave da figura?

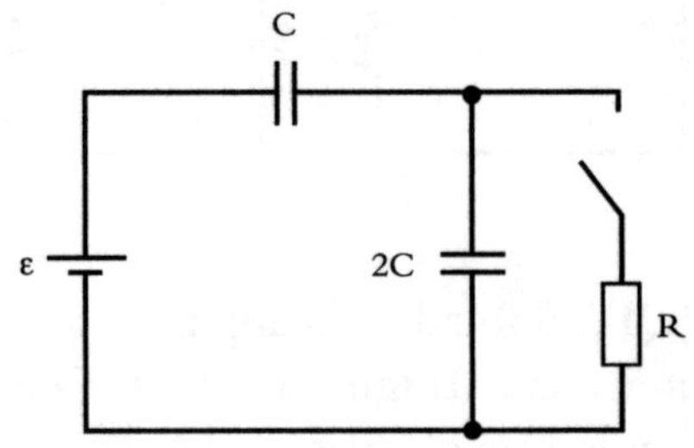

35. Um capacitor de placas paralelas é colocado horizontalmente tal que uma das placas está submersa num líquido como mostra a figura. A permissividade do líquido é igual a 4,6 e sua densidade é $0{,}8.10^3$ *kg / m*^{3}. Até que altura o nível do líquido no capacitor atingirá quando suas placas tiverem uma densidade superficial de carga 10C / *m*^{2} .
Dados: $\varepsilon_0 = 8{,}85.10^{-12}$ F/m
g = 10 *m/s*^{2}

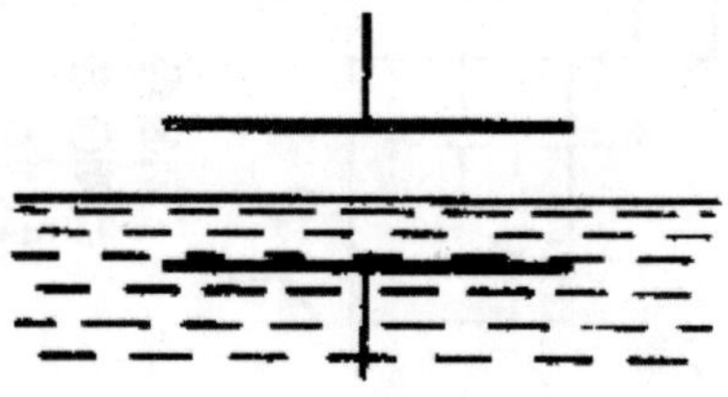

36. Sobre a superfície de um líquido, colocado em um grande recipiente, encontram-se as placas verticais de um condensador que tangenciam a superfície do líquido. Liga-se o condensador a uma bateria com fem igual a 10V a qual permanece ligada durante toda a experiência. Sabendo que o líquido tem a permissividade igual a 5,2 e sua densidade igual a $1{,}2.10^3$ kg/m^3, encontre a altura atingida pelo líquido entre as placas do capacitor.
Dados: $\varepsilon_0 = 8{,}85.10^{-12}$ F/m
g = 10 *m/s*^{2}
d = 0,1 *m*

37. (Aptitude Test Problems in Physics - S. S. Krotov) Uma placa A de um capacitor de placas paralelas está fixo enquanto uma placa B (que pode se mover paralelamente à placa A) é anexada à parede por meio de uma mola como mostra a figura. Depois que a chave K é fechada, a placa B começa a se mover e para em uma nova posição de equilíbrio. A separação inicial de equilíbrio **d** entre as placas diminuiu, no caso, em 10%. Qual será a redução na separação de equilíbrio entre as placas se a chave K for fechada por um curto intervalo de tempo tal que a placa B não se mova significativamente?

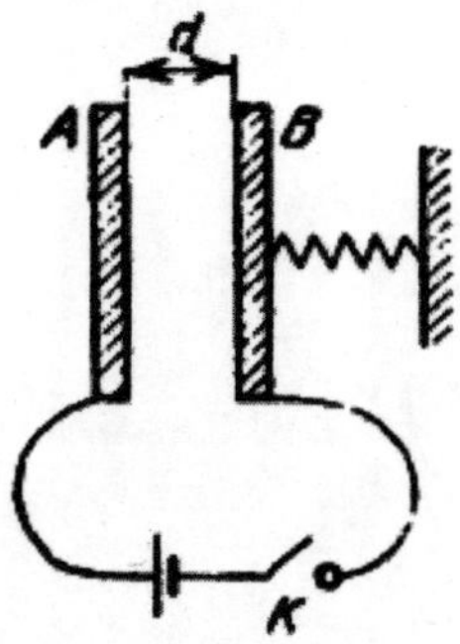

Exercícios Resolvidos – Nível IV

1. (Questions and Answers in School Physics - Aldina Tarasova/Lev Tarasov) Um pêndulo de massa **m** com carga **+q** é suspenso por uma corda (massa desprezível) de comprimento **L** entre as armaduras de um capacitor de placas paralelas. A intensidade do campo elétrico no capacitor é **E**. Encontre o período de oscilação do pêndulo em cada caso:

Situação 1: Situação 2: Situação 3:

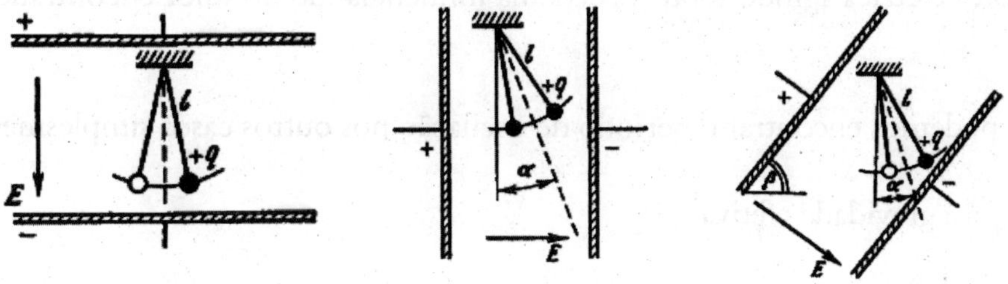

Resolução:
Comecemos analisando as forças que agem sobre a massa **m** na *situação 1*:

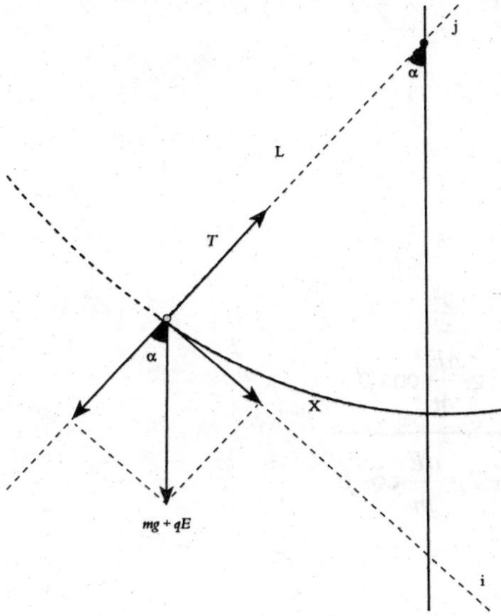

Sendo α pequeno, podemos considerar: $sen\,\alpha \cong tg\,\alpha \cong \frac{x}{L}$. Decompondo as forças que agem sobre a partícula, constatamos que no eixo j a massa m está em equilíbrio.

A força resultante no eixo i será a força restauradora do MHS, pois ela atua de modo a garantir o prosseguimento das oscilações, restaurando o movimento anterior. Levando em consideração o eixo i, podemos equacionar:

$$(mg+qE)\,sen\,\alpha = F_R \rightarrow F_R = \left(\frac{mg+qE}{L}\right)x = k.x$$

Assim, $k=\frac{mg+qE}{L}$. Substituindo o valor encontrado na equação do período de um MHS temos:

$$T=2\pi\sqrt{\frac{m}{k}}=2\pi\sqrt{\frac{m}{\frac{mg+qE}{L}}}=2\pi\sqrt{\frac{L}{g+\frac{qE}{m}}}$$

Perceba que o valor encontrado é similar à equação de um pêndulo simples. Entretanto, no caso, além do peso, temos uma força elétrica agindo sobre a partícula influenciando no valor encontrado para o período.

De forma análoga, podemos encontrar o período de oscilação nos outros casos simplesmente pela equação:

$T=2\pi\sqrt{\frac{L}{g_{eff}}}$, onde g_{eff} é a gravidade efetiva.

Na *situação 2* temos:

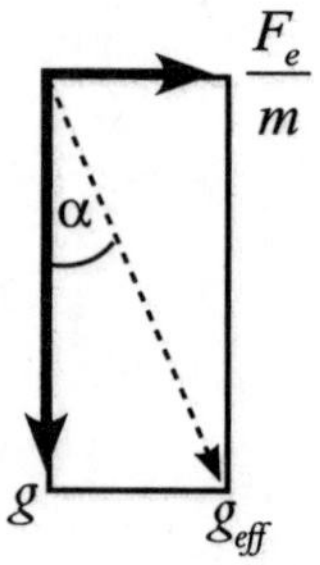

$$T=2\pi\sqrt{\frac{L}{g_{eff}}}=2\pi\sqrt{\frac{L}{\sqrt{g^2+\left(\frac{qE}{m}\right)^2}}}$$

$$tg\,\alpha=\frac{\frac{Eq}{m}}{g}$$

Na *situação 3* temos:

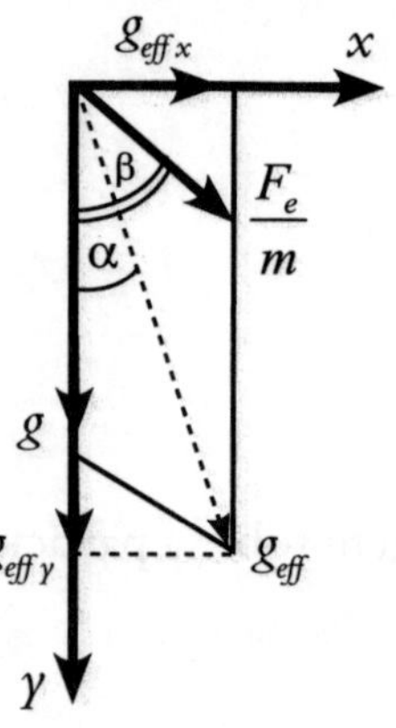

$$g_{eff}^2=g^2+\left(\frac{qE}{m}\right)^2+2g\frac{qE}{m}\cos\beta$$

$$g_{eff}=\sqrt{g^2+\left(\frac{qE}{m}\right)^2+2g\frac{qE}{m}\cos\beta}$$

$$T=2\pi\sqrt{\frac{L}{g_{eff}}}=2\pi\sqrt{\frac{L}{\sqrt{g^2+\left(\frac{qE}{m}\right)^2+2g\frac{qE}{m}\cos\beta}}}$$

$$tg\,\alpha=\frac{g_{eff-x}}{g_{eff-y}}=\frac{\frac{Eq}{m}sen\,\beta}{g+\frac{Eq}{m}\cos\beta}$$

A partir do período obtido nesta situação, podemos encontrar o período de oscilação nos outros casos, basta manipular o valor de β.

2. (IPhO – 1971) Quatro baterias de f.e.m.s $E_1 = 4V$, $E_2 = 8V$, $E_3 = 12V$ e $E_4 = 16V$, quatro capacitores com a mesma capacitância $C_1 = C_2 = C_3 = C_4 = 1\ \mu F$ e quatro resistores iguais são conectados num circuito como mostra a figura. A resistência interna das baterias é desprezível. Calcule o total da energia acumulada nos capacitores quando esses já estão à plena carga.

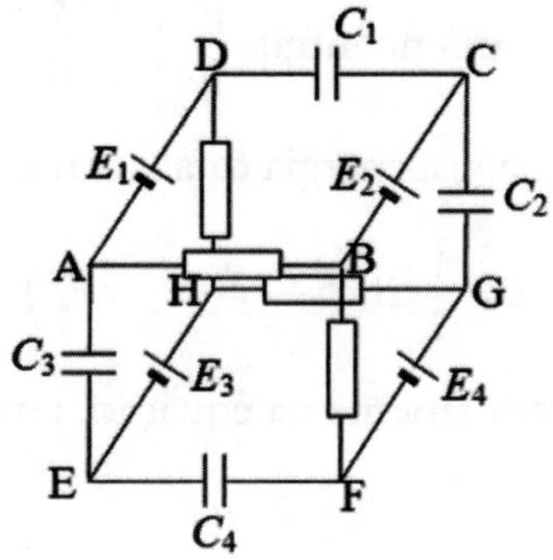

Resolução:
Como os capacitores estão em plena carga, a corrente elétrica produzida pelas baterias irá passar apenas pelos resistores do circuito. O circuito planificado pode ser representado pela figura abaixo:

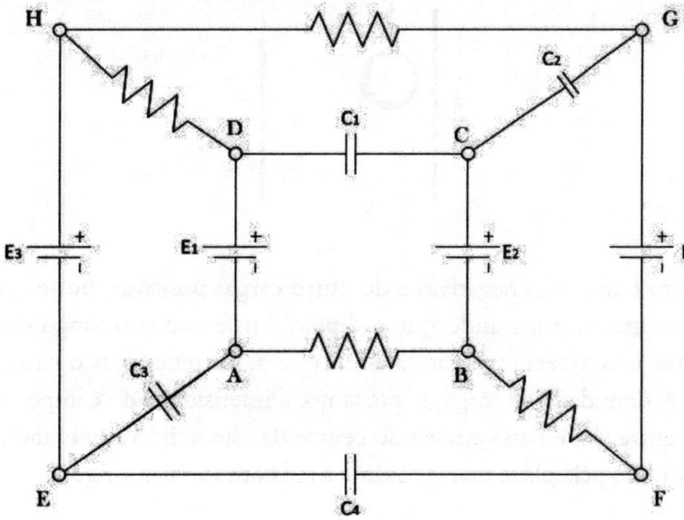

Note que E_4 será a responsável para gerar corrente elétrica ao circuito, pois ela possui a maior f.e.m. Assim, pela Lei das Malhas, podemos encontrar o valor da corrente que passa pelos resistores:

$$+E_4 + R.i + R.i - E_1 + R.i + R.i = 0$$

$$i = \frac{E_1 - E_4}{4R}$$

Agora, basta aplicar Lei das Malhas para encontrar a diferença de potencial que cada capacitor está submetido. Na malha central temos:

$$\frac{E_1 - E_4}{4} - E_1 + V_1 + E_2 = 0 \rightarrow |V_1| = 1V$$

Na malha do canto direito:

$$\frac{E_1 - E_4}{4} - E_2 + V_2 + E_4 = 0 \rightarrow |V_2| = 5V$$

De forma análoga nas outras malhas, iremos encontrar: $\begin{matrix} |V_3| = 5V \\ |V_4| = 1V \end{matrix}$

Assim, como todos os capacitores são iguais, a energia total acumulada será:

$$E = \frac{1}{2}C\left(V_1^2 + V_2^2 + V_3^2 + V_4^2\right)$$

Substituindo os valores encontrados anteriormente na equação, teremos:

$$E = 26\mu J$$

3. (A Collection of Questions and Problems in Physics - Sena) Uma pequena esfera metálica descarregada é suspensa por um longo fio não condutor como mostra a figura. Note que a esfera está mais próxima de uma armadura em relação à outra. Como será o comportamento dessa esfera?

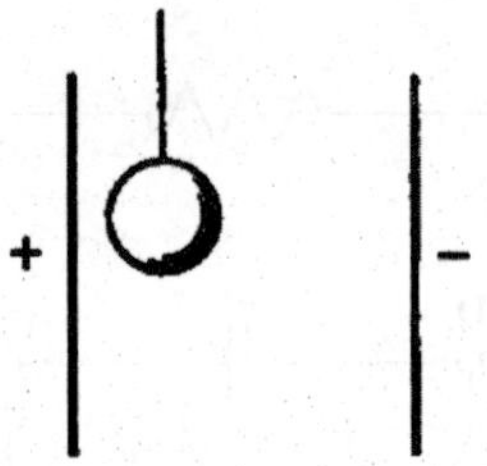

Resolução:

Por indução, um lado da esfera terá cargas negativas e do outro cargas positivas, ou seja, a esfera se torna um dipolo elétrico. Num primeiro momento, considerando que o dipolo é orientado ao longo das linhas de força do campo elétrico e o mesmo é uniforme, não haverá forças atuando na esfera. Entretanto, isso não é verdade, pois a presença da esfera irá distorcer o campo. A densidade de carga, e, portanto, a intensidade do campo, nos pontos das placas que se encontram na perpendicular entre elas e passa através do centro da esfera, irão aumentar. Assim, o dipolo estará num campo não uniforme e será atraído pela placa mais próxima a ele como indica a figura.

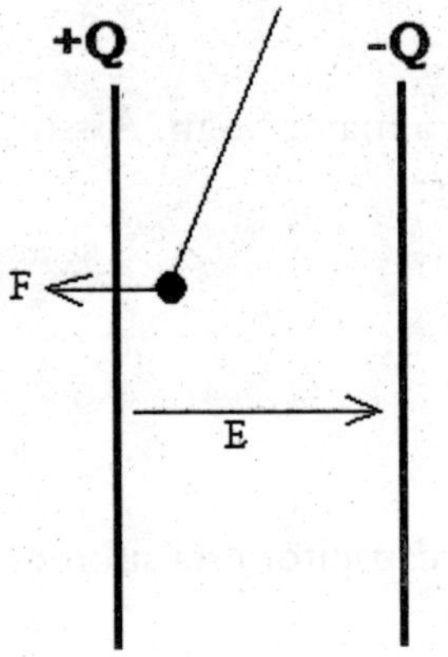

Caso o fio permita que a esfera metálica encoste-se à placa mais próxima, a esfera deixará de ser um dipolo e apresentará a mesma carga elétrica da placa. Isso permitirá que surja uma força repulsiva atuando na esfera.

Caso o fio permita que a esfera encoste-se à outra placa, o sinal de sua carga será invertido e se moverá em direção à primeira placa, e assim por diante.

4. (Physics Challenge for Teachers and Students) Quanto de calor será gerado no circuito se um fio ideal é adicionado ao circuito como mostrado na figura?

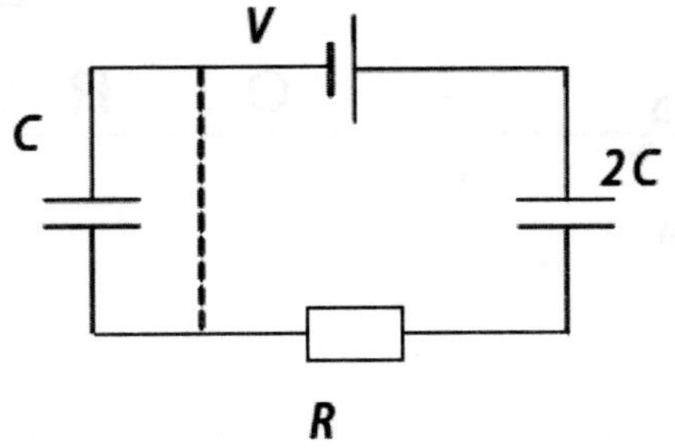

Resolução:

No início, temos dois capacitores em série e um resistor em curto. Devemos encontrar a energia armazenada no capacitor resultante $\frac{2C}{3}$:

$$U = \frac{Q^2}{2\frac{2C}{3}} = \frac{\frac{4}{9}C^2V^2}{2\frac{2C}{3}} = \frac{CV^2}{3}$$

Quando o fio ideal é adicionado ao circuito, a diferença de potencial no capacitor C é igual a zero. Então, devemos levar em consideração apenas o capacitor de 2C:

$$U' = \frac{Q^2}{2.2C} = \frac{4C^2V^2}{2.2C} = CV^2$$

Dessa forma, podemos encontrar o calor gerado quando o fio ideal é adicionado pela conservação de energia:

$$\Delta U + calor = W_{bateria}$$

$$\Delta U + calor = W_{bateria}$$

$$\left(CV^2 - \frac{CV^2}{3}\right) + calor = \Delta q.V$$

$$\left(CV^2 - \frac{CV^2}{3}\right) + calor = \frac{4CV}{3}V$$

$$calor = \frac{2CV^2}{3}$$

5. **(Irodov – Adaptada)** Um capacitor consiste de duas placas estacionárias formando uma semicircunferência de raio **R** e uma placa móvel feita de material de constante dielétrica **K** a qual é capaz de rodar em torno de um eixo O entre as placas estacionárias. A espessura da placa móvel é praticamente igual à separação entre as placas estacionárias. Uma diferença de potencial **V** é aplicada no capacitor. Encontre o valor do torque da placa móvel em relação ao eixo O como mostra a figura.

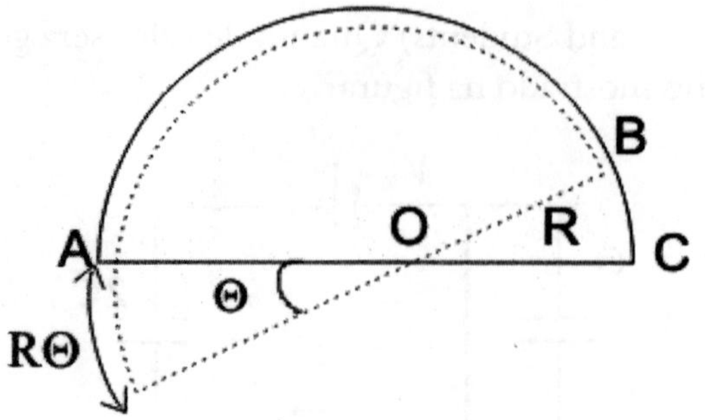

Resolução:
Quando o dielétrico está posicionado exatamente entre as placas estacionárias do capacitor de formato semicircular, temos a capacitância igual a:

$$C = \frac{\varepsilon_0 K \pi R^2}{2d}$$

Quando o dielétrico é rotacionado em um ângulo θ, sua área fora do espaço entre as armaduras do capacitor é: .

$$\frac{R.(R\theta)}{2} = \frac{R^2\theta}{2}$$

A capacitância em AOB será: $C_1 = \dfrac{\varepsilon_0 K\left[\dfrac{\pi R^2 - \theta R^2}{2}\right]}{d}$

A capacitância em BOC (não preenchida por dielétrico) será: $C_2 = \dfrac{\varepsilon_0 R^2\theta}{2d}$

Assim, a nova capacitância após a rotação do dielétrico será:
$C' = C_1 + C_2$ (C_1 e C_2 estão em paralelo)

$$C' = \frac{\varepsilon_0 R^2}{2d}\left[K\pi + (1-K)\theta\right]$$

Devemos encontrar a energia armazenada no início e no final:

$$U_{inicial} = \frac{CV^2}{2} = \frac{\varepsilon_0 K(\pi R^2)V^2}{4d}$$

$$U_{final} = \frac{C'V^2}{2} = \frac{\varepsilon_0 R^2 V^2}{4d}\left[K\pi + (1-K)\theta\right]$$

$$\Delta U = U_{final} - U_{inicial} = -\frac{\varepsilon_0 R^2(K-1)\theta V^2}{4d}$$

Sabendo que o trabalho executado por um agente externo é igual à variação de energia, encontramos pela rotação (τ = torque).

$$\tau\theta = W = \Delta U = -\frac{\varepsilon_0 R^2 (K-1)\theta V^2}{4d}$$

$$\tau = -\frac{\varepsilon_0 R^2 (K-1) V^2}{4d}$$

O sinal negativo indica que o torque está agindo no sentido horário, ou seja, tentando puxar o dielétrico de volta para o espaço entre as placas do capacitor.

Também podemos resolver a questão da seguinte maneira:

$$\tau = +\frac{\partial U}{\partial \varphi} = \frac{1}{2} V^2 \frac{\partial C}{\partial \varphi}$$

Apesar de a energia final ser inferior à energia inicial, o sinal positivo na equação acima é devido ao trabalho executado pela bateria que é duas vezes superior a energia do capacitor e de sinal oposto como mostramos anteriormente.

A capacitância total é: $C = \dfrac{\varepsilon_0 R^2 \varphi}{2d} + \dfrac{\varepsilon_0 K(\pi - \varphi) R^2}{2d}$
Então,

$$\tau = -\frac{\varepsilon_0 R^2 (K-1) V^2}{4d}$$

6. (Electromagnetic Fields – Wangsness) Considere um capacitor de placas retangulares, mas não completamente paralelas, como mostra a figura. A separação entre as placas em uma extremidade é (d – a) e na outra (d + a), sendo a << d. Mostre que a capacitância dessa associação é dada aproximadamente por:

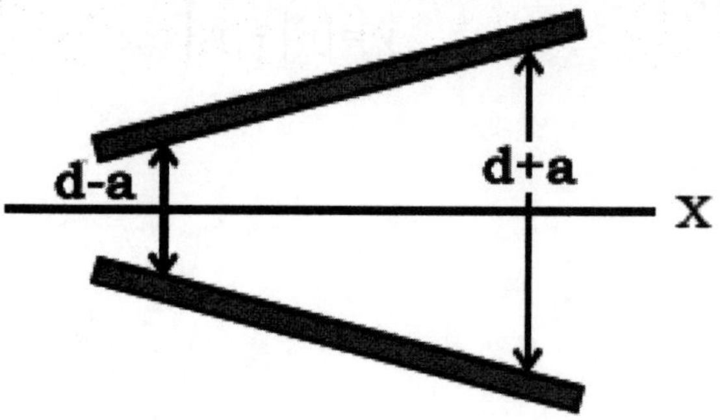

$$C = \frac{\varepsilon_0 A}{d}\left(1 + \frac{a^2}{3d^2}\right)$$

Resolução

Sendo α pequeno, vale a aproximação: $tg\,\alpha \cong sen\,\alpha \cong \frac{a}{L}$. Podemos considerar num comprimento dx que as duas placas estão praticamente paralelas e sua capacitância igual a dC. Sendo cada faixa de comprimento dx um capacitor, teremos vários capacitores dC em paralelo. Inicialmente, devemos encontrar a distância entre as placas pelo gráfico:

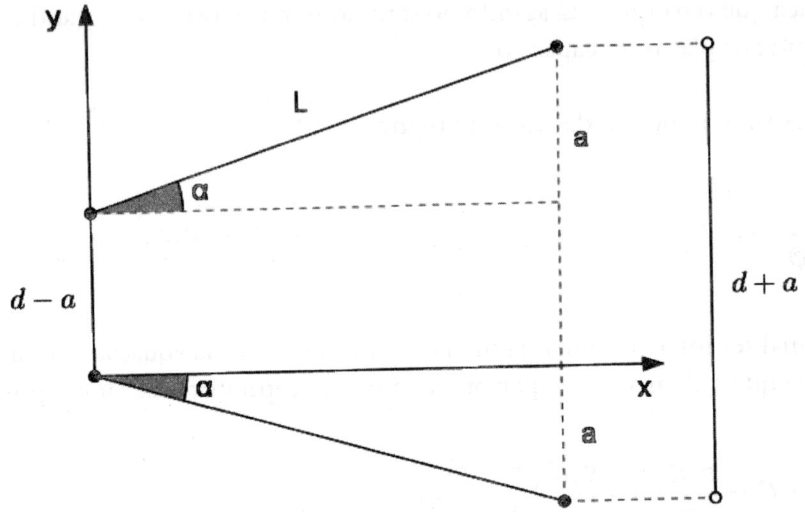

Observe o retângulo em negrito na figura abaixo:

Sendo y_1 a equação da placa superior e y_2 a equação da placa inferior temos:

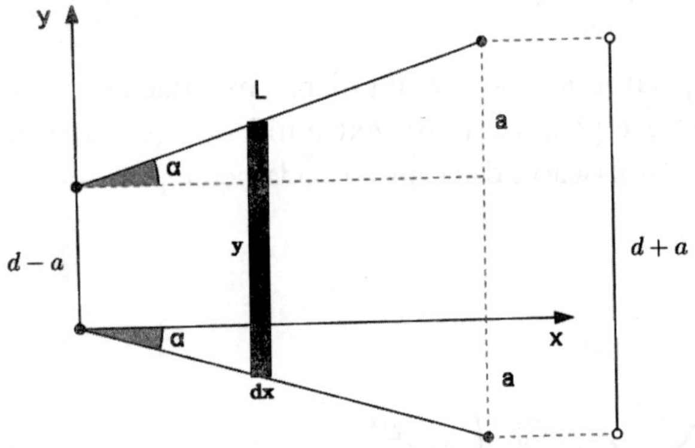

$$y_1 = \left(\frac{a}{L}\right)x + (d-a)$$

$$y_2 = -\left(\frac{a}{L}\right)x$$

$$y = |y_1| + |y_2|$$

$$dC = \frac{\varepsilon_0\left(\frac{A}{L}dx\right)}{y} = \frac{\varepsilon_0\left(\frac{A}{L}dx\right)}{\left(\frac{2a}{L}\right)x + (d-a)}$$

Integrando de zero a L encontramos:

$$C = \frac{\varepsilon_0 A}{2a}\ln\left(\frac{d+a}{d-a}\right)$$

Entretanto, não é essa a resposta que o enunciado deseja.

$$C = \frac{\varepsilon_0 A}{2a}\ln\left(\frac{1+\frac{a}{d}}{1-\frac{a}{d}}\right) = \frac{\varepsilon_0 A}{2a}\left[\ln\left(1+\frac{a}{d}\right)-\ln\left(1-\frac{a}{d}\right)\right]$$

É importante lembrar que:

$$\ln(1+x) = x - \frac{x^2}{2} + \frac{x^3}{3} + \ldots$$

$$\ln(1-x) = -x - \frac{x^2}{2} - \frac{x^3}{3} + ..$$

Sendo $x = \frac{a}{d}$ e substituindo a expressão do logaritmo natural na equação da capacitância, encontramos:

$$C = \frac{\varepsilon_0 A}{2a}\left[\left(\frac{a}{d} - \frac{a^2}{2d^2} + \frac{a^3}{3d^3}\right) - \left(-\frac{a}{d} - \frac{a^2}{2d^2} - \frac{a^3}{3d^3}\right)\right]$$

$$C = \frac{\varepsilon_0 A}{2a}.\frac{2a}{d}\left[1 + \frac{a^2}{3d^2}\right]$$

$$C = \frac{\varepsilon_0 A}{d}\left(1 + \frac{a^2}{3d^2}\right)$$

Se a = 0, teremos a equação da capacitância de um capacitor de placas paralelas.

7. (IIT – 1996 – Adaptada) A capacitância de um capacitor de placas (quadradas) paralelas de separação d é C. O espaço entre as placas é preenchido com dois dielétricos de constantes K1 e K2 como mostra a figura. Encontre a capacitância resultante desse capacitor.

OBS: A largura da placa é **a**.

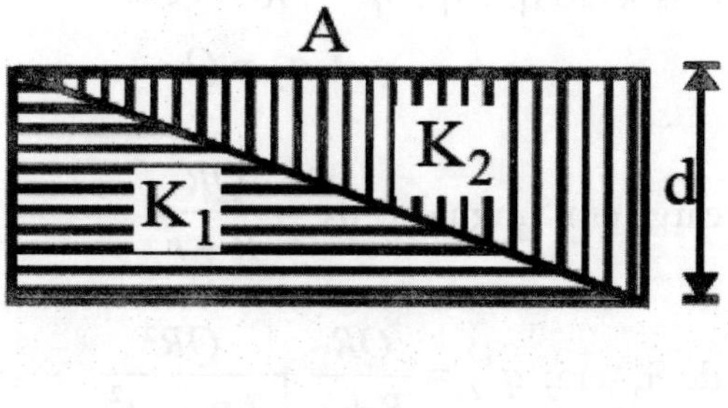

Resolução:

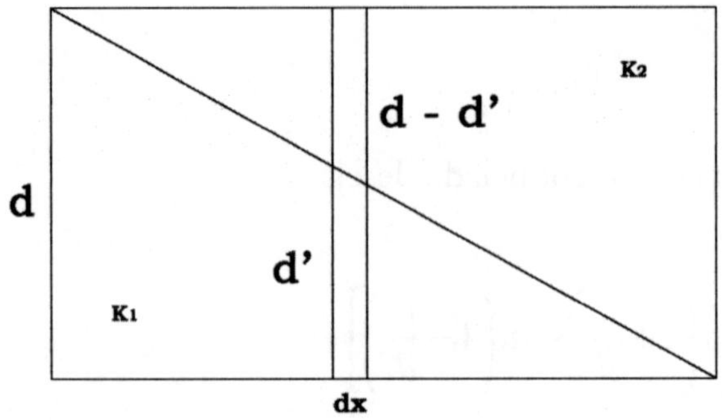

Numa faixa dx, temos os dois dielétricos em série. Assim:

$$\frac{1}{dC}=\frac{1}{dC_1}+\frac{1}{dC_2}$$

$$dC_1=\frac{K_1\varepsilon_0 a.dx}{d'}$$

$$d'=d-(d/a)x=d\left(1-x/a\right)$$

$$dC_2=\frac{K_2\varepsilon_0 a.dx}{d-d'}=\frac{K_2\varepsilon_0 a.dx}{(d/a)x}$$

Substituindo os valores em dC temos: $C=\int_0^a \frac{K_1K_2a^2\varepsilon_0 dx}{K_2ad+d(K_1-K_2)x}$
Assim, a capacitância será:

$$C=\frac{K_1K_2a^2\varepsilon_0 \ln(K_1/K_2)}{d(K_1-K_2)}$$

8. (IIT - 1998) Considere duas esferas condutoras S_1 e S_2 de raios, respectivamente, **r** e **R**. A esfera S_1 apresenta uma carga **Q** e a outra esfera está descarregada. Inicialmente, colocamos a esfera carregada em contato com a descarregada e, em seguida, recarregamos S_1 até a carga **Q** novamente. Após esse procedimento, as esferas são colocadas em contato novamente repetindo o ciclo **n** vezes.

a) Encontre a energia eletrostática em S_2 após **n** contatos com S_1.

b) Qual é o valor limite da energia quando n tende ao infinito?

Resolução:

a) Após o primeiro contato, as cargas serão q_1 e q_2: $\frac{q_1}{q_2}=\frac{r}{R}$.

$$q_1+q_2=Q$$

Resolvendo as equações temos a carga em S_2 igual a: $q_2=\frac{QR}{R+r}$

Após o segundo contato, a carga de S_2 será: $q'_2=\frac{QR}{R+r}+\frac{QR^2}{(R+r)^2}$.

Após n contatos:

$$q_n = Q\left(\frac{R}{R+r}\right) + Q\left(\frac{R}{R+r}\right)^2 + \ldots + Q\left(\frac{R}{R+r}\right)^n$$

Perceba que q_n é uma soma de elementos de uma progressão geométrica:

$$q_n = \frac{QR}{r}\left[1 - \left(\frac{R}{R+r}\right)^n\right]$$

Assim, a energia eletrostática será:

$$U = \frac{q_n^2}{2C} = \frac{1}{2}\frac{q_n^2}{4\pi\varepsilon_0 R} = \frac{1}{2}\frac{Q^2R}{4\pi\varepsilon_0 r^2}\left[1 - \left(\frac{R}{R+r}\right)^n\right]^2$$

b) Como $n \to \infty$, então, $\left(\frac{R}{R+r}\right)^n \to 0$

Assim, o valor limite da energia será: $U' = \frac{1}{2}\frac{Q^2R}{4\pi\varepsilon_0 r^2}$.

9. (Collection of Solved Problems in Physics) Um capacitor cilíndrico de raio interno **a** e externo **b** é colocado na vertical e entre suas placas encontra-se óleo (permissividade relativa ε, densidade ρ). A placa interna apresenta potencial elétrico **U** e a externa é aterrada. Qual é a altura **h** que o óleo atinge entre as placas do capacitor?

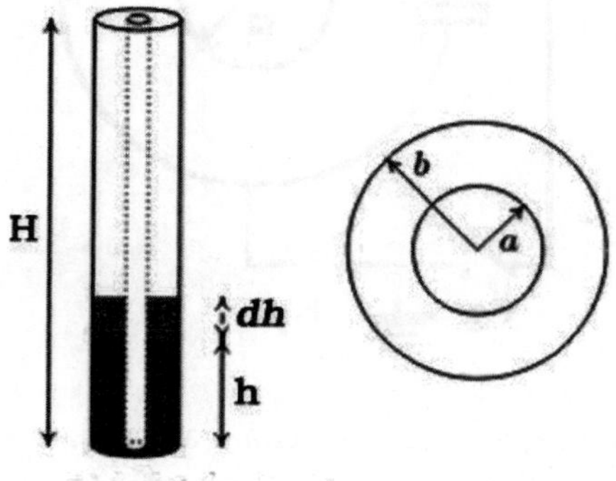

Resolução:
Observe que temos dois dielétricos em paralelo: ar e óleo.
Devemos, inicialmente, encontrar a capacitância equivalente:

$$C = C' + C''$$

$$C = \frac{2\pi\varepsilon_0 (H-h)}{\ln\left(\frac{b}{a}\right)} + \frac{2\pi\varepsilon\varepsilon_0 h}{\ln\left(\frac{b}{a}\right)} = \frac{2\pi\varepsilon_0}{\ln\left(\frac{b}{a}\right)}\left[H + h(\varepsilon - 1)\right]$$

Energia armazenada:

$$U = \frac{CV^2}{2} = \frac{V^2 \pi \varepsilon_0}{\ln\left(\frac{b}{a}\right)}\left[H + h(\varepsilon - 1)\right]$$

A força elétrica será:

$$F = \frac{dU}{dh} = \frac{V^2 \pi \varepsilon_0}{\ln\left(\frac{b}{a}\right)}(\varepsilon - 1)$$

Então, h será:

$$\frac{V^2 \varepsilon_0}{\rho(b^2 - a^2)g\ln\left(\frac{b}{a}\right)}(\varepsilon - 1) = h$$

10. (IIT Physics - Dr. Agarwal) Considere duas cascas esféricas concêntricas de raios R e 2R como mostra a figura. Inicialmente, a casca esférica de raio R está com uma carga +q. Em seguida, as chaves K1 e K2 são fechadas, alternadamente, n vezes cada uma, encontre a diferença de potencial entre as cascas.

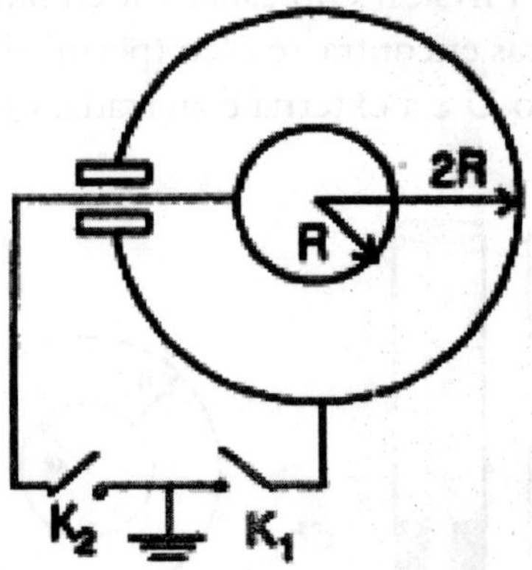

Resolução:

Quando K_1 é fechado pela primeira vez, a esfera externa é aterrada e seu potencial se torna zero. Seja q_1' a carga nessa esfera em razão da presença de uma carga +q na esfera interna. Podemos equacionar:

$$0 = \frac{1}{4\pi\varepsilon_0}\left[\frac{q}{2R} + \frac{q_1'}{2R}\right] \rightarrow q_1' = -q$$

Quando K_2 é fechado pela primeira vez, o potencial elétrico na esfera interna se torna zero. Assim, a nova carga nela será q_2':

$$0 = \frac{1}{4\pi\varepsilon_0}\frac{q_2'}{R} + \frac{1}{4\pi\varepsilon_0}\left(\frac{-q}{2R}\right) \rightarrow q_2' = q/2$$

Dessa forma, quando fecharmos K_1 pela segunda vez, a carga na esfera externa será igual a q_2', ou seja, -q/2. De forma análoga, quando K_1 for fechado pela n-ésima vez teremos a carga na esfera externa igual a $-q/2^{n-1}$ e na esfera interna igual a $q/2^n$. Vale lembrar que o potencial final na esfera interna será zero. Assim, a ddp e o potencial na esfera externa (V_E):

$$V_E = \frac{1}{4\pi\varepsilon_0}\frac{\left(q/2^n\right)}{2R} + \frac{1}{4\pi\varepsilon_0}\frac{\left(-q/2^{n-1}\right)}{2R}$$

$$ddp = 0 - V_E = \frac{1}{4\pi\varepsilon_0}\frac{q}{2^{n+1}R}$$

11. (IIT Physics - Dr. Agarwal) Duas cascas concêntricas de raios d e 2d, respectivamente, são ligadas a um capacitor de placas paralelas como mostra a figura. Cada placa do capacitor é um quadrado de lado d e a separação entre as placas é . As cargas nas placas são +q e -q. As chaves K1 e K2 são fechadas. Encontre as cargas nas cascas e a energia dissipada pelo capacitor de placas paralelas no equilíbrio.

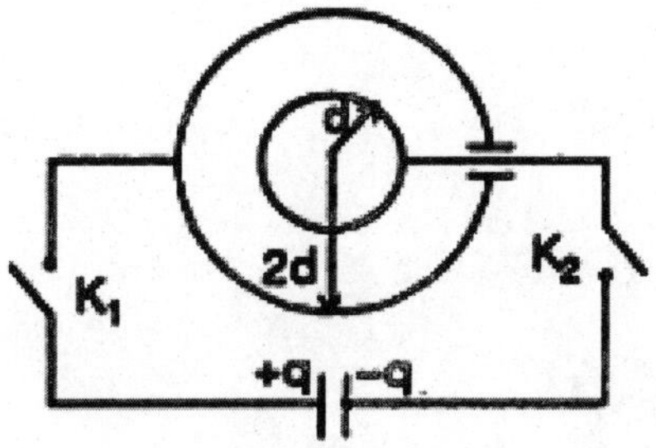

Resolução:

Após o capacitor de placas paralelas ser ligado às cascas concêntricas teremos uma nova carga nas placas e nas cascas. Pelo Princípio da Conservação das Cargas:

$q = q_1 + q_2$, sendo q_1 a carga no capacitor de placas paralelas e q_2 a carga no capacitor esférico.

Sendo V_1 o potencial na casca interna e V_2 o potencial na casca externa, temos:

$$V_1 = \frac{Kq_2}{2d} + \frac{K(-q_2)}{d} \qquad V_2 = \frac{Kq_2}{2d} + \frac{K(-q_2)}{2d} = 0$$

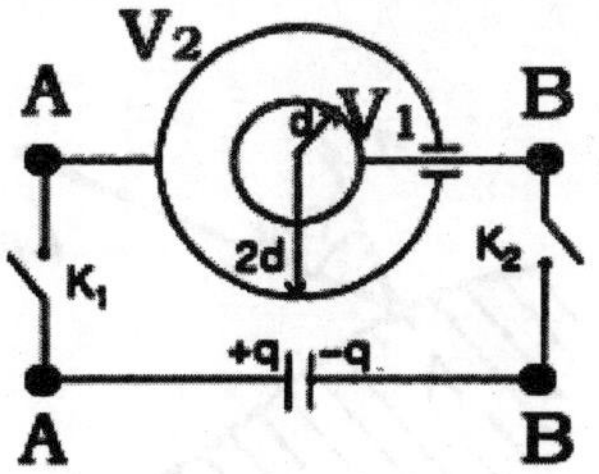

No caso, a diferença de potencial entre A e B, é: $\Delta V = V_2 - V_1 = \dfrac{Kq_2}{2d}$, essa diferença de potencial é igual ao do capacitor de placas paralelas $\Delta V = E.x = \dfrac{q_1}{d^2\varepsilon_0}\dfrac{d}{4\pi}$. Igualando as ddp's:

$$q_2 = q - q_1 = 2q_1 \rightarrow q_1 = \frac{q}{3} \rightarrow q_2 = \frac{2q}{3}.$$

Assim, a carga na casca externa e interna, respectivamente, é:

$$q_2 = \frac{2q}{3}; -q_2 = -\frac{2q}{3}$$

A energia dissipada no capacitor é:

$$U = \frac{q_1^2}{2C} = \frac{q^2}{72\pi\varepsilon_0 d}$$

12. (Irodov) Uma superfície esférica condutora de raio R_1 com carga uniforme **q** é sofre uma expansão até um raio R_2. Encontre o trabalho executado pela força elétrica nesse processo.

$$W = U_i - U_f = \frac{1}{2}q(\varphi_1 - \varphi_2)$$

$$\varphi_1 = \frac{1}{4\pi\varepsilon_0}\frac{q}{R_1}$$

$$\varphi_2 = \frac{1}{4\pi\varepsilon_0}\frac{q}{R_2}$$

$$W = \frac{q^2}{8\pi\varepsilon_0}\left[\frac{1}{R_1} - \frac{1}{R_2}\right]$$

Resolução:

13. (Irodov) Próximo ao ponto A situado no limite entre o vácuo e o vidro, o valor do campo elétrico no vácuo é igual a E_0 = 10,0 V/m, o ângulo entre o vetor E_0 e a normal n é igual a $\alpha_0 = 30°$. Encontre o valor do campo elétrico **E** no vidro próximo ao ponto A, o ângulo entre o vetor **E** e **n** e a densidade superficial de polarização no ponto A.

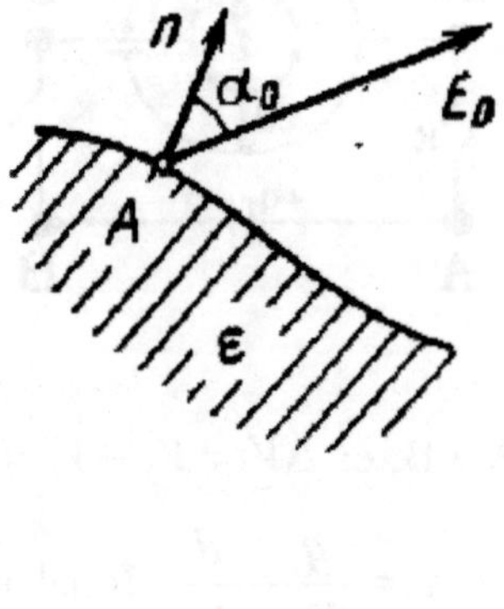

Resolução:

Considere que o campo no dielétrico seja **E** tal que o mesmo forme um ângulo α com **n**.

Assim, na condição limite temos: $\begin{matrix} E_0 \cos\alpha_0 = \varepsilon E \cos\alpha \\ E_0 sen\,\alpha_0 = E sen\,\alpha \end{matrix}$.

Resolvendo as equações, encontramos: $E = E_0\sqrt{sen^2\alpha_0 + \frac{1}{\varepsilon^2}\cos^2\alpha_0}$

$tg\,\alpha = \varepsilon tg\,\alpha_0$

No dielétrico, a componente normal do vetor indução é:

$D_n = \varepsilon_0 \varepsilon E_n = \varepsilon_0 \varepsilon E \cos\alpha = \varepsilon_0 E_0 \cos\alpha_0$

$\sigma' = P_n = D_n - \varepsilon_0 E_n = \left(1 - \frac{1}{\varepsilon}\right)\varepsilon_0 E_0 \cos\alpha_0$

$\sigma' = \left(\frac{\varepsilon - 1}{\varepsilon}\right)\varepsilon_0 E_0 \cos\alpha_0$

14. (IIT Physics - Dr. Agarwal - Adaptada) Quando uma pequena bola condutora descarregada de raio **a** e massa **m** é abandonada de uma altura **h** em relação ao centro de outra esfera condutora de raio **b** e carga **Q**, ela sobe até uma altura $\mathbf{h_1}$ depois da colisão. Encontre o valor de **h**. OBS: Assuma que durante o impacto, não há dissipação de energia.

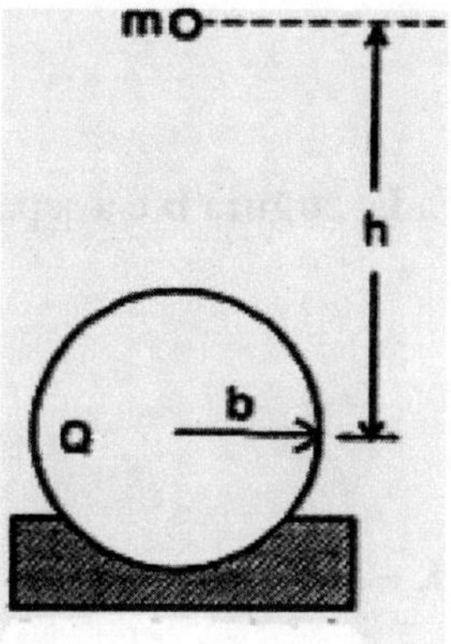

Resolução:

De acordo com a conservação de energia:

$$\frac{Q^2}{8\pi\varepsilon_0 b} + mgh = mgh_1 + \frac{Q_a Q_b}{4\pi\varepsilon_0 h_1} + \frac{Q_a^2}{8\pi\varepsilon_0 a} + \frac{Q_b^2}{8\pi\varepsilon_0 b}$$

Como os potenciais das duas esferas são iguais após a colisão:

$$\frac{Q_a}{4\pi\varepsilon_0 a} = \frac{Q_b}{4\pi\varepsilon_0 b} \rightarrow \frac{Q_a}{a} = \frac{Q_b}{b}$$

Pela conservação das cargas elétricas: $Q_a + Q_b = Q$

Resolvendo as equações, encontramos:

$$Q_a = \frac{a}{b}Q$$
$$Q_b = Q$$

Substituindo os valores encontrados na primeira equação temos:

$$mgh = mgh_1 + \frac{a}{b}\frac{Q^2}{4\pi\varepsilon_0 h_1} + \frac{a^2}{b^2}\frac{Q^2}{8\pi\varepsilon_0 a}$$
$$h = h_1 + \frac{aQ^2}{b^2 h_1 8\pi\varepsilon_0 mg}(2b + h_1)$$

15. (IIT Physics - Dr. Agarwal) Um dielétrico A de massa **m** e constante dielétrica **K** é colocado entre as placas de um capacitor de placas paralelas e conectado a um bloco B de massa **m** por meio de um fio e uma polia como mostra a figura. As placas do capacitor apresentam largura igual a **b** e separação δ. Elas são conectadas a uma bateria de f.e.m igual a $E = \sqrt{\dfrac{mg\delta}{b(K-1)\varepsilon_0}}$. Encontre a corrente fornecida pela bateria em função do tempo.

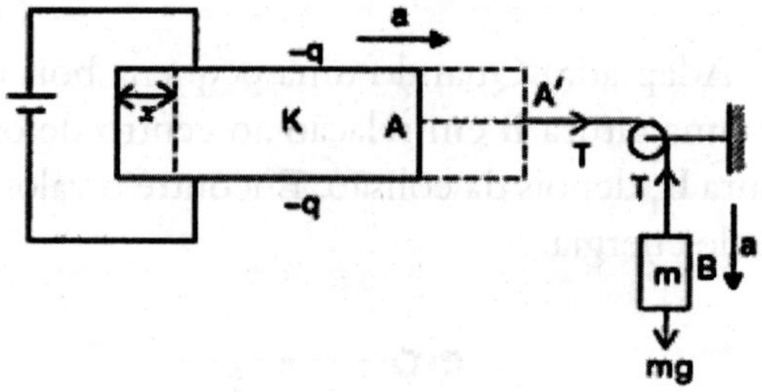

Resolução:

Considere o comprimento das placas igual a **L**, largura **b** e a separação entre elas igual a δ. A capacitância C em função de x é dada por:

$$C(x) = \frac{\varepsilon_0 bx}{\delta} + \frac{K\varepsilon_0 b(L-x)}{\delta}$$

A força no dielétrico é: $|F| = \frac{1}{2}E^2\frac{dC}{dx} = \frac{\varepsilon_0}{2}(K-1)E^2\frac{b}{\delta}$

Assim, podemos encontrar a aceleração do bloco B:

$$-T + mg = ma$$
$$T - F = ma$$

Resolvendo as equações: $a = \frac{g}{4}$

Se considerarmos que o bloco começa seu movimento do repouso, teremos:

$$x = \frac{1}{2}\left(\frac{g}{4}\right)t^2$$

Dessa forma, podemos fazer: $q = CE$.

$$I = \frac{dq}{dt} = \frac{d}{dt}C(x)E = \frac{dC}{dx}E\frac{dx}{dt}$$

$$I = -\frac{\varepsilon_0 b}{\delta}(K-1)E\left(\frac{g}{4}\right)t = -\frac{g}{4}t\frac{mg}{E}$$

$$I(t) = -\frac{mg^2 t}{4E}$$

16. (Irodov) Uma carga puntiforme **q** está localizada no centro O de um condutor esférico descarregado que possui um pequeno orifício como mostra a figura. A camada interior e exterior do condutor apresentam, respectivamente, raios **a** e **b**. Encontre o trabalho necessário para transferir a carga puntiforme do ponto O até o infinito por meio do orifício.

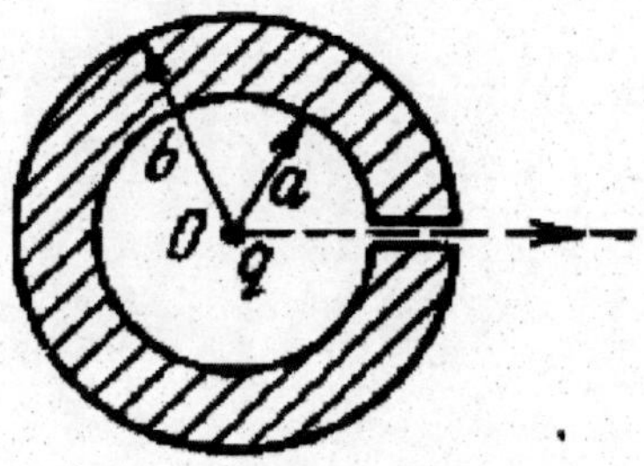

Resolução:
Inicialmente, haverá cargas induzidas -q e +q na camada interior e exterior, respectivamente. Dessa forma, a energia inicial será simplesmente a soma da auto energia de cada camada e a energia potencial entre as cargas:

$$U_i = \frac{q^2}{8\pi\varepsilon_0 b} + \frac{(-q)^2}{8\pi\varepsilon_0 a} + \frac{-qq}{4\pi\varepsilon_0 a} + \frac{qq}{4\pi\varepsilon_0 b} + \frac{-qq}{4\pi\varepsilon_0 b}$$

$$U_i = \frac{q^2}{8\pi\varepsilon_0}\left[\frac{1}{b} - \frac{1}{a}\right]$$

Finalmente, a carga q no infinito terá energia: $U_f = 0$.

Assim, o trabalho realizado por um operador será:

$$W = U_f - U_i = \frac{q^2}{8\pi\varepsilon_0}\left[-\frac{1}{b} + \frac{1}{a}\right]$$

Método das Imagens

1. (Saraeva) À distância **d**, de uma grande lâmina condutora aterrada, encontra-se uma carga elétrica pontual **+q**. Com que força a lâmina agirá sobre a carga?

Resolução:

O método das imagens implica a conversão de um campo elétrico em outro equivalente mais fácil de calcular. Em certos casos é possível substituir um condutor por uma ou mais cargas pontuais, de modo que as superfícies condutoras são substituídas por superfícies equipotenciais.

Para calcular o potencial eletrostático de um sistema de cargas, é necessário que a distribuição das cargas no sistema seja bem definida, ou seja, localizada de acordo com um referencial.

Neste problema, certa quantidade de carga provavelmente será induzida e posicionada de forma a anular o campo produzido pela carga de teste dentro do condutor. Desse modo, o arranjo das cargas induzidas é muito complexo, tornando complicado o cálculo analítico do potencial eletrostático gerado pelo novo sistema.

No entanto, o método das imagens, torna o problema mais simples de ser resolvido. Esse método simplifica a distribuição de cargas induzidas, com a substituição dessas por cargas virtuais, de forma que o problema em questão não tenha suas condições de contorno alteradas e ainda seja possível realizar o cálculo do potencial e de outras grandezas através deste.

Em nossa questão, a placa pode ser *substituída* por uma carga imagem -q como mostra a figura:

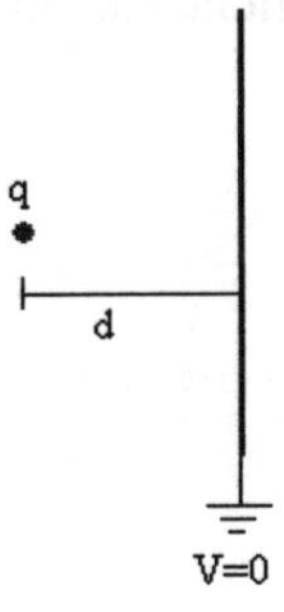

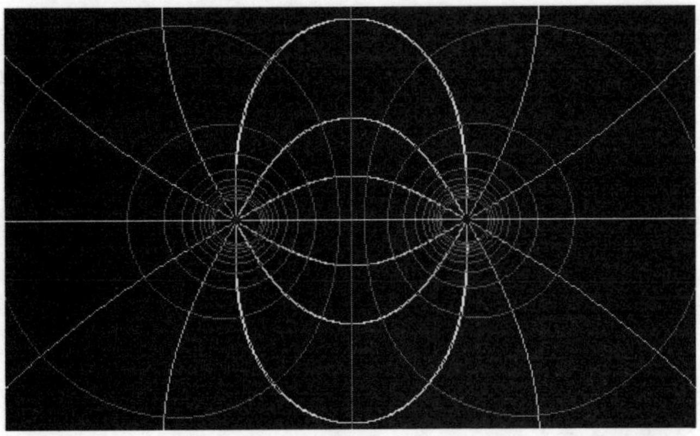

V=0

Assim, a resposta será a força elétrica entre a carga de teste e a carga virtual:

$$F = \frac{Kq^2}{(2d)^2} = \frac{1}{4\pi\varepsilon_0}\frac{q^2}{4d^2}$$

2. **(Irodov – Adaptada)** Encontre o módulo da força que age na partícula de carga **+q** a qual é posicionada a uma distância **l** de um condutor formando um ângulo reto como mostra a figura.

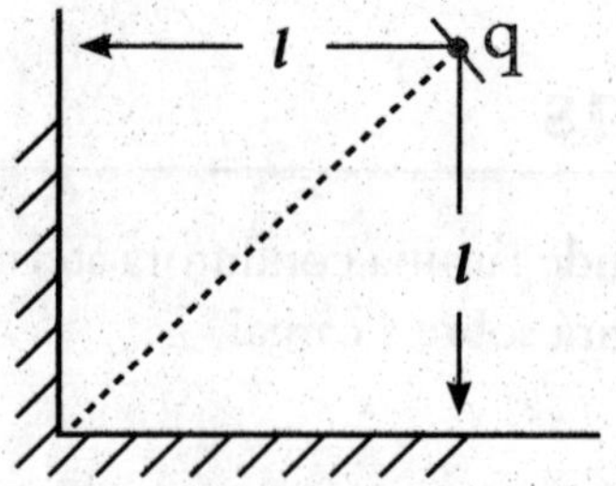

Resolução:

A força resultante na partícula será:

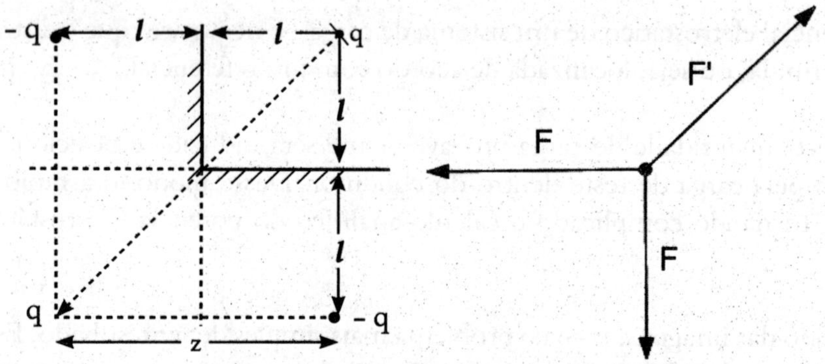

$$F_R = F\sqrt{2} - F'$$

$$F_R = \frac{kq^2}{4d^2}\sqrt{2} - \frac{kq^2}{8d^2} = \frac{kq^2}{4d^2}\left(\sqrt{2} - \frac{1}{2}\right)$$

3. (Irodov) Uma pequena bola é suspensa por uma mola de constante **K** acima de um condutor plano infinito. Após a bola ser carregada, ela se aproxima da placa uma distância **x** e sua distância à placa se torna igual a **l**. Encontre a carga na bola.

Resolução:

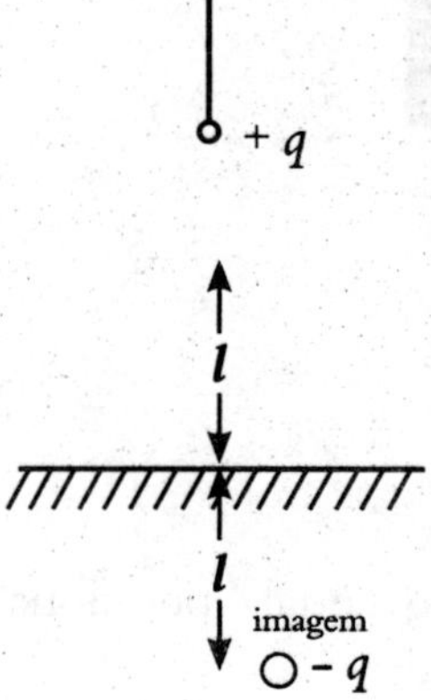

No equilíbrio, temos:

$$F_{elástica} = F_{elétrica}$$

$$\frac{q^2}{4\pi\varepsilon_0 (2l)^2} = kx$$

$$q = 4l\sqrt{\pi\varepsilon_0 kx}$$

4. (Saraeva) Um corpo de massa **m** está suspenso por um fio de comprimento **L**. A uma distância **h**, abaixo do mesmo, encontra-se uma lâmina metálica infinita. O corpo possui carga **q**. Determinar o período de oscilações livres desse corpo.

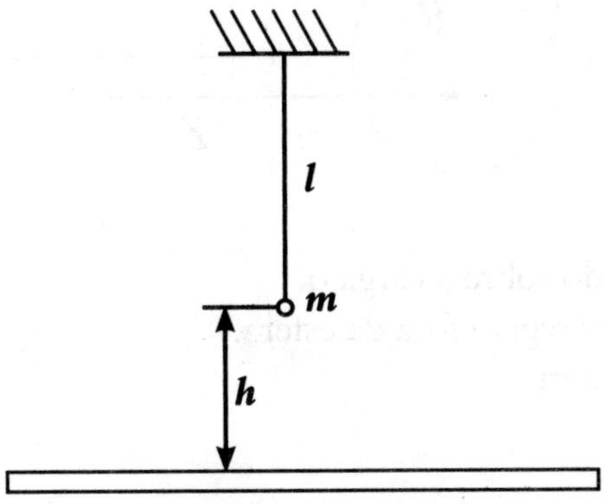

Resolução:

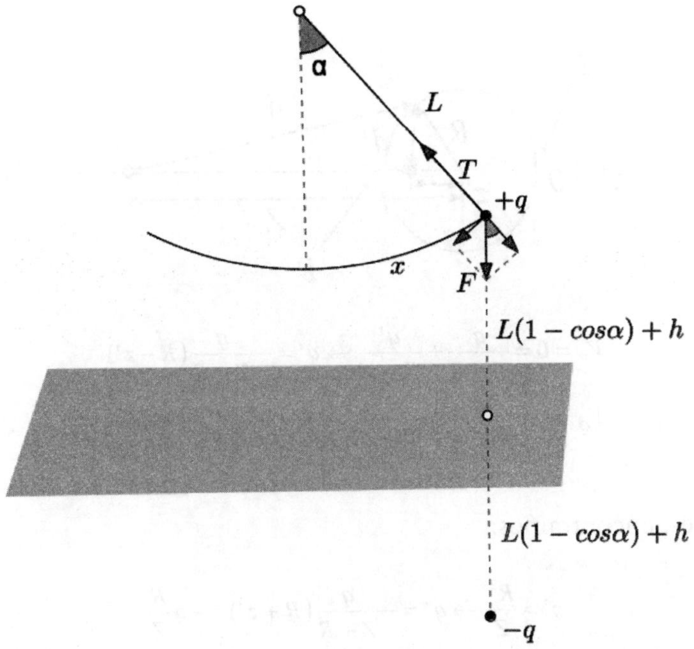

O módulo da força elétrica é:

$$F_{elétrica} = \frac{Kq^2}{\left(2\left(L - L.\cos\alpha + h\right)\right)^2}$$

Como α é pequeno, $\cos\alpha \cong 1$:

$$F_{elétrica} = \frac{Kq^2}{4h^2}$$

A força restauradora do MHS é:

$$F_R = F.sen\,\alpha = \frac{F}{L}x$$

O período será: $T = 2\pi\sqrt{\dfrac{mL}{F}}$

$$T = \frac{8\pi h}{q}\sqrt{\pi\varepsilon_0 Lm}$$

5. (Eletrodinâmica - David Griffiths - Adaptada) Uma carga puntiforme q está situada a uma distância **Z** do centro de um condutor esférico de raio **R** aterrado como mostra a figura.

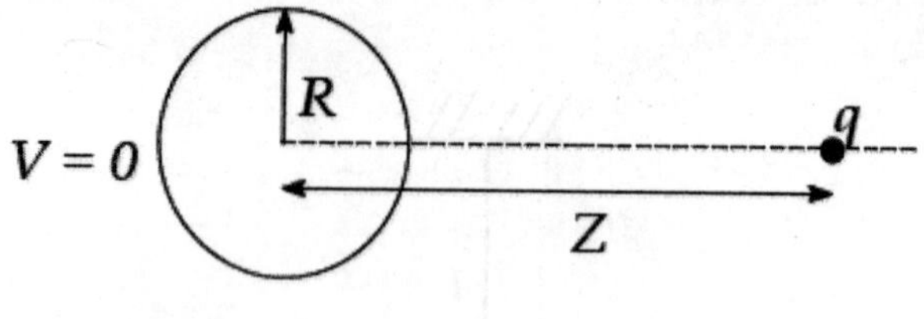

a) Encontre o módulo da força agindo sobre a carga q.
b) Encontre o potencial em qualquer região fora da esfera.
c) Calcule a energia potencial do sistema.

Resolução:
a) No início, precisamos descobrir a posição que a carga imagem está em relação a carga q. Como o potencial elétrico é nulo na esfera podemos fazer:

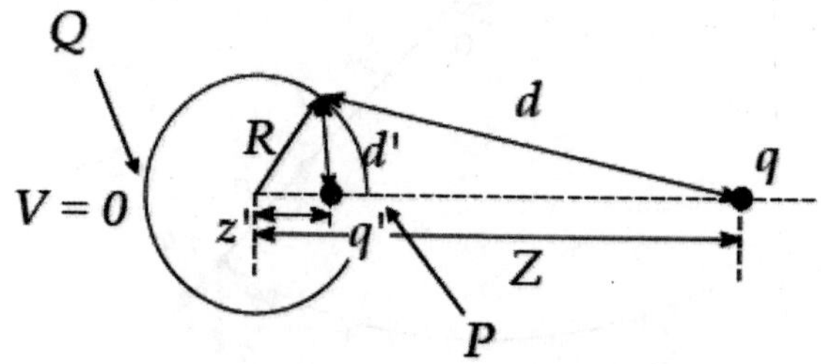

$$V_P = 0 = \frac{q}{Z-R} + \frac{q'}{R-z'} \rightarrow q' = -\frac{q}{Z-R}(R-z')$$

$$V_Q = 0 = \frac{q}{Z+R} + \frac{q'}{R+z'} \rightarrow q' = -\frac{q}{Z+R}(R+z')$$

Igualando as duas equações, encontramos:

$$z' = \frac{R^2}{Z} \rightarrow q' = -\frac{q}{Z+R}(R+z') = -q\frac{R}{Z}$$

Assim a força será:

$$F = \frac{1}{4\pi\varepsilon_0}\frac{qq'}{(Z-z')^2} = -\frac{1}{4\pi\varepsilon_0}\frac{ZRq^2}{(Z^2-R^2)^2}$$

b) No item anterior, escolhemos os pontos P e Q para facilitar os cálculos no momento de encontrar q'. Agora, consideremos um ponto P' na esfera como mostra a figura:

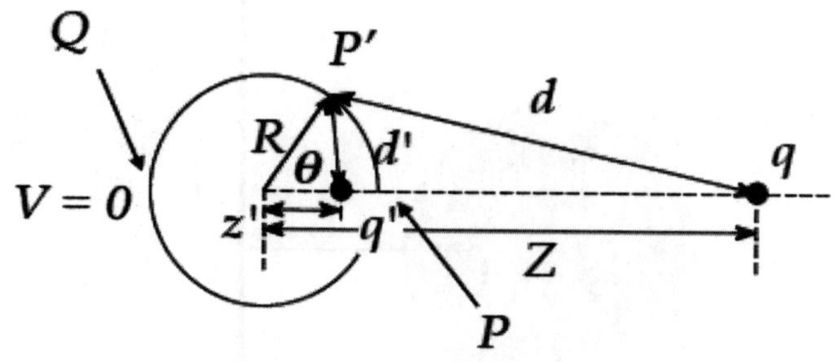

$$d = \sqrt{R^2 + Z^2 - 2RZ\cos\theta}$$

$$d' = \sqrt{R^2 + (z')^2 - 2R(z')\cos\theta} = \sqrt{R^2 + \frac{R^4}{Z^2} - 2R\frac{R^2}{Z}\cos\theta}$$

$$V_{P'} = \frac{q}{d} + \frac{q'}{d'} = \frac{q}{\sqrt{R^2 + Z^2 - 2RZ\cos\theta}} + \frac{q'}{\sqrt{R^2 + \frac{R^4}{Z^2} - 2R\frac{R^2}{Z}\cos\theta}}$$

Substituindo o valor de q', iremos provar que:

$$V_{P'} = 0$$

Dessa forma, num ponto (r, θ, ϕ) fora da esfera teremos:

$$V = \frac{q}{\sqrt{r^2 + Z^2 - 2rZ\cos\theta}} + \frac{q'}{\sqrt{r^2 + \frac{R^4}{Z^2} - 2r\frac{R^2}{Z}\cos\theta}}$$

$$V = \frac{q}{\sqrt{r^2 + Z^2 - 2rZ\cos\theta}} + \frac{q}{\sqrt{\left(\frac{rZ}{R}\right)^2 + R^2 - 2rZ\cos\theta}}$$

c) A energia potencial do sistema será igual ao trabalho realizado para trazer a carga q do infinito para a distância Z do centro da esfera:

$$W = \int_{\infty}^{Z} -F.dl = \int_{\infty}^{Z} \frac{zRq^2}{\left(z^2 - R^2\right)^2} dz = -\frac{1}{2}\frac{Rq^2}{Z^2 - R^2}$$

6. Analise o caso a seguir: esfera carregada próxima a um plano condutor a potencial zero.

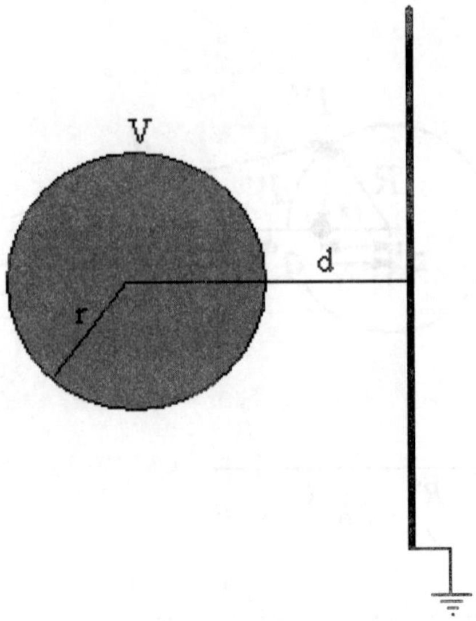

Resolução:
Os passos para aplicar o método das imagens são parecidos com a questão anterior. Colocando uma carga +Q no centro da esfera teremos uma superfície esférica de raio r e potencial $V = \frac{1}{4\pi\varepsilon_0}\frac{Q}{r}$

Colocamos uma carga –Q a uma distância 2d do centro da esfera. Isso faz com que o plano seja uma superfície equipotencial, porém, o mesmo não ocorre com a esfera.

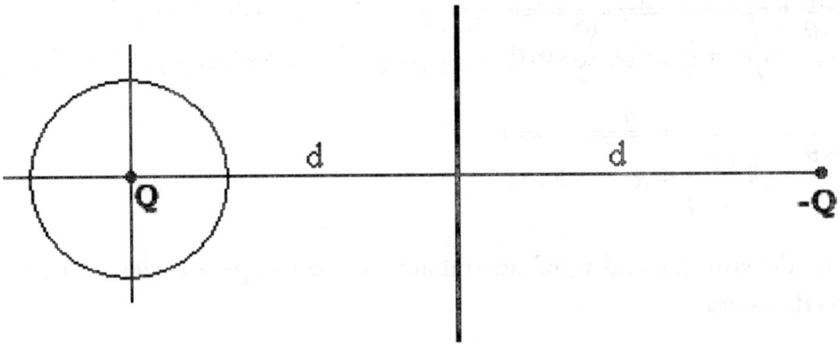

Agora, colocamos uma carga Q_1 no interior da esfera. Calculamos o valor de Q_1 e sua posição x_1 para que a esfera seja uma superfície equipotencial, embora deixe de ser plana:

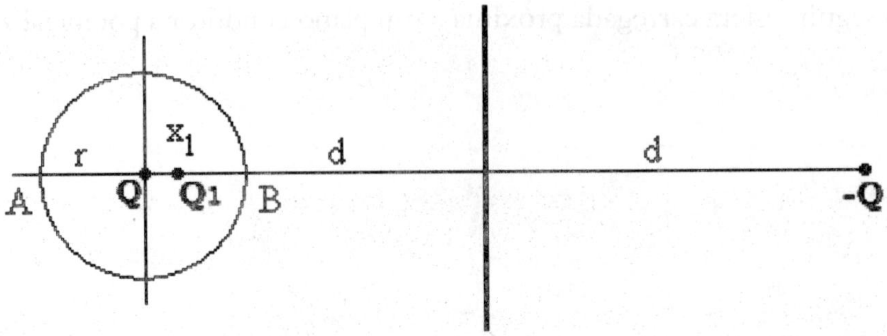

Perceba que o caso da figura acima é análogo à questão anterior:

$$Q_1 = \frac{r}{2d}Q$$

$$x_1 = \frac{r^2}{2d}$$

Em seguida, teremos uma carga $-Q_1$:

$$-Q_1 = -\frac{R}{2d}Q$$

$$x_1' = 2d - \frac{R^2}{2d}$$

Colocamos uma carga Q_2 no interior da esfera, para que esta seja equipotencial, embora o plano deixe de ser:

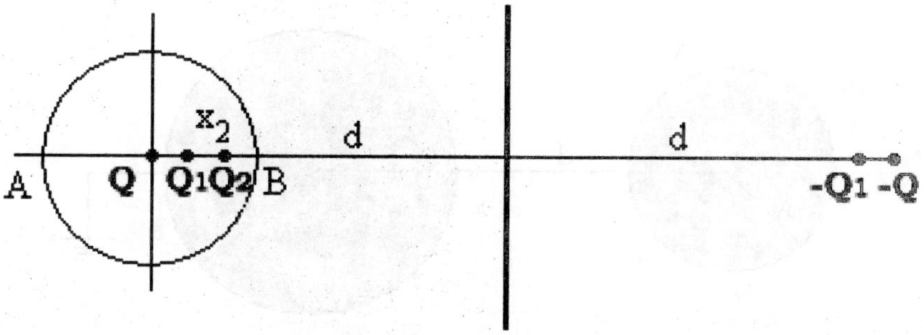

O potencial em A (-r, 0) devido as cargas $-Q_1$ e Q_2 o fazemos zero:

$$\frac{-Q_1}{2d + r - x_1} + \frac{Q_2}{r + x_2} = 0$$

O potencial em B (r, 0) devido as cargas $-Q_1$ e Q_2 o fazemos zero:

$$\frac{-Q_1}{2d - r - x_1} + \frac{Q_2}{r - x_2} = 0$$

Explicitamos Q_2 e x_2 neste sistema de duas equações com duas incógnitas:

$$x_2 = \frac{r^2}{2d - x_1} \qquad Q_2 = Q_1 \frac{r}{2d - x_1} = Q\frac{r^2}{4d^2 - r^2}$$

Continuamos o processo que converge rapidamente até que temos a precisão desejada.

Podemos representar as seguintes relações:

$$x_{i+1} = \frac{r^2}{2d - x_i} \qquad q_{i+1} = q_1 \frac{r}{2d - x_i} \qquad i = 0,1,2,3...$$

$$x_0 = 0, \qquad q_0 = q$$

Assim, a carga total na esfera é: $Q_f = \sum_0^{\infty} Q_i$.
<u>OBS</u>: Consideramos Q = Q_0.
Apesar de a carga total ser Q_f, o potencial na esfera será:

$$V = \frac{Q}{4\pi\varepsilon_0 r}$$

7. Analise o caso a seguir: duas esferas condutoras com uma aterrada.

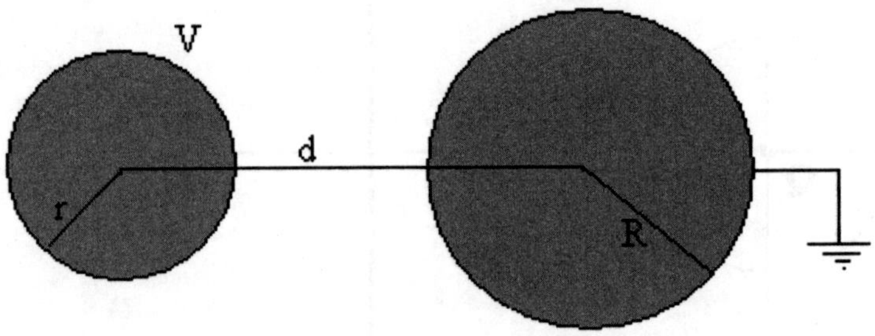

<u>Resolução</u>:
Colocamos no centro da primeira esfera de raio r uma carga q, de modo que o potencial da esfera seja V:

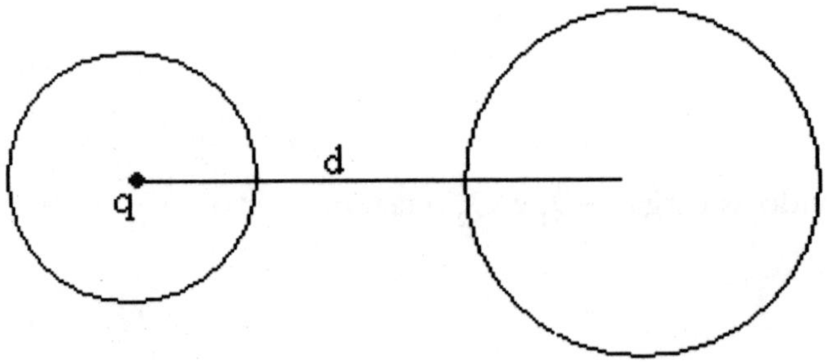

$$V = \frac{1}{4\pi\varepsilon_0} \frac{q}{r}$$

A superfície esférica de raio R deixa de ser equipotencial. Em seguida, colocamos uma carga q' no interior da segunda esfera com uma distância x_1 do seu centro:

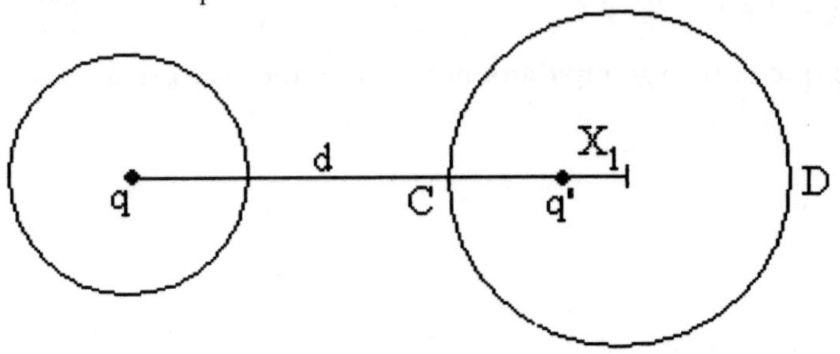

Após colocarmos q' na segunda esfera, esta será uma superfície equipotencial.
No ponto C:

$$\frac{q}{d-R}+\frac{q'}{R-x_1}=0$$

No ponto D:

$$\frac{q}{d+R}+\frac{q'}{R+x_1}=0$$

Assim, teremos:

$$x_1=\frac{R^2}{d} \qquad q'=-q\frac{R}{d}$$

Seguindo o raciocínio:

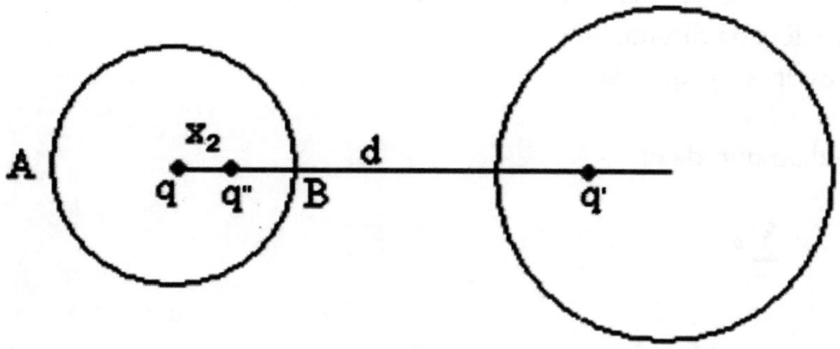

No ponto A:

$$\frac{q''}{r+x_2}+\frac{q'}{d+r-x_1}=0$$

No ponto B:

$$\frac{q''}{r-x_2}+\frac{q'}{d-r-x_1}=0$$

Resolvendo as equações achamos:

$$x_2=\frac{r^2}{d-x_1} \qquad q''=-q'\frac{r}{d-x_1}=q\frac{rR}{d^2-R^2}$$

De forma análoga:

$$x_3=\frac{R^2}{d-x_2} \qquad q'''=-q\frac{rR^2}{d^3-dR^2-dr^2}$$

$$x_4 = \frac{r^2}{d - x_3} \qquad q'''' = q\frac{r^2R^2}{d^4 - 2R^2d^2 - r^2d^2 + R^4}$$

E assim, sucessivamente.
Dessa forma, podemos encontrar as relações:

$$X_{i+1} = \frac{R^2}{d - x_i} \qquad Q_{i+1} = -q_i\frac{R}{d - x_i} \qquad i = 0,1,2...$$

$$X_{i+1} = \frac{r^2}{d - X_{i+1}} \qquad q_{i+1} = -Q_{i+1}\frac{r}{d - X_{i+1}}$$

$$x_0 = 0, \quad X_0 = 0, \quad Q_0 = 0$$

Sendo X_{i+1} a distância da carga na esfera da direita até seu centro.
Sendo x_{i+1} a distância da carga na esfera da esquerda até seu centro.
Sendo Q_{i+1} a carga na esfera da direita.
Sendo q_{i+1} a carga na esfera da esquerda.

A carga total na esfera da esquerda é:

$$Q = q_0 + q_1 + \ldots + q_n + \ldots = \sum_{i=0}^{\infty} q_1$$

Em relação ao problema resolvido, a carga total na esfera da esquerda será:

$$q_E = q + \left(q\frac{Rr}{d^2 - R^2}\right) + \left(q\frac{r^2R^2}{d^4 - 2R^2d^2 - r^2d^2 + R^4}\right) + \ldots$$

Supondo que as duas esferas tenham o mesmo raio R = r = a:

$$q_E = q + \left(q\frac{a^2}{d^2 - a^2}\right) + \left(q\frac{a^4}{d^4 - 3a^2d^2 + a^4}\right) + \ldots$$

$$q_E = q\left(1 + \left(\frac{a^2}{d^2 - a^2}\right) + \left(\frac{a^4}{d^4 - 3a^2d^2 + a^4}\right) + \ldots\right)$$

O potencial elétrico na esfera da esquerda é: $V = \frac{1}{4\pi\varepsilon_0}\frac{q}{a}$

Como a esfera da direita está aterrada (potencial igual a zero) o sistema em questão apresenta a capacitância igual a:

$$C = \frac{\partial q \Sigma}{\partial \varphi} = 4\pi \in a\left(1 + \frac{a^2}{d^2 - a^2} + \frac{a^4}{d^4 - 3d^2a^2 + a^4} + \ldots\right)$$

Essa capacitância total C pode ser dividida em C_{12} que é a capacitância entre as esferas e C_{10} (ou C_{20}) que é a capacitância da esfera quando na situação mostrada na figura:

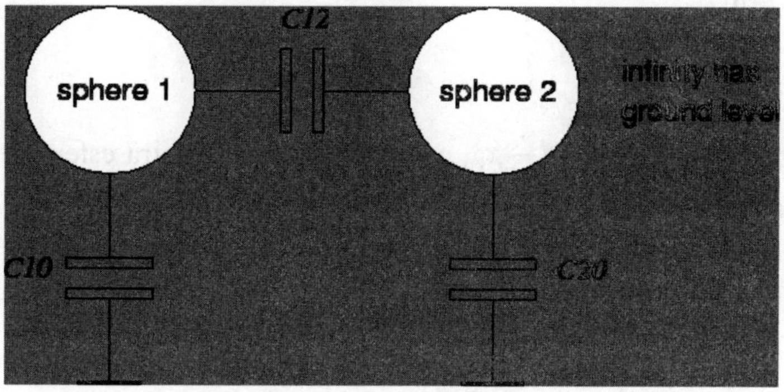

$C = C_{12} + C_{10}$
$C_{10} = C_{20}$

Na situação da figura anterior, as duas esferas apresentam potencial elétrico diferente de zero. O valor da capacitância de C_{20} é igual a capacitância da esfera 2. Para encontrar a capacitância dessa esfera, devemos utilizar o método das imagens para a situação que temos duas esferas carregadas ambas não conectadas ao solo.

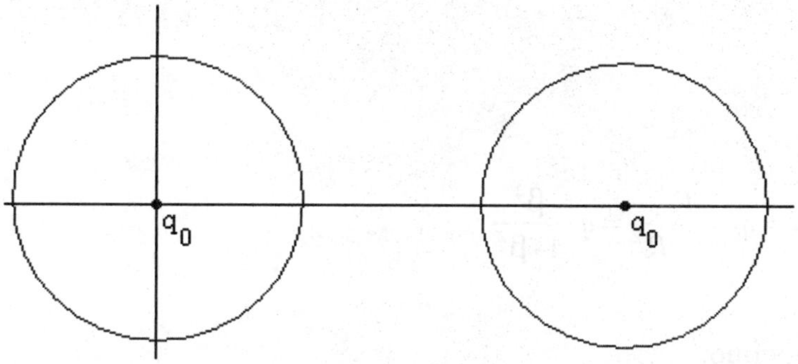

O centro da esfera da esquerda será a origem do plano cartesiano.
Em seguida, colocando uma carga q_1 na esfera da esquerda para que a mesma volte a ser uma superfície equipotencial:

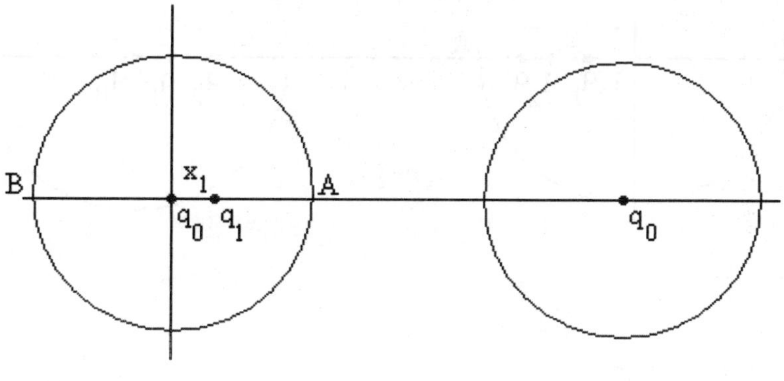

$$\frac{1}{4\pi\varepsilon_0}\frac{q_0}{d - R} + \frac{1}{4\pi\varepsilon_0}\frac{q_1}{R + x_1} = C$$

$$\frac{1}{4\pi\varepsilon_0}\frac{q_0}{d + R} + \frac{1}{4\pi\varepsilon_0}\frac{q_1}{R + x_1} = C$$

$$x_1 = \frac{R^2}{d} \qquad q_1 = -q_0\frac{R}{d} = -q_0\beta$$

Se colocarmos uma carga q_1 na posição $d - x_1$, a superfície da primeira esfera deixa de ser equipotencial. Colocamos uma carga q_2 na posição x_2, tal como é mostrado na figura:

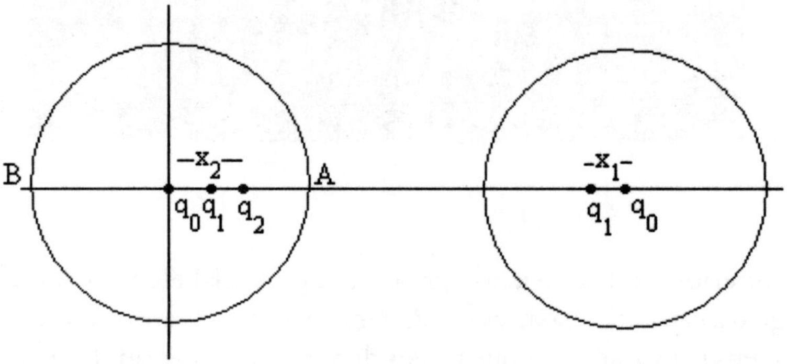

$$\frac{q_1}{d - R - x_1} + \frac{q_2}{R - x_2} = 0$$

$$\frac{q_1}{d + R - x_1} + \frac{q_2}{R + x_2} = 0$$

$$x_2 = \frac{R^2 d}{d^2 - R^2} \qquad q_2 = q_0\frac{R^2}{d^2 - R^2} = q_0\frac{\beta^2}{1 - \beta^2}$$

Seguindo o mesmo raciocínio:

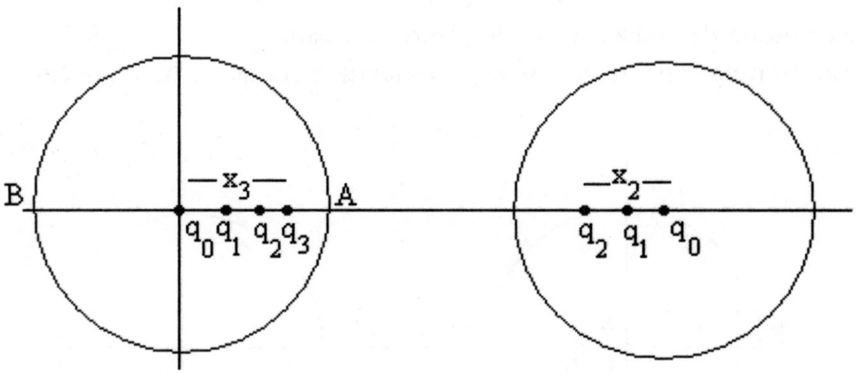

$$\frac{q_2}{d-R-x_2}+\frac{q_3}{R-x_3}=0$$

$$\frac{q_2}{d+R-x_2}+\frac{q_3}{R+x_3}=0$$

$$x_3=\frac{R^2\left(d^2-R^2\right)}{d\left(d^2-2R^2\right)} \qquad q_3=q_0\frac{R^3}{d\left(d^2-2R^2\right)}=-q_0\frac{\beta^3}{1-2\beta^2}$$

$$x_4=\frac{R^2d\left(d^2-2R^2\right)}{\left(d^4-3R^2d^2+R^4\right)} \qquad q_4=q_0\frac{R^3}{d^4-3R^2d^2+R^4}=q_0\frac{\beta^4}{1-3\beta^2+\beta^4}$$

Sendo R = a:

$$C_{10}=C_{20}=4\pi\in a\left(1-\frac{a}{a}+\frac{a^2}{d^2-a^2}-\frac{a^4}{d^3-2da^2}+\ldots\right)$$

Agora, podemos encontrar a capacitância entre as duas esferas que é:

$$C-C_{10}=C_{12}$$

$$C_{12}=4\pi\in\frac{a^2}{d}\left(1+\frac{a^2}{d^2-2da^2}+\frac{a^4}{d^4-4d^2a^2+3a^4}+\ldots\right)$$

Ainda podemos encontrar a força entre as duas esferas condutoras que é a soma das forças entre cada par de cargas imagens uma carga correspondente a primeira esfera e a outra correspondente a segunda esfera:

$$F=\frac{1}{4\pi\in_0}\sum_{i.j=0}^{\infty}\frac{q_i q_j}{\left(d-x_j-x_i\right)}$$

Na figura, é comparada a força de repulsão entre duas cargas pontuais *Fc* (em azul) e o desenvolvimento em série da força *F* entre as duas esferas condutoras iguais em termos do parâmetro β=R/d até o termo 18, ou seja, β^{18},

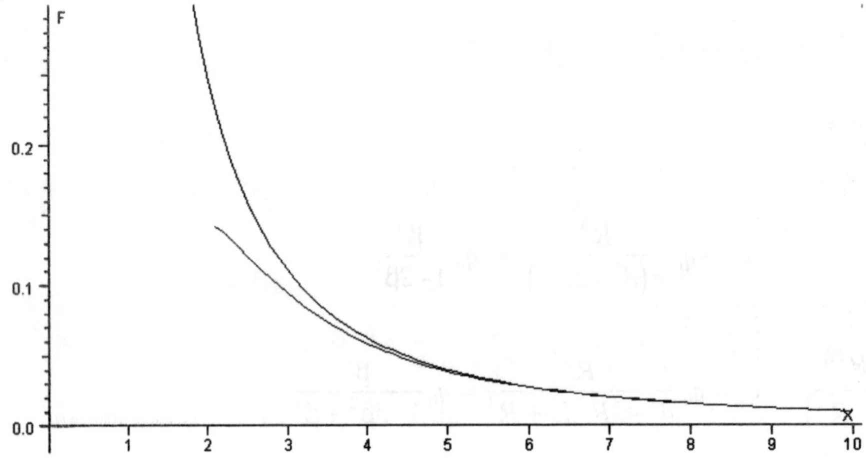

Para a maior parte dos experimentos escolares, nos quais a separação dos centros das esferas d>2,5R é suficiente o primeiro termo corretor para estar de acordo com os resultados experimentais.

$$F \cong F_c\left(1-4\beta^3\right)$$

7. **(Eletrodinâmica - David Griffiths)** Determine o tempo para que a carga **q** (massa **m**) toque o plano condutor como mostra a figura abaixo.

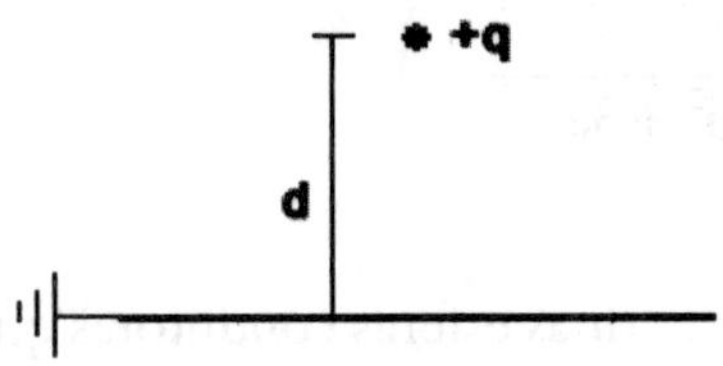

Resolução:

Em matemática, chamamos de *excentricidade* um parâmetro associado a qualquer cônica, que mede o seu desvio em relação a uma circunferência.

Definimos como *excentricidade*:

$$e=\frac{c}{a}$$

Sendo **c** metade da distância focal e **a** metade da medida do eixo maior.

Sabemos que: A excentricidade de uma circunferência é 0; elipse é superior a 0 e inferior a 1; parábola é 1; hipérbole é superior a 1.

Se tivermos uma elipse com a excentricidade igual a 1, ela tende a uma reta (degeneração).

Assim, como a distância entre a carga e a placa é d, $a=\dfrac{d}{2}$.

Podemos equacionar:

$$\frac{T^2}{a^3}=\frac{4\pi^2}{G(2m)} \quad (1)$$

$$\frac{1}{4\pi\varepsilon_0}\frac{q^2}{(2d)^2}=\frac{Gmm}{d^2} \quad (2)$$

Resolvendo as equações achamos: $T=\dfrac{2(\pi d)^{3/2}\sqrt{2\varepsilon_0 m}}{q}$

Sendo que T é o período, queremos apenas t = T/2 que percorre a distância desejada:

$$t=\frac{(\pi d)^{3/2}\sqrt{2\varepsilon_0 m}}{q}$$

Desafio 1:
Considere duas placas condutoras infinitas paralelas e aterradas com uma distância a entre elas. Colocamos uma carga $+q$ entre as placas tal que esteja a uma distância x de uma das placas. Qual é a força resultante na carga ?

Resposta:

$$F=\frac{q^2}{4\pi\epsilon_0}\left[\frac{-1}{(2x)^2}-\frac{1}{(2a+2x)^2}-\frac{1}{(4a+2x)^2}-...+\frac{1}{(2a-2x)^2}+\frac{1}{(4a-2x)^2}+...\right]$$

Desafio 2:
Considere duas esferas condutoras idênticas em contato externamente. Sabendo que a capacitância de cada esfera condutora é C, encontre a capacitância equivalente do sistema.

Resposta:
$2C$

Desafio 3:
Em um condensador plano de comprimento L e distância d entre as armaduras foi introduzido por completo uma placa dielétrica de massa m e permissividade δ, que ocupa todo o espaço entre as armaduras. A bateria de tensão constante U permanece ligada. Em seguida, a placa dielétrica é puxada até uma distância x fora do espaço entre as placas do capacitor e depois é solta (observe a figura). Encontre o período de oscilação da superfície dielétrica.

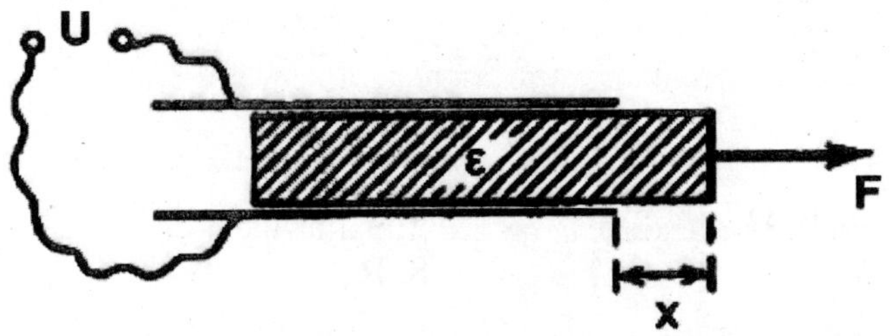

Resposta:

$$T = 4\sqrt{\frac{2x}{\frac{\varepsilon_0(\varepsilon - 1)LU^2}{2md}}}$$

Gabaritos

Simetria

Nível I:

1. A) 5/3 Ω B) 12/11 Ω	**2.** 3R/4	**3.** 11/10 Ω	**4.** 4 Ω

Nível II:

2. d	3. b	4. 16R/25	5. 8
6. 144 *KJ*	7. c	8. b	9. 3R
10. a) 2/3 Ω b) ½ Ω c) 4/3 Ω d) 7/6 Ω	11. d	12. a	13. d
14. 3,2			

Nível III:

2. 34 V; 1, 6190 Ω	3. R/(3n + 1)	4. $\frac{R(\sqrt{21}-3)}{2}$	5. R/3
6. $\frac{R(1-\sqrt{2}+\sqrt{3})}{2}$	7. $R(1+\sqrt{3})$	8. Req zero	9. $\frac{46}{15\pi}$
10. $\frac{R(1+\sqrt{5})}{2}$	11. $\frac{r(1+\sqrt{5})}{2}$	12. E	13. $9-\sqrt{21}$

Nível IV:

2. b	3. 10 Ω	4. e	5. 2R/3
a) 5R/6 b) 3R/4 c) 7R/12	7. c	8. R	9. R/2
10. 25/9	11. 4R/3	12. 6R/5	13. 156/47 Ω

Capacitores

Nível I:

1. CONCEITOS

2. I,II,III,V

3. E

4. C

5. B

6. todas estão corretas

7. todas estão corretas

8. V, V, F, F, V, F

9. V, F, F, F, V

10. 113.000.000 m^2

11. C

12. Soma = 8

13. B

14. A

15. E

16. B

17. Apenas IV errada

18. D

19. a) C = k.C0
b) Q = Q0
c) V = V0/k
d) W = W0/k
e) E = E0/k

20. Permitir que o condensador seja submetido a uma tensão mais elevada em relação aos capacitores que contém ar ou vácuo entre as placas

21. D

22. C

μF

24. 15

25. B

26. C3 + 1/(1/C1 + 1/C2) + 1/(1/C4 + 1/C5 + 1/C6)

27. 48 V

28. 25.10-9 J

29. 19

30. 78,0 μC

31. 1 μF

32. D

33. B

34. a) 7.10^3 V
b) 14 μC, 21μC, 35 μC

35. m = 5 e n = 10

36. a) 2μC, 5μC, 10μC e 10V
b) 10V
c) 170μF
d) 850 μJ

37. D

38. B

39. 72

40. V3 = 30 V
V2 = 10 V
V1 = 20 V
Q1 = Q2 = 120 μC
Q3 = 30 μC

41. B

42. exercícios resolvidos

43. exercícios resolvidos

44. exercícios resolvidos

45. exercícios resolvidos

46. exercícios resolvidos

47. Por ter rigidez dielétrica muito elevada

48. Não. Sua rigidez elétrica é menor que esse valor

49. a) escoa para o ar b) é superior à rigidez dielétrica do ar

50. exercícios resolvidos

Nível II:

1. 10 toneladas

2. $U_1 = U_2 = \frac{1000}{3}\ V$
$Q_1 = \frac{1}{3}.10^{-3}C,\ Q_2 = \frac{2}{3}.10^{-3}C$
Perda de energia: 0,0133 J

3. -

4. B

5. $\frac{(\varepsilon\varepsilon_0)A}{d(\varepsilon-\varepsilon_0)}$

6. D

7. Ceq = C

8. 2C

9. a) 0,3 μF
b) $3,75.10^{-2}J$

10. a) 1V b) 4,5 μJ c) 1,5 μJ

11. 450 μF

12. a) 3C/2 b) 15C/7

13. -

14. $\frac{C(\sqrt{5}-1)}{2}$

15. E/2

16. U = 3V0/2,
Q1 = C0V0/2,
Q2 = 3C0V0/2

17. -

18. $A' = \frac{A}{k+1}$

19. 8 μF, 40 μF, 16 μF

20. 2,8 μF ; 1,75 μF ; 2 μF

21. 3Q/2C

22. $\frac{(\varepsilon_0-\varepsilon)A}{d}$

23. 60 μC

24. 40 μC e -8 μC

25. 1

26. zero

27. B

28. $Ceq = \frac{A}{d}\left[\frac{\varepsilon_2\varepsilon_4}{\varepsilon_2+\varepsilon_4}+\frac{\varepsilon_1\varepsilon_3}{\varepsilon_1+\varepsilon_3}\right]$

29. D

30. D

31. E

32. Não é possível

33. 22,2 μF

34. $9{,}03.10^{10}\,J$

35. $2\pi\varepsilon_0 R$

36. a) 56 nJ
b) 0,234 nF
c) 53,4 nJ

37. 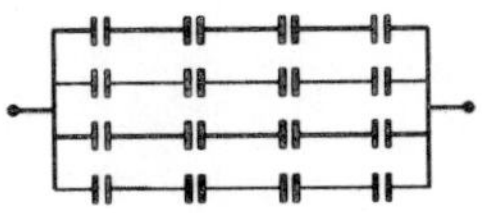

38. 0,709 mF

39. a) 2 kV b) 0

40. a) 4,5 V b) 216μJ e 162 μJ

41. a) 17,1 nC e 42,9 nC

b) $9.10^{-5}\,J$, $257.10^{-7}\,J$

$\Delta U = -64{,}3\,\mu J$

42. $Ceq = \left(\frac{4k_1k_2}{3k_1+k_2}\right)C_0$

43. Capacitor sem dielétrico:

$$Q_1 = \frac{2Q}{1+k}$$

Capacitor com dielétrico:

$$Q_2 = k.Q_1$$

44. 5

45. -

46. C

47. C, D e E estão corretas

48. $3\varepsilon_0 A/4d$

49. 3/4

50. -

51. 42 μC

52. a) 12 μC b) 1 Ω

53. -18V

54. 6 V

55. a) Na placa de cima -2Q/3 e na placa de baixo -Q/3.

b) $2Qd/3\varepsilon_0 A$

56. -

57. 23,3 V e 26,7 V

58. $\varepsilon_0 S/d$

59. C

60. D

61. $\dfrac{SV(\varepsilon - \varepsilon_0)}{d}$

62. E

63. 446C/105

64. D

65. A

66. U/5 V

67. 3C/4

68. 10C/7

69. C

70. D

71. E

72. A

73. -

74. a) 50V

b) $5.10^{-5}C$

c) $1,5.10^{-4}C$

75. a) 100 μC b) 20 μC

76. 5,3 V

77. a) $E_{23} = V/d$, $E_{12} = E_{34} = \dfrac{E_{23}}{2}$

b) $|\sigma_1| = \sigma_4 = \dfrac{\varepsilon_0 V}{2d}$,

$\sigma_2 = |\sigma_3| = \dfrac{3\varepsilon_0 V}{2d}$

78. 10V

79. $E\left(\dfrac{C_2C_3 - C_1C_4}{(C_1 + C_2)(C_3 + C_4)}\right)$

80. $R_1\left(\dfrac{E_1 - E_2}{R_1 + R_2}\right)$

81. a) 9 μC
b) 16 μC
c) 9 μC
d) 16 μC
e) 8,4V
f) 16,8 μC
g) 10,8 μC
h) 14,4 μC

82. C = C1 + C2 + C3

$C_i = \dfrac{K_i.\varepsilon_0.(A/3)}{d}, \; i = 1,2,3$

83. $\dfrac{CV^2}{2}$

84. $C = \dfrac{\varepsilon_0 A}{d}(n-1)$

Nível III:

1. 1,2 kcal

2. a) -39,8 μC/m²; b) 4,42 μC/m²

3. $\sigma = \left(\frac{1}{k_2} - \frac{1}{k_1}\right)\varepsilon_0 E$

4.

$\sigma_{LIVRES} = 55755.10^{-9}$

$\sigma_{LIGADA} = 43365.10^{-9}$

5. a) $C(y) = \frac{2yb\varepsilon_0}{s}$

b) $\Delta U = -\frac{\left(\frac{\sigma s}{\varepsilon_0}\right)^2}{2}\left(\frac{2\Delta yb\varepsilon_0}{s}\right)$

c) $\Delta U = \sqrt{\frac{sF_y}{\varepsilon_0 b}}$

6. 600

7. r = 0,0300445 m

8. a) $\frac{d^2}{d^2 + 4\pi aR}$

b) $E = \frac{KQ\pi a}{R\left(d^2 + 4\pi aR\right)}$

9. -

10. a) $2.10^{-7}\ C/m^2$

b) $1,6.10^{-7}\ C/m^2$

c) $4,5.10^3\ N/C$

11. CONCEITOS

12. $\sigma = 2\left(\frac{\varepsilon - 1}{\varepsilon + 1}\right)\frac{q}{S}$

13. $Q \cong 2{,}52.10^{-6}\ C$

14. a) $\sigma_L = \frac{\sigma_R}{2} = \frac{Q}{L(L+x)}$

b) $E_L = \frac{E_R}{2} = \frac{Q}{\varepsilon_0 L(L+x)}$

c) $\Delta V = \frac{Q}{\varepsilon_0 L(L+x)} s$

d) $C = \frac{\varepsilon_0 L(L+x)}{s}$

e) $U = \frac{Q^2 s}{2\varepsilon_0 L(L+x)}$

15. Questão resolvida 6.

16. Questão resolvida 4.

17. Veja questão resolvida 7.

18. q_2 = +CE/2 e q_3 = -3CE/2

19. $2CE^2$

20. zero

21. C

22. $E(y) = \frac{Q}{\varepsilon_0 A}\left[\frac{d}{d+(K_d-1)y}\right]$

23. E

24. A

25. D

26. C

27. C

28. a) $E = (1/2).C.V_2^2$
b) $U = V_2$
c) $I_1 = (V_1 - V_2)/R_1$, $U_1 = V_1 - V_2$, $U_2 = 0$, $I_2 = 0$

29. 1,25mF

30. -

31. 20 N

32. q = 11CE/6

33. V_{ab} = 18E/11

34. $CE^2/6$

35. $5{,}53.10^8$ m

36. $1{,}55.10^{-11}$ m

37. 8%

Referências

Simetria

ATKINSON, D.; STEENWIJK, F. J. van. **Infinite resistive lattices**. University of Groningen: 1998. 7p. Disponível em: <http://pds4.egloos.com/pds/200708/06/25/resist-zariski.pdf>. Acesso em: 21 out. 2011.

BISCUOLA, Gualter J.; BOAS, Newton V.; DOCA, Ricardo H. **Tópicos de Física 3**. 17.ed. São Paulo: Saraiva, 2007. 399p. 3v.

BOLD, Gary. **The Infinite Resistor Chain**. New Zealand: 2007. 5p. Disponível em: <http://www.qsl.net/zl1an/Downloads/Infinite_resistor_chain.pdf>. Acesso em: 22 out. 2011.

BOYLESTAD, Robert L. Teoremas da Análise de Circuitos. *In:* BOYLESTAD, Robert L. Introdução à Análise de Circuitos. 8.ed. Rio de Janeiro: Prentice-Hall do Brasil LTDA, 1998. Cap.9, p.202-244.

BRITO, Renato. **Mais simetria**. Disponível em: <http://www.fisicaju.com.br/maissimetria.pdf>. Acesso em: 14 out. 2011.

BRITO, Renato. **Revisão de Física Vestibular ITA 2011.** Disponível em: <http://pt.scribd.com/doc/45546958/RevisaoITA2011>. Acesso em: 5 out. 2011.

BRITO, Renato. **Simetria no triângulo**. Disponível em: <http://www.vestseller.com.br/simetriatriangulo.pdf>. Acesso em: 14 out. 2011.

BRITO, Renato. **Transformação delta-estrela**. Disponível em: <http://www.rumoaoita.com/materiais/renatobrito/deltaestrela.pdf>. Acesso em: 15 out. 2011.

CALÇADA, Caio Sérgio; SAMPAIO, José Luiz. **Física Clássica:** eletricidade. 2.ed. São Paulo: Atual,1998. 604p. 5v.

Denardo, Bruno; Earwood, John; Sazonova, Vera. **Experiments with electrical resistive networks**. Naval Postgraduate School and University of Mississippi: 1999.6p. Disponível em: <http://ajp.aapt.org/resource/1/ajpias/v67/i11/p981_s1?isAuthorized=no>. Acesso em: 6 out. 2011.

FÍSICA ONLINE. **ITA FÍSICA 2001 Parte II**. Disponível em: <http://www.fisicaonline.com.br/download/ITA-Provas_Resolvidas-1991-2004/F%EDsica%202001%20P2.pdf>. Acesso em: 2 out. 2011.

GÁBOR, Széchenyi. **Infinite networks of resistors**. Budapeste: 2010.36p. Disponível em: <http://bjuli.web.elte.hu/seminar/SzechenyiG.pdf> Acesso em: 21 out. 2011.

GNÄDIG, Peter; HONYEK, Gyula; RILEY, Ken. **200 Puzzling Physics Problems**. 1.ed. Cambridge: Cambridge University Press, 2001. 272p.

INTERNACIONAL PHYSICS OLYMPIADS. **IPhO 1967 - Poland**. Disponível em: <http://www.jyu.fi/ipho/1967/1st_IPhO_1967.doc>. Acesso em: 6 out. 2011.

IRODOV, I. E. **Problems in general physics**. 3.ed. Moscou: Mir Moscou, 1988. 386p.

KLEIN, Douglas J. **Resistance-Distance Sum Rules**. Texas A&M University at Galveston: 2002. 17p. Disponível em: <http://www.stkpula.hr/ccacaa/CCA-PDF/cca2002/v75-n2/CCA_75_2002_633_649_KLEIN.pdf>. Acesso em: 15 out. 2011.

LEMOS, Lucas. **Associação de Resistores I**. Disponível em: <http://www.gilsonresolve.com.br/#listas-fisica>. Acesso em: 20 out. 2011.

LEMOS, Lucas. **Associação de Resistores II**. Disponível em: <http://www.gilsonresolve.com.br/#listas-fisica>. Acesso em: 20 out. 2011.

LEMOS, Lucas. **Associação de Resistores III**. Disponível em: <http://www.gilsonresolve.com.br/#listas-fisica>. Acesso em: 20 out. 2011.

LEMOS, Lucas. **Exercícios Resolvidos 02**. Disponível em: <http://www.gilsonresolve.com.br/#listas-fisica>. Acesso em: 20 out. 2011.

LEMOS, Lucas. **Revisão IME - lista 2**. Disponível em: <http://www.gilsonresolve.com.br/#listas-fisica>. Acesso em: 20 out. 2011.

NUSSENZWEIG, M. H. **Curso de Física Básica**. 4.ed. São Paulo: Blücher, 1981. 336p. 3v.

OSTERBERG, Peter M.; INAN, Aziz S. **Impedance between adjacent nodes of infinite uniform D-dimensional resistive lattices**. University of Portland: 2003. 2p. Disponível em: <https://faculty.up.edu/oster/ajp.pdf>. Acesso em: 17 out. 2011.

PONTIFÍCIA UNIVERSIDADE CATÓLICA DO RIO DE JANEIRO. **Desafio em Física 2008**. Questão 8. Disponível em: <http://www.puc-rio.br/desafios/download/prova_desafio-fisica_2008.pdf>. Acesso em: 21 de out. 2011.

SARAEVA, I. M.; MIAKISHEV, G. Ya.;KRIVTCHENKOV, V. D.; BUKHOVTSEV, B. B. **Problemas Selecionados de Física Elementar**. 7.ed. Moscou: UNTS DO, 2004. 463p.

SOCIEDADE BRASILEIRA DE FÍSICA. **Um estudo de simetria com a configuração cúbica de resistores**. Disponível em: <http://www.sbfisica.org.br/fne/Vol9/Num2/a10.pdf>. Acesso em: 18 out. 2011.

UNIVERSIDADE ESTADUAL DO CEARÁ. **Vestibular 2008.1 - Segunda Fase - Prova de Fí-**

sica. Disponível em: <http://gemeos2.uece.br/cev/vest/vest20081/v81doc/f2gab/v81_f22fisqui-gab1.pdf>. Acesso em: 1 out. 2011.

UNIVERSIDADE FEDERAL DO CEARÁ. **Eletricidade e Magnetismo**. Disponível em: <http://www.seara.ufc.br/questoes/fisica/qelet.htm>. Acesso em: 16 out. 2011.

ZÁLEZÁK, Tomás. **Resistance of a regular tetrahedron**. República Tcheca: 2007. 2p. Disponível em: <http://ks.math.muni.cz/ks/uploads/File/kafe/cj/uloha2.1.5en.pdf>. Acesso em: 16 out. 2011.

Capacitores

AGARWAL, P. K. **IIT Physics**. 19.ed. Meerut: Krishna Prakashan, 2011. 1212p.

ÀNGEL FRANCO GÁRCIA. **El método de las imágenes**. Disponível em: <http://www.sc.ehu.es/sbweb/fisica/elecmagnet/campo_electrico/imagenes/imagenes.htm>. Acesso em: 21 dez. 2012.

ÀNGEL FRANCO GÁRCIA. **Fuerza entre dos esferas conductoras**. Disponível em: <http://www.sc.ehu.es/sbweb/fisica/elecmagnet/campo_electrico/coulomb/coulomb.htm>. Acesso em: 21 dez. 2012.

ÀNGEL FRANCO GÁRCIA. **Fuerzas sobre un dieléctrico (I)**. Disponível em: <http://www.sc.ehu.es/sbweb/fisica/elecmagnet/campo_electrico/dilectrico1/dielectrico1.htm>. Acesso em: 21 dez. 2012.

ÀNGEL FRANCO GÁRCIA. **Fuerzas sobre un dieléctrico (II)**. Disponível em: <http://www.sc.ehu.es/sbweb/fisica/elecmagnet/campo_electrico/dielectrico2/dielectrico2.htm>. Acesso em: 21 dez. 2012.

BISCUOLA, Gualter J.; BOAS, Newton V.; DOCA, Ricardo H. **Tópicos de Física 3**. 17.ed. São Paulo: Saraiva, 2007. 399p. 3v.

BOSI, Stephen. **Dielectrics in capacitors**. Disponível em: <http://www.physics.usyd.edu.au/~sgb/EMag_Lectures/CapacDielHandout.pdf>. Acesso em: 21 set. 2012.

BRAIN, Marshall; BRYANT, Charles W. **Aplicações Capacitores**. Disponível em: <http://eletronicos.hsw.uol.com.br/capacitor3.htm>. Acesso em: 10 out. 2012.

BRAIN, Marshall; BRYANT, Charles W. **How Capacitors Work**. Disponível em: <http://www.howstuffworks.com/capacitor3.htm>. Acesso em: 10 out. 2012.

BRITO, Renato. **Desafio Vestseller 7**. Disponível em: <http://pt.scribd.com/doc/67232474/Desafio-VestSeller7>. Acesso em: 17 out. 2012.

BRITO, Renato. **Lista de Revisão**. Disponível em: <http://www.rumoaoita.com/site/attachments/272_Lista%20de%20Revisão%20CAEX%20%20Professor%20Renato%20Brito.pdf>. Acesso em: 12 set. 2012.

BRITO, Renato. **Revisão ITA - 2011**. Disponível em: <http://www.vestseller.com.br/revisaoita2011.pdf>. Acesso em: 4 julho de 2012.

BRITO, Renato. **Revisão ITA - Caex - 2005**. Disponível em: <http://www.fisicaju.com.br/revisaogeral2.pdf>. Acesso em: 21 out. 2012.

CAHN, Sidney B.; NADGORNY, Boris E. **A Guide to Physics Problems, Part 1: Mechanics, Relativity, and Electrodynamics**. 1.ed. New York: Springer, 1994. 356p.

CALÇADA, Caio Sérgio; SAMPAIO, José Luiz. **Física Clássica: eletricidade**. 2.ed. São Paulo: Atual,1998. 604p. 5v.

CHAVES, Alaor. **Física Básica: Eletromagnetismo**. 1.ed. Rio de Janeiro: LTC, 2007. 280p.

Cheng, David K. **Field and Wave Electromagnetics**. 2.ed. Boston: Addison-Wesley, 1989. 703p.

CHRISTOPH WASSHUBER. **Capacitance of Two Spheres**. Disponível em: <http://www.iue.tuwien.ac.at/phd/wasshuber/node77.html>. Acesso em: 7 jan. 2013.

DASH, Saroj K.; KHUNTIA, Smruti R. **Fundamentals of Electromagnetic Theory**. 1.ed. India: Prentice-Hall, 2011. 908p.

ELECTRONICS CLUB. **Capacitance and Uses of Capacitors**. Disponível em: <http://electronics-club.info/capacitance.htm>. Acesso em: 15 out. 2012.

ENGENHEIRANDO. **Dedução das equações de carga e descarga dos capacitores utilizando equações diferenciais de primeira ordem**. Disponível em: <http://camilasoares.wordpress.com/2009/04/07/deducao-das-equacoes-de-carga-e-descarga-dos-capacitores-utilizando-equacoes-diferenciais-de-primeira-ordem/>. Acesso em: 5 jan. 2013.

FERNANDES, Sandro. **Provas antigas de física do IME**. Disponível em: <http://pt.scribd.com/doc/55959929/Apostila-Com-Questoes-de-Fisica-IME-Atualizada>. Acesso em: 9 jan. 2013.

FÍSICA IME. **Questões de física do IME desde 1965**. Disponível em: <http://pt.scribd.com/doc/91298296/Provas-de-Fisica-do-IME>. Acesso em: 28 jan. 2013.

FUTURO MILITAR. **Exercícios - Capacitores**. Disponível em: <http://www.futuromilitar.com.br/portal/attachments/article/95/TD022FIS12_AFA_EFOMM_capacitores.pdf>. Acesso em: 19 out. 2012.

GILSON RESOLVE. **Associação de Resistores III**. Disponível em: <http://www.gilsonresolve.com.br/#listas-fisica>. Acesso em: 2 fev. 2013.

GILSON RESOLVE. **Testes Propostos de Eletricidade**. Disponível em: <http://www.gilsonresolve.com.br/#listas-fisica>. Acesso em: 2 fev. 2013.

GRIFFITHS, David J. **Eletrodinâmica**. 3.ed. São Paulo: Pearson Education, 2011. 424p.
HALLIDAY; RESNICK; WALKER. **Fundamentos da Física**. 8.ed. Rio de Janeiro: LTC, 2009. 410p.

IRODOV, I. E. **Problems in general physics**. 3.ed. Moscou: Mir Moscou, 1988. 386p.

KÓSEL, S. **Problemas de Física**. 1.ed. Moscou: Mir Moscou, 1986. 302p.

KROTOV, S. S. **Problems in Physics**. 1.ed. Moscou: Mir Moscou, 1988. 310p.

MARGULIES, S. **Force on a dielectric slab inserted into a parallel-plate capacitor**. Disponível em: <http://ajp.aapt.org/resource/1/ajpias/v52/i6/p515_s1?isAuthorized=no>. Acesso em: 8 fev. 2013.

MARKUS, Otávio. **Circuitos Elétricos Corrente Contínua e Corrente Alternada**. 9.ed. São Paulo: Érica, 2004. 288p.

MASSACHUSETTS INSTITUTE OF TECHNOLOGY. **Challenge Problems: Capacitance**. Disponível em: <http://ocw.mit.edu/courses/physics/8-02sc-physics-ii-electricity-and-magnetism-fall-2010/capacitors/capacitance-capacitors-energy-stored-in-capacitors/MIT8_02SC_challenge_prob10.pdf>. Acesso em: 5 fev. 2013.

NUSSENZVEIG, H. Moysés. **Curso de Física Básica: Eletromagnetismo**. 1.ed. São Paulo: Edgard Blücher, 1997. 333p. 3v.

PHYSICS 217. **Method of images**. Disponível em: <http://www.pas.rochester.edu/~dmw/phy217/Lectures/Lect_15b.pdf>. Acesso em: 30 dez. 2012.

PHYSICS FORUMS. **Conducting slab between two plates**. Disponível em: <http://www.physicsforums.com/showthread.php?t=340556>. Acesso em: 5 jan. 2013.

PINSKY, A. A. **Problems in Physics**. 1.ed. Moscou: Mir Moscou, 1977. 342p.

POPOVIC, Zoya; POPOVIC, Branko D. **Introductory Electromagnetics**. 1.ed. Boulder: Prentice Hall, 1999. 556p.

PROJETO MEDICINA. **Exercícios sobre Capacitores com Gabarito**. Disponível em: <http://projetomedicina.com.br/site/attachments/article/560/fisica_exercicios_eletrostatica_capacitores_gabarito.pdf>. Acesso em: 29 dez. 2012.

SARAEVA, I. M.; MIAKISHEV, G. Ya.;KRIVTCHENKOV, V. D.; BUKHOVTSEV, B. B. **Problemas Selecionados de Física Elementar**. 7.ed. Moscou: UNTS DO, 2004. 463p.

SENA, L.A. **A Collection of Questions and Problems in Physics**. 1.ed. Moscou: Mir Moscou, 1986. 344p.

SERWAY, Raymond A.; JEWETT, John W. **Physics for Scientists and Engineers with Modern Physics**. 7.ed. São Paulo: Brooks Cole, 2007. 1504p.

SIDDHARTHA, P. K. **Current Electricity**. Disponível em: <http://www.iitgurus.com/Notes/Current%20Electricity%20_sub_.pdf>. Acesso em: 5 jan. 2013.

SRIVASTAVA, M. K. **The Pearson Guide to Objective Physics for the IIT-JEE**. 1.ed. New Delhi: Dorling Kindersley, 2009. 1187p.
TARASOV, L.; TARASOVA, A. **Questions and Problems in School Physics**. 1.ed. Moscou: Mir Moscou, 1968. 240p.

THE HONG KONG UNIVERSITY OF SCIENCE AND TECHNOLOGY. **Hong Kong High School Physics Olympiad 2006**. Disponível em: <ge.hkage.org.hk/file/competitions/316/HKPO06_Sol.pdf>. Acesso em: 5 set. 2012.

TIPLER, Paul A.; MOSCA, Gene. **Física para Cientistas e Engenheiros: Eletricidade e Magnetismo, Ótica**. 5.ed. Rio de Janeiro: LTC, 2006. 545p. 2v.

UNIVERSIDADE FEDERAL DA BAHIA. **Capacitância**. Disponível em: <http://www.fis.ufba.br/~angelo/arquivos/pdf/Listas/FIS123-Capacitancia.pdf>. Acesso em: 5 set. 2012.

UNIVERSIDADE FEDERAL DE MINAS GERAIS. **Dielétricos e Capacitores**. Disponível em: <http://www.fisica.ufmg.br/feletromagnetismo/NEMES/capitulo-5.pdf>. Acesso em: 10 nov. 2012.

WANGSNESS, Roald K. **Electromagnetic Fields**. 2.ed. San Francisco: Wiley, 1986. 587p.

WOLKENSTEIN, V. S. **Problems in General Physics**. 1.ed. Moscou: Mir Moscou, 1971. 382p.

YOUNG, Hugh D.; FREEDMAN, Roger A. **Sears and Zemansky's University Physics With Modern Physics**. 13.ed. New York: Addison-Wesley, 2011. 1632p.

ZUBOV, V.; SHALNOV, V. **Problems in Physics**. 1.ed. Moscou: Mir Moscou, 1974. 301p.

Impressão e acabamento
Gráfica da Editora Ciência Moderna Ltda.
Tel: (21) 2201-6662